国家林业和草原局普通高等教育“十三五”规划教材
教育部普通高等教育“十一五”国家级规划教材
高等院校园林与风景园林专业规划教材

园林草坪与地被

（第3版）

杨秀珍　王兆龙　主编

中国林业出版社

图书在版编目(CIP)数据

园林草坪与地被/杨秀珍,王兆龙主编.—3版.—北京:中国林业出版社,2018.11(2020.7重印)
国家林业和草原局普通高等教育“十三五”规划教材　教育部普通高等教育“十一五”国家级规划教材　高等院校园林与风景园林专业规划教材
ISBN 978-7-5038-9668-2

Ⅰ.①园…　Ⅱ.①杨…②王…　Ⅲ.①草坪-观赏园艺-高等学校-教材　②园林-地被植物-高等学校-教材　Ⅳ.①S688.4

中国版本图书馆CIP数据核字(2018)第166104号

国家林业和草原局生态文明教材及林业高校教材建设项目

中国林业出版社·教育出版分社

策划、责任编辑：康红梅

电话：(010)83143551　　**传真**：(010)83143561

出版发行　中国林业出版社(100009　北京市西城区德内大街刘海胡同7号)
E-mail：jiaocaipublic@163.com　电话：(010)83143500
http：//lycb.forestry.gov.cn
经　销　新华书店
印　刷　北京中科印刷有限公司
版　次　2010年4月第1版(共印3次)
2015年8月第2版(共印2次)
2018年11月第3版
印　次　2020年7月第2次印刷
开　本　850mm×1168mm　1/16
印　张　18.25
字　数　422千字
定　价　42.00元

高等院校园林与风景园林专业规划教材
编写指导委员会

《园林草坪与地被》编写人员

主　　编　杨秀珍　王兆龙

编写人员（以姓氏笔画为序）

王兆龙（上海交通大学）
尹淑霞（北京林业大学）
白恒勤（内蒙古农业大学）
杜红梅（上海交通大学）
杨秀珍（北京林业大学）
杨和生（广东嘉应学院）
李品芳（中国农业大学）
郑　丽（云南农业大学）
徐迎春（南京农业大学）
潘静娴（上海师范大学）

主　　审　苏雪痕（北京林业大学）
卢建国（南京林业大学）

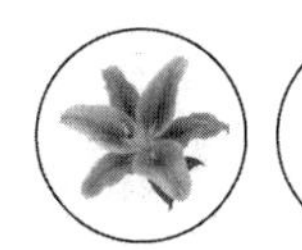 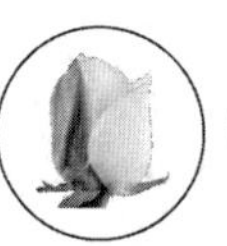 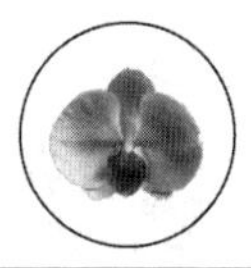 

第 3 版前言

“园林草坪与地被”是园林、园艺专业的专业基础课程之一，教材于2010年首次出版，已应用于全国农林院校相关专业的教学。同时，也收到了同行和师生们的反馈意见和积极建议。因此，2015年第2版修订时做了较大调整。

随着园林事业的快速发展，要求教材内容不断更新。本次再做修订，保留了第2版的基础知识系统，在教材内容的编排上注重基础，结合实际。使学生尽可能在有限的课程学习时段内，掌握和理解基础知识。

本次修订的目的为顺应低碳环保的时代，在地被植物应用方面，主张选择多年生、抗逆性强、易栽培管理的类型，并且为了兼顾全国不同地理区域的要求，增补了华南、华东、西北、东北地区的适宜种类和品种，共计增补45种，其中多年生草本增补36种(观花类14种，观叶类22种)、木本植物增加了9种(灌木类8种，藤本1种)。

本次修订由杨秀珍和王兆龙任主编。编写分工如下：王兆龙(第1~3章)；杨秀珍(第1，7，9章)；尹淑霞(第2~5，11章)；杜红梅(第2，6，11章)；杨和生(第3，9章)；徐迎春(第4~5章)；白恒勤(第6，8章)；潘静娴(第7~8章)；郑丽(第8~9章)；李品芳(第10章)。书中照片由李秉玲、李青、何恒斌、庄晓峰、牛立军、闫宝欣提供，金依然、王锐龙绘制了插图，在此深表感谢！

本次修订得到了北京林业大学教务处、北京林业大学园林学院同仁们的大力支持。修订过程中，承蒙苏雪痕教授和卢建国教授审阅，给予了许多诚恳而宝贵的修改意见。中国林业出版社的编辑为此也付出了心血和努力，在此致以衷心感谢！

本书虽然比前两版有了部分补充，但限于篇幅，许多新的先进成果未能整理纳入。书中疏漏之处敬请各位同仁给予指正。

杨秀珍
2018年5月

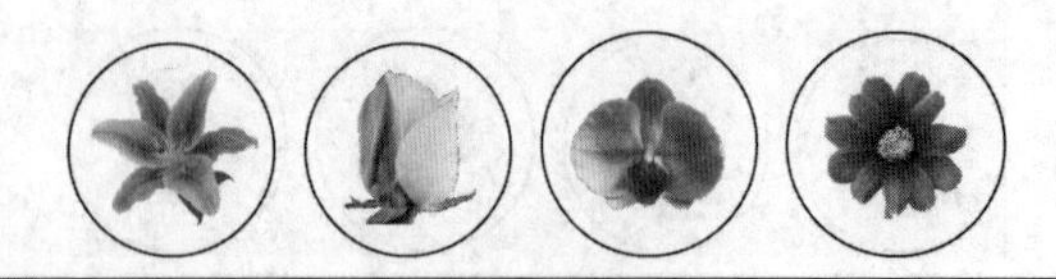

第2版前言

《园林草坪与地被》(第1版)自2010年出版以来，已广泛应用于全国农林院校相关专业的教学，同时也为社会有关从业人员提供了较系统的学习素材。随着园林行业的发展，生态城市建设时代的到来，对园林植物群落的中下层的景观价值和生物多样性提出了更高的要求，也对教材提出了修订要求。

本次修订是在第1版教材基础上，听取了广大专家同行意见，主要做如下改动：①对草坪的建植程序进行了补充，以便读者更好理解与实践；②进一步规范了地被植物的概念范围，更加注重多年生、枝叶繁密、覆盖性能好的种类，对原先的一、二年生种类进行了缩减；③对草坪和地被植物的应用案例进行了更新，更换了大部分彩图，以期将行业的新动态、新成果及时应用于教学。

本次修订由杨秀珍和王兆龙任主编，编写分工如下：王兆龙(绪论和第2~3章)；杨秀珍(绪论和第7，9章)；尹淑霞(第2~5章，11章)；杜红梅(第2，6，11章)；杨和生(第3，9章)；徐迎春(第4~5章)；白恒勤(第6，8章)；潘静娴(第7~8章)；郑丽(第8~9章)；李品芳(第10章)。统稿由杨秀珍完成。照片由李秉玲、牛立军、杨秀珍、郑丽、庄晓峰提供，金依然、王锐龙绘制了插图，在此表示感谢！

编写过程中得到了北京林业大学教务处、北京林业大学园林学院和中国林业出版社的领导和专家的帮助和支持，在此致以衷心的感谢。

本次修订虽然尽力而为，但因时间及编者知识能力所限，不足与疏漏依然存在。真诚希望广大读者继续对本教材提出宝贵意见。

编　者

2015年4月

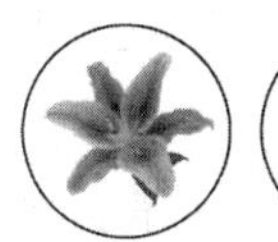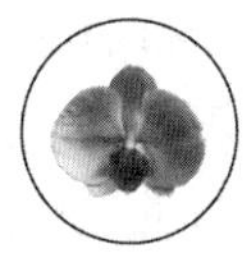

第 1 版前言

在人们向往绿色环境的今天，园林绿地的植物种类也逐渐走向了多样化。草坪和地被植物作为绿地植物群落的下层，对于构建合理的、环境效益高的植物群落，丰富植物多样性，提高绿量和增加植物景观的季相变化起着重大作用。

进入 21 世纪以来，我国高等院校园林、风景园林、园艺和城市规划专业规模不断扩大，高等教育也从精英教育转向大众教育，按照“厚基础，宽口径，重能力”的目标培养学生，迫切需要适应新形势的专业教材。编写本教材，从系统性、科学性和实用性的要求出发，在内容的安排上，特别注重理论基础和实际问题的结合。力求内容承前启后，文字深入浅出。理论与实践并重，尽量吸收国内外最新资料，目的是使读者全面地理解和掌握理论知识和在实际工作中的运用。

本教材由绪论、第 1 篇、第 2 篇、第 3 篇共 4 个部分组成。绪论部分主要介绍了草坪和地被植物的概念、作用以及发展动态。第 1 篇为草坪篇(第 2 ~5 章)，较系统地介绍了草坪植物形态特征和种类、草坪的分类，并阐述了草坪建植原则和程序、草坪的养护管理以及病虫害防治等。第 2 篇为地被植物篇(第 6 ~8 章)，介绍了地被植物的分类与繁殖栽培管理，其中草本类观花地被植物 26 种、观叶地被植物 33 种、蕨类植物 18 种；木本地被植物中常绿植物 17 种、落叶木本植物 18 种、藤本植物 14 种以及部分常见竹类地被等。第 3 篇为应用篇(第 9 ~11 章)，以草坪和地被植物的园林应用为主，分析了草坪和地被植物的景观艺术美和配置原理，并介绍了边坡绿化技术和体育运动草坪建植养护技术。

本教材是教育部普通高等教育“十一五”国家级规划教材。在教材的编写过程中得到了北京林业大学教务处、北京林业大学园林学院和中国林业出版社等各位领导和专家大力帮助和支持，在此致以衷心的感谢。

本教材由杨秀珍和王兆龙担任主编，编写分工如下：王兆龙(绪论和第 2 ~3，11 章)；杨秀珍(绪论和第 7，9 章)；尹淑霞(第 2 ~5，10 ~ 11 章)；杜红梅(第 2，6，11 章)；杨和生(第 3，9 章)；徐迎春(第 4 ~5 章)；白恒勤(第 6，8 章)；潘静娴(第 7 ~8 章)；郑丽(第 8 ~9 章)；李品芳(第 10 章)。教材成稿后，承蒙孙吉雄和苏雪痕两位教授审稿并提出许多宝贵意见，经进一步修改，教材结构更趋合理，内容更加充实。本教材照片由郑丽、庄晓峰、牛立军提供，金依然、王锐龙绘制了插图，在此一并表示感谢！

首次编写本教材，经验不足，错误缺点在所难免，恳请读者批评指正。

编　者

2009年10月

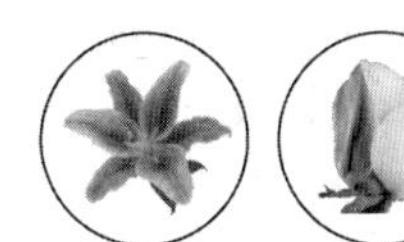
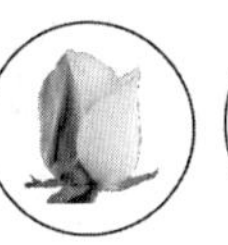
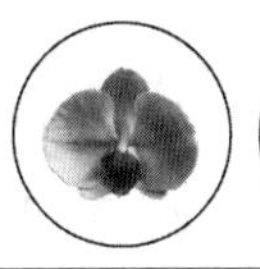

目　录

第2篇 地被植物

第3篇 应 用

第1章 绪　论

［**本章提要**］草坪和地被植物在园林景观中起着重要作用。本章以草坪植物、草坪及地被植物的概念和含义为学习重点，介绍了草坪及地被植物的功能和发展概况。

人类从巢居穴处的原始阶段，发展到高楼大厦的现代生活，经历了漫长的过程。伴随着物质文明的提高却疏远了大自然，工业化发展及城市化进程导致了一系列环境问题，人类向往田园生活亲近自然的愿望日趋强烈，于是，观赏、环保、绿色的生态文明成为了我们的追求与向往。

草坪与地被植物，是组成绿色景观、改善生态环境的重要物质基础，在园林绿地中应用极为广泛，无论在林下、水边，还是斜坡、路旁，草坪与地被植物的栽植，可以形成丰富多彩的景观效果。如果说园林是幅画，草坪和地被植物就是其底色，乔木、灌木与山水、亭廊的有机结合，构成和谐、稳定、能长期共存的景观。因此可以说，在现代园林中草坪与地被植物所起的作用越来越重要。

改革开放40年来，我国城市园林中，草坪应用越来越普遍，无论是规则式绿地，还是自然式绿地，绿色草坪都随处可见，并且为大众所喜爱，已成为绿地中不可缺少的成分。满目绿色、无灰尘、无泥泞，是草坪的魅力所在。

1.1　草坪与地被植物概念

1.1.1　草坪植物的概念

早在14 000年前，人类的祖先从森林移居到平原，便开始了牧草的种植活动，这一活动推动了人类社会的进步。我国种草历史悠久，进入秦汉时期，植树种草已成为有闲阶级的时尚。以后的各个朝代，从封建社会帝王的宫庭园囿到私家园林，都有草坪出现。如举世闻名的承德避暑山庄，有大面积疏林草地供皇帝游猎。近百年来，随着我国门户的开放，欧美的种草技术也随之进入我国。

现代草坪科学与产业的发展历史相对较短，随着欧美等国家的工业化与城市化发展，对城市绿地休闲活动有了较高的要求，原始状态的草坪植物在质地、密度、色泽、耐践踏性等方面已不能满足人们对草坪的要求，高频率的草地休闲娱乐活动和球类运动很快把天然草坪践踏得寸草不生。自20世纪30年代以来，在美国肯塔基州选育出了第一个高羊茅新品种'Kentucky-31'，标志着现代草坪科学与产业的真正开始。

由于现代草坪的品种选育直接与人们的草地休闲活动紧密联系在一起，故一定程度的耐践踏成为了草坪最基本的特征之一，这也就限定了草坪植物需要具备以下特性：①成坪性状好；②具有较强的分蘖能力，或者具有地上匍匐茎、地下根状茎，能够相互交错生长；③密度较高，能在地面上形成完整的草茎覆盖层；④植物生长点低，一般位于地面以下；⑤再生能力强，损伤后恢复能力强；⑥耐修剪，修剪后整齐美观。根据上述特征所选育出的草坪植物(或称草坪草)的概念比我国原来理解的草坪植物概念要窄，在英文中的对应词为"turfgrass"，仅指作为草坪功能而建植的禾本科植物。我国原始的草坪植物指能形成一定地面覆盖的所有草本植物，其含义应为草本地被植物，而现代的草坪植物概念不包括非禾本科的草本地被植物，如三叶草、马蹄金等。

1.1.2 草坪的概念

关于草坪的概念国内一直没有明确的定义，在生产使用上也比较混乱，有时称为"草皮""草地"。1999年在全国园林学术会议上，为了统一名称，方便交流，专家们正式确定了"草坪"一词，将草坪解释为"园林中用人工铺植草皮或播种草籽培养而成的绿色地面"。这里强调了草坪是由人工建植而成的，以区别天然草地。但从草坪的概念来说，这个解释不够全面。根据草坪具有的特性，我们将草坪(turf)的概念定义为：草坪是指由人工建植或养护管理，起保护、绿化、美化环境作用，并为人类活动所利用的草地。这一概念包括了以下几个方面：一是草坪需要人工进行建植或管理，区别于原始的天然草地；二是草坪具有保护生态环境、绿化与美化生态环境等功能；三是草坪是为人类活动需要而建植，为人类活动所利用。

草坪是群体概念，而草坪植物是个体概念，草坪包括草坪植物、与草坪植物根系或地下根状茎紧密相连的根际土壤的整个群体。

与草坪经常混淆的是"草皮"，草皮在英文中相对应的词是"sod"，通常是指"为草坪铺植而铲出的带有部分土壤或栽培基质的草坪块"。完全生长在土壤中的为草坪，铲出后的是草皮。目前苗圃生产的草皮主要有：

原土草皮　直接在农田土壤上生产，草皮铲出后带有原有土壤，这种草皮生产模式一方面会破坏农田的耕作层，另一方面容易传播草坪的病虫害。

无土草皮　直接在栽培基质上生产的草皮，在栽培基质与土壤之间用塑料薄膜隔开，将基质铺在塑料薄膜上，栽培基质大多采用农作物秸秆等废弃物发酵而成，生产的草皮成型好，也不需要专用的草皮机来起草皮。但由于生产无土草皮的栽培基质多为有机质，铺植后的草坪会有一层很厚的有机质层，不利于草坪长期的健康生长。

沙坪草皮　以沙为栽培基质生产的草皮。沙坪草皮平整、美观，草坪铺植后沙与下层土壤能形成很好的水分和气体交换，草坪后期不需要特殊的养护管理，在正常养护管理条件下草坪寿命长，特别适合于要求沙质坪床的运动草坪的建植。

1.1.3 地被植物的概念

园林地被植物指覆盖于地表的低矮的植物群体，包括一年生、二年生、多年生低矮草本植物，蕨类植物及一些低矮、匍匐性的灌木，竹类和藤本植物，高度一般在0.5m以下，国外学者则将高度标定为0.25~1.2m。园林地被植物枝叶密集，具有较强扩展能力，能迅速覆盖地面且适应性强、繁殖容易、易于粗放管理、种植后不需经常更换、能保持多年持久不衰。园林地被植物具有防止水土流失，吸附尘土、净化空气、减弱噪声、消除污染等功能。园林地被植物有较高的观赏价值，能形成美丽的景观。作为人工选择栽培的园林地被植物，应具备良好的叶、花、果和植株形态，如果有经济价值(食用、药用、制作香料等)更好。

从形态的角度可选出众多的植物作为地被植物。这些植物在具有地被植物形态的同时，还必须具备其他一些特性，如：

➢ 露地栽培的多年生植物，有很强的自然更新能力，一次种植，多年观赏；

➢ 能自繁或人工繁殖简单；

➢ 绿色期较长(最好常绿)；

➢ 具有较广泛的适应性和较强的抗逆性，能适应较为恶劣的自然环境，耐粗放养护管理；

➢ 无毒、无异味，对人类健康不产生危害；

➢ 能够控制，不会泛滥成灾。

地被植物除了与草坪植物有相似的景观功能和生态功能外，还具有自身的特点。地被植物和草坪草的区别主要在于除了色彩为绿色之外，还能表现红、橙黄、黄、蓝、紫、白等色彩，可用不同的配置方法展示植物群落丰富多彩的层次结构。

1.2 草坪与地被植物功能

1.2.1 生态功能

(1)缓解城市热岛效应

城市是人口高度密集的居住地，建筑物与水泥地面对阳光的反射与折射作用，空调、机动车、工业生产排出的热量，以及人体散发出的热量等使城市的热岛效应越来越严重。草坪与地被植物一方面可以通过光合作用吸收太阳能，将太阳的辐射热量转化为化学能储藏起来，供植物生长；另一方面植物的蒸腾作用通过叶片上的气孔将液态的水分汽化，散发到大气中，在水分的汽化过程中从环境中吸收大量的热量。草坪与地被植物通过光合作用和蒸腾作用可以有效降低环境温度，缓解城市热岛效应。据测定，夏季草坪的冠层温度要比裸地低6~8℃。

(2)减少城市浮尘、净化空气

草坪与地被植物一方面能对地面形成完全的植物覆盖，抑制土壤灰尘的形成，另一方面草坪与地被植物能够沉降空气中的粉尘，沉降至草坪与地被植物叶片上的粉尘，可通过雨水、露水或喷灌淋入植物的枯草层，与植物自然枯死的根茎叶一起逐渐溶入下层的土壤，从而彻底清除粉尘。据测定，草坪上空气中的粉尘含量要比裸地少30%～40%。

另外，草坪与地被植物还能分解、吸收大气中的一些有毒、有害物质。如能够吸收和利用NH_3、SO_2、HCl、O_3等有害气体。

(3)保持水土

草坪与地被植物具有致密的根系和地面茎叶覆盖，能够很好地固定土壤，具有防止水土流失和风蚀的作用，减少雨水的冲刷和地表径流，净化雨水，保护江河水系免受浊水污染。

1.2.2 景观功能

草坪与地被植物，是组成绿色景观的物质基础。草坪以其均一的绿色、细腻的质地、整齐的地表覆盖，在园林景观配置中具有较高的地位，由于其独特的开阔和空间性，在园林绿地布局中，它既可单独做主景，又可与乔木、灌木、花卉、地被植物相结合组织空间；还可成为山石、建筑、水面的具有生命气息的绿色背景，为环境空间增添活力，为人们创造舒适的、有生命活力的游憩活动空间。欧美等国家比较喜欢以大草坪为主的绿地景观，东方园林则偏爱乔灌草相互搭配的立体景观。

1.2.3 休闲功能

在自然宽阔的草坪上散步、嬉戏、娱乐，甚至打羽毛球、打排球、踢足球，对陶冶情操、增进身心健康有很大益处。草坪是城市中唯一可以在其上面进行休闲活动的天然氧吧。

1.2.4 运动功能

许多体育运动需要在草坪上进行，如足球、高尔夫球、棒球、垒球、橄榄球、网球、赛马等。草坪可以很好地保护运动员，减少运动损伤。另外，高质量的运动场草坪景观更提高了体育运动的健康性和观赏性。

1.3 草坪与地被植物发展史

1.3.1 国外草坪学科的发展史

草坪的利用有着悠久的历史，公元前500年，波斯(今伊朗)即有用草坪搭配花木装饰宫廷院落的记录；公元前350年，英国人在修道院内种植一些低矮的草本植物，后来建植了一块滚球场草坪，这是最早的有关运动草坪的记录；16～17世纪，草坪在欧洲的应用已比较广泛，许多国家的城镇、乡村都有大量种植，1735年，苏格兰的爱丁堡建成了第一个高尔夫球场，随着高尔夫运动的兴起，英国草坪的应用在18世纪达到了一个高峰。

19世纪初，美国成为了新兴的资本主义国家，欧洲的高尔夫、棒球等草地运动随着移民潮进入美国。1885年，美国的康涅狄格州进行了羊茅属草种的选育工作，1890年，美国罗德岛大学开始了有关草坪植物的研究工作。第二次世界大战后，美国借助经济增长，人口迅猛增加，建筑业高速发展，千万幢楼房拔地而起。大战后的美国成了人们向往的乐土，经济持续增长，工作时间缩短，财富和休闲促进人们生活方式的改变，草地运动和休闲成为了人们的一种生活方式。随着高尔夫、棒球、橄榄球等草地运动的普及，草坪产业得到了空前的发展。在肯塔基州天然马场选育出的高羊茅品种'Kentucky-31'标志着现代草坪产业的真正开始。随后，美国罗格斯大学开展了大规模的冷型草坪新品种的选育，Funk博士突破了草地早熟禾杂交的技术瓶颈，改变了草地早熟禾由于无融合生殖而无法进行性状改良的历史，并从此确立了罗格斯大学在冷型草坪植物育种中的中心地位；宾夕法尼亚州州立大学开展了匍匐剪股颖新品种的选育工作，很快选育出了第一代的高尔夫球场果岭草坪品种'Penncross'，其后'Pennlinks'、'Penn G-6'、'Penn A-4'等新品种相继推出，成为了匍匐剪股颖新品种选育最重要的研究基地；同时在南方，位于乔治亚州Tifton小镇的美国农业部滨海试验站，全面开展了杂交狗牙根新品种的选育工作，先后育成了'Tifgreen'、'Tifdwarf'、'Tifway'、'Tifeagle'等草坪新品种。这些优良草坪品种的育成，使草坪产业进入了专业化发展的轨道，美国的俄勒冈州也逐步成为全世界最大的草种生产基地。与此同时，荷兰、丹麦、瑞典等欧洲国家也相继成立规模较大的草种公司。

20世纪60年代，草坪业成为了美国新兴的绿色产业，专用草坪品种、草坪专用肥料、草坪修剪机等专用机械、草坪除草剂、杀菌剂、杀虫剂、草坪养护管理等都成为发展最为强劲的产业。许多高校也相继开展了草坪专业人才的培养，截至目前，美国几乎所有的州立大学均已设有"草坪"课程，多数州立大学已设立了草坪专业。

围绕草坪市场需求的草坪教育、科研、草种与草皮生产、草坪建植与养护管理、草坪机械、农药等创造了巨大的专业化市场，使草坪业成为美国农业中最主要的产业之一。到目前为止，美国建坪技术，种子生产的规模和机具的品质、种类，仍在世界上处于领先地位。

1.3.2 国内草坪学科的发展史

我国古代草坪利用很早，司马相如(前179—前117年)的《上林赋》中就有了种植结缕草的描述。但是，我国现代草坪的发展较晚，到1983年才由中国草原学会、中国园林学会和农牧渔业部畜牧局共同主持在广州召开了第一次草坪学术讨论会，成立了"中国草原学会草坪学术委员会"；随后，甘肃农业大学草原系开始草坪相关的教学活动，由孙吉雄教授首先尝试开设了"草坪学"课程，经过多年教学经验，1995年出版了第一本《草坪学》教材；之后，中国农业大学、北京林业大学、南京农业大学、四川农业大学等高校也相继开设草坪方面的课程，现在许多高校已成立了草坪系，为我国草坪专业人才的培养作出了贡献。

近年来，我国草坪产业化进程较快，但由于我国现代草坪起步晚，在草坪草新品种的选育、种子生产、建植、养护管理、病虫草害管理、草坪机械等方面与美国相比差距巨大。目前我国95%左右的草坪品种均依赖从欧美等国家进口，由于草坪草种或品种选择不当、草坪建植水平低、养护管理不到位、病虫草害暴发等问题仍相当严重，需要草坪或园林工作者的共同努力来逐步解决。

1.3.3 园林地被植物的发展史

我国在20世纪80年代就开始对地被植物进行研究，全国许多高等院校和科研单位都在该领域做了大量工作。目前我国地被植物的研究应用方兴未艾。

随着城市生态园林概念的提出，地被植物的研究得到了进一步重视。在全国许多城市的公园和风景点，到处可见地被植物的身影。地被植物在城市建设中扮演着越来越重要的角色。

纵观逾30年的发展历史，园林地被植物的研究主要体现在如下几方面：

(1)乡土资源调查、引种和筛选研究

乡土资源调查可掌握当地乡土野生地被植物资源状况。引种是从国内外引进当地缺少的地被植物种类，经过引种驯化，使其适合在本地生长，可以丰富地被植物种类。

30余年来经过园林工作者努力，取得了很大成绩。1987年上海植物园在调查基础上，推荐了垂盆草(*Sedum sarmentosum*)、连线草(*Glechoma radicans*)、蛇莓(*Duchesnea indica*)、野豌豆(*Vicia craces*)、短叶决明(*Cassia leschenaultiana*)和天蓝苜蓿(*Medicago lupulina*)等地被植物；1988年杭州植物园推荐了德国鸢尾(*Iris germanica*)、蝴蝶花(*Iris japonica*)、吉祥草(*Reineckia carnea*)、紫萼(*Hosta ventricosa*)、白穗花(*Sperirantha gardenii*)、阔叶山麦冬(*Liriope platyphylla*)、倭海棠(*Chaenomeles japonica*)、倭竹(*Shibataea chinens*)、菲白竹(*Sasa fortunei*)、铺地龙柏(*Sabina chinensisi*)等地被植物；中国科学院植物所在大量引进野生花卉基础上，筛选观赏价值较高的宿根花卉无毛紫露草(*Tradescantoa virginiana*)、垂直绿化植物花叶爬山虎(*Parthenocissus henryana*)和适宜北方栽培的蕨类植物荚果蕨(*Matteuccia struthiopteris*)等野生地被植物。

国内不少城市或省份也开展了野生地被植物的调查和筛选研究，如太原、沈阳、重庆、济南、合肥、南京、乌鲁木齐、北京、昆明、厦门、石家庄、东营和湘潭等城市都作过相关报道。

我国有着丰富的野生地被植物资源，野生地被资源的开发应用，既丰富了城市园林植物的种类，又体现了地方特色，创造出富有野趣、别具一格的生态景观，避免了千城一景现象，使得园林植物生态景观能保持长期的生态稳定。经过驯化的本土野生地被植物，繁殖栽培容易、适应性强、养护成本低。

(2)适应性和抗逆性研究

目前国内外对地被植物适应性和抗逆性研究主要集中在耐旱、耐寒、耐阴和耐盐碱方面。我国水资源贫乏，近年来提倡节约型园林，节水已成为刻不容缓的课题。选择耐干旱植物是广大园林工作者极其关注的问题。

地被植物的耐寒性研究，对丰富北方寒冷地区的植物种类与城市绿化生物多样性具有很大意义。北方地区气候寒冷，植物资源相对短缺，种类稀少、单调，耐寒植物的引种和开发研究，不仅丰富了园林景观，而且在增加绿地的绿量、消除扬尘、改善空气质量、保持水土、固土护坡等方面充分发挥了生态效益。

植物耐阴性是植物在弱光照条件下的一种生活能力，由于城市的高层建筑、立交桥等原因造成城市地面光照不足，使耐阴植物有了很大的需求空间。耐阴植物还是植物群落配置不可缺少的角色，这类植物在光照不足或林下遮阴地能发挥很大作用。北京林业大学苏雪痕教授最早对杭州园林植物群落中的一些种群在不同光照条件下的生长发育及光合特性做了研究，并提出了园林植物耐阴性及群落配置理论，这对园林植物配置和应用有很重要的指导意义。

在土壤盐碱性强的干旱地区与沿海地区等，耐盐碱植物备受青睐。关于植物的耐盐碱有很多研究，传统的植物种类有柽柳、枸杞、紫穗槐、紫花苜蓿、罗布麻、二色补血草、马蔺、紫花地丁(*Viola yedoensis*)、百喜草(*Paspalum notatum*)、高羊茅、千叶蓍、地被石竹、百里香、佛甲草、丛生福禄考等。

Francios 通过观察盐分对地被植物的影响，总结出地被植物在受到盐害时所表现出来的症状及具体防治方法。王和详等也对引进草种地被做了耐盐碱程度的测定，并推荐一些耐盐碱优良草种。石爱平等对紫花地丁耐盐性进行了研究。百喜草是一种很好水土保持地被植物，属于中度抗盐种。Fortgen 等对唇形科植物耐寒性进行研究，阐述了它们作为育种基因资源的开发价值。Sulgrove 对 6 种地被植物耐寒性进行了调查，筛选出 5 种耐寒性强的品种。

关于抗逆性，如抗污染、耐高温、耐水湿等方面，各地区根据当地条件开展了相应的研究。如北京为了迎接奥运会，筛选了相当数量的耐高温地被植物。发挥了增加绿量提高生态效益的功能。

(3)育种研究

与其他花卉育种相比，目前地被植物育种主要是采取传统育种方法。陈俊愉院士通过杂交育种培育出地被菊新品系；黄苏珍等也开展了鸢尾属(*Iris*)的杂交育种工作；邱新军等通过杂交育种培育出‘雪中笑’抗寒性杜鹃(*Rhododendron simsii* ‘Smile-in-snow’)；中国科学院遗传与发育生物学研究所开展了地被石竹新品种选育。东北林业大学将露地菊进行航天育种，后代有些变异体可以作为地被菊育种材料。

(4)园林应用研究

有关地被植物在城市绿化应用中的种类选择、配置和养护管理等有很多研究报道。大多集中在乡土地被植物的应用方面，如上海大力推广应用垂盆草、连线草、蛇莓、白三叶、野豌豆、短叶决明、天蓝苜蓿等，并对它们的生物学特性和观赏价值进行了观察和研究。浙江省提出适宜作地被植物的野生植物种类有寒莓、剪夏罗、瓜叶乌头、还亮草、天葵、阔叶十大功劳、六角莲、凹叶景天、淡竹叶、胡枝子属 11 种、木兰属6种、庐山小檗、绣球属5种、绣线菊属16种、杨梅叶蚊母树、山酢浆草、扶芳藤、青荚叶等；研究了地被植物在传统景点改造中的地位和作用，如杭州曲院风荷公园引进和运用了大量地被植物，并于2004年根据不同区域的功能和景观要求，进行了充实和调整，极大地丰富了景观多样性和植物多样性，使得该公园的面貌焕然一新。福州城区应用的地被植物约100种，总结出单层色块图案种植、复合群落基础种植、坡地水边覆盖种植、硬质建筑软化种植等主要应用形式，并提出普及应用地被植物，提升景观档次和生态水平的建议。华南地区的彩叶地被植物具有区域特色，研究调查显示，广场、林下林缘、假山置石、路旁(花境)、草坪、驳岸等均可应用，景观效果良好。

近年来，地被植物的生态应用越来越得到重视，尤其应用于公路绿化、高速公路、高铁的边坡绿化，研究涉及植物选择、抗性研究和绿化栽植方式等。如耐盐碱的白刺在公路绿化中应用，不仅枝条在第二年即可生出萌蘖根，整个边坡可完全被覆盖，固土护坡能力极强，而且白刺还具有较强的降盐改土效果。研究报道表明，苇状羊茅、葛藤、百脉根等几种地被植物在护坡绿化及水土保持方面均有良好效果。

思 考 题

1. 草坪和地被植物有何区别？园林应用有何异同？
2. 哪些植物适合作草坪？并说出理由。
3. 地被植物为什么要开发利用乡土植物资源？
4. 草坪和地被植物为何要选择抗逆性强的种类？
5. 我国草坪业与欧美等国家相比较，有哪些差距？

推荐阅读书目

1. 草坪学(第4版). 孙吉雄、韩烈保. 中国农业出版社，2015.
2. 草坪与地被植物. 胡中华、刘师汉. 中国林业出版社，1995.
3. 草坪学基础. 边秀举、张训忠. 中国建材工业出版社，2005.

第 1 篇

草 坪

第 2 章
草坪植物种类及草坪质量评价

[**本章提要**]禾草类的独特形态决定了其能够用作草坪。对其特征和生态习性的了解，是正确栽培和管理草坪的基础。本章在阐述这些知识的基础上，介绍了草坪和草坪植物的分类，冷地型草和暖地型草的主要生态习性，并从外观质量和功能质量方面叙述了草坪质量的评价方法。

草坪植物种类繁多，单个的草坪植株由种子或营养体长出的根、茎、叶等器官组成。从形态结构的发育方式来看，单子叶植物的草坪草与双子叶植物的草坪草有很大的区别。耐修剪和耐践踏是草坪草的两大主要特征。草坪耐修剪的原因是草坪植物生长点的位置比较低，通常位于地表或地表附近，不易受到外力的影响。在草坪植物的地上部分被修剪或者踩踏以后，新叶不断从生长点长出，受损的老叶逐渐被新叶替代。在适宜的环境条件下，每一个植株均能保持相对稳定的叶片数量。在一定的环境条件下，茎的生长点发生质变，不再产生新的叶原基，而是长出具有繁殖能力的花芽原基，形成花序轴和花。腋芽位于茎基的节上，当腋芽从密闭的叶鞘向上长出，发育生成蘖枝(tiller)；若腋芽穿破叶鞘水平长出，形成根茎(rhizome)或匍匐茎(stolon)，在根茎或匍匐茎的末端或节上能再长出新的植株。

掌握草坪植物的根、茎、叶的形态特征及其发育规律，是草坪草种选择、草坪建植以及草坪养护管理的基础。

2.1 草坪植物形态特征

一个成熟的，未经过修剪的草坪植物由根、茎、叶、花序等结构组成(图 2-1)。

2.1.1 根

根的主要功能是固定植株，并从土壤中吸收水分和矿物质，经输导组织供给草坪植株地上部分利用。草坪草的根有两种类型：种子根(seminal roots)和不定根(adventitious roots)。种子根是种子萌发时最先产生的初生根，它将发芽的幼苗固定在土壤中，并吸收无机盐和水分。初生根生长缓慢，生存期相对比较短，在草坪建植当年即死亡。

不定根又称次生根，着生在茎下部的节上。在一个成熟的草坪群落中，根系主要由不定根构成。不定根产生于下述 3 种情况：一是用种子繁殖时，当种子入土后，地下茎伸长到达地面，此时在生长的直立茎的基部产生不定根；二是在匍匐茎的节上产生不定根；三是在根状茎的末端和节上产生不定根。

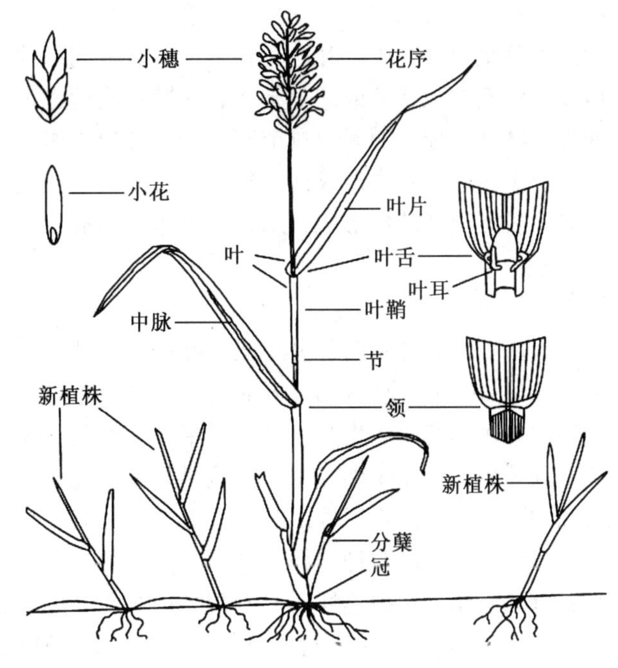

图 2-1　草坪草植株示意图

2.1.2　茎

茎由许多节和节间组成。节间通常为柱形，中空。草坪草的茎有 3 种基本类型：茎基、花序轴、侧茎。除了茎基之外，其他类型的茎都具有伸长的节间。

茎基(也称作根颈)的节间高度短缩，位于叶的基部。茎基由未伸长(或高度短缩)的节、节间和侧芽组成。不定根从茎基较低的节上长出，而侧生茎叶则由位于茎基上部的顶端分生组织长出。在营养生长阶段，茎基是一个高度短缩的茎，当转入生殖生长阶段后，节间伸长，花序轴从闭合的叶鞘伸出，花序轴的顶端形成花序。茎基高度短缩，茎基的外层由坚硬的叶鞘包裹，这也是草坪草耐修剪的重要原因。

侧茎(如分蘖、根状茎和匍匐茎)由茎基上的腋芽长出。草坪侧茎的分枝有两种类型：一是鞘内分枝。当腋芽从叶鞘内与母枝平行向上长出，形成新的地上枝条的分枝称为鞘内分枝。禾草的这种分枝方法也叫分蘖，分蘖的结果大大增加了母枝附近新生枝条的数量。分蘖的新枝被包在叶鞘内且直立生长。二是鞘外分枝，分枝穿出叶鞘，横向生长，包括匍匐茎和根状茎。匍匐茎和根状茎均来自于茎基的腋芽，茎基的腋芽突破叶鞘，横向延伸形成水平方向的茎，并在其节上形成不定根和新的枝条。

匍匐茎沿地表生长，在每个节上形成根和新的蘖枝。如果匍匐茎的末端向上生长，也可以形成新的枝条。在匍匐茎节上可产生横向分枝，形成复杂的侧茎体系。匍匐茎型草坪草种包括匍匐剪股颖、粗茎早熟禾和结缕草等。

根状茎生长在地表以下，包括有限型根状茎和无限型根状茎两种类型。有限型根状茎通常很短，并且末端向上生长形成新的枝条。有限型根状茎的生长分为 3 个阶段，即从母株向下生长阶段、水平生长阶段和向上生长阶段。水平生长阶段是根状茎的主要伸长阶段。向上生长阶段是根状茎向上生长到地表附近，因遇到光照根状茎停止生长，形成新的枝条。具有有限型根状茎的草坪草包括草地早熟禾、匍匐紫羊茅和小糠草等。其中，草地早熟禾的有限型根状茎最发达，可以在比较紧实的土壤中生长良好。无限型根状茎较长，在每个节上都易生成新的分枝。狗牙根是典型的无限型根状茎型植物。无限型根状茎伸长长度变化很大，从几乎不伸长到长达十几厘米甚至更长。根状茎上有互生的叶、生长点、节、节间和腋芽。在每片叶的叶腋有腋芽，它可以发育成新的根状茎或地上枝条，在腋芽附近也可以产生不定根。根状茎的顶端先是通过鳞状叶的伸长而后通过节间的伸长穿出土壤表面。叶片的发育通常预示根状茎开始向上生长，并随之形成地上枝条，一旦叶片见光，该叶片下方的节间伸长便停止。随着生长点上叶片的形成，新根状茎也会形成。

2.1.3 叶

叶由叶片和叶鞘两部分组成，叶的下半部分称为叶鞘，新叶在较老叶片的叶鞘内成卷曲形(rolled)或折叠形(folded)。禾本科草坪草的叶在茎上呈互生排列。芽中幼叶卷曲的草坪草有一年生黑麦草、野牛草、匍匐剪股颖和结缕草；芽中幼叶折叠的草坪草有狗牙根、多年生黑麦草、草地早熟禾和钝叶草。叶鞘的作用是保护幼芽及节间生长和增强茎的支撑作用等。叶的上半部分称为叶片，它相对平展，与叶鞘呈一定的夹角向外伸展。不同草种叶鞘的闭合程度也不一样。有的鞘紧抱茎秆，边缘合生成筒状；有的叶鞘虽紧抱茎秆，但叶鞘的边缘是分离的。

在叶片和叶鞘连接处的内侧有一膜质或毛发状向上突起结构称为叶舌(ligule)。叶舌可防止昆虫、水、病菌孢子等进入叶鞘内，也可以使叶片向外伸展，以捕获更多的光能。叶舌的形状和大小因草坪草种类不同而有很大差异。叶的外侧，与叶舌相对的位置上，生长着浅绿或白色的带状结构，称为叶环(collar)，也叫叶枕。叶环具有弹性和延展性，借以调节叶片的角度。不同草坪草种之间叶环的形状、大小、色泽有明显的差异。许多草坪草叶片基部，叶舌的两侧向外扩展，生成两个爪状的附属物，即叶耳(auricle)。叶耳分爪形、狭长形、短小形等。大多数草坪草无叶耳。叶舌、叶环、叶耳的形态和有无是区分不同草坪草种的重要特征。例如，一年生黑麦草具有大而明显的叶耳；有些草坪草如高羊茅和多年生黑麦草，有的品种有叶耳，有的品种却没有叶耳。

新叶的发生是草坪成坪、草坪修复以及草坪覆盖度等形成的重要基础。新叶发生的速度与草坪草种以及环境条件有关。前后两片叶出现的时间间隔称为间隔期，以日为单位。在适宜的环境及管理条件下，间隔期最短。新形成的嫩叶，光合速率极低，而呼吸作用很强，光合产物不能满足自身的需要，必须依赖于成熟的叶片。所以，若修剪过重，成熟叶片大量减少，光合效率降低，造成幼嫩组织由于缺少养分供应而生长不良，甚至死亡；同时分蘖减少，根系的生长也会受到影响。

2.1.4 花序

当草坪草生长发育到生殖阶段时，茎顶端的分生组织发生转化，从营养茎转变为花序轴。枝条上开花的部分称为花序(inflorescence)。草坪草最常见的花序有穗状花序、圆锥花序(又称复总状花序)和总状花序。花序的组成单位是小穗。在穗状花序中，所有的小花穗都是无柄的，直接着生于花序的主轴上。如狗牙根、黑麦草和结缕草。圆锥花序的主轴上分生着许多小枝，每个小分枝自成一个总状花序。如早熟禾和剪股颖。总状花序的小穗直接着生于主轴上，如地毯草、钝叶草和美洲雀稗。

典型的小穗有一短轴叫作小穗轴。小穗轴的基部着生两枚苞片，称颖片，颖片以上承托着小花。每一个小穗都包含一朵至几朵小花。小花的外面有外稃和内稃，稃片包裹着小花的生殖器官——雄蕊和雌蕊。雌蕊由子房、花柱、柱头组成，雄蕊由花丝和花药组成。在花的基部，介于外稃与雄蕊之间，还有微小而膜质透明的两枚浆片。当小花发育到一定时期后，浆片吸水膨胀，使小花张开，花丝迅速伸长，花药露出小花外，以利于散粉。散粉后小花枯萎，羽毛状的柱头暴露在空气中，接受花粉。

当茎的顶端从营养生长阶段转化为生殖生长阶段时，就不再产生叶原基。因此，在草坪的管理中，不允许花序的产生。在草坪的日常管理过程中，反复多次的修剪可以有效地抑制大部分草种花序的产生。当以生产种子为目的时，则要在获得健壮营养体的基础上，开花结果，从而获得优质丰产的果实和种子。

2.1.5 分蘖

新枝条从腋芽形成的过程称为分蘖(tillering)。与根状茎和匍匐茎的产生不同，分蘖是在包裹着未伸展叶的叶鞘内直接向上生长。成熟的分蘖可以产生叶、茎和根系。匍匐茎和根状茎横向生长，形成具有分蘖能力的地上枝条，各枝条再产生大量的分蘖。因此，在建植具有根状茎或匍匐茎的草坪时，草坪草种单位面积的播种量或者无性繁殖的繁殖体的数量不宜过多。在冬季的低温和夏季的高温下，草坪中大量的老茎萎蔫、死亡，在适宜的环境条件下，由分蘖产生的新植株可以迅速增加草坪的密度。因此，分蘖的存在是草坪更新以及草坪多年生的基础。单个分蘖的存活期通常不超过1年。在低温、短日照、适当的低修剪和高频率修剪条件下，新的分蘖产生。早春和秋季是分蘖萌发的高峰时期。

2.2 草坪分类

目前国内外还没有统一的草坪分类标准，根据草坪的功能特性和组成，有以下两种常用的分类方法。

2.2.1 按照应用分类

(1)游憩草坪

游憩草坪指供人们散步、休息、游戏及户外活动用的草坪。这类草坪在绿地中没有固定的形状，面积可大可小，管理粗放。也可在草坪内配置孤立树，点缀石景或栽植树群，也可在边缘配置花带、林丛。多用在公园、风景区、学校、小区、庭园及休闲广场中。草种要求耐践踏，具有较强的恢复能力，绿色期长。

(2)观赏草坪

园林绿地中，专供欣赏而不对外开放的草坪，称为观赏草坪，也称装饰性草坪。这类草坪周边多采用精美的栏杆加以保护，一般不允许进入。主要铺设在广场雕像、喷泉周围和纪念物前等处，用作装饰或陪衬景观。草种要求茎叶密集、绿色期长，一般以细叶草类为宜。需要精细管理，并严格控制杂草的生长。

目前，随着开放式城市空间概念的提出以及越来越多耐践踏草坪草种的出现，完全封闭的观赏草坪越来越少。

(3)疏林草地

以草坪为主景，在草坪上配以孤植或丛植的灌木和乔木，形成树木和草地相结合的草地景观，称为疏林草地。疏林草地中，树木覆盖面积为草坪总面积的30%～60%。一般铺设在城市近郊或工矿厂区周围，或与疗养院、风景区、森林公园、防护林带相结合。它的特点是局部林木密集，夏季可以提供荫蔽；林间空旷草地可供人们活动和休息。这类草坪多用地形排水，管理粗放，造价较低。应选择具有一定耐阴性及耐践踏的草种，草地间还可以配置一些野生花卉，营造一种回归自然的野趣景观。

(4)固土护坡草坪

固土护坡草坪是指在坡地、水岸、堤坝、公路与铁路边坡等位置建植的草坪，主要起固土护坡、防止水土流失的作用。草种的选择，主要从抗性角度考虑，因为这些位置立地条件较差，又不易管理。一般应选择适应性强，根系发达，草层紧密，耐旱、耐寒、耐瘠薄，抗病虫能力较强的种类。

(5)运动场草坪

供开展体育活动的草坪称作运动场草坪，或体育草坪。如足球场草坪、网球场草坪、高尔夫球场草坪、橄榄球场草坪、垒球场草坪等。这类草坪的建植，一般应选择耐践踏，耐频繁低修剪，具有极强恢复力的草种。同时，还要考虑草坪的刚性、弹性、回弹力、耐磨性以及其他方面的性能。此外，不同体育活动以及同一类型的运动场所，如高尔夫球场的不同区域，对草种的要求也不一样。

2.2.2 按照组合分类

(1)单一草坪

单一草坪指由一个草种或品种铺设而成的草坪。通常这类草坪具有高度的均一性，整齐美观，但稳定性较差，要求精细管理。尤其适用于特定位置，如高尔夫球场的发球区。单一草坪多选用暖型草坪草，以及冷地草坪草中侵占力很强的草种来铺设，如高羊茅等。由于稳定性差，栽培管理要求高，极少用于园林草坪。

(2)混合草坪

混合草坪指由两个或两个以上草种混合建植的草坪。不同的草种混合，一是可以加快草坪成坪的速度，如在草地早熟禾播种繁殖时，加入不超过20%的多年生黑麦草较单一草种成坪速度快；二是提高了草坪的稳定性，如将生长快的狗牙根和根状茎发达的结缕草混播，充分发挥狗牙根再生快和结缕草根状茎发达的优势，使草坪地上和地下部分和谐一致，提高了草坪的耐践踏性；三是延长了草坪的绿色期，如在夏季生长良好的暖型草坪草上覆播抗寒的冷型草坪草种，发挥冷型草冬季绿色的优势；四是提高草坪的使用效果和防护功能，如将宽叶草种和细叶草种混合，耐磨性强的草种和耐修剪的草种混合等。

在草种混合时要注意，混合草坪是以基本保证草坪均一性为前提的，质地及色泽相差明显的草种一般不宜用于混合草坪的建植。

(3)缀花草坪

缀花草坪是草坪铺设的一种新形式，是在以禾本科植物为主体的草坪或草地上，配置一些观赏性强的多年生草本观花植物。如郁金香、风信子、石蒜、洋水仙、鸢尾、葱兰、韭兰、萱草、红花酢浆草、紫花地丁等。这些植物的种植数量一般不超过草坪总面积的1/3。草本观花植物在草坪中可以规则式配置，组成一定的几何图形或文字，也可以自然式配置。

缀花草坪一般铺设于游人较少的游憩草坪上，供游人欣赏。缀花草坪改变了草坪的单一性，提高了群体的观赏价值。

2.3 草坪植物种类

草坪草大部分是禾本科的草本植物。禾本科植物在地球上分布最广泛，大约有10 000种。其中只有几十种具有耐修剪、抗践踏和具有形成连续地面覆盖群落的特性，可以用作草坪草。常用的草坪植物主要分属于禾本科的3个亚科：羊茅亚科(又名早熟禾亚科)、虎尾草亚科(又名画眉草亚科)和黍亚科。羊茅亚科(Festucoideae)包括早熟禾属(*Poa*)、羊茅属(*Festuca*)、剪股颖属(*Agrostis*)、黑麦草属(*Lolium*)、燕麦草属(*Arrhenatberuzn*)、梯牧草属(*Phleum*)等。虎尾草亚科(Chlofideae)包括结缕草属(*Zoysia*)、狗牙根属(*Cynodon*)、野牛草属(*Buchloe*)、格兰马草属(*Bouteloua*)。黍亚科(Panicoideae)包括假俭草属(*Eremochloa*)、地毯草属(*Axonopus*)、雀稗属(*Paspalum*)、钝叶草属(*Stenotaphrum*)、狼尾草属(*Penniserum*)等。

按照草坪植物对于气候的适应性，可以将其分为冷型草坪植物和暖型草坪植物，下面将分别介绍。

2.3.1 主要冷型草坪植物

冷型草坪植物也称冷地型草坪植物，最适生长温度15～25℃，适宜在我国黄河以北地区种植。耐寒性强，绿色期长，春秋两季生长快，夏季生长缓慢，并出现短期的半休眠现象。既可用播种繁殖，也可以用营养体繁殖。抗热性差，夏季病虫害多，要求精细管理，使用年限较短。草地早熟禾、多年生黑麦草、高羊茅、剪股颖和细羊茅都是我国北方地区较适宜种植的冷型草坪草种。早熟禾和剪股颖耐低温能力强，高羊茅和多年生黑麦草能较好地适应非极端的低温。冷型草坪草耐高温能力差，但某些冷型草坪草，如高羊茅、匍匐剪股颖和草地早熟禾可以在过渡带或热带、亚热带的高海拔地区生长。其中，高羊茅最适宜在过渡地带地区生长。

2.3.1.1 羊茅属 *Festuca*

羊茅属约100种，分布于全世界的寒温带和热带的高山地区。羊茅属植物外部形态特征相差很大，叶片最宽的草坪草和叶片最窄的草坪草都在羊茅属中。羊茅属草坪草广泛用于冷凉湿润、冷凉干燥和过渡带地区。细羊茅在南方的某些地区，也用作冬季覆播的草坪草。我国有14种，常用作草坪草的有高羊茅、紫羊茅、硬羊茅、羊茅、邱氏羊茅等。其中高羊茅和草地羊茅属于宽叶型草坪草，其余都是细叶型草坪草。下面主要介绍高羊茅和紫羊茅。

(1)高羊茅 *Festuca arundinacea*

别名　苇状羊茅、苇状狐茅

形态特征　冷型丛生状草坪草，与同属的其他植株相比，高羊茅植株高大，叶宽，茎秆直立、粗壮。芽中叶片呈卷曲状。叶片扁平、坚硬，长10~30cm，宽5~10mm；叶片正面叶脉突出，无主脉，叶片背面光滑，叶表面及边缘粗糙；叶鞘圆形、开裂，基部红色；叶舌膜质，长0.4~1.2mm，截形；叶耳小而狭窄；叶环宽，分离，边缘有短毛。圆锥花序直立或下垂，每节有2~5个分枝；小穗长10~15mm，每一小穗上有4~5朵小花。颖果(种子)长3.4~4.2mm，宽1.2~1.5mm，显著大于羊茅属其他种。

生态习性　在冷型草坪草中，高羊茅的耐高温能力很强，耐寒性差。在短暂的高温下，叶片的生长受到抑制，但仍能保持颜色和外观的一致性。在寒冷潮湿气候带的较冷地区，高羊茅易受到低温的伤害。高羊茅是最耐旱和最耐践踏的冷地型草坪草之一，耐阴性中等。耐粗放管理。高羊茅对土壤条件的适应性广，在pH 4.7~9.0的土壤中都能生长，最适于生长在肥沃、湿润、富含有机质的细壤土中，最适pH 5.5~7.5。

与大多数冷型草坪草相比，高羊茅更耐盐碱，耐潮湿，可忍受较长时间的水淹，可用作排水沟旁草坪。

栽培养护　通常用种子直播法建坪，播种量20~40g/m²。成坪速度较快，但再生能力较差，常与多年生黑麦草、草地早熟禾混播。混播时，高羊茅所占的比例不应低于70%。由于其丛生特性，需要在一定时期的使用后进行覆播(overseeding)，以保证草坪密度。一般情况下常用2~3个高羊茅品种进行混合播种来扩展草坪的适应性。

高羊茅不耐低修剪，修剪高度以5~8cm为宜。尽管高羊茅根系深，抗旱性较强，但也是需水量较大的草坪草种。夏季应充足灌水，以避免由于干旱和高温引起植株休眠。高羊茅能耐低肥，但适度施肥有利于快速成坪和植株生长健壮。

应用　具有显著的抗践踏、抗热、抗干旱能力，同时适度耐阴。缺点是抗冻性稍差，丛状生长，在草坪中常呈丛块状。由于抗冻性差，高羊茅很少用在北方的冷湿地带，主要用于南方的冷湿地区、干旱凉爽区以及过渡地区。

高羊茅耐粗放管理，耐践踏，多用于一般性的地面覆盖和保土草坪建植。由于叶片比较粗糙，高羊茅一般只用来建植中、低质量的草坪，如高尔夫球场的长草区、高速公路互通、机场草坪，以及园林绿化中的大片绿地建植等。由于其成坪快，根系深，耐土壤瘠薄，也可以用于护土固坡。

常见品种和类型　品种众多。近年来，在园林中大量使用的新品种有'Houndog V'('猎狗V')、'Arid Ⅲ'('爱瑞三号')、'Crossfire Ⅱ'('交战II')、'Mustang Ⅲ'('野马III')、'Mini Mustang'('小野马')、'Triple A'('翠波')、'Starlet'('新秀')、'Wildfire'('野火')、'Cochise'('可奇思')、'Mowless'('免刹')、

'Grands'('格兰帝')、'Endeavor'('全力')、'Millennium Ⅱ'('千年盛世Ⅱ')、'Focus'('聚焦')等。与传统品种不同的是，新品种的根部多含有内生菌，提高了品种的抗病和抗虫能力。

(2)紫羊茅 *Festuca rubra*

别名 匍匐紫羊茅、红狐茅

形态特征 多年生冷型草坪草。须根发达，茎秆丛生，具根状茎和短的匍匐茎，但紫羊茅的匍匐性比草地早熟禾要弱得多。叶长5~15cm，宽1.5~3.0mm；芽中叶片折叠，叶舌膜质，长0.5mm，截形；无叶耳；叶环狭窄，连续，无毛；叶片光滑柔软，对折或内卷，叶正面有突起，背面和边缘平滑，叶鞘光滑或有毛，基部红棕色，分蘖的叶鞘闭合。圆锥花序狭窄，稍下垂，长9~13cm，每节有1~2个分枝；小穗先端带紫色，含3~6朵小花。颖果长2.5~3.2mm，宽1mm。

生态习性 喜凉爽湿润的气候，耐寒性较强，可耐-30℃的低温，最适宜在高海拔地区生长。不耐炎热和潮湿。耐旱性强于草地早熟禾、匍匐剪股颖和多年生黑麦草。紫羊茅的耐阴性比大多数冷型草坪草强，可以耐50%~70%的荫蔽，在乔木下半阴处能正常生长。对土壤要求不严，耐酸，在富含有机质的砂质黏土和干燥的沼泽土中生长最好。耐践踏能力中等。

栽培养护 主要以播种方式建坪。播种量12~20g/m^2。一般不单播，常与草地早熟禾混播，有时与多年生黑麦草或细弱剪股颖混播。紫羊茅是可以粗放管理的优良草坪草种，草坪质量较好。需肥量低，若氮肥比例过高，易染病。年施氮量为97.5kg/hm^{2}或更少。以春、秋季施肥为宜，夏季休眠期不宜施肥。紫羊茅最不耐水淹，不能忍受土壤中的高湿度。

紫羊茅生长缓慢，不需要经常修剪，剪草高度以4~6cm为宜。紫羊茅属密丛型草坪草，易形成草丘，给修剪带来困难，应注意通气。紫羊茅草坪枯草层厚，最好每3~5年更新一次。

应用 紫羊茅是世界应用最广的冷型草坪草之一。由于寿命长，色泽好，绿色期长，生长速度慢，覆盖能力强，耐践踏、耐荫蔽等优点，广泛应用于机场、庭园、花坛、林下等处，是一种优良的观赏性草坪草。

紫羊茅也可用于温暖湿润地区狗牙根占优势草坪的冬季覆播材料。该草春季返青早，秋季枯黄晚，在内蒙古呼和浩特市4月中旬返青，11月中旬枯黄，绿色期210d左右。与多年生黑麦草和粗茎早熟禾相比，紫羊茅在秋季和春季的过渡时期内性状较好。

常见品种和类型 有3个亚种：粗壮型匍匐紫羊茅(*Festuca rubra* ssp. *rubra*)、柔弱型匍匐紫羊茅(*F. rubra* ssp. *trichophylla*)和邱氏羊茅(*F. rubra* ssp. *commutata*)。粗壮型匍匐紫羊茅茎叶粗糙，形成的草坪密度较低，根茎较大而粗，具有较强的扩张能力。柔弱型匍匐紫羊茅常称作匍匐紫羊茅，叶片细，可以形成致密草坪，根状茎弱小，扩展缓慢，具有极强的耐盐能力。邱氏羊茅，也叫丛生型紫羊茅，没有根状茎。邱氏羊茅形成的草坪质地细密，生长低矮，极耐低修剪。在适宜的生长环境条件下，形成的草坪景观极其诱人。

粗壮型匍匐紫羊茅的品种有'Boreal'、'Bargena Ⅰ'、'Bargena Ⅱ'、'Bargena Ⅲ'、'Ensylva'、'Shademaster'和'Wintergreen'等。柔弱型匍匐紫羊茅的品种有'Dawson'和'Seabreeze'等。邱氏羊茅品种有'Jamestown Ⅱ'、'Shadow'、'Silhouette'、'SR5000'、'SR5100'、'Tiffany'和'Victory'等。新培育的一些品种引入了内生菌，内生菌的引入使新品种具有较好的抗旱、抗虫和抗病性。

2.3.1.2 早熟禾属 *Poa*

早熟禾属中有200多个种，有一年生的也有多年生的。生长特性包括丛生型、根状茎型和匍匐茎型。所有的早熟禾有两个共同的结构特征，可以用作鉴别：一是船形叶尖；二是叶片中脉两侧各有一条半透明的平行线。早熟禾200多个种中只有7个种具有草坪草的特性，其中4个种是常用的草坪草，即草地早熟禾、一年生早熟禾、粗茎早熟禾和加拿大早熟禾。下面分别进行介绍。

(1) 草地早熟禾 *Poa pratensis*

别名 肯塔基早熟禾、肯塔基蓝草、蓝草、六月禾等

形态特征 多年生草本植物，有发达的根状茎。茎秆直立，芽中叶片折叠。叶片呈V形或扁平，宽2~4mm，叶尖船形，叶缘较粗糙，在叶片主脉两侧有两条半透明的平行线；叶舌膜质，长0.2~1.0mm，截形；叶环中等宽度，分离、光滑、黄绿色，无叶耳。圆锥花序开展，长13~20cm，分枝下部裸露；小穗长3~6mm，密生顶端，含3~5朵小花。颖果纺锤形，具三棱，长约2mm。

生态习性 喜光，喜冷凉湿润的环境，抗寒性强，在我国北方-27℃的寒冷地区均能安全越冬。不耐热，在气温高于32℃时，生长速度降低，夏季炎热时生长停滞。适于生长在排水良好、肥沃、湿润、中等质地、pH 6~7的土壤中。根茎繁殖力强，再生性好，较耐践踏。在适当的修剪高度(4~5cm)下，与杂草的竞争能力很强。管理适当时，具有较强的抗病性。

草地早熟禾耐阴性差，耐阴能力弱于粗茎早熟禾和细羊茅。另外，草地早熟禾的根系分布浅，需水量较大，这也限制了优良草地早熟禾品种的推广应用。

栽培养护 主要采用播种的方法建坪，播种量为8~12g/m^2。可以单播，也可以与多年生黑麦草、紫羊茅等草种混播，增加草坪的抗逆性。也可采用根茎扩繁建坪速度较黑麦草和高羊茅慢。成坪后应进行合理的管理，修剪高度一般为2.5~5.0cm，一些草地早熟禾品种能够忍受低修剪。

在良好的土壤条件下，通过地下茎迅速扩展，形成健壮致密的草皮。在草坪建植和管理过程中要注意氮、磷、钾的合理施用，在水分不足的条件下要经常灌水。草地早熟禾生长到4~5年以上，会形成坚实的枯草层，阻碍草坪草的返青，这时应采用断根法、土壤穿刺等方法进行更新，或重新补播，以避免草坪的退化。

应用 寿命较长，草质细软，颜色光亮鲜绿，绿色期长，是应用最广泛的冷型草坪草之一，可用于寒温带、温带以及亚热带和热带高海拔地区。可广泛应用于公园、公共绿地、庭园、高尔夫球场及机场等地的草坪。此外，草地早熟禾发达的根系及较强的再生能力使得它特别适用于运动场。草地早熟禾的建坪速度比紫羊茅慢，常与紫

羊茅混合使用以加快成坪。

常见品种和类型　目前品种已超过300个，一般把它们分成普通型和改良型两种类型。普通型草地早熟禾品种具有直立生长的习性，春季返青早，对环境胁迫的抗性强，低养护管理水平下生长发育良好。改良型草地早熟禾是新育成的品种，具有低矮、生长缓慢的特性。某些改良型品种的抗病性强，但是需水需肥量高。普通型的草地早熟禾品种如'Park'('公园')、'Delta'('台达')、'South Dakota Certified'('南达科塔早熟禾')、'Kenblue'('蓝肯')，改良型草地早熟禾新品种，如'America'('美洲王')、'Nuglade'('新哥来德')、'Freedom'('自由')、'Midnight'('午夜')等。

(2)粗茎早熟禾 *Poa trivialis*

别名　普通早熟禾、粗糙早熟禾

形态特征　多年生冷型草坪草，具有发达的匍匐茎。地上茎茎秆光滑，质地细，丛生。茎秆基部的叶鞘较粗糙，故称之为粗茎早熟禾。芽中幼叶呈折叠形；膜状叶舌长2~6mm，呈尖状或凹形；无叶耳；叶环宽，分离；成熟的叶片成"V"字形或扁平，柔软，淡绿色，有光泽，在中脉的两旁有2条明线，叶尖呈明显的船形。具有开展的圆锥花序，长13~20cm，分枝下部裸露，每节有3~4个分枝；小穗含2~3朵小花。颖果长椭圆形，长约1.5mm。

生态习性　适宜生长在湿润、冷凉的温带地区，喜湿润、肥沃的土壤。耐阴性强，在中度和重度遮阴条件下生长良好。较其他耐阴的冷型草坪草，如细羊茅，耐潮湿，抗寒，在我国华北地区能顺利越冬。抗热性差，在炎热的夏季叶尖变黄，处于半休眠状态。根系浅，抗旱性差。不耐践踏。该种绿色期较长，春、秋两季生长较快，夏季阳光充足时会出现褐色。

栽培养护　主要采用播种繁殖的方法建坪，该方法成坪快，一般40d后即可成坪。该草与其他草种混播时，外观不整齐，所以宜单播，播种量为8~15g/m^2。在生长旺季应注意修剪、施肥和浇水，修剪高度为4~7cm。如果管理不善或由于不良的环境影响，粗茎早熟禾在生长3~4年后会逐渐衰退，出现成片的枯黄甚至秃斑。因此在管理水平较低或环境条件有限的情况下，应注意补播。另外，也可以用断根法和土壤穿刺等方法对草坪进行更新。粗茎早熟禾对除草剂(如2,4-D)敏感。

应用　主要用于绿地、公园草坪，不适于作观赏草坪。常与草地早熟禾混播，以增加混播草坪的耐阴性。

常见品种和类型　常用品种有'Dasas'('达萨斯')、'Sabre Ⅰ'('塞博Ⅰ')和'Sabre Ⅱ'('塞博Ⅱ')等。

(3)加拿大早熟禾 *Poa compressa*

别名　扁茎早熟禾、加拿大蓝草

形态特征　加拿大科学家首先描述了它的植物学特征，因此命名为"加拿大早熟禾"。加拿大早熟禾为根茎型多年生草坪草，茎光滑，茎基部扁平，因此又名"扁茎早熟禾"。芽中幼叶呈折叠形；叶舌膜质，短而钝，长0.2~1.2mm，截形；无叶耳；

叶环窄，分离；叶片扁平"V"字形，两面光滑，向船形叶尖逐渐变细，叶色蓝绿，叶长3~12cm，叶宽1~3mm，中脉两侧有明线。有短小根茎，春、夏茎叶坚挺。圆锥花序狭窄，长3.5~11cm，宽0.5~1.0mm。小穗卵圆状披针形，排列较紧密，长3~5mm，含2~4朵小花。颖果，种子纺锤形，长约1.6mm，宽约0.6mm。

生态习性　适于在寒冷潮湿的气候带生长。耐旱，喜光也耐半阴。不耐炎热，在高温的夏季叶片容易变黄，草坪质量下降。适合生长在偏酸性、较瘠薄的土壤中。

栽培养护　既可采用种子建坪，也可采用铺草皮的方法建坪。播种于春、秋季进行。播种量为6~8g/m^2。成坪约需一个生长季。该草种既可单播，也常与草地早熟禾等混播，以提高草坪的适应性。加拿大早熟禾不适于低修剪，最适修剪高度为7.5~10cm。

在夏末，茎基可能伸长，会造成草坪质量的退化。由于加拿大早熟禾生殖枝数量较多，因此要勤修剪，以抑制其生长。

应用　加拿大早熟禾形成的草坪质地粗、观赏价值差，主要用于低养护的草坪。在土壤干燥、瘠薄、质地粗劣的陡坡上也可栽植，是良好的道路护坡材料。

常见品种和类型　常见的品种如'Reubens'（'印第安酋长'）等。

2.3.1.3　剪股颖属 *Agrostis*

本属约有220个种，只有少数几个种可用作草坪草。包括匍匐剪股颖（*Agrostis stolonifera*）、细弱剪股颖（*A. capillaris*）、绒毛剪股颖（*A. canina*）和小糠草（*A. alba*）。除小糠草外，上述剪股颖草种广泛用于高尔夫球场果岭和其他管理强度较高的草坪，其中匍匐剪股颖和细弱剪股颖是较重要的剪股颖属草坪草种。剪股颖以其质地细和耐低修剪而著称，其修剪高度可达0.5cm，甚至更低。当强修剪时，剪股颖可以形成致密、均一的高质量草坪。剪股颖属的共同特征包括叶片正面有隆起，芽中幼叶卷曲和单花小穗等。

(1)匍匐剪股颖 *Agrostis stolonifera*

别名　匍茎剪股颖、本特草

形态特征　叶片质地细腻，有发达的匍匐茎，叶芽卷曲。叶舌膜质，长圆形，长2.5~3.5mm；无叶耳；叶环由窄至宽不等；叶片扁平，线性，先端渐尖，叶长5.5~8.5cm，宽2~3mm，叶片正面叶脉明显，背面光滑，匍匐茎的节上易生根。圆锥花序卵状长圆形，绿紫色，成熟时呈紫铜色，长11~20cm，宽2~5cm，每节具2~5个分枝；小穗长2.0~2.2mm。颖果卵形，长约1mm，宽约0.4mm，黄褐色。较长的膜状叶舌是鉴别的主要特征。

生态习性　喜冷凉湿润的气候。不耐旱，耐寒性强，在我国北方能正常越冬，但容易发生冬季失水干枯的现象。耐热能力中等，在南方夏季高温条件下，生长速度减慢，容易感染病虫害。由于匍匐茎横向蔓延能力强，能迅速覆盖地面，形成密度很大的草坪。耐低修剪，修剪高度可低至3mm。耐践踏能力中等。

由于匍匐茎节上不定根入土较浅，因而耐旱性稍差。匍匐剪股颖对土壤要求不严，最适宜生长在湿润、疏松、肥沃、酸性至弱酸性的细壤土中。对紧实土壤的适应性很差。

栽培养护 可以用播种和栽植匍匐茎两种方法建植草坪。因种子特别细小，播种坪面要平整，一般播种量为3～5g/m²。匍匐茎栽植比例为1:(7～10)，栽后1～1.5个月后可成坪。匍匐剪股颖具有侵占性很强的匍匐茎，故很少与草地早熟禾等直立生长的草种混播。

匍匐剪股颖栽培管理要求高。修剪高度以0.50～1.27cm为宜。剪草要及时，如果草层长得过高过密，基部叶片会因通风透气不良而变黄，甚至死亡。匍匐剪股颖不耐旱，要经常浇水。匍匐茎分枝能力强，枯草层厚，表面覆沙有利于减少枯草层。打孔或穿刺可改善基质的渗水性。抗病虫害能力较差，需要定期喷施杀菌剂来控制病虫害的发生和蔓延。

应用 在高强度的管理、特殊的剪草设备和高水平的管理技术下，才能获得高质量的草坪，不适宜作庭园草坪和观赏草坪。在高尔夫球场果岭上应用最广泛，世界上温带地区几乎所有高尔夫球场果岭都使用匍匐剪股颖。也是草地网球场、草地保龄球场等精细管理草坪的首选草种。

常见品种和类型 有营养繁殖品种和种子繁殖品种两类。营养繁殖品种应用在高尔夫球场果岭上，能形成均匀、高质量的草坪。由于营养繁殖较困难，随着高质量种子繁殖型新品种的问世，现在生产上主要采用种子繁殖品种，如'Penncross'('攀可斯')、'Putter'('帕特')、'Cato'('开拓')、'Seaside'('海滨')、'SR1091'('天意')、'Penneagle'('宾州鹰')、'SR1020'、'Cobra'('眼镜蛇')、'PennA-4'、'PennA-1'等。

(2)细弱剪股颖 *Agrostis capillaris*

别名 棕顶草

形态特征 质地细，丛生。具有短的匍匐茎和根状茎，质地良好，茎秆丛生，直立。细弱剪股颖芽中叶片呈卷曲状；叶舌膜质，长0.3～1.2mm，截形；无叶耳；叶环狭窄，透明状；叶片扁平、线形，先端渐尖，叶长2～5cm，宽1～3mm，叶正反面及叶缘粗糙。圆锥花序近椭圆形，开展。

生态习性 适于生长在温带海洋性气候条件下。喜冷凉湿润，耐寒，耐瘠薄，有一定耐阴性，但耐热性和耐旱性稍差。抗低温性不如匍匐剪股颖，但比匍匐剪股颖耐旱。适应的土壤范围较广，但在肥沃、湿润、pH 5.5～6.5的细壤土中生长最好。不耐践踏。

栽培养护 主要以种子直播建坪，播种量为5～7g/m²。通过匍匐茎和根茎扩繁，易形成致密的草坪，但速度较慢。

干旱阶段需经常浇水。需水量比匍匐剪股颖少，氮肥需要量为每个生长月1.95～4.87g/m²。剪草工作要及时，适宜的修剪高度为0.8～2cm。低修剪下可形成细致、稠密的草坪。如果修剪不及时，将导致枯草层过厚。易感病，包括币斑病、褐斑病、雪腐病等。对除草剂敏感。

应用 最早由欧洲引入世界各地的寒冷潮湿地区。我国北方湿润带和西南一部分地区也适宜其生长。细弱剪股颖常与其他一些冷地型草坪草混播，用作高尔夫球场球

道和发球台，有时也用于高尔夫球场果岭及其他一些高质量的草坪。另外，细弱剪股颖也用作公园、街道和居住区绿化。

常见品种和类型　欧美选育品种甚多，我国目前引种的有'Bardot'('白都')、'Heriot'('继承')、'Boral'('佰拉')、'SR7100'。另外，还有'Exeter'('依克斯泰勒')、'Highland'('高地')、'Holfior'('霍菲亚')等。

(3)绒毛剪股颖 *Agrostis canina*

别名　欧剪股颖

形态特征　具匍匐茎，其匍匐茎的延伸性比匍匐剪股颖差，但强于细弱剪股颖。芽中叶片卷曲；叶舌膜质，长0.4～0.8mm，尖形；无叶耳；叶环宽；叶片扁平，宽1mm；叶片正面稍粗糙，背面光滑。圆锥花序红色、松散。

生态习性　适合在温带海洋性气候、排水良好、酸性至弱酸性、中等肥力的砂质土壤上生长。是剪股颖草坪草中最耐阴的种类，耐热性和耐寒性也优于其他剪股颖种类。有一定耐旱性，但柔软多汁的叶片容易萎蔫。

栽培养护　可用种子繁殖，也可用匍匐茎进行营养繁殖。建坪速度较慢，再生能力差。修剪高度以5～10mm为宜，在频繁的低修剪下能产生高质量的草坪。容易产生枯草层，施肥应少量多次，还应经常覆沙或覆土来控制枯草层。氮肥需求量中等。易染病，应经常注意病虫害的防治。

应用　质地细腻，能形成高质量的精细草坪。主要用于低修剪的高尔夫球场果岭和保龄球球场以及其他精细管理的观赏草坪。

常见品种和类型　常见品种有'Kingstown'('克林思顿')、'SR7200'、'Pennlawn'('宾州草')、'Ruby'('鲁比')等。

(4)小糠草 *Agrostis alba*

别名　红顶草、糠穗草、白剪股颖

形态特征　具细长根状茎，浅生于地表。芽中幼叶卷曲；叶舌膜质，长1.5～5.0mm，圆形；无叶耳；叶环宽，分离；叶片线状，扁平，叶正面略粗糙，背面光滑，叶长17～22cm，宽3～10mm。圆锥花序红色、松散。由于该草在抽穗期间穗上呈现一层鲜艳美丽的紫红色小花，故又名红顶草。颖果长椭圆形，长1.1～1.5mm，宽0.4～0.6mm，黄褐色。

生态习性　适应性广。喜冷凉湿润气候，耐寒性强，耐热性优于匍匐剪股颖和细弱剪股颖。喜光，耐阴能力比紫羊茅稍差。对土壤要求不严，但在有灌溉条件的砂壤上生长最好。侵占性强，一旦长成，即能自行繁殖。分蘖旺盛，再生能力强。

栽培养护　由于小糠草种子产量较高，常采用播种的方法建坪，播种量为6～8g/m^2。也可采用营养繁殖。小糠草适应性较强，养护较为简单。除给予适当的肥水外，修剪是很重要的养护手段，否则，生殖枝会使草坪质量降低。修剪高度为3.8～5cm。

应用　由于草坪质量不高，因此没有广泛应用。在草地早熟禾建坪时，可以用作"修补草"。对环境有较强的适应性，常用于保土草坪的建植，也可与其他草种混播用作道路、护坡的绿化。

常见品种和类型　有'Streaker'('斯坠克')和'Rudiger'('吕迪格')等。

2.3.1.4　黑麦草属 *Lolium*

黑麦草属是目前草坪生产中广泛使用的冷地型草坪草种之一。黑麦草属有10个种，主要分布在温带。其中用作草坪草的只有多年生黑麦草(*L. perenne*)和一年生黑麦草(*L. multiflorum*)。黑麦草的主要优点是发芽和成坪速度快。因此常用于草坪补播和混播，并常与草地早熟禾草坪草混播作为保护性草坪草。

多年生黑麦草 *Lolium perenne*

别名　黑麦草、宿根黑麦草

形态特征　多年生疏丛型草坪草，具有细弱的根状茎，根系发达。茎秆直立。芽中叶片对折；叶舌膜质，长0.5～2.0mm，截形至圆形；叶耳小，柔软，爪形；叶环宽，分离；叶片扁平，叶长10～20cm，宽2～5mm，深绿色，叶正面叶脉明显，背面光滑发亮。扁平穗状花序，小穗无芒，每小穗含3～10朵小花。

普通品种有膜状叶舌、短的叶耳和宽的叶环。多数新品种没有叶耳，叶舌不明显，有时也呈现船形叶尖，易与草地早熟禾混淆。但多年生黑麦草叶尖顶端开裂，叶环比早熟禾更宽、更明显一些。

生态习性　喜温暖、湿润且夏季较凉爽的环境。最适温度20～27℃。气温-10℃时植株仍保持绿色，低于-15℃产生冻害。在年降水量1000～1500mm的地区生长良好。喜光，耐阴性差，不耐干旱，不耐瘠薄。在肥沃、排水良好、pH 6～7的土壤中生长较好，在瘠薄的砂土中生长不良。

栽培养护　采用种子播种建坪。南方一般秋播，播种量15～30g/m^2。播种后4～7d出苗，苗期生长较快。由于分蘖能力强，生长快，必须定期修剪，促进其分蘖，使其迅速成坪。苗期需水量较高，要注意及时浇水。一般播后3～4个月即可形成中等密度的成熟草坪。多年生黑麦草耐践踏性强。不耐低修剪，一般修剪高度为4～6cm。为使黑麦草草坪保持绿色，应定期施氮肥。

应用　由于多年生黑麦草的丛生特性，损伤后恢复能力较差，很少作单一草坪。多年生黑麦草种子较大，发芽迅速，可以用作混合草坪基本草种建植运动场草坪，也可用作混合草坪的先锋草种，如配合草地早熟禾或高羊茅使用，以提高建坪速度。但由于多年生黑麦草的扩展能力强，混播时黑麦草的用种量不应超过10%～20%。另外，多年生黑麦草也是暖地草坪冬季覆播的主要草种。由于能抗SO_2等有害气体，也可以用作工矿企业的绿化材料。

常见品种和类型　目前在生产上成功推广的品种有'Cutter'('卡特')、'Manhattan'('曼哈顿')、'Derby'('德比')、'Derby supreme'('超级德比')、'Premier'('首相')、'Ph. D'('博士草')、'Pickwick'('匹克威')、'AilStar'('全星')、'Taya'('托亚')、'Figaro'('费加罗')等。

2.3.1.5 其他冷型草坪草

(1)无芒雀麦 *Bromus inermis*

别名光雀麦、无芒草、禾萱草。是禾本科雀麦属多年生草本植物。无芒雀麦叶鞘在近叶环处闭合，形成像“V”形毛衣领状。在叶片上有明显的“W”形痕迹。喜冷凉干燥的气候，耐旱、耐热、耐寒、耐碱、耐瘠薄、耐践踏。可采用播种方式建坪，播种量17~22g/m^2。

分布于欧洲、西伯利亚和我国北部。无芒雀麦在低矮修剪的条件下形成粗放、稀疏的草坪，主要用于干旱、半干旱地区作为水土保持材料。

(2)碱茅 *Puccinellia distans*

别名铺茅、朝鲜碱茅。属禾本科碱茅属多年生草本植物。碱茅丛生，颜色灰绿，芽中叶片卷曲，膜状叶舌。圆锥花序夏季开花至秋季。喜湿润，抗寒能力强，耐旱，对土壤要求不严，喜光，不耐阴，抗盐碱能力很强。可采用播种或移栽草皮块的方式建坪。主要用于盐碱土地区草坪建植和公路护坡。‘Fultz’(‘法次’)是碱茅的主要品种。

(3)梯牧草 *Phleum pretense*

别名猫尾草。属禾本科梯牧草属多年生草本植物。梯牧草芽中叶片卷曲，尖形叶尖，膜状叶舌明显。茎基部明显膨大，呈块形加粗。喜寒冷湿润，耐寒，抗旱性较差，宜在水分充足的黏土或壤土中生长，在砂土中生长不良。耐酸性较强，能在pH 4.5~5.0的土壤中生长。一般用播种方式建坪，播种量6~8g/m^2。也可进行草块移栽。梯牧草是重要的牧草，也可用于水土保持，较少用于园林草坪。

(4)扁穗冰草 *Agropyron cristatum*

别名野麦子、冰草。属禾本科冰草属多年生草本植物。是质地粗糙的丛生型草坪草，膜状叶舌较长，叶舌边缘有纤毛，爪状叶耳。扁穗冰草是典型的旱生植物，抗寒、抗旱性均较强。在气温-30℃的地区能顺利越冬，在年降水量230~380mm的地区也能正常生长。对土壤的适应性很广。通常采用种子繁殖，播种量为18~20g/m^2，种子萌发和建坪速度较快。耐粗放管理，剪草高度以4~8cm为宜。扁穗冰草根系十分发达，是很好的水土保持材料。在冷凉地区常用于不灌溉草坪和高尔夫球场球道，故又被称为球道冰草。

2.3.2 主要暖型草坪植物

暖型草坪草也称暖地型草坪草，主要分布在我国长江流域以南的广大地区，耐热性好，一年仅有夏季一个生长高峰期，春、秋季生长缓慢，冬季休眠。生长的最适温度是26~32℃。抗旱、抗病虫能力强，管理相对粗放，绿色期短。暖型草坪草包括画眉草亚科和黍亚科，目前常用的暖型草坪草种有十几个，分别属狗牙根属、结缕草属、假俭草属、雀稗属、地毯草属、野牛草属、钝叶草属、画眉草属、狼尾草属。

不同暖型草坪草的耐寒性不同，分布的地区也不同。结缕草属和野牛草属是暖型草坪草中较为耐寒的种，因此，它们中的某些品种能向北延伸到寒冷的辽东半岛和山东半岛。细叶结缕草、钝叶草、假俭草抗寒性差，主要分布于我国的南方地区。暖型草坪草仅少数种可获得种子，主要进行营养繁殖。此外，暖型草坪草均具相当强的长势和竞争力，群落一旦形成，其他草种很难侵入。因此，暖型草坪草多数为单播，很少混播。

2.3.2.1 狗牙根属 *Cynodon*

狗牙根属草坪草是最具代表性的暖型草坪草，广泛分布于欧洲、亚洲的热带及亚热带地区。具有发达的匍匐茎和(或)根状茎，是建植草坪的优良材料。狗牙根属中有9个种，用作草坪草的包括普通狗牙根和杂交狗牙根。下面分别介绍。

(1)普通狗牙根 *Cynodon dactylon*

别名 狗牙根、绊根草、爬根草、铁线草、行仪芝

形态特征 多年生草本植物。具根状茎和匍匐枝，茎秆细而坚韧，节间长短不一，匍匐枝可长达1m，并于节上产生不定根和分枝，故又名“爬根草”。叶线形，长3.8~8.0cm，宽1~2mm，先端渐尖，边缘有细齿，叶色浓绿；叶舌短，具纤毛。穗状花序，3~6枚呈指状排列于茎顶，绿色或稍带紫色。种子长1.5mm，卵圆形，成熟后易脱落，具有一定的自播能力。

生态习性 适于世界各温暖潮湿和温暖半干旱地区，极耐热和抗旱。狗牙根的抗寒能力仅次于结缕草和野牛草，在新疆乌鲁木齐市能越冬。当10cm地温上升到10℃以上时，才开始返青。狗牙根耐阴性差，对土壤的适应性强，耐轻度盐碱。喜在排水良好的肥沃土壤中生长。侵占力强，在适宜的条件下常侵入其他草坪。

栽培养护 种子少且不易采收，常采用分根法或铺草皮块来建坪。分根法繁殖一般在春、夏季进行，可将草茎挖起，均匀撒在坪床表面，覆土压实，浇透水，保持湿润，数日内即可萌发新芽，20d左右即滋生新的匍匐茎，是建坪最快的暖地型草坪草。目前国外已经培育出了一些狗牙根品种，并能大量供应商品种子，因此普通狗牙根也可以用播种的方法建坪。播种量一般为5~10g/m^2。种子出苗需2周以上。

普通狗牙根再生力强，耐践踏，耐低修剪，修剪高度为1.5~2.5cm。由于生长快，易形成枯草层，因此需较频繁地垂直修剪。另外，垂直修剪也可以在一定程度上提高狗牙根的抗低温能力。由于根系较浅，夏季干旱时应注意经常浇水，防止由于过度失水引起叶尖变黄。夏、秋季节，尤其是夏季，普通狗牙根生长速度快，应注意施肥。

应用 因耐践踏，再生力很强，普通狗牙根广泛应用于庭园、校园绿地、高尔夫球场的高草区、体育场，可以形成修剪低矮、致密的草坪。另外，普通狗牙根覆盖力强且耐粗放管理，也是很好的固土护坡材料。

常见品种和类型 目前生产上使用的普通狗牙根品种主要来自国外，如‘Pyramid’(‘金字塔’)、‘Common’(‘普通’)、‘Mirage’(‘米瑞格’)等。此外，我国在普通狗牙根育种方面已取得初步进展，已先后培育出一批普通狗牙根新品种，并在生产中得到了较广泛的应用。

(2)杂交狗牙根 *Cynodon dactylon* × *Cynodon transvadlensis*

别名 天堂草

形态特征 是由普通狗牙根(*C. dactylon*)与非洲狗牙根(*C. transvadlensis*)杂交后，在其子一代中分离筛选出来的。由于该种的系列品种由位于 Tifton 的美国农业部海滨平原试验站育成，故命名为"Tif"系列品种。

杂交狗牙根具根状茎和发达的匍匐茎。叶质地由普通狗牙根的中等质地到非洲狗牙根的很细的质地不等，颜色由浅绿色到深绿色，花序长度为普通狗牙根的1/2～2/3。该草主要性状除保持狗牙根原有的一些优良性状外，还具有根茎发达，叶丛密集、低矮，根状茎节间短等特点。

生态习性 耐寒性弱，冬季易褪色。耐频繁的低修剪。践踏后易于恢复。在适宜的气候和栽培条件下，能形成致密、整齐、密度大、侵占性强的优质草坪。能耐一定的干旱，十分适合中原地区生长。

栽培养护 为三倍体，不产生种子，只能采用营养器官繁殖。国外可直接向草种供应商购买商品化种茎。国内多采用将草皮切碎后撒放坪面，覆土压实后浇水，保持湿润来进行建坪。由于其匍匐枝生长力极强，因此繁殖系数较高，易于推广。

杂交狗牙根质地细密，需精细养护才能保持坪面平整美观。尤其是夏秋季生长旺盛，必须定期修剪，修剪高度为1.3～2.5cm。另外，定期修剪也有利于控制匍匐枝的向外延伸。由于修剪次数增多，也要相应增加灌水量和施肥次数。与普通狗牙根相比，杂交狗牙根对病虫害的抗性较差。此外，由于杂交狗牙根草层很低，易受杂草侵袭和危害。因此，生长季节的防病和除草工作至关重要。

应用 目前在国内外，杂交狗牙根主要用在高尔夫球场果岭、球道、发球台以及足球场、草地网球场、赛马场等场地中。此外，也可用于部分高养护管理水平的公共绿地中。

常见品种和类型 目前我国广泛利用的杂交狗牙根品种有'Tifway'('天堂419')、'Tifgreen'('天堂328')以及'Tifdwarf'('矮生'狗牙根)，其中'天堂419'较粗，多应用于足球场、赛马场、高尔夫球场球道以及公共绿地中。'天堂328'和'矮生'狗牙根主要用于高尔夫球场球洞和球道、草地网球场以及一些高档的公共绿地上。

2.3.2.2 结缕草属 *Zoysia*

结缕草属草坪草是当前广泛使用的暖型草坪草之一。结缕草原产于我国胶东半岛和辽东半岛地区。18世纪由奥地利植物学家 Karl von Zois 命名。结缕草属有10个种，我国现有5个种和变种。常用作草坪草的有：结缕草、沟叶结缕草、细叶结缕草，另外，还包括大穗结缕草和中华结缕草。

(1)结缕草 *Zoysia japonica*

别名 老虎皮、日本结缕草、宽叶结缕草

形态特征 多年生草本植物，具直立茎。须根较深，一般可深入土层30cm以上，在该属中属于深根性草种。具有坚韧和发达的根茎和匍匐茎，茎节上产生不定根，茎叶密集，基部常有宿存的枯萎叶鞘。幼叶卷曲；叶片革质，叶长3cm，宽2～5mm，扁平，表面有疏毛；叶舌纤毛状，长约1.5mm；无叶耳。总状花序呈穗状，长2～4cm，宽3～5mm；小穗卵圆形，呈紫褐色，宽1.2mm。颖果卵形，长1.2～2.0mm。种子细小，成熟后易脱落；种子表面有蜡质层，不易发芽，播种前须进行处理，以提高种子的发芽率。

生态习性　适应性强，喜光但不耐阴，抗旱、耐高温、耐贫瘠。喜深厚肥沃排水良好的砂质土壤，在微碱性土壤中也能正常生长。在暖型草坪草中属于抗寒能力较强的草种。在气温降至10～12.8℃时开始褪色，整个冬季保持休眠，在－30～－20℃的低温下能安全越冬。气温在20～25℃时生长旺盛，36℃以上生长缓慢或停止生长，但极少出现夏枯现象。秋季高温而干燥，可提早枯萎，使绿色期缩短。在长江流域以南地区绿色期可为260d左右；在华北及东北地区，绿色期一般为180d左右。

由于根茎发达，茎叶密集，结缕草抗杂草能力强，易形成均一致密、平整美观的草坪。结缕草叶片粗糙、坚硬，草层厚，具有一定的韧度和弹性，耐磨性好，耐践踏。病害比较少，有时有锈病，偶有叶斑病、褐斑病或币斑病，少有虫害发生。

栽培养护　可以采用种子直播或营养繁殖两种方法建坪。种子直播播种量为10～15g/m^2。结缕草种子外层附有蜡质保护物，不易发芽，播种前需对种子进行处理，以提高发芽率。种子通常采用湿沙层积催芽法或0.5% NaOH溶液浸种法进行处理。苗期生长缓慢，种子直播后，需管理1～2年才能形成成熟的草坪；而利用营养繁殖方法，如利用匍匐茎建坪，1.5～2个月即可成坪。

结缕草管理较粗放，生长期间，主要应做好修剪和施肥工作。结缕草植株低矮，耐低修剪，庭园草坪的修剪高度为1.3～2.5cm。由于叶片坚硬，使用锋利、可调的滚刀式剪草机有利于提高修剪质量。另外，在土壤潮湿的环境中，结缕草易发生锈病，要注意预防。

应用　是应用范围最广泛的草种。可用于庭园草坪、公园草坪、体育场草坪等。应用于高尔夫球场的球道和发球台，能形成很好的运动场地。由于根系发达，耐旱，也是良好的道路护坡材料。由于抗病虫害、节水、省肥、省农药、环保，可更大程度上节约草坪的养护管理费用，其养护管理费用支出仅相当于其他草坪的1/5，被称为"21世纪最优秀的环保生态型草坪草"。

常见品种和类型　商业化的品种有'Meyer'('梅耶')、'Emerald'('绿宝石')、'El Toro'('伊尔-吐蕾')、'Belair'('比莱尔')、'De Anza'('德-安赞')、'Empire'('帝国')、'Victoria'('维多利亚')、'Crowne'('皇冠')、'Palisades'('岩壁')、'SR9000'、'SR9100'、'SR9150'等。

(2)沟叶结缕草 *Zoysia matrella*

别名　马尼拉草、半细叶结缕草

形态特征　多年生草本植物，具根状茎和匍匐茎，须根细弱。茎秆直立，基部节间短，每节具1至数个分枝。叶片质硬，内卷，叶正面有沟，无毛，叶片质地比结缕草细，叶宽1～2cm，顶端尖锐，叶鞘长出节间，除鞘口有长柔毛外，其余部位无毛；叶舌短而不明显，顶端撕裂为短柔毛。总状花序呈细柱形，长2～3cm，宽约2mm。

小穗卵状披针形，黄褐色或略带紫褐色。颖果长卵形，棕褐色，长约为1.5mm。

生态习性　较耐寒、耐旱，喜温，喜湿，耐瘠薄，比较耐盐。沟叶结缕草的耐寒性和低温下的保绿性介于结缕草与细叶结缕草之间；颜色深绿，质地适中，适宜生长在深厚、肥沃、排水良好的土壤中。草层较厚，根状茎基部直立，且具有一定的韧性与弹性，较耐践踏。

栽培养护　主要采用营养繁殖的方法建坪。采用匍匐茎繁殖，约2个月便可成坪。生长季节应注意修剪，修剪高度为3.0～4.5cm。沟叶结缕草易产生枯草层，成坪后应注意打孔通气。由于沟叶结缕草草层密集，使土层表面容易毡化，严重的情况下，可采用间铲(间隔50cm)的方法更新草坪。

沟叶结缕草具有较强的蔓延性和竞争力，所以杂草危害相对减少，容易养护管理。成熟草坪细密，易感染锈病和褐斑病，要注意预防。

应用　与细叶结缕草相比，沟叶结缕草具有较强的抗病性、生长较低矮，质地比结缕草细，因而得到广泛应用。可用于温暖潮湿和过渡地带的专用绿地、庭园草坪以及运动场和高尔夫球场及机场等使用强度大的地方；也可用作护坡草坪。

常见品种和类型　‘Cashmere’(‘开丝米’)是沟叶结缕草的第一个商业化品种，以后又有了‘Diamond’(‘钻石’)、‘Cavalier’(‘骑士’)、‘Royal’和‘Zorro’等品种。

(3)细叶结缕草 *Zoysia tenuifolia*

别名　天鹅绒草、台湾草

形态特征　通常密集丛生状生长。茎秆直立纤细，具根状茎和发达的匍匐茎；节间短，节上产生不定根，须根多浅生。属细叶型草种，叶片丝状内卷，叶长2～6cm，叶宽为0.5～1.0mm；叶舌膜质，长约0.3mm，顶端碎裂为纤毛状。总状花序顶生，花穗短小，近披针形，长仅为1cm，宽1.5mm，常被叶片覆盖。种子少，成熟时易脱落。

生态习性　喜光，不耐阴，耐高温且耐旱性强，但耐湿、耐寒性较结缕草差，也是结缕草属中最不耐寒的种类，在华南地区冬季不枯黄。细叶结缕草与杂草竞争力强，夏秋生长茂盛，能形成单一草坪。草层密集，在草坪未得到适度养护时，容易形成草丘，草坪表面不整齐，坪床表面容易出现毡化，会造成表土不渗水，不透气，使草坪成片干枯死亡。不耐践踏。易染锈病和褐斑病。

栽培养护　一般采用匍匐茎建植。修剪高度以不超过6cm为宜。其他养护管理方法基本同沟叶结缕草。

应用　草丛密集，外观平整美观，形似天鹅绒一般，但必须精心养护才能达到较好的观赏效果。多用于轻度践踏的各种开放草坪，如儿童游乐场、办公区、医院及庭园草坪，也常用于观赏草坪。此外，细叶结缕草也可用于固土护坡草坪。

(4)中华结缕草 *Zoysia sinica*

别名　老虎皮草、青岛结缕草

形态特征　与结缕草极为相似。最主要的区别是中华结缕草的叶片、花序及小穗较结缕草更为修长，小穗柄短且直；中华结缕草的小穗长4～5mm，而结缕草的小穗长3.0~3.5mm；另外，中华结缕草的叶长约6cm，宽1~3mm，较结缕草窄，叶片质地较结缕草柔软；中华结缕草的种子粒径大于结缕草。

生态习性　与结缕草基本相同。而中华结缕草耐寒性较差，但更耐湿热，春季返青期略早。

栽培养护　既可用种子建坪，也可用营养体建坪。栽培养护方法同结缕草。由于中华结缕草草丛密度较高，茎叶生长迅速，应经常修剪。

应用　与结缕草相同。

(5)大穗结缕草 *Zoysia macrostachya*

别名　江茅草

形态特征　与结缕草基本相似。叶长4~5cm，宽3mm。最主要的区别是大穗结缕草花序基部为叶鞘包裹，且小穗宽不小于2mm，总状花序，黄绿色。

生态习性　基本与结缕草相同。但大穗结缕草耐湿性及耐盐碱能力极强，它能在含盐量为1.2%的海滩上顽强生长。

栽培养护　基本与结缕草相同。大穗结缕草结实率高，种子资源丰富，主要用种子建坪。与结缕草一样，种子须经过处理才能有较高的发芽率。

应用　适应性强，生长强健，地下茎发达，既耐旱，又耐瘠薄、耐低温，形成的草坪景观介于沟叶结缕草与结缕草之间，是我国新开发的耐盐碱草坪植物，应用前景十分广阔。不仅可用于盐碱地区的草坪建植，还可用作含盐碱的堤岸、水库边沿的护坡固土植物。由于管理粗放，耐践踏性强，还可用于盐碱土地区的足球场和赛马场等运动场草坪。

2.3.2.3　假俭草属 *Eremochloa*

别名蜈蚣草属。约10种，多分布于亚洲热带和亚热带地区。只有假俭草用作草坪草。

假俭草 *Eremochloa ophiuroides*

别名　蜈蚣草

形态特征　多年生草本，植株低矮，具贴地生长的匍匐茎，看上去像爬行的蜈蚣，故称"蜈蚣草"。无根状茎。芽中叶片折叠；膜状叶舌，长0.5mm，叶舌顶部有纤毛，这是鉴别假俭草的重要特征；无叶耳；叶环紧缩，较宽，基部有纤毛；叶长2~5cm，叶片宽3~5mm，光滑，叶片下部边缘有毛，叶鞘压扁。总状花序，无柄小穗互相覆盖，生于穗轴一侧。

生态习性　喜光、耐旱、喜温、较耐寒，抗寒性介于狗牙根和钝叶草之间。由于根系较少，耐践踏性较弱。耐瘠薄，是一种最耐粗放管理的草坪草。适应的土壤范围较广，尤其适宜在中等偏酸、低肥，pH 4.5~5.5的细壤土中生长。不耐水湿和耐盐碱。与大多数暖型草坪草相比，假俭草抗病虫害的能力较强。

栽培养护　播种繁殖，也可以用营养体繁殖。播后10d左右出苗。由于苗期生长缓慢，易受杂草危害。播后约一个生长季可形成成熟草坪。也可以用满铺、条铺法以及匍匐茎条栽的方法进行营养繁殖。

假俭草垂直生长缓慢，管理强度要求低。只需要修剪掉小穗即可。若要使草坪经久不衰，则要注意修剪、施肥、灌溉和滚压。修剪高度为2.5～5cm，生长旺季可修剪2～3次使草坪保持平整而有弹性。入冬施基肥1次(以堆肥及河泥为主)，夏、秋季增施适量混合肥2～3次。

应用　茎叶密集，生长缓慢，成坪后平整美观，耐粗放管理，抗病虫害能力也较强，因而被广泛用于庭园草坪，也是优良的固土护坡植物。因其生长较慢，耐践踏性相对较弱，一般不用作运动场草坪。

常见品种和类型　美国自20世纪20年代从我国引种假俭草后，已培育出一些品种，并使之商品化，如'Oklawn'、'Tennessee Hardy'和'TifBlair'等。'Oklawn'较耐干旱和耐寒，'Tennessee Hardy'更耐寒，而'TifBlair'在耐酸性上有较大的改进。

2.3.2.4　雀稗属 *Paspalum*

雀稗属约400种，分布于全球的热带与亚热带，尤其是美洲热带地区。其中，用作草坪草的只有巴哈雀稗和海滨雀稗。

(1)巴哈雀稗 *Paspalum notatum*

别名　美洲雀稗、百喜草、巴哈草

形态特征　多年生草本。根系发达，由粗壮发达的匍匐茎和根状茎形成稠密的草皮。节间短，长约1cm，分蘖能力强。在同一植株上有芽内叶片卷曲和折叠两种芽型。叶舌短，膜质，长约1mm，截形；无叶耳；叶环宽；叶片扁平，叶鞘有些压缩，叶片基部散生零星的纤毛，叶宽4～8mm。总状花序，长约15cm，具2～3个穗状分枝；小穗卵形。

生态习性　生长势强，根系粗糙，分布广而深。极耐旱，干旱过后再生性好。喜温，不耐寒，稍耐阴，耐水湿，但不耐盐碱。适应的土壤范围很广，从干燥的砂壤土到排水差的细壤土中均可生长。耐瘠薄，尤其适于海滨地区的干旱、粗质、贫瘠的沙地，适宜的土壤pH 5.5～6.5。

栽培养护　因巴哈雀稗盛产种子，故主要为种子繁殖。春播草坪当年即可开花结实。未经处理的种子发芽率很低，播前可对种皮进行酸或热处理以提高种子发芽率。种子发芽后成坪速度快。养护管理粗放，对病虫害抵抗力强，修剪高度3.9～7.6cm。在生长季节，应该经常修剪以防止抽穗。巴哈雀稗草坪枯草层厚，控制枯草层是其草坪管理的重要内容。

应用　形成的草坪质量较低，适于种在贫瘠地区的土壤中。在低养护管理水平下，巴哈雀稗是优秀的暖型草坪草。巴哈雀稗侵占力强，覆盖力惊人，极易形成平坦的坪面，有一定耐践踏能力，主要用于保土护坡草坪的建植，也可用于公共绿地和庭园绿化，尤其适用于路旁、机场和类似的低质量要求草坪。

常见品种和类型　有2个变种，即小粒种子型的 *Paspalum notatum* var. *saurae* 和大粒种子型的 *P. notatum* var. *latiflorum*。常见品种有'Argentine'('阿根廷')、'Tifton-9'('托福特')、'Paraguay'('巴拉圭')、'Competitor'('竞争者')、'Wilmington'('威明顿')等。

(2)海滨雀稗 *Paspalum vaginatum*

别名　夏威夷草

形态特征　多年生深根性草本植物，具有发达的匍匐茎和根状茎。新叶在芽中卷曲；叶舌膜质，尖形，长2～3mm；无叶耳；叶环宽，连续；叶片扁平，边缘向内卷曲，叶宽2～4mm，叶片基部散生零星的纤毛。总状花序，长2～5cm，小穗单生，两列。

生态习性　主要分布于热带和亚热带地区，生于海滨，性喜温暖，不耐寒。耐阴性中等，海滨雀稗的耐阴性不如结缕草和钝叶草，但强于狗牙根。耐水淹，在遭受涨潮的海水、暴雨和较长时间水淹后，仍然正常生长。耐热和抗旱性强，耐瘠薄，耐盐碱。适应的土壤范围很广，特别适合于海滨地区和含盐的潮汐湿地、沙地或潮湿的沼泽地、淤泥地。适宜的土壤 pH 3.6～10.2。具有很强的抗盐性，被认为是最耐盐的草种之一。抗病虫害能力强。

栽培养护　根系发达，抗旱能力强，可以用海水浇灌，也可以用再循环用水、生活污水等浇灌。海滨雀稗的耐旱性也好于狗牙根，其需水量比狗牙根少1/2。修剪高度0.4～1.3cm。适当降低剪草高度，有利于缩短节间长度，增加草坪密度，从而减少杂草的入侵。海滨雀稗的需肥量少，其施肥量也仅为狗牙根的1/2。如果长期用海水灌溉，需要预防盐害。

应用　因耐盐碱，耐水淹和耐频繁低修剪，现广泛用于滨海和盐碱地区高尔夫球场的果岭、球道和发球台。还可以用于盐碱地区的绿化。

常见品种和类型　目前已经培育出一系列海滨雀稗品种，如'Aloha'、'Salam'、'Sea Dwarf'、'Sea Isle1'、'Sea Isle 2000'、'Sea Spray'、'AP-10'、'Neptune'、'Sea Isle Supreme'、'Seaway'和'Seagreen'等。

2.3.2.5　地毯草属 *Axonopus*

地毯草属共70种，只有2个种可以用作草坪草，即普通地毯草(*Axonopus affinis*)和地毯草。其中地毯草应用最广泛，在我国南方有一定的分布面积，但不如狗牙根和结缕草分布广，坪用性状一般。

地毯草 *Axonopus compressus*

别名　大叶油草、热带地毯草

形态特征　多年生草本，植株低矮，具发达的匍匐茎。因其匍匐茎蔓延迅速，每节上都生根和抽生新的植株，植物平铺地面成毯状，故称"地毯草"。茎秆扁平，节密生灰白色柔毛。新叶在芽中折叠；叶舌短，膜质，长5mm，无毛；叶片扁平，柔软，翠绿色，短而钝，叶长4～6cm，宽8mm左右。总状花序，长4～7cm；小穗长圆状披针形，长2.2～2.5mm。

生态习性　是适于热带、亚热带较温暖地方生长的宽叶型草坪草。喜高温高湿，35℃以上持续高温少有夏枯现象发生。耐寒性差，易受霜冻。地毯草抗旱性比大多数暖型草坪草差，也不耐水淹，适宜生长在年降水量775mm以上的地区。土壤水分不足和空气干燥时，不仅生长不良，而且叶梢干枯，影响绿化效果。

喜光，耐践踏。在开旷地叶色浓绿，草层厚。较耐阴，在林下生长良好。耐瘠薄，适宜的土壤pH 4.5～5.5。由于匍匐茎蔓延迅速，侵占力极强，在砾砂、冈坡、堤坝、路边等土壤质地差的地块也可生长，形成良好的覆盖层。

栽培养护 结实率和发芽率均高，可进行种子繁殖，也可进行营养繁殖。匍匐茎按1∶5的比例铺植，可在2个月内成坪。地毯草垂直生长速度比较慢，庭园草坪的修剪高度为2.5～5.0cm。养护粗放，生长期除去粗糙的花序和在干旱季节保持充足的灌溉即可。

应用 植株低矮，耐践踏，耐瘠薄，较耐阴，主要用于公路护坡和践踏较轻的开放绿地的建植。

2.3.2.6 其他暖型草坪草

暖型草坪草种类繁多，除了以上介绍的种类外，还有一些暖型草坪草种也较普遍地用于一些地区的园林绿化、固地护坡以及运动场草坪等。现介绍如下。

(1)野牛草 *Buchloe dactyloides*

别名水牛草。禾本科野牛草属多年生植物。具匍匐茎。叶片扁平，长10～20cm，宽1～3mm，叶片两面疏生柔毛，不舒展，有卷曲变形现象，叶灰绿色。雌雄同株或异株。野牛草耐寒又耐热，在我国北方地区－39℃下仍能正常越冬。耐旱性极强，在夏季2～3个月严重干旱情况下，仍不致死亡。耐湿性较强，耐盐碱，与杂草的竞争力强，具有一定的耐践踏能力。适宜的土壤范围较广。既可以播种繁殖，也可以营养繁殖，生产上以营养体建植为主。野牛草的管理极为粗放，生长期的管理主要以修剪为主，修剪高度2～5cm。

野牛草最初只是一种重要的牧草，由于其抗旱性突出，以及抗热、耐寒性较好，现在已被人们视为“环境友好”草种，是一种重要的水土保持草种，也可以用于干旱地区低养护的公园草坪。此外，野牛草抗SO_2及HF等有害气体，可以用于半干旱地区的工矿厂区绿化。在生产中使用的主要问题是绿色期短。目前，已选育出许多品种，如‘Texoka’、‘Pairie’、‘Topgun’及‘Plains’等。

(2)钝叶草 *Stenotaphrum secundatum*

别名奥古斯丁草。钝叶草属多年生草坪草。植株低矮，具发达的匍匐茎。叶片扁平，叶长7～15cm，叶宽0.4～1.0cm，质地略硬，叶片蓝绿色，在叶环处叶片与叶鞘呈直角。花序为扁平状。钝叶草喜湿润，需要及时浇水，冬季干旱时易发生失水现象。不耐寒，具有很强的耐阴性和较强的耐盐性。适宜的土壤范围很广，最适于生长在温暖潮湿、微酸性、中到高肥力的砂质土壤中。

主要采用匍匐茎繁殖。由于匍匐茎有很强的蔓生能力，建坪较快。虽然耐践踏性不如狗牙根和结缕草，但钝叶草的再生性很好。主要用于温暖潮湿地区的草坪建植。

钝叶草的管理很粗放，修剪或镇压是其主要的养护管理措施，修剪高度一般为

3.8～7.6cm。钝叶草易感染褐斑病、灰叶斑病、币斑病。常见的害虫有蛴螬、蝼蛄、黏虫和地老虎等。某些地区的钝叶草还容易受衰退病(St. Augustine decline，SAD)的影响。衰退病是一种由病毒引起的很严重的病害。目前，已经培育出一些抗衰退病的品种，如'Floratam'、'Floratam Ⅱ'等。

(3)铺地狼尾草 *Pennisetum clandestinum*

别名西非狼尾草。狼尾草属多年生草本植物。具有发达的根状茎和匍匐茎，繁殖能力强。叶色浅绿，生长低矮，依靠多叶、深厚、匍匐的根茎蔓生，在低修剪条件下能形成稠密坚硬的草皮。易抽穗，春季每次修剪后即可抽出很多小穗，影响草坪质量。

铺地狼尾草适宜生长在温暖湿润的高海拔地区，耐阴性好于狗牙根，适宜生长温度为16～32℃，耐寒性较大多数暖型草坪草强，春季返青快。铺地狼尾草抗盐碱能力差，适宜的土壤pH 6.0～7.0。既可以种子繁殖，也可以营养繁殖。耐粗放管理，修剪高度一般为1.25～5.0cm。由于该草积累枯草层，低修剪和经常性的打孔通气，可减少枯草层积累。

由于耐低矮修剪，竞争能力强，可以侵占大部分草坪。铺地狼尾草是热带、亚热带高海拔地区的优良牧草。由于生长速度快，株丛紧密，也是重要的水土保持植物。此外，由于抗旱，抗病虫害，耐磨性好，恢复生长速度快，在一些地区的运动场和高尔夫球场球道等处，铺地狼尾草的推广面积也越来越大。目前推广使用的铺地狼尾草品种有'Whittet'和'AZ-1'等。

2.4 草坪质量评价

草坪质量评价是对草坪整体性状的评定，用来反映成坪后的草坪是否满足人们对它的期望与要求。草坪使用目的不同，质量评价的侧重点也不同。例如，观赏草坪要求密度高、均一性好、色泽明快；固土护坡草坪则要求根系发达，水土保持能力强，并适合低投入的粗放管理；运动场草坪要求耐践踏，缓冲性能好，再恢复能力强，并能满足不同运动项目的特殊要求；对于高尔夫球场果岭，除具备一般的草坪质量外，还要求具备好的弹性、刚性、回弹力、平滑度、球速、耐践踏性能以及坪面无纹理等特征。

草坪质量主要根据草坪的用途和使用目的来评定。在高速公路上高羊茅草坪非常漂亮，但在庭园绿化中，则以草地早熟禾草坪更好，因为高羊茅质地粗糙，叶丛不够细密。匍匐剪股颖用作高尔夫球场果岭草坪要比草地早熟禾好得多。而在污染严重地方的草坪质量评定中，草坪的抗污染能力更重要。

尽管草坪质量评定方法在特定条件下重点不同，然而构成草坪质量的基本因素是一致的。评价一块草坪质量的高低，一般从两个方面来考虑，即外观质量和功能质量。外观质量包括草坪的密度、质地、均一性、颜色、生长习性和草坪的平滑度；功能质量主要指草坪的刚性、弹性、回弹力、留茬高度、生根能力和再恢复能力。对于质量要求较高的草坪，也可以测定其他要素作为质量评价的辅助指标。

2.4.1 草坪外观质量评价

草坪外观质量评价是草坪质量评价常用的一种方法。草坪外观质量评价通常采用目测法。评估者根据草坪的颜色、密度、质地和草坪的均一性等进行综合评价，给予评分。最常用的是美国NTEP(National Turfgrass Evaluation Program)的9分制评分方法。在9分制评分法中，9分为最佳草坪质量；1~2分为休眠或半休眠草坪；2~4分为质量很差；4~5分为质量较差；6分为质量尚可；6~7分为良好；7~8分为优质草坪；8分以上质量极佳。

在草坪质量评估中，目测评分方法非常有用，特别在对大量的品种进行评比时，其简便、快速和有效性是其他方法不可替代的。

(1)密度

密度指单位面积上草坪草的个体数或枝条数，用株/cm^2或枝条/cm^2来表示，通常用枝条数比用株数表示密度意义更大。草坪的密度随不同的草种、不同的自然环境和不同的养护管理措施而有很大的不同。修剪低矮、管理适当的匍匐剪股颖和狗牙根草坪密度非常大。同一种内，不同的品种或品系，其密度也有差异。同一品种，播种量不同，密度也不同。

常见的测定方法有目测法、小样方法。进行定量测定时一般采用小样方法。在小区内设置10个10cm×10cm的样方，数取每个样方内草坪草的枝数，然后算出单位面积的枝数，再取其平均值。

(2)质地

质地是指对叶宽和触感的度量，用毫米(mm)表示。质地的粗糙与纤细是指叶片的宽与窄，一般认为，叶片越窄质地越好。不同草种和品种的质地有很大差别，依草坪草种及品种的叶宽，可以将草种分为：

极细(叶宽<2mm)　如细羊茅、绒毛剪股颖、非洲狗牙根等；

细(叶宽2~3mm)　如普通狗牙根、草地早熟禾、细弱剪股颖、匍匐剪股颖、细叶结缕草等；

中等(叶宽3~5mm)　如沟叶结缕草、小糠草等；

宽(叶宽5~7mm)　如结缕草等；

极宽(叶宽>7mm)　如高羊茅、狼尾草、雀稗等。

草坪草的叶宽主要是由基因型决定的。另外，养护管理措施，如修剪高度、施肥水平、表面覆沙等都会影响草坪草的质地。一般情况下，修剪较低、施肥适中的草坪，质地较好。叶片的质地也会随植株的密度和环境胁迫而发生变化，如长期干旱会使草坪草质地变得较为粗糙。对同一品种来说，密度和质地有一定相关性，密度增加，质地则变细。质地也影响草坪草种间混合播种时的兼容性。

(3)均一性

均一性是指草坪外观上均匀一致的程度。虽然它不像质地和密度那样容易度量，但草坪的均一性是草坪外观的重要特征。均一性取决于两方面的因素，一是蘖枝群体特征；二是草坪表面的均匀性。均一性是草坪质地、密度、草种组合、颜色、修剪高度等方面综合影响的结果。质量高的草坪均匀一致，无高低、疏密或颜色深浅的变化。对于混播建植的草坪，均一性是最重要的质量指标之一。

均一性多采用目测估计法，凭经验目测。分为参差不齐、不均匀、中等、较均匀、均匀5级，分别记1～5分。

(4)颜色

颜色又称色泽，是对草坪反射光的测度。草坪颜色因草种、品种、生育期以及养护管理水平不同而表现出从浅绿到浓绿的变化。一般来说，禾草越绿越有吸引力。颜色不仅反映了草坪的外观质量，也反映了草坪的生育状况。

颜色的测定方法有目测法、分光光度法及照度计法。

目测法 以观测者对草坪的目测结果对草坪颜色进行等级划分，即根据观测者对草坪颜色的感觉给予1～5分的记分。目测结果的人为误差比较大。

分光光度法 是先采用有机溶剂丙酮、乙醇或二甲基亚砜提取叶绿素，再用分光光度计测定一定波长下叶绿素的光吸收值。分光光度法测定结果准确，但方法烦琐。

照度计法 是采用特定的仪器，如多波段光谱辐射仪和反射仪等，测定一定高度处草坪光反射值及太阳光的入射值，用反射率＝反射值/入射值来表示颜色的深浅。由于反射率不受光强度变化的影响，所以能较好地定量反映草坪的颜色。照度计法要比分光光度法简便易行，但由于测定仪器价格昂贵，目前在国内尚未普及。

(5)草坪草生长习性

草坪草生长习性是描述草坪草枝条生长特性的指标，包括丛生型、根茎型和匍匐茎型3种类型。

丛生型草坪草 主要是通过分蘖进行扩展，在播种量充足的条件下，能形成均匀一致的草坪。但在播种量偏低时，形成分散独立的株丛，导致草坪坪面不均一，影响草坪的外观质量和功能。多年生黑麦草、高羊茅和一年生草熟禾属于此类。

根茎型草坪草 是通过地下根状茎进行扩展。根状茎蔓生于土壤中，具有明显的节与节间，节上有小而退化的鳞片叶，叶腋有叶芽，由此发育为地上枝，并产生不定根。这种草坪草在定植后扩展能力很强，并且地上枝条与地面趋于垂直，可形成均一的草坪。

匍匐茎型草坪草 是通过地上匍匐茎来扩展的。在匍匐茎的节上向下产生不定根，向上产生与地面垂直的枝条和叶，与母枝分离后可形成新的个体。匍匐茎型草坪草耐低修剪，狗牙根和匍匐剪股颖属于此类。在修剪高度较高的条件下，坪面上会出现明显的“纹理”，进而影响草坪的外观质量。

(6)平滑度

平滑度是指草坪表面对运动物体的阻力大小。它是运动场草坪和高尔夫球场果岭草坪质量的重要指标，对果岭而言尤其重要，平滑度差的草坪将降低球滚动的速度和持续时间。

2.4.2 草坪功能质量评价

草坪的功能质量不仅受上述外观特性的影响，也受草坪的刚性、弹性、回弹力、留草量、根系生长量和再恢复能力等的影响。

(1)刚性

刚性指草坪叶片对外来压力的抗性，它与草坪草的耐践踏能力有关，是由植物组织内部的化学组成、水分含量、温度、植物个体的大小和密度所决定的。结缕草和狗牙根草坪的刚性强，可以形成耐践踏的草坪；草地早熟禾和多年生黑麦草坪刚性差一些；匍匐剪股颖和一年生早熟禾刚性更差；粗茎早熟禾的刚性最差。刚性的反义词是柔软。对于具有一定耐践踏能力的草坪来说，柔软往往是草坪使用者希望草坪具备的另一个特征，这主要取决于草坪的用途和使用强度。

(2)弹性

弹性是指草坪叶片受到外力作用下变形，在外力消除后叶片恢复原来状态的能力。这是草坪的一个重要特征指标。因为大多数情况下，由于养护管理和使用等活动的原因，草坪不可避免地受到不同程度的践踏。在霜冻情况下，草坪叶片的弹性急剧下降，此时应禁止草坪上的一切活动。当温度升高以后，草坪草的弹性逐渐恢复。

(3)回弹力

回弹力是指草坪在外力作用下保持其表面特征的能力。草坪的叶片和侧枝的生长情况会影响草坪的回弹力，但回弹力更主要的是由草坪生长的介质所决定的。土壤类型和土壤结构是影响草坪回弹力的重要因素。枯草层的形成往往影响草坪的质量，而对运动场草坪来说，在草坪上形成薄薄的一层枯草层是草坪回弹力的重要保证。高尔夫球场的果岭应具备足够的回弹力，以保证定向击球。足球场草坪的回弹力对于球员控球、防止运动员受伤和保持场地平整也非常重要。

(4)留草量

留草量是指草坪修剪后留在坪面的地上部分的茎叶总量。对某一特定草坪草种而言，留草量越多，草坪的回弹力和刚性越好。增加修剪高度可增加留草量，改善草坪的耐磨性。留草量直接与草坪的密度相关。在一个混播的草坪群体中，在同一修剪高度下，比较不同基因型的留草量，可以反映出不同基因型草种在混合群体中的相对竞争力。

(5)根系生长量

根系生长量是指生长季节中任一阶段的根系总量。根系生长量可以用土钻法确定，取土后一是看白根数量的多少；二是看根系分布的位置。如有大量白根扎入十几厘米深的土层，则表明根系生长良好；如根系分布浅或仅局限于枯草层，则说明草坪的生长出现了问题。草坪养护管理的重要目的(至少对冷型草坪草来说)，是在春季适宜的环境条件下，培育强大的根系；在夏季，保持尽可能多的根系；在秋季，促进新根的产生。

(6)再恢复能力

再恢复能力是指草坪受到病害、虫害、践踏以及其他因素的损害后，能够恢复覆盖、自身重建的能力。它受草坪植株的基因型、养护管理措施、土壤与自然环境条件等的影响。土壤板结，施肥、灌溉不足或过量，温度不适宜，光照不足及土壤存在有毒有害物质等都会影响草坪草的再恢复能力。一般来说，有利于草坪草生长的环境条件也有利于草坪草的再生与恢复。

思 考 题

1. 按照应用不同，草坪分为哪几类？
2. 按照草坪植物对于气候的适应性，草坪植物可分为哪些类型？生态习性各有何特点？
3. 说出几种冷型草和暖型草的名称，并指出其各自优缺点。
4. 草坪的外观质量评价主要有哪些指标？草坪的功能质量评价主要有哪些指标？对草坪进行质量评价有何意义？

推荐阅读书目

1. 草坪学(第4版). 孙吉雄、韩烈保. 中国农业出版社，2015.
2. 草坪科学与管理. 胡林、边秀举、阳新玲. 中国农业大学出版社，2001.
3. 草坪草品种指南. 陈光耀. 中国农业出版社，2002.

第 3 章 草坪建植

[**本章提要**] 草坪植物的合理选择和建植程序，是草坪建植能否成功的关键。本章在概述草坪草种选择原则的基础上，详细叙述了草坪建植程序，并分别介绍了幼年草坪的养护管理(如覆盖、修剪、施肥、灌溉、表层覆土、杂草控制、病虫害防治等)方法。

草坪的建立工作简称“建坪”，是利用人工的方法建立起草坪地被的综合技术的总称。建坪是在新的起点上建立草坪，因此，开始准备工作是否到位，对后来草坪的质量、功能、管理等均有深远的影响。往往因建坪之初的失误，而给后来的草坪管理带来问题。如草种不适应、使用功能低下等。还有杂草入侵、病虫害蔓延、排水不良、草皮剥落以及耐践踏性能差等种种弊病。因此，建坪对良好草坪的产生起着重要作用。

常规而言，草坪的建立大概包括草种选择、场地准备、栽植过程和建植后的管理 4 个主要环节。

3.1 草坪植物选择

草坪草种或品种的选择是否适当是草坪建植成功的关键，也是长期维持草坪质量的重要前提。草坪植物种类较多，其特性差异较大，在草种选择时要根据草坪草种的自然特性，综合考虑当地的气候与土壤条件、草坪的功能定位，以及草坪建植后的养护管理水平等各方面的因素，以选择合适的草坪草种或品种，建立单播、混播或交播的草坪建植方案。

选择合适草坪品种最可靠的依据是草坪品种在不同生态区域、不同养护水平下，3 年以上的品种比较试验，但是目前我国还没有建立起系统的草坪品种区域评价试验体系，在缺乏系统区域性评价信息的情况下，可根据气候相似性原则参照美国的国家草坪品种评价项目所公布的详细数据，主要草坪品种历年在美国各州的性状表现与评价均可在 http：//www. ntep. org. 网站上查到。

3.1.1 草坪植物的选择原则

3.1.1.1 根据气候与土壤条件选择

我国地域辽阔，各地区的气候与土壤条件差异极大，草种选择首先要考虑的因素是所选择的草坪草种或品种必须能适应所在地区的气候和土壤条件。

根据不同地区的气候特征和主要草坪草种的适应性，可以将我国各地区分成4个主要的气候带。

(1)寒冷带

气候特征　年平均气温-8~11℃，年平均降水量100~1070mm，最冷月平均气温-26~3℃，最热月平均气温2~22℃，最冷月空气平均相对湿度35%~77%，最热月空气平均相对湿度30%~83%。范围在北纬34°~49°，东经74°~135°。

主要地区　北京、新疆、宁夏、内蒙古、青海、甘肃、陕西、山西、黑龙江、吉林、辽宁、河北和河南北部。

适宜草坪草种　主要为冷型草坪草种，如草地早熟禾、紫羊茅、高羊茅、多年生黑麦草、匍匐剪股颖。有些暖型草种的地方品种，如日本结缕草、野牛草也能够适应该区域，但绿色期较短。

(2)过渡带

气候特征　年平均气温-1~18℃，年平均降水量480~2050mm，最冷月平均气温-9~9℃，最热月平均气温9~34℃，最冷月空气平均相对湿度44%~84%，最热月空气平均相对湿度70%~94%。范围在北纬25.5°~42.5°，东经102.5°~132°。

主要地区　上海、山东、江苏、浙江、安徽、湖北、湖南、四川、重庆、河北和河南南部、江西和福建北部。

适宜草坪草种　冷型和暖型草坪草种都能适应，草种选择范围较广，但冷型草坪草种越夏困难，暖型草坪草种冬季枯黄。主要冷型草坪草种有：高羊茅、草地早熟禾、匍匐剪股颖、多年生黑麦草。主要暖型草坪草种有：结缕草(日本结缕草、沟叶结缕草、细叶结缕草)、狗牙根(普通狗牙根、杂交狗牙根)、海滨雀稗、假俭草。

(3)高原带

气候特征　年平均气温-14~20℃，年平均降水量100~1770mm，最冷月平均气温-23~-8℃，最热月平均气温10~22℃，最冷月空气平均相对湿度27%~80%，最热月空气平均相对湿度33%~90%。范围在北纬23.5°~40°，东经73°40′~111°。

主要地区　青藏高原和云贵高原。

适宜草坪草种　多数冷型和暖型草坪草种都能适应，草种选择范围相对较广。主要冷型草坪草种有：高羊茅、草地早熟禾、匍匐剪股颖、多年生黑麦草。主要暖型草坪草种有：结缕草(日本结缕草、沟叶结缕草、细叶结缕草)、狗牙根(普通狗牙根、杂交狗牙根)等。

(4)热带亚热带

气候特征　年平均气温12.7~25℃，年平均降水量888~2370mm，最冷月平均气温4.4~21℃，最热月平均气温16.3~35℃，最冷月空气平均相对湿度68%~85%，最热月空气平均相对湿度74%~96%。范围在北纬21°~25.5°，东经98°~119.5°。

主要地区　广东、台湾、海南、广西、云南和福建南部。

适宜草坪草种　主要为暖型草坪草种，如结缕草(日本结缕草、沟叶结缕草、细叶结缕草)、狗牙根(普通狗牙根、杂交狗牙根)、海滨雀稗、假俭草、地毯草、钝叶草等。

多数草坪草种喜砂质土壤，土质肥沃的砂壤土可选择匍匐剪股颖、草地早熟禾、高羊茅、多年生黑麦草、杂交狗牙根等草种；土质瘠薄而黏重的土壤可选择结缕草、假俭草、钝叶草、普通狗牙根等草种；盐碱地可选择海滨雀稗、日本结缕草、普通狗牙根等草种；酸性土壤可选用草地早熟禾、假俭草等草种。

3.1.1.2　根据草坪的功能选择

园林草坪的主要应用范围是城镇园林绿地，根据其在园林绿地配置中的特点与主要功能，基本上可分为4种类型。

园林景观草坪　强调草坪的景观功能，以草坪的绿色，配合园林树木、花卉等共同形成园林景观。该类草坪要求色泽均一、美观，绿色期较长，草坪质地中等，草坪植株低矮、整齐，抗病虫害能力较强。在北方地区可选用草地早熟禾单一品种，或色泽相近的品种进行混播。在南方地区可选择结缕草、狗牙根、假俭草等单一草种建坪。

休憩草坪　强调草坪的休闲娱乐功能，作为城镇居民进行休闲活动的主要场地。由于我国城镇人口密集，此类草坪对耐践踏性能要求较高。在建植时要采用砂质坪床，以防止过度践踏后引起的土壤板结；管理中要注意经常更换草坪的活动区域，在践踏损伤较严重的区域要及时封闭和加强肥水管理，促进损伤后草坪的及时恢复。在北方地区可以选择高羊茅、草地早熟禾、多年生黑麦草进行混播；南方地区可选用结缕草、狗牙根、假俭草等单一草种建坪。

林下草坪　由于树林的遮阴环境，对草坪的耐阴性要求较高。因此林下草坪一定要选择耐阴性较好的草坪草种或品种，在北方地区可选择紫羊茅、细羊茅，或一些耐阴性较好的草地早熟禾和高羊茅品种；在南方地区可选择沟叶结缕草、假俭草等草种。

生态草坪　该类草坪养护管理粗放，草坪只需满足基本的水土保持功能，对其他功能要求极低。应选择根状茎或匍匐茎发达、根系较深、耐土壤瘠薄、耐旱、耐涝能力较好的草种，在北方地区可选择高羊茅、野牛草的一些品种；在南方地区可选择结缕草、假俭草等草种。

3.1.1.3　根据养护水平选择

不同草坪草种对修剪、灌溉、营养的要求差异很大，在抗病、抗虫、与杂草的竞争能力等方面也有很大的差异。在草坪草种选择上要避免过分重视草坪的观赏效果，而忽视草坪草种对养护管理的要求。匍匐剪股颖、草地早熟禾、多年生黑麦草、杂交狗牙根、海滨雀稗等草种对肥水管理的要求较高，需要经常修剪才能达到较好的草坪质量。北方地区养护预算和管理水平较高的草坪可以选用匍匐剪股颖、草地早熟禾、多年生黑麦草等草种，而养护管理粗放的草坪则宜选择高羊茅、日本结缕草的一些品种；南方地区养护预算和管理水平较高的草坪可以选用杂交狗牙根、海滨雀稗等草种，而养护管理粗放的草坪则宜选择结缕草、假俭草、地毯草等草种。

3.1.2 草坪植物的组合方式

(1)单播

单播是指草坪建植只采用一个草坪草种中的一个品种。其优点是可以保持草坪最高的纯度，在草坪质地、色泽、密度等质量指标上保持高度的均一性；其缺点是单一草种在抗性方面也比较单一，草坪整体抗逆性相对较差，一旦感染病害可引起草坪质量的严重下降。

结缕草、狗牙根、海滨雀稗、假俭草等暖型草种与其他草种的兼容性较差，为了保持草坪的均一美观，一般采用单播建坪。

(2)混播(种内、种间)

为了克服单播草坪抗逆性状单一的缺陷，常采取草种混播的建坪方式。混播有种内混播(blend)和种间混播(mixture)两种。种内混播是指同一草坪草种的不同品种按一定的比例进行混合播种建坪的方式。草地早熟禾为了提高草坪整体的抗逆能力，常采用几个质地、色泽相近，但遗传背景不同的品种进行混合播种。种间混播是指不同草坪草种按一定的比例进行混合播种建坪的方式。草地早熟禾草坪质量较好，但出苗太慢，为了缩短成坪时间和提高草坪对杂草的竞争能力，在园林绿化草坪的建植中采用与出苗快的多年生黑麦草混播的方法，在播种后先由多年生黑麦草快速成坪，在其后几年的生长与竞争过程中，逐渐过渡到草地早熟禾草坪。

(3)冷、暖型草坪植物的交播

狗牙根、海滨雀稗等暖型草坪草种具有质量高、抗性强、养护管埋相对简单等优点，因此是气候过渡带地区园林绿化的主要草坪草种，但这些暖型草种在冬季地上部分都要休眠，会出现一段枯黄期，为了维持草坪的绿色期，常采用在暖型草坪上秋季交播(overseeding)冷型草坪草种的方法，来实现草坪的四季常绿。园林绿地、体育运动场、高尔夫球道和发球台的狗牙根或海滨雀稗草坪，一般10月左右直接交播多年生黑麦草种子，播种量控制在30~40g/m^2；高尔夫球场果岭，一般交播粗茎早熟禾种子，播种量在10g/m^{2}左右。

交播后灌溉，保持草坪湿润，10~15d新播种子即可出苗，在暖型草坪枯黄前交播的多年生黑麦草或粗茎早熟禾已完全覆盖整个草坪，由冷型草坪维持整个冬季的绿色；翌春，利用冷、暖型草坪对肥水要求的不同和抗热性之间的差异，控肥控水，促进暖型草坪的返青生长，抑制冷型草坪的徒长，逐步实现两个草种之间的自然转换。

3.2 草坪建植程序

3.2.1 土壤调查与分析

3.2.1.1 土壤调查的目的

土壤作为草坪草生长的立地条件，它的主要功能是为草的生长提供肥力、水分、气体交换条件、根系支撑等。土壤结构与质地的好坏，直接关系到草坪草的生长发育和坪用性状。草坪草的根系分布在30cm左右的表层土壤里，因此坪床要求土质疏松透气、肥沃、地面平整、排水保水能力良好。即坪床土壤表层30cm土壤状况，直接影响草坪的坪床质量和草坪草的生长发育。尤其在城市中，要建坪的土壤常含有工程建筑垃圾，其性状已经完全不同于原有自然土壤的性质，需要进行改良。

草坪建植中的土壤调查是指对建坪场地的土壤类别、质地、结构及理化性质进行实地勘察及检测的过程。通过调查了解建坪土壤的各项指标，为草坪建植及管理措施的制定提供参考依据。

通过各种管理措施，提高土壤肥力，才能建成质量高、持续时间长的草坪。因此，了解和掌握土壤特性，合理改良和培肥草坪土壤至关重要。

土壤调查一般采用点线结合的办法。观察点要选择在最有代表性的地段上。无论是路线观察还是定点观察都有必要对周围环境进行调查，内容包括植被类型和优势植物的种类、地貌类型和地形部位等。

3.2.1.2 草坪土壤环境调控

(1) 土壤质地

土壤质地是指土壤固体矿物颗粒的大小组合，是按土壤颗粒组成的比例特点所做的分类。草坪草广泛适宜于大多数质地的土壤，从砂土到黏土。砂土如果能提供持续的水分和肥料，即可满足优质草坪草的需要。对自然供给而言，壤土最为适应。

(2) 土壤结构

土壤结构是土壤中土粒和胶体矿物互相胶结或排列的形式。酸性土壤的团粒结构容易被破坏而变得板结。在草坪建植前施用土壤结构改良剂，或适度施肥、增施有机物质等，均能改良土壤结构。

(3) 土壤通气性

土壤空气被大气中的空气所代替的过程称为土壤通气。通气不良的土壤常表现为缺氧。草坪草根系及土壤微生物呼吸需要氧气，放出二氧化碳。没有大气和土壤之间足够的空气交换，土壤空气中的氧的含量会降低，二氧化碳的含量会提高，抑制根系对水分和养分的吸收及根系的生长，同时也抑制有机物质的降解。生长在板结或长期潮湿的土壤中的草坪群落常有各种各样的杂草侵入，这可反映植物对通气性差的土壤环境适宜性的差异。因这些杂草具叶片吸氧而后将其传输到根部的功能，以满足根系呼吸的要求。

土壤通气性的好坏还影响草坪草种子的发芽。通气性差，含氧量低，而嫌气呼吸会产生更多的醛类及有机酸类等抑制发芽的物质，从而使种子发芽受阻。因此，在草坪草的整个发育过程中，都必须采取适当的措施以改善土壤的通气条件。

(4) 土壤水分

土壤水分主要来自于降雨、灌溉、降雪、地下水和水蒸气凝结。土壤水分能被草坪植物直接吸收利用，是向草坪草直接供给养分的媒介；土壤水分还可调节土壤温度，参与土壤中物质的转化。土壤含水量的多少直接影响草坪草根系的生长发育。在潮湿土壤中，根系生长缓慢，根茎比相对较小；在土壤干燥的地方，草坪草根系强大，根毛发达，增加了吸水面积。

在实践中为土壤补充水分时需要注意，尽管草坪草的叶面积指数、生物量会随着含水量的增加而增加，但是当含水量达到 60% ~70% 水平时就已经能满足草坪草的生长需要、达到景观和生态功能标准。

(5) 土壤温度

土壤温度主要指与植物生长发育直接有关的地面下浅层内的温度。许多土壤中发生的物理、化学和生物学反应，在很大程度上受温度的制约。反过来，土壤温度也受大气条件(空气、湿度和太阳辐射)、土壤的热吸收和传导性能、植被覆盖等方面的影响。

草坪品种的适应性受土壤温度的影响很大。土壤温度变化也影响草坪草根系的伸展、养分与水分的吸收。在土壤温度高于 24℃ 时，早熟禾的根系生长缓慢，而在 35℃ 时非常适合于狗牙根的生长。

(6) 土壤酸碱度

土壤酸碱性是极为重要的化学性质，对土壤肥力和草坪植物营养等有多方面的影响。大多数草坪植物在 pH 值大于 9.0 或小于 2.5 的情况下都难以生长，在 pH 6.0 ~ 7.0 的土壤中，多数草坪草生长良好。在建植草坪前，应因地制宜采取有效措施，调节和改良 pH 值，使其满足草坪植物的要求。

3.2.1.3 土壤改良

土壤改良工作一般根据各地的自然条件、经济条件，因地制宜地制定切实可行的规划，逐步实施，以达到有效地改善土壤性状和环境条件的目的。

(1) 土壤物理性状的改良

采取相应的农业、水利、生物等措施，改善土壤性状，提高土壤肥力的过程称为土壤物理改良。主要包括以下两个方面：

① 土壤的通透性　土壤的通透性是指土壤供水、通气的能力。草坪草根系要在较短时间内迅速生长，需氧量较大，在土壤含氧量 10% 以下时，根系呼吸作用受阻。另外，草坪草的含水量可达其鲜重的 65% ~80%，所以要求土壤含水量要达到 60%。但土壤含水量与透气量却是矛盾，如结构性较差的黏土保水供水能力较强，但透气性很差；而砂土透气性很好，但保水供水能力很差。一般适于草坪草正常生长的土壤分布应是土壤容积 40%，水容积 32%，空气容量 28%，即使在土壤深 80cm 处也应保持 10% 以上的通气量，这样方能满足草坪草对氧气和水分的需求。

调整土壤通透性的措施：一是在播种或密植前合理深翻，改善土壤的物理性状。北方冬季时，由于水在结冰时，其体积要膨大 9%，所以经过几次冻融交替土壤会变得格外疏松、通透性增加；二是改良土壤，对砂性或黏性太重的土壤，采用客土改良即掺加黏土(或砂土)进行改良；三是增施有机肥或种植绿肥，改善土壤通透性。

② 土壤温度的稳定性　土壤温度稳定性指土壤升降温度是否平缓的能力。土壤温度对草坪草根系生长和养分吸收有很大影响。在一定范围内根系吸收养分随温度升高而增加，超过一定范围，吸收速度明显减慢，与土壤热稳定性有关的因素如下：

土壤结构　由于黏质土壤有机质丰富，热容量大，土壤温度稳定性好，因而土壤胶体经常处于较稳定的土壤热状态，使养分吸收和释放始终保持适当比例，既可以提供草坪草正常生长所需的养分，又不致使土壤溶液中养分过多而淋溶流失。

土壤含水量　含水量低的土壤热稳定性差，如砂质土，白天升温快，夜间降温也快，昼夜温差较大。

增施有机肥，可改善土壤热稳定性。据测定：每亩* 施 2000kg 猪粪，早晨可使土温提高 2.2℃，中午可使土温降低 1.9℃。

(2) 土壤化学性状的改良

用化学改良剂改变土壤酸碱性的措施称为土壤化学改良。

① 碱性土壤的改良　北方气候干燥，降水少，土壤一般偏碱性。在草坪建植过程中，应及时采取有效改良措施：土壤改良剂主要有石膏粉、硫酸亚铁、过磷酸钙、醋糟等。施用量是石膏粉 1200～1500kg/hm^2，硫酸亚铁 800～1000kg/hm^2，过磷酸钙 1200～1500kg/hm^2，醋糟 400～500kg/hm^2，如果几种改良剂同时施用，总量应控制在 3000～3500kg/hm^2。农家肥和改良剂可分别施入，均匀撒在土层表面，用铁锹或旋耕机翻地，深 15～20cm，然后进行耙地。

② 酸性土壤的改良　长江流域以南地区，绝大多数土壤黏重偏酸。在建植草坪时如何改良酸性土壤，创造一个适合草坪生长的土壤 pH 值范围，是建成较为理想草坪的关键。

传统的酸性土壤改良的方法是使用石灰或石灰石粉，表土酸度可通过施用石灰降低，而且土壤耕层交换性 Ca^{2+} 的浓度也会有所增加。施用石灰能明显降低酸性土壤的酸度，但同时也会使复酸化程度加强，因此，必须注意不能过于频繁地施用石灰，在施用石灰改良的同时，应与其他碱性肥料（草木灰、火烧土等）配合使用。石灰，特别是石灰石粉，其溶解度小，在土壤剖面上的移动很慢。大量或长期施用石灰不但会引起土壤板结而形成“石灰板结田”，而且会引起土壤钙、钾、镁 3 种元素的平衡失调而导致减产。

除了石灰外，近十几年来，人们又发现了一些矿物和工业副产物也能改良酸性土壤，如白云石、磷石膏、磷矿粉、粉煤灰、黄磷矿渣粉等。以上改良剂能对酸性土壤起到一定的改良效果，有的甚至能改良心土。但是这些改良剂中的大多数含有有毒金属元素。如磷石膏、磷矿粉中含有少量的铅（Pb）、镉（Cd）、汞（Hg）、砷（As）、铬（Cr）。使用时应该注意此类有毒元素的污染。

---

* 1 亩 = 666.7m^2。

3.2.2 坪床准备

(1)坪床整备(改良土壤及排灌设施完成后)

建植草坪的地面要根据用户要求、气候和土壤状况,加沙、施肥、调节酸碱度、增添种植土,组合成性能优良的坪床。运动场、广场等高质量草坪,要从下往上依次铺垫大卵石、小卵石、粗沙、细沙、原土、种植土。普通绿化草坪,为降低成本和扩大草坪种植面积,可减少坪床内部垫料层次,满足用途即可。

(2)土壤耕翻

将坪床土全面耕翻混匀,并使之完全沉降。不精耕细作,坪床软硬不一、肥力不好、高低不平,坪草生长很难整齐。耕翻深度要达到10~30cm,原种植土坪床宜浅耕,原非种植土坪床宜深耕。通过耕翻改善土壤通透性,提高土壤水肥保持能力,进而改良土壤,有助于促进坪草生长。土壤过湿或过干不得耕翻。

(3)平整坪床

大面积建植草坪时,用犁耕翻后耙平整;建植小块草坪时,在土壤干燥期用锹或其他工具将坪床翻松刨平。草坪允许有坡度,但不得有陡坡、凹凸不平。坪床平直是草坪平坦美观的基本条件,草坪坪床土要细,坡要缓。

3.2.3 灌溉和排水系统设计

3.2.3.1 草坪灌溉系统的设计

(1)灌溉系统构成

一个完整的灌溉系统一般由水源、首部枢纽、输配水管网和灌水器四部分组成。

(2)灌溉系统选型

草坪灌溉系统首先应当满足业主期望与需求,同时要求易于安装和便于管理。新建草坪灌溉系统要具有前瞻性,至少要考虑到3年后的灌木、10年后的乔木生长状况。草坪灌溉常采用地埋式喷灌、微喷灌、脉冲式微喷灌、滴管、小管出流、渗灌等灌溉方法。喷灌、微喷灌、脉冲式微喷灌在灌水的同时还可营造良好的水景造型效果,故发展较快,灌水设备也多种多样。而滴管、小管出流、渗灌等直接将水送到灌溉植物的根区,灌水效率高,但景观效果差。

喷灌系统适用于植物集中连片的种植条件,微灌系统适用于植物小块或零碎的种植条件,为最大限度地发挥其综合效益,应尽量与当地供水情况相结合。喷灌系统有不同的类型,按管道敷设可分为固定式喷灌系统和移动式喷灌系统;按控制方式可分为程控型喷灌系统和手控型喷灌系统;按供水方式可分为自压型喷灌系统和加压型喷灌系统。规划时应根据喷灌区域的地形地貌、水源条件、可投入资金数量、期望使用年限和操作人员的技术水平等具体情况选择不同类型的喷灌系统。不同类型的喷灌系统各有优势,必要时可对几个不同的方案进行经济技术比较,择优采纳。也可根据不同的现场条件,兼用不同类型的喷灌系统,以求发挥整体优势,更有效地利用有限的资金和水源条件。

微灌包括滴灌、微喷灌、涌泉灌等多种形式，它们有共同的节水、节能、适合局部灌溉的优点，但也有各自的特点和适用条件。因此在选择时应根据水源、气象、地形、土壤、植物种植等自然条件，以及经济生产管理、技术力量等社会因素，因地制宜地选择灌溉形式，可以是一种，也可以是几种形式组合使用。在供输水方式上，有的直接采用市政管网的水源，有的利用水泵加压，有的采用变频恒压供水。在灌水管理方面，有的采用人工手动控制，有的采用基于传感器的全自动或半自动化程序控制进行灌溉。各种灌水方式的投资差别较大，在选用时应根据草坪所处地点对灌水技术和景观要求、投资、运行管理费用等因素，经技术分析比较后确定。

现代园林草坪灌溉方法主要有喷灌和微灌，如果欲让整个面积都得到相同的水量，通常用喷灌；如果想让某一特定区域湿润而使周围干燥时，可采用微喷灌或滴灌，如灌木灌溉。滴灌有时也用于草坪地下灌溉。园林草坪喷微灌技术以其节水、节能、省工和灌水质量高等优点，越来越被人们所认识。为了节约劳力和资金、提高喷灌质量，园林草坪灌溉大多采用自动化控制固定式喷灌系统。

3.2.3.2 草坪排水系统设计

(1)草坪排水的特点

草坪以地表径流排水为主，地表径流占总排水量的70%～95%不等。其次才是渗透排水。渗透入土层内的水，充入毛细管，成为毛管悬着水，一旦超过田间持水量，即转化成重力水，汇入地下水。地下水位经常保持在离地表1～1.2m是较好的。排水良好的草坪，通常于雨后1d之内可将重力水排除或基本排除。对排水有特殊要求的草坪，如足球场，要求当地最大降水量6～12d后即可比赛时，则需要做特别设计。

(2)排水系统的类型及设计方法

利用地形排水　利用草坪床的坡度排水。一般小面积草坪采用0.2%左右的坡度就可排水。地形排水要求场地中心稍高，四周逐渐向外倾斜，较大草坪通常做成0.2%～0.3%的坡度，最大不超过0.5%。坡度大易造成水土流失。如果草坪场地的边缘靠近道路及建筑物，则草坪地应从路基或房基处向外倾斜，以利于向外排水。

暗管排水　用设置排水管道的办法进行排水。草坪面积不大，采用对角线形式埋设主要暗管排水管道，在主管道左右斜埋副排水管道，构成地下排水系统。副管接入主管一般应与水平面呈45°角。若草坪面积大，排水主管应平行排列，暗管管径6.5～8cm，管材为陶土、混凝土或带孔的硬质塑料管。埋管时，开挖宽30～45cm，深40～50cm的沟，间距4～18m。放入管后，先铺一层石灰，防止细土粒阻塞排水管；然后填入碎石和煤渣，作为集水区起到收集地表径流的作用；最后填入表土、回填肥沃土用以种植草坪。回填面应低于两侧的土面，厚度18～20cm。暗管排水系统可以多设几套，但排水主管应平行排列，每一主管的端头与草坪边缘的集水沟连接起来。

3.2.4 草坪的建植方法

在基础整地、坪床排灌系统、地面平整等工序完毕，草坪草种选定后，即可建植草坪。建植草坪可以通过种子繁殖与营养繁殖两种方法实现。具体选用何种方法则应根据土壤质地、成本、时间要求、繁殖材料、建坪目的等确定。

3.2.4.1 种子建植

通常种子繁殖形成的草坪质量较高，操作简单，适宜于大面积建坪，并且可以多种品种组合，充分利用品种的优势互补，从而形成四季常绿的草坪。但成坪所需时间较长。种子建植程序如下：

(1)播种时间

大多数草坪草种适于春季或秋季，仅少数种类需夏季气温稍高时播种。如狗牙根、结缕草。冷型草最适宜的播种温度为15～25℃，在春、秋季播种，避开炎热的夏季为宜；我国北方适宜种冷型草，北方的东部宜在早春播种，而西部宜在晚春播种；青藏高原5～6月种植为好。暖型草最适宜的播种温度为25～35℃，在夏季播种为宜。温度适宜，有灌溉条件时，可随时播种。由于杂草在坪草生长初期容易形成危害，故夏末秋初为北方最佳播期，春末夏初为南方最佳播期。在此之前可以让杂草反复萌发而全部除尽，此时播种也有利于坪草安全生长。温暖湿润是坪草生长的适宜气候，寒冷干旱不利于坪草生长，播种宜把握大原则而后灵活确定。

(2)选用草种

选用适宜草种是建植理想草坪的关键一步。要根据当地气候、土壤等自然状况和所建草坪类型，选择纯净度高、发芽率高、适应性好的草坪种子。为提高草坪的质量和保持草坪生态稳定，要贯彻多样化选种，采用几个不同科属，或同属的不同种，或同品系的不同品种，以便综合优点，相互弥补不足。目前大多选用高羊茅、多年生黑麦草、草地早熟禾的各个品种混播；但单播草种也因具有特色而受到青睐。

(3)播种量

草坪种子的播种量随用途、草种、土壤、用户要求等条件差异而略有变化，要因地制宜。土壤、水肥、温湿度等条件差的坪床播量要加大，条件优越的坪床播量可减少。草坪种植的最大特点是实行高密度播种，较高播种量是绿化成功的重要因素。在理论上要求有1万～2万株/m^2幼苗，保证有1株/cm^2活苗。由于多种因素的影响，实际播种量要大很多。单播：早熟禾为10～30g/m^2，黑麦草为20～40g/m^2，高羊茅为30～60g/m^2，紫羊茅为25～40g/m^2，剪股颖为4～10g/m^2，结缕草为10～15g/m^2，狗牙根为8～12g/m^2，白三叶为8～20g/m^2，其他草种可比较粗略得出。

(4)播种深度

草坪种子的播种深度，通常控制在0.5～2cm。小粒草种深播种，是草坪建植失败的原因之一。在播深上目前有两种方法：第一，播深种植法，即整好地后，播种机撒播，或者人工将草种均匀地撒播于坪面，其上撒一层厚为0.5cm沙子，或用耙子轻轻向一个方向耙地，用土覆盖种子1~2cm。第二，无播深种植法。播好草种后，无需覆盖而只要碾压坪面或人工脚踏坪面即可，使草种与土壤紧密结合，然后及时喷水，也可得到理想的草坪。

(5)镇压及覆盖

草坪播种后镇压，能够使草种与土壤密接，吸收水肥，发芽成坪；同时起到固定草种作用，防止风吹或雨淋水浸导致种子移动，形成草坪秃斑。

覆盖有保温保湿，营造一个草坪适宜生长的小环境，减少浇水次数，保护坪床，加速发芽生长，缩短成坪时间，降低建坪成本等作用。北方早春播种要覆盖，此时温度剧变，覆盖可调和气温。大风天气要覆盖，避免播种的草种会被风吹出坪床。大雨天气要覆盖，降雨速度超过下渗速度，形成积水使种子漂移，造成草坪秃斑；覆盖能防止雨水打击坪面，减缓积水程度，防止秃斑发生。覆盖材料有草帘、麦草无纺布等，可四季使用，塑料农膜仅在春季使用。

(6)苗期浇水

播种后保持坪床湿润，是保证出全苗的重要措施。浇水要求喷灌，切忌大水漫灌，以防灌溉不匀冲坏坪面，造成秃斑和出苗不齐。喷水次数与喷水时间要根据当地气温、光照、湿度确定。无覆盖的草坪雨天不浇，阴天减少，晴天增加，1~3次/d。有覆盖的草坪浇水次数可减少，1~2次/d。异常高温天气要增加喷水次数。出苗前喷水要少量多次，出苗后喷水要少次多量。

3.2.4.2 无性繁殖建坪

无性繁殖建坪也称营养繁殖体建坪，是常用的建坪方法。对那些不能结实或者用种子建成的草坪不能保持优良性状的种类，常采用无性繁殖方法。

(1)无性繁殖材料种类

无性繁殖材料包括草块、枝条和匍匐茎。能用这几种繁殖体建坪的草坪草种有野牛草、匍匐剪股颖、钝叶草、杂交狗牙根和结缕草等。

(2)建坪程序

铺草皮　目前专业草皮生产较多采用草皮切块繁殖技术，分平铺、密铺、点铺。在亚热带地区草块越大，铺种越密，成坪越快，但也易老化、退化，故成本也越高。点铺是将草块分成5cm×5cm的小块，铺种地上，草地间歇3~5cm，然后用脚踩，边踩边淋水，直到踩出泥浆，使草根黏满泥浆为止。

插枝条　主要用来建植有匍匐茎的暖型草坪草。通常把枝条种在条沟中，相距15~30cm，深5~7cm。每根枝条要有2~4个节，栽植过程中，要在条沟填土后使一部分枝条露出土壤表层。插入枝条后要立刻滚压和灌溉，以加速草坪草的恢复和生长。也能用上述直栽法中使用的机械来栽植枝条，它能够把枝条(而非草坪块)成束地送入机器的滑槽内，并自动地种植在条沟中。有时也可直接把枝条放在土壤表面，然后用小扁棍把枝条插入土壤中。

条植法　按行距30~40cm挖沟，沟深10~15cm，将匍匐短茎放入沟中，枝梢露外面，覆盖薄土或细沙，镇压，在生长季节1个月后可成坪，改良种多数以此法建坪。

切茎撒压法 指把无性繁殖材料（草坪草匍匐茎）均匀地撒在土壤表面，然后覆土和轻轻滚压的建坪方法。一般在撒匍匐茎之前喷水，使坪床土壤潮而不湿。用人工或机械把打碎的匍匐茎均匀地撒到坪床上，而后覆土，使草坪草匍匐茎部分覆盖，或者用圆盘犁轻轻耙过，使匍匐茎部分插入土壤中。轻轻滚压后立即喷水，保持湿润，直至匍匐茎扎根。

3.3 幼坪养护管理

新建草坪的草坪植物处于幼苗阶段，对各种不适的外界环境适应性弱，为了确保草坪草的正常生长，需要更精心的养护管理。

3.3.1 修剪

新建草坪必须及时修剪，通常新苗长到8～10cm时进行第1次修剪，冷型草发芽后1个月就可修剪。新建未完全成熟的草坪在修剪时应遵循1/3规则，直至完全覆盖为止。用钝的或未调整好修剪高度的修剪机来修剪草坪幼苗时容易把草坪连根拔起，特别是当土壤潮湿时尤为严重。因此应等土壤干燥、紧实后再修剪。修剪刀片要锋利，如果是滚刀式剪草机，要精确调整修剪机以避免撕碎或挫伤幼嫩的植物组织。

3.3.2 施肥

草坪的施肥原则是均匀、少量、多次。施肥不匀，会引起草坪草生长不均匀，致使叶色深浅不一，影响外观。为了保障均匀，可采用横向施一半、纵向施一半的方法。施后需要及时浇水，以防灼伤叶片。在降雨较大时不要施肥，以防肥料流失。出苗期草坪草适宜的施用量约是25kg/hm^{2}速效氮肥或50kg/hm^{2}缓效氮肥。无性繁殖的草坪草，施用量可以高些。多数情况下新建草坪最易缺氮，但其他必需营养元素缺乏也同样限制新草坪草生长。如有需要，施用含有微量元素的全素肥料可防止营养缺乏。

3.3.3 灌溉

新建草坪必须及时灌水。新草坪灌水应按照“少量、多次、均匀”的原则，避免大水灌溉。一般采用微喷或水滴细小的灌水设备。灌水速度不应超过土壤有效的吸水速度，灌水应超过10cm，土层完全浸透为止。在炎热干旱期每天灌溉3～4次；播种后至少3周内要经常浇水。

3.3.4 表层覆土

新建草坪由于土壤沉实深度不同，常造成草坪表面不平整，影响草坪质量，不断地覆土具有填充凹坑的效果。覆土有利于根的发育，促进匍匐茎上地上枝条的生长。地表覆土的质地应与草坪土壤的质地相同，并且土要细，同时注意土里不要混入杂草种子；否则土壤会产生妨碍根区内空气、水和营养物质运动分层的现象。操作时要仔细，避免覆土过多把植物体盖住。

3.3.5 杂草控制

在新建植的草坪中，通常杂草是最大的问题。防治杂草的最好方法是选择纯净的草坪草种并在适宜的播种期播种。

首先，选择适宜的播种期，冷型草坪草适宜在早春或秋季播种，暖型草坪草适宜在春末或夏初播种，可避过杂草旺盛出苗。其次，要选择合适的覆盖材料。要确保草坪草种子、无性繁殖材料、覆盖材料和覆土土壤无杂草种子，这对建坪后杂草的控制非常重要。最后，杂草严重发生时，必须采用人工拔除的方法，或选用对幼苗无伤害的除草剂，如溴苯腈和环草隆、2,4－D。幼苗对除草剂很敏感，易受伤害，因此至少在幼苗生长1个月后或草已经修剪两次后再使用除草剂。

3.3.6 病虫害防治

新建草坪提倡播种前用杀菌剂处理种子，即药剂拌种或药剂包衣。过于频繁的灌溉和太大的播种量将导致草坪群体密度太大，易引起病害。因而，控制灌溉次数和控制草坪群体密度可避免大部分苗期病害。当诱发病害产生条件存在时，可于草坪草萌发后施用农药来预防或抑制病害的发生。在新建草坪中，发生虫害的可能性较小。蝼蛄在幼苗期会危害草坪，可用辛硫磷防治。蚂蚁的主要危害是移走草坪种子，使蚁穴周围缺苗。常用方法是播种后立即掩埋草种或撒毒饵驱避。

思 考 题

1. 草坪植物的选择应该遵循哪些原则？为什么？
2. 草坪建植过程中坪床的准备包括哪些步骤？
3. 幼年草坪会出现哪些问题？
4. 幼坪的管理主要有哪些内容？
5. 幼坪的修剪应该注意哪些问题？

推荐阅读书目

1. 草坪学(第4版). 孙吉雄、韩烈保. 中国农业出版社，2015.
2. 草坪建植与管理. 韩烈保、孙吉雄、刘自学. 中国农业大学出版社，2000.
3. 草坪科学与管理. 胡林、边秀举、阳新玲. 中国农业大学出版社，2001.
4. 草坪建植手册. 鲜小林、管玉俊、苟学强等. 四川科学技术出版社，2005.
5. 草坪机械. 尹汉学. 中国农业出版社，2001.

第 4 章 草坪养护管理

[**本章提要**]草坪的养护管理关系到草坪的使用功能和观赏价值。本章对草坪管理的几个重要环节如修剪、施肥、灌水等原则和操作方法进行了详细介绍，并扼要说明了铺沙、打孔、垂直切割、疏草以及草坪修复等管理措施。

要获得优质优良的草坪，草坪建植是基础，草坪管理是关键，即通常所说的“三分种，七分管”。只有在草坪成功建植的基础上，持续进行科学、细致的养护管理，才能使其保持良好的使用状态，延长使用时间，充分发挥其功能。不同类型、不同用途的草坪，其主要的养护管理内容基本一致，只是在养护管理的方法和强度上有所不同。通常草坪养护管理的基本内容是修剪、施肥和灌溉。而根据草坪的用途和类型的不同，有些草坪还需要进行辅助的养护管理，如铺沙、打孔、疏草、垂直切割、使用生长调节剂和草坪着色剂以及进行退化草坪的更新、修复等。

4.1 修剪

修剪是草坪养护管理的核心内容。草坪草生长点低、植株低矮、修剪后可再生，这为其进行定期修剪提供了可能。通过定期修剪来控制草坪草的生长高度，不仅可以保持草坪的平整美观，防止草坪草茎叶徒长，促进其分蘖从而增加草坪的密度，而且可以抑制因枝叶过密引起的病害，驱逐草坪地上害虫，并防止大型杂草侵入草坪。另外，修剪可使草坪草始终保持旺盛的生长活力，防止其因开花结实而老化。可以说，草坪如果不进行修剪，就难以成为草坪。但是，必须明确的是，修剪对草坪草而言是一种胁迫，不可避免地对草坪草造成伤害，使病害的发生与传播更容易、更迅速，使草坪草根系呈现浅层化而降低其抗逆性。因此，草坪管理者必须通过科学合理的修剪，使其对草坪造成的伤害降至最低。

4.1.1 修剪原则

草坪修剪的基本原则是“三分之一原则”，即剪掉的部分应为草坪草地上部分的1/3，即草坪草生长高度达到留茬高度的1.5倍时就应修剪。如果修剪时剪掉的部分过多，将会由于叶面积的大量损失而导致草坪草光合能力的急剧下降，使根系因无足够的养分维持而停止生长甚至死亡。研究表明，如果一次剪掉草坪草地上部分的

40% 以上，则草坪草根系会在其后的 6 ~ 14d 或更长的时间内停止生长。

如果修剪时剪掉的地上部分过少，则需增加修剪次数，加大管理成本。

对于新建草坪，由于幼草比较娇嫩，初次修剪时，可以在草坪草高度达到需保留高度的 2 倍时进行修剪，剪掉的部分略少于地上部分的 1/3，并通过在其后的管理中增加修剪次数，逐步达到规定的修剪高度。

4.1.2 修剪高度

草坪的修剪高度也称为留茬高度，是指草坪修剪后立即测得的地上枝条的垂直高度。不同草坪草因生物学特性的不同，其所能耐受的修剪高度也不同。如匍匐剪股颖的某些品种可以耐受 0.5cm，甚至更低的修剪高度，因而常用于高尔夫球场的果岭草坪中。而高羊茅的修剪高度需高于 2.5cm，因此需要低修剪才能发挥功能的草坪不能以高羊茅来建植。大多数草坪草适宜的修剪高度为 3 ~ 4cm(虽然以匍匐剪股颖建植的果岭草坪可以修剪至 0.5cm 甚至更低，但此修剪高度并不利于其生长，而且其抗逆性也随着修剪高度的降低而急剧下降，但是由于匍匐剪股颖具有发达的匍匐茎，在一定程度上可以耐受低修剪)。常见草坪草适宜的修剪高度见表 4-1。

表 4-1 常见草坪草的适宜修剪高度 cm

冷型草坪草	修剪高度	暖型草坪草	修剪高度
草地早熟禾	2.5 ~ 5.0	结缕草	1.5 ~ 5.0
粗茎早熟禾	3.0 ~ 6.0	野牛草	2.5 ~ 5.0
多年生黑麦草	3.5 ~ 6.0	普通狗牙根	1.5 ~ 4.0
高羊茅	3.5 ~ 7.0	杂交狗牙根	1.0 ~ 2.5
紫羊茅	2.5 ~ 5.0	地毯草	2.5 ~ 5.0
细叶羊茅	3.5 ~ 6.5	假俭草	2.5 ~ 5.0
匍匐剪股颖	1.0 ~ 2.0	巴哈雀稗	2.5 ~ 5.0
细弱剪股颖	1.5 ~ 2.5	钝叶草	4.0 ~ 7.5

草坪的修剪高度不仅与草坪草的生物学特性密切相关，也依草坪用途而异。如高尔夫球场果岭草坪要考虑到球在草坪上的滚动距离及方向，其修剪高度多为 0.5cm 左右。足球场草坪的高度以不妨碍球的弹性及运动员的跑动为宜，一般修剪高度为 2 ~ 3cm。普通的绿化草坪需考虑到草坪的美观并兼顾草坪草的抗性和管理费用，因此其修剪高度一般为 4 ~ 8cm。水土保持草坪的主要作用是固土护坡，防止水土流失，其修剪高度可达 10cm 以上，有的一年仅修剪 1 ~ 2 次或不修剪。

此外，草坪的修剪高度还与草坪所处的环境条件直接相关。当草坪受到环境胁迫时，修剪高度应适当提高，以增加草坪草的抗逆性。如冷型草坪草在夏季，其修剪高度应比春秋季节高 1 ~ 2cm。遮阴地生长的草坪，其修剪高度应比全光照下的草坪高 1.5 ~ 2.5cm，以使草坪草叶面积增大，利于光合作用。当草坪处于病虫害等其他逆境胁迫下时也应适当提高修剪高度，以利于其度过逆境。在生长季的晚期，草坪的修剪高度也应适当提高，以使其贮存更多的光合产物而利于越冬。在生长季的早期，如草坪草从休眠状态中返青时，修剪高度可适当降低，便于除去更多的枯死组织，使阳光直接照射到新生植株和土壤上，加快返青生长。

4.1.3 修剪频率

草坪的修剪频率取决于草坪草的生长速度。在草坪草的生长季，应按照修剪的“三分之一原则”的要求进行修剪。因此，“三分之一原则”也是草坪生产实践中确定修剪时间和频率的唯一依据。

在我国北方地区，草坪的修剪一般始于3月，终于11月。在温度适宜、雨量充沛的春季和秋季，冷型草坪草生长旺盛，一般每周需修剪2次，而在炎热的夏季，冷型草坪草生长缓慢甚至停滞，每周修剪1次即可。暖型草坪草则正相反，夏季需经常修剪；其他季节因温度较低，草坪草生长较慢，修剪频率可适当降低。冬季如草坪草进入休眠期，草坪不需修剪。

草坪的修剪频率与草坪的修剪高度有直接的关系。修剪高度越低的草坪，其修剪频率越高，因为只有这样才能满足“三分之一原则”。如修剪高度为0.5cm的高尔夫球场果岭，在生长季几乎每天都需进行修剪。

草坪的修剪频率也与草坪的养护管理制度相关。对于管理精细的草坪，因灌溉多，施肥量大，草坪草生长迅速，修剪频率相应提高。而管理粗放的草坪，因干旱、土壤贫瘠等因素，草坪草生长缓慢，修剪频率也相应降低。此外，生长迅速的草坪草如高羊茅和多年生黑麦草等，其修剪频率相对较高，而生长缓慢的草坪草如结缕草和紫羊茅等，其修剪频率相对较低。

4.1.4 修剪方式

草坪修剪方式主要有机械修剪和生物修剪两种。

(1)机械修剪

机械修剪即使用剪草机修剪草坪，是目前草坪修剪的主要方式。依据剪草机的工作原理，可将其分为旋刀式剪草机、滚刀式剪草机和割灌割草机3种。旋刀式剪草机主要用于修剪高度高于2.5cm的草坪；滚刀式剪草机则可用于修剪高度在2.5cm以下草坪的修剪；割灌割草机主要用于其他修剪机械难以接近的地方，如树木周围和陡峭坡地的草坪。

在进行机械修剪前，应先将草坪中妨碍剪草机正常工作的杂物清理干净。其次，应检查剪草机是否工作正常，是否有漏油现象，刀片是否锋利。另外，每次修剪都应更换起点，按与前次不同的方向和路线进行修剪，以防止对局部草坪的过度践踏和因草坪草的地上部分趋于同一方向的定向生长而形成草坪“纹理”。

修剪下的草屑中含有丰富的营养元素，如果草屑很短小，可以留在草坪上，不必清除。如果草屑较长，留在草坪上不仅影响美观，形成的草堆还会引起草坪草的死亡或引发病虫害，应收集起来运出草坪。

(2)生物修剪

生物修剪即利用牛羊等食草动物在草坪上啃食和放牧，以达到修剪目的。在剪草机出现以前，高尔夫球场草坪的修剪就是通过在其上放牧绵羊进行的。生物修剪不会产生噪声、矿质燃料尾气和草渣污染，但会产生粪便污染、干扰交通等问题，比较适于在森林公园、护坡草坪中应用。

4.2　施肥

施肥是草坪管理中最基本的环节之一，也是提高草坪质量和延长草坪绿色期的重要手段。由于草坪经常进行修剪，养分损失量大，需及时适量地补充肥料以保证其正常生长。

4.2.1　草坪草的营养需求

草坪植物体是由水(质量%，体积%，75%～85%)和干物质(质量%，体积%，15%～25%)组成的。其中的干物质主要是由多种元素组成的各种有机物。在草坪草的正常生长发育过程中，所需要的营养元素有16种，除碳、氢、氧主要来自于空气和水外，其余的13种元素主要依靠土壤供给。这16种元素，缺乏任何一种，草坪草即不能正常生长发育，而任何元素又不能被其他元素所取代。按照草坪草对不同营养元素需要量的多少，可将这13种元素分为3组，即大量元素(氮、磷、钾)、中量元素(钙、镁、硫)和微量元素(铁、锰、铜、锌、钼、氯、硼)。其中，草坪草对氮、磷、钾3种元素的需求量远远大于其他10种元素，必须定期向土壤中补充，这3种元素并称为肥料三要素。

(1)氮

氮是植物生活细胞原生质体的组成部分，堪称生命元素，是草坪草生长发育中除碳、氢、氧外需要量最多的营养元素，其主要作用是促进草坪草茎叶的生长和维持草坪健康的颜色。健康生长的草坪草，氮元素在干物质中的含量一般为3%～5%。当土壤中氮素过少时，草坪草生长受阻，植株矮小且分蘖少，叶片呈现黄绿色，草坪易感币斑病和炭疽病。但当土壤中氮素过多时，会使草坪草地上部分生长过快，植株肥嫩多汁，抗病力减弱，耐践踏性及对极端温度的抵抗力下降。因此，氮肥既不能缺乏，也不可过量施用。

(2)磷

磷是植物细胞中核酸的组成成分，在植物新陈代谢过程中，磷还起到能量的传递和贮存作用。通常正常生长的草坪草中磷的含量占总干物质的0.4%～0.7%。磷主要集中在幼芽、新叶及根顶端生长点等代谢活动旺盛的部位，可促进根系的早期形成和健康生长，对新建植的草坪特别重要，因此新建草坪应加大磷肥的施用量。当磷肥不足时，草坪草根系生长缓慢，老根发黄且新根少而细，株体瘦小，分蘖减少，老叶片的叶缘变成紫色。但磷素过多时，会造成水溶性的磷酸盐与锌、铁、镁等营养元素生成难溶性化合物，降低上述元素的有效性，造成草坪草缺锌、缺铁、缺镁等失绿症状。

(3)钾

钾是植物体内含量最高的金属元素，其生理功能主要是促进植物体酶系统的转化，影响光合作用和光合产物的运转。正常生长的草坪草中钾的含量占总干物质的1.5%～4%，主要集中于植物代谢最活跃的器官和组织中，如芽、幼叶和生长点等部位。

钾是维持草坪健康生长必需的养分，尤其是在促进根与根茎的生长发育，提高草坪草抗逆性和耐践踏性等方面具有重要作用。钾通常以K^+的形式被草坪草吸收，但钾元素易溶于水，因此在土壤中淋溶损失很严重。当草坪草缺钾时，通常生长缓慢，细胞壁变薄，叶片质地会变得柔弱并出现卷曲，草坪草耐践踏性、抗寒性和抗旱性降低。所以在践踏强度大的草坪如足球场草坪上，通常需要施入较多的钾肥。

(4)其他元素

中量元素钙、镁、硫和其他7种微量元素对草坪草的健康生长也具有重要作用，但其施用量远远低于氮、磷、钾，一般在施用以氮、磷、钾为主的复合肥时，在肥料中适当添加这些微量元素，即可满足草坪草生长所需。但在特殊情况下，如砂性土壤中，铁、镁等元素经常缺乏，应根据草坪土壤测试结果及草坪草生长发育表现，及时补充所缺乏的元素。中量元素和微量元素的施用应以土壤测试结果为依据，不可滥用，以免对植物产生毒害作用。

虽然不同营养元素对草坪草的生理作用不同，草坪草对其需要量也不同，但其在生理代谢上具有相互制约性和相互依赖性。某种元素过多或过少，都会引起整个营养元素之间的不平衡，从而不利于草坪草的健康生长。

4.2.2 草坪肥料种类

肥料种类很多，按其性质可分为有机肥料和无机肥料两类。有机肥料如各种动物粪肥、骨粉、各种饼粕等。有机肥料中含有丰富的有机质和营养元素，养分完全，肥效长，同时也是很好的土壤改良剂。有机肥因含氮量低，且一般具有难闻的气味，多在草坪建植时作为基肥施用。无机肥料种类繁多，按所含营养成分可分为氮肥、磷肥、钾肥、复合肥及微量元素肥料(表4-2)。

表4-2 草坪常用肥料及养分含量和特点

名称	分子式	养分含量(%)			特点
		N	P_2O_5	K_2O	
硝酸铵	NH_4NO_3	33	0	0	弱酸性，水溶，吸湿性强
硫酸铵	$(NH_4)_2SO_4$	21	0	0	弱酸性，水溶，吸湿性弱
尿素	$CO(NH_2)_2$	45	0	0	中性，水溶，稍有吸湿性
甲醛尿素(UF)	$[CO(NH_2)_2CH_2]n\backslash+CO(NH_2)_2$	38	0	0	冷水缓溶
二尿甲醛(IBDU)	$[CO(NH_2)_2]_2(C_4H_8)$	31	0	0	冷水缓溶
包硫尿素(SCU)	$CO[NH_2]_2+S$	32	0	0	缓释
磷酸二氢铵	$NH_4H_2PO_4$	11	48	0	中性，水溶
磷酸二铵	$(NH_4)_2HPO_4$	20	50	0	酸性
过磷酸钙	$Ca(H_2PO_4)_2+CaSO_4$	0	20	0	可溶，宜作基肥
重过磷酸钙	$Ca(H_2PO_4)_2+H_2O$	0	45	0	弱酸性，水溶，吸湿性强，易结块
氯化钾	KCl	0	0	60	酸性，含氯和其他盐分
硫酸钾	K_2SO_4	0	0	50	酸性，用于不宜施KCl的地方
硝酸钾	KNO_3	13	0	44	中性，水溶

(1)氮肥

氮肥种类很多。按肥料释放氮的速度，常将氮肥分为速效氮肥和缓效氮肥两种。

速效氮肥可溶于水，见效快，但肥效期短，易淋失，施用不当易造成烧苗，因此在使用时应少量多次，以提高养分利用率。速效氮肥主要包括磷酸铵、硫酸铵、硝酸铵、氯化铵等铵态氮肥和硝酸铵、硝酸钾、硝酸钠、硝酸钙等硝态氮肥以及含氮达到46%的酰胺态氮肥尿素等。

缓效氮肥水溶性低，氮素释放速度慢，肥效长，在土壤中不易淋失，主要有甲醛尿素(UF)、二尿甲醛(IBDU)、包硫尿素(SCU)和高分子包膜肥料等。缓释氮肥释放氮素的速度取决于肥料组成和环境条件，一般在草坪建植时作基肥施用，在草坪管理中多与速效氮肥相结合施用，以更好地满足草坪草生长中对氮素的需要。

(2)磷肥

磷肥在草坪上的应用比氮肥和钾肥少，但其对草坪草幼苗根系的形成和生长具有重要作用。一般于播种前施用在幼苗根层附近肥效高。多数磷肥是由磷矿石经磨碎、分选并经酸处理后形成的，如常用的过磷酸钙、重过磷酸钙、偏磷酸钙等。骨粉是最常见的天然有机磷肥，用于酸性土壤中，可有效降低土壤的酸度。过磷酸铵、磷酸钾等也是草坪常用的磷肥。

(3)钾肥

钾肥在草坪上的应用少于氮肥，但多于磷肥。钾肥易溶于水，在土壤中易淋失，且植株会过量吸收钾肥，因此对于钾肥应少量多次地施用，不可一次用量过高。目前在草坪上应用的钾肥主要有氯化钾、硫酸钾和硝酸钾等。其中氯化钾价格最低，在草坪上广泛应用。硫酸钾是草坪施肥的理想钾源，在施入钾的同时还可增加土壤中硫的含量，但其价格要比氯化钾高很多。硝酸钾含有13%的氮，但含钾量不及前两者，水溶性高，施用操作不当时易造成烧苗，且其运输和贮藏不及前两者方便，在草坪上不常使用。

(4)复合肥

复合肥是通过化学反应过程以工业规模生产的化学肥料，其每个颗粒的养分成分及比例完全一致。在草坪日常管理中，施入的肥料多为复合肥，即含有氮、磷、钾和其他中量及微量元素的肥料。这样在一次性施肥操作中，可以将草坪草生长需求量最大的3种元素氮、磷、钾和其他中量及微量元素同时施入草坪中，满足草坪草生长的养分需求。

复合肥的肥料包装袋上通常有3个以短线相连的数字表示养分含量，如20-5-10，这3个数字分别表示了该袋肥料中氮(N)、有效磷(P_2O_5)和有效钾(K_2O)的质量百分比，即该袋肥料含氮20%，含有效磷(P_2O_5)5%，含有效钾(K_2O)10%。此外，在草坪管理中，可能有时需计算磷肥和钾肥的施量，P在P_2O_5中的含量为44%，即$P = P_2O_5 \times 0.44$，K在K_2O中的含量为83%，即$K = K_2O \times 0.83$。

肥料包装袋上的20-5-10可以简化为4∶1∶2，表示该肥料的N，P_2O_5，K_2O所占的份数比，即养分比例。如30-5-15的肥料，其养分比例为6∶1∶3。在施肥时，具体选用何种养分比例的肥料，需根据土壤测试结果并结合草坪草营养诊断进行选择。

如果肥料中还含有其他元素，如钙、镁、硫、铁或氯等，肥料包装袋中均有明确标示。有些复合肥中还添加了一些除草剂或杀虫剂，这样在一次施肥操作中，除了施入肥料，还同时施入了农药，不仅节省劳动量，而且使得非专业草坪管理人员在应用上也更为方便。

复合肥既可以在草坪建植中作为基肥施用，也可以在草坪管理中作为追肥施用。其中的氮肥既可以是速效氮肥，也可以是缓效氮肥。

(5)微量元素肥料

钙、镁、硫虽然是中量元素，但在草坪管理中，一般很少单独施入，多在施用氮、磷、钾时，同时将其施入土壤中，而且很多复合肥中常含有一定量的镁和硫。其他微量元素如铁、锰、铜、锌、钼、氯、硼等，多数情况下也不需施用，因其在土壤中的含量一般可以满足草坪草正常生长所需，另外，复合肥中也常添加一些微量元素。但在某些情况下，如 pH 值高于 7 的砂性土壤中，铁和镁元素常常匮乏，需额外施入硫酸亚铁($FeSO_4 \cdot 7H_2O$)、螯合铁(FeEDTA)或硫酸镁($MgSO_4$)。

4.2.3 草坪施肥计划

在草坪管理中，施肥时具体选择哪种肥料、何时施肥以及施肥量等与多种因素相关，如草坪的用途、对草坪的质量要求、草坪草种类、土壤理化性质、天气状况、灌溉水平、修剪下的草屑是否移出草坪等。因此，草坪管理人员应针对不同的草坪制订相应的施肥计划，即确定一个生长季需施用的肥料总量、施肥时间和每次施用量，并根据草坪草生长的实际状况进行适当调整。

4.2.3.1 生长季施肥总量

确定一个生长季施肥总量时，首先应确定一个生长季需施用的氮肥量，再结合土壤养分测定结果、草坪管理经验等确定氮、磷、钾肥的比例，计算出磷肥和钾肥的用量。

氮肥的施用量，因草坪养护管理水平、草坪草种及品种、草坪土壤状况等因素而变化很大。

一般来说，管理粗放的草坪，修剪量少，灌溉量也少，对草坪质量要求亦不高，因此施用的肥料也少，但为满足草坪草的生长需求，每个生长季适当补充氮素；而管理精细的草坪，为保证草坪的质量及其正常使用功能的发挥，需进行频繁修剪、灌溉和其他养护管理措施，因此对肥料的需要量大，每个生长季需施用充足的氮素；普通的绿化草坪，养护管理水平中等，一般每个生长季施用氮素 $10 \sim 20g/m^2$ 即可。

不同草坪草种及品种对肥料的需要量也有很大的不同，冷型草坪草每个生长季需氮量为 $20 \sim 30g/m^2$。细羊茅需氮量较低，高氮条件下草坪密度和质量会下降；高羊茅是较耐粗放管理的草种，但其对氮肥反应明显。草地早熟禾和多年生黑麦草则要求土壤肥沃，在贫瘠的土壤上生长不良。匍匐剪股颖的需氮量是冷型草坪草中最高的，尤其是在高养护管理水平下，如高尔夫球场的果岭。暖型草坪草中，野牛草、假俭草、地毯草、巴哈雀稗等需肥量较低，结缕草能够耐受较低的肥力水平，但在高肥力条件下表现更好。杂交狗牙根对氮肥要求则较高。

值得注意的是，同一草种中的不同品种，对氮肥的需要量也有一定差异，如草地早熟禾品种'午夜'('Midnight')比'蓝肯'('Kenblue')需肥量高。狗牙根品种'Texture10'比'Ormand'需肥量高。

草坪生长土壤的状况也是影响肥料施用量的重要因素。砂质土壤保肥能力差，肥料易渗漏损失，因此施肥量较壤土或黏土要大，施肥时也应少量多次施用或施用缓释肥料，以提高肥料的利用率。

此外，草坪修剪下的草屑是否移出草坪也是确定施肥总量时应考虑的重要因素。据报道，修剪下的草屑如果留在草坪上，可减少草坪30%的施肥量。而对草地早熟禾品种'Merion'的试验表明，如果草屑移出草坪，草坪草在生长季内的需氮量要增加0.9～1.5g/m^2。另外，频繁灌溉草坪也会使土壤中养分淋溶损失，从而增加草坪对养分的需求。

在草坪施肥中，一般不单独施用氮肥，而是氮、磷、钾肥平衡施用。合理配比氮、磷、钾肥对草坪草的生长及提高抗逆性非常重要。通常草坪对磷、钾肥的需要量分别为氮肥的1/10～1/5，1/3～1/2，考虑到营养元素间在土壤中的淋溶、固定等差异，一般成熟草坪施肥的养分即N∶P_2O_5∶K_2O的比例以4∶1∶3(其中氮肥的一半应为缓效氮肥)为宜，并根据土壤的具体情况确定是否需要施用钙、镁、硫、铁、铜、锌等其他微量元素肥料。对于成熟草坪而言，一般每年施入5g/m^{2}磷肥(以P_2O_5计)即可满足草坪草对磷肥的需要。钾肥虽然可以在一定程度上提高草坪草的抗逆性，但也不可一次施用过多，尤其是在砂质土壤上，否则可能会出现钙、镁等元素的缺乏。

4.2.3.2 施肥时间及每次施肥量

温度和水分状况均适宜草坪草生长的时期是最佳的施肥时间，而当环境胁迫或病害胁迫时应避免施肥。

在温带地区，冷型草坪草春、秋季节生长旺盛，夏季生长缓慢，冬季枯黄休眠。冷型草坪草适宜的施肥时间是春季和秋季，夏季则在需要时才施用少量氮肥，冬季草坪草处于休眠状态，无需施肥。春季施肥的目标是使返青后的草坪草达到最大的光合作用，但又不能过分刺激地上部分茎叶的生长，因地上茎叶徒长而过度消耗碳水化合物，致使草坪草因没有足够的营养贮备而在盛夏逆境胁迫下不能正常越夏。春季施肥应施少量氮肥，以不超过5g/m^{2}为宜。如初夏也施入氮肥，则春季和初夏的氮肥施入总量不宜超过7.5g/m^2。如果氮肥不足，草坪草颜色变黄，也会削弱草坪草的光合作用，从而使碳水化合物贮存减少。夏季，为防止草坪出现失绿症而影响草坪草的光合作用，可以适当地补充少量氮肥，特别是缓效氮肥。秋季，随着气温的降低，草坪草的生长又进入高峰，但此时草坪草将光合作用产物更多地贮存起来而不是用于地上茎叶的生长，因此秋季应适当增施氮肥，施用量可达7～10g/m^2。施肥可促进草坪草根系的生长，使其根系更加发达，且有利于翌春草坪草的返青。表4-3列出的是北京地区冷型草坪草氮肥施用方案，可供参考。

表 4-3 北京地区冷型草坪草氮肥施用方案

施肥时间	氮肥施用量(g/m²)
春季(3月/4月)	2.5~3.5
初夏(5月)	2.5
6月/7月/8月	必要时施肥以防止草坪草失绿
秋季(9月/10月)	7~10
晚秋(10月/11月)	5~7.5

在我国大部分地区，暖型草坪草春季慢慢返青恢复生长，到仲夏生长达到最高峰，秋后随着气温的下降，生长开始变慢并进入休眠，整个冬季处于休眠状态。由于暖型草坪草一年中只有一个生长高峰期，因此其施肥原理较冷型草坪草要简单得多，在暖型草坪草休眠之后，即在晚春进行一次施肥，第二次施肥时间宜安排在仲夏时节。

在氮肥施用时，最好是速效氮肥和缓效氮肥结合使用，施用速效氮肥，应少量多次，每次施用的氮素量不应超过 $5g/m^2$，且施肥后应立即浇水以防止对草坪草造成灼伤。

实践中，草坪施肥次数常常取决于草坪养护管理水平。低养护管理的草坪，如每年只施用1次肥料，冷型草坪安排在秋季，暖型草坪则在初夏；中等养护管理的草坪，冷型草坪草在春、秋季各施用1次，并伴有晚秋施肥，暖型草坪在晚春和仲夏各施用1次；精细养护管理的草坪，无论是冷型草坪还是暖型草坪，在草坪草快速生长的季节，最好每月施肥1次。

4.3 灌溉

绿色植物的生命活动离不开水分。水是植物的重要组成成分，草坪草的含水量可达其鲜重的65%~80%。据测定，草地早熟禾叶片的含水量为75%~80%，日本结缕草叶片含水量为60%~65%；野牛草的含水量很低，在接近休眠的野牛草叶片中，含水量为50%。同一植株中，根的水分含量最高，叶中等，茎最低。一般生长活跃部分，如根尖、幼苗、幼叶等含水量较高，可达70%~90%。

4.3.1 草坪灌溉水源与水质

草坪灌溉所需的水分主要来自3个方面，即地下水、地表水(如河流、溪水、湖泊、水库、池塘等)和经过处理的城市废水——再生水。具体选择何种水源，以就近方便低成本为原则。

以地下水如井水进行草坪灌溉，其优点是水质稳定，水中不含杂草种子、病原菌及其他不利草坪草生长的有机成分等。但需测定水中危害性盐分如钠、硼、氯、碳酸氢盐等的含量，如其浓度过高，则不适宜灌溉草坪。

以地表水作为草坪灌溉的水源，需考虑水源的稳定性及其储水量能否保证持续供应，尤其是水污染可能会限制其供应。需注意水中的粒状杂质可能会阻塞灌溉系统，另外，杂草种子也易混入水中。因此，使用时应进行必要的净化处理。

近年来，提倡以再生水灌溉草坪，这也是今后节水灌溉的发展趋势之一。再生水是指生活污水和工业废水经处理后达到一定的水质标准，可在一定范围内重复使用的水。使用再生水灌溉草坪，需重点考虑三方面的问题，一是水质是否能满足草坪草的正常生长；二是长期进行再生水灌溉后，是否会对土壤和环境产生不利影响；三是再生水灌溉的草坪是否会对在其上活动的人的健康产生不良影响。因此，长期以再生水灌溉草坪时，应对再生水的水质和所灌溉的土壤进行监测，同时备有非再生水水源，必要时进行淋洗。

影响灌溉水质的主要因子是水中的盐的成分与量、有毒有害物质以及悬浮其中的生物与非生物。城市自来水、井水等水源一般可满足草坪灌溉水质的要求，但有些地表水和再生水的水质则难以达到草坪灌溉的要求，因此经常监测灌溉水的水质是很有必要的。目前我国尚没有制订灌溉绿地的再生水水质标准，表4-4是美国环保署推荐的灌溉绿地的再生水水质标准，可供实践参考。

表4-4 美国环保署推荐再生水灌溉绿地水质标准

项 目	范 围	项 目	范 围
固定悬浮物SS	限制性绿地≤30mg/L	pH值	限制性区域6~9
全盐量	溶解性总固体(TDS)≤2000mg/L 或电导率EC≤3dS/m	生化需氧量BOD	开放式绿地≤10mg/L; 限制性绿地≤30mg/L
有毒重金属	镉≤0.01mg/L 铬≤0.1mg/L 砷≤0.1mg/L	微量元素	硼≤0.75mg/L 铁≤5mg/L 铜≤2mg/L 锰≤0.2mg/L 锌≤2mg/L
大肠杆菌	限制性绿地≤200CFU/100mL 开放式绿地≤0CFU/100mL		

注：限制性绿地是指足球场、高尔夫球场、公墓、高速公路等人口相对较少的地区。开放式绿地是指公园、居民区、学校操场等人口密集的地区。

4.3.2 草坪灌溉方式

草坪灌溉主要以地面灌溉为主，包括漫灌、喷灌、滴灌等。其中漫灌对水资源的浪费较严重，且容易产生漏水、跑水和灌溉不均匀等问题。目前这种灌溉方式在草坪中已很少使用。

草坪灌溉最常用的方式是喷灌。喷灌不受地形制约，灌溉均匀，节约用水，且管理方便，提高了土地利用率，还可增加空气湿度，是草坪灌溉的理想方式之一。适于草坪的喷灌系统有移动式、固定式和半固定式3种类型(表4-5)。

表 4-5 草坪喷灌系统类型

类型		特性
移动式喷灌系统	卷盘式喷灌机	该系统主要由主机、卷盘和喷水行车组成。工作时，把主机放到灌溉地块的一端，利用牵引力把缠绕在主机上的输水管及连接在输水管上的喷水行车拖至地块的另一端并接上水源，开始喷灌作业；同时，主机利用水压产生的机械动能开始转动卷盘，带动输水管向主机方向回卷，而喷水行车在设定的速度下匀速往回行走，边行走边喷水，直至完成整个地块的灌溉。该系统适用于足球场及草皮生产基地等大面积草坪
	小型移动式喷灌机	该系统把水泵、动力机、竖管和喷头装配在一起，工作时多为定位喷洒，在一个位置喷完后，由人工轮移到另一位置进行喷灌。具有重量轻、体积小、价格低廉的特点，适于小块和地形复杂的草坪
固定式喷灌系统		该系统由水泵、动力机、管道和喷头组成。其特点是全部设备都固定不动。动力机和水泵设在水源处，主管道及支管路均埋在地下，立管和喷头以一定的距离分布于地面上。喷头有地埋式和地表式两种。作业时，全部喷头可一次开启，也可以分段开启进行喷灌。该系统投资大，但使用方便，适用于大面积草坪
半固定式喷灌系统		该系统的动力机、水泵和主管道固定不动，支管和喷头可移动作业。该系统投资少，但支管道由人工移动，劳动强度大，容易践踏草坪

草坪喷灌也存在一定的不足，如易受风力影响，要求的水头压力高，可能会引发土表板结现象，喷灌速率高时可能产生径流等。

目前，一些水资源紧缺的国家如以色列等已开始大面积推广更节水的草坪滴灌系统。滴灌采用小流量的灌溉方式，最大限度地提高了水的利用率，节水效果更明显。而且，滴灌可以使水直接到达草坪草的根部，而不必湿润叶片和地表，可以在一定程度上减轻草坪病害。另外，采用滴灌系统可以达到水肥耦合，肥料直接进入草坪草的根部并被吸收，可提高草坪质量，节约肥料。但滴灌也同样存在一些不足，如滴头易阻塞、土壤中的盐分易积累、需要较高的劳动技能等。作为一种更节水的灌溉方式，滴灌在草坪中的应用也会越来越广泛。

4.3.3 草坪灌溉时机与灌溉次数

灌溉时机的确定需要丰富的经验，要求对草坪草和土壤状况进行细致的观察。可通过以下几种方法来确定草坪灌溉时机。

(1)植株观察法

仔细观察草坪草的外观及形态变化，据此判断草坪草是否处于缺水状态。当草坪草缺水时，其细胞液浓缩，叶色由亮变暗，可以与遮阴中的草坪叶片的色泽进行对比，如果亮度一致则表明草坪草不缺水；如果阳光下的草坪草较暗，则表明草坪草已缺水，需要尽快补水。

(2)土壤观察法

干旱的土壤一般呈现浅白色，大多数含水量适宜的土壤则呈暗黑色。如果观察到地面土壤颜色已变成浅白色，则表明土壤干旱。再用小刀或土壤钻分层取土，当土壤干至 10～15cm 深时，草坪就需要浇水。

(3)蒸发皿法

在草坪内放一个具刻度的蒸发皿，根据蒸发皿内蒸发掉的水量，加上草相诊断，确定是否需要灌溉和灌溉的量。这种方法可在阳光充足的封闭草坪内应用。

另外，也可以使用更精确的仪器来测定草坪土壤的含水状况，如使用张力计，或在土壤中埋入电子探头对土壤含水量进行监测等。

一般情况下，如果土壤保水性能好，成熟草坪浇水的原则是一次浇透，干透时再灌溉，即每次灌溉时应使 10 ~ 15cm 的根系层土壤湿润，再次灌溉时需等土壤干燥到 10cm 左右的根系层。在炎热干旱季节，每周需灌溉 1 ~ 2 次。而对于保水性能较差的砂土，则需增加灌溉次数，每次灌溉量相应减少，以免水分渗到根系层以下造成浪费。

4.3.4 草坪灌溉操作

在生长季节，草坪灌溉应尽可能在早晨进行，这是因为中午阳光强烈，水分蒸发损失大。而傍晚灌溉蒸发量小，虽有利于草坪草的吸收，但会使草坪整夜处于潮湿状态下，病原菌生命活动旺盛，容易引发病害。早晨浇水不仅蒸发损失小，而且可以通过浇水去掉草坪上的露水和植物吐水，减少草坪发病率。

在夏季炎热的中午，一般要对草坪进行少量的叶面喷水，这样做一是可以补充草坪草体内水分的亏缺，防止萎蔫；二是可以降低植物组织的温度，有利于草坪草的正常越夏；三是可以除去叶片表面的有害附着物。叶面喷水措施在修剪高度极低的高尔夫球场果岭草坪上尤其重要。

施肥作业需要与草坪灌溉紧密配合。草坪施肥后需及时灌溉，以促进养分的分解和草坪草的吸收，防止肥料“烧苗”。

在北方冬季干旱少雪、春季雨水少、土壤墒情差的地区，入冬前应灌一次“封冻水”，以使草坪草根部吸收充足的水分，增强抗旱越冬能力。春季草坪草返青前，还应灌一次“开春水”，防止草坪草在萌芽期因春旱而死亡，同时可以促进草坪草提早返青。

砂质土壤保水持水能力差，在冬季天气晴朗，白天温度较高时应进行灌溉，浇至土壤表层湿润为止，切不可多浇或形成积水，以免夜间低温时结冰形成冰盖，对草坪草造成冻害。

如果草坪践踏严重，土壤干硬坚实，灌溉时水分难以渗入，则应于灌溉前，先进行打孔通气，这样还可以使地势较高处草坪草充分吸取水分，地势较低处也不致积水。

4.4 其他养护管理措施

通常，只要草坪草品种选择适当，采取合理的修剪、施肥和灌排水等主要管理措施就能得到高质量的草坪。但实际情况中，仍有草坪草生长发育不良等问题，这就需要借助一些辅助管理措施，包括铺沙、打孔、垂直切割、疏草等。这些措施通常作用于8cm以内的表土层，所以当土壤状况严重恶化时，必须进行草坪更新。

4.4.1 铺沙

铺沙也称表施土壤，是将一层薄沙或碎土等均匀施入草坪表面的作业，在草坪养护管理中较为常用。

4.4.1.1 铺沙的作用

铺沙可改善草坪表土的物理性状，控制枯草层。在草坪草直立茎的基部铺设一层物理性状良好的土壤，对不定芽、匍匐茎的再生和生长具有促进作用。铺沙可防止草坪草徒长，促进受伤或发生病害草坪的恢复，利于草坪更新。

对于凹凸不平的坪床面，铺沙可起到补低拉平，平整坪床表面的作用。因此在整平运动草坪表面时常用。

还可将沙或碎土与肥料和有机质混合施入草坪，促进草坪草生长，加深叶色。或将农药混入，以杀灭地下害虫和土传病原物。

入冬前铺沙还可为草坪提供保护。

4.4.1.2 铺沙的实际应用

正常的草坪不进行铺沙也能旺盛生长，但在下述情况下必须进行铺沙：

① 用空心锥打孔之后，因为打孔时从土壤中抽取了大量的心土，使土壤变松软不适于运动使用，如不铺沙，将通过土壤挤压填充孔隙，日久仍使土壤坚硬。

② 在大量匍匐茎的禾草组成的草坪上，定期铺沙有利于消除表面絮结。对絮结十分严重的地方，先用划破机进行高密度划破，再进行铺沙，效果更好。

③ 由于草皮不规则定植，使新生草坪极不均一时，一次或多次铺沙可填补新生草皮的下陷部分。

小面积草坪可用人工铺沙，用人力车拉进去，用铁锹撒开，用扫帚扫平。面积大时，必须用专门的铺沙机械(图4-1)。

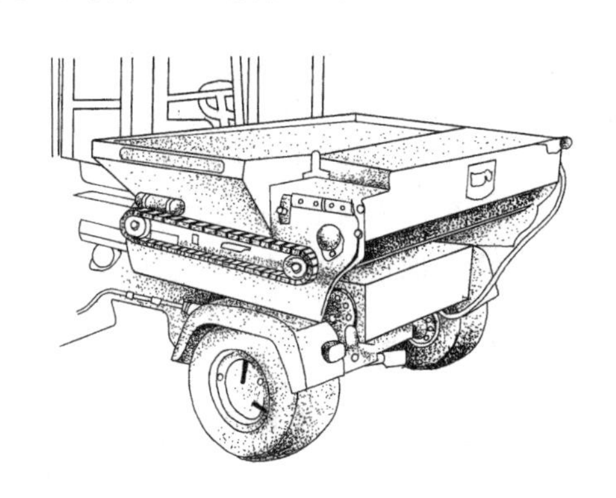

图4-1 铺沙机

4.4.1.3 铺沙的操作

(1)铺沙时期

通常暖型草坪草在4~7月和9月，而冷型草坪草在3~6月和10~11月进行铺沙。在深秋季节对高尔夫果岭进行铺沙，使用深色的沙或沙与泥炭的混合物作为铺沙材料，可使草坪提早返青；而在晚春和秋季对果岭进行多次铺沙，可保证果岭的运动性能。

(2)铺沙次数

铺沙作业不属于日常管理措施，而是出于控制枯草层或平整坪面等需要时才进行。铺沙的次数应根据草坪的利用目的和草坪草的生育特点来定，从不需要到每3～4周1次。庭园、公园等一般草坪可以重施，但次数少；而高尔夫果岭则应少量多次。同其他管理措施一样，少量、多次进行铺沙，比偶尔进行重施有效。

(3)铺沙量

草坪铺沙的量取决于铺沙的目的。如果是为了改造大范围的凹凸不平，或是为了改变根层土壤组成，需要较大的铺沙量。但过多覆土会影响叶片的受光状况，影响光合作用，从而影响草坪草生长，所以要适量铺沙。

(4)铺沙材料

铺沙材料应具备如下性质：

① 所施土壤的结构与组成成分要与草坪的土壤结构相似，否则会产生不同层次，从而对空气和水分的运动造成不利影响。在不同的层次中，草坪草根系分布不均匀，会影响草坪草的正常生长。

② 肥料成分含量较低。

③ 具有沙、有机质和土壤改良材料的混合物。最好使用堆肥。堆制过程中，在气候和微生物活动的共同作用下，堆肥材料形成一种同质的、稳定的土壤。

④ 铺沙材料含水分较少，要保持干燥，以便能均匀地施入草坪。

(5)铺沙作业注意事项

① 铺沙前必须先行剪草。

② 施肥应在铺沙前进行。

③ 铺沙后常用金属刷进行拖耙，将沙耙入草坪根部。

④ 在很多场合，打孔后常进行铺沙作业，此时铺沙量应与打孔带走心土的量相等。

⑤ 一次铺沙厚度不宜超过0.5cm。

4.4.2 打孔

打孔(coring)也称除土心或土心耕作，是用专门机具在草坪上打上许多孔洞，挖出土心的一种中耕方式。打孔的主要作用是改善土壤的通气透水性。

通过打孔改变了草坪土壤的容重和表面积，一般可增加表面积2倍以上，增加草坪土壤与大气的接触面积，使土壤自然膨胀，达到土壤结构疏松的目的；促进气体交换，提高土壤通气性、吸水性和透水性，使水分和肥料得以充分的利用，恢复草坪的正常生长；有利于好气微生物的活动，提高土壤释放养分的能力，并直接加速了地面枯草层和其他有机残渣的分解，减少土壤中的有毒物质。

4.4.2.1 打孔机械

草坪打孔机可在草坪上打出深度、大小均匀一致的孔，孔径一般在6～19mm之间，孔距一般为5cm，11cm，13cm，15cm。图4-2所示为打孔情况及打孔机工作情

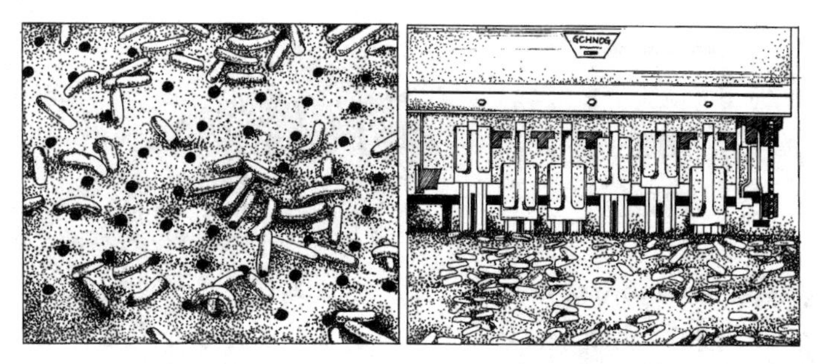

图4-2　打孔情况(左)及打孔机工作过程(右)

况。孔的深度最深可达8～11cm。

打孔的刀具是打孔机的直接工作部件，通常具有实心和空心两种形式：①实心圆锥刺钉：主要作用是打孔排水，也能起一些通气作用(图4-3)。②空心管刀：又包括内锥体空心管刀、侧开口空心管刀、叉式空心管刀等形式(图4-3)。空心管刀在打孔时除了切根外，还可将孔中的旧土壤带出(通称草塞)，实现在不破坏草坪的情况下更新土壤，适用于草皮整修和填沙、补播。因此，目前都采用空心管刀进行草坪的打孔通气作业。叉式空心管刀在结构上更优于侧开口空心管刀。

打孔机分手动与机动两种形式。手动打孔器(图4-4)是在一个金属框架上，上端装有2个手柄，下端装有4～5个打孔管刀(分空心和实心2种)。作业时用脚踏压金属框，使打孔管刀刺入草皮，然后将打孔管刀拉出。此种打孔器适用于小面积草坪或足球场球门区等局部草坪。

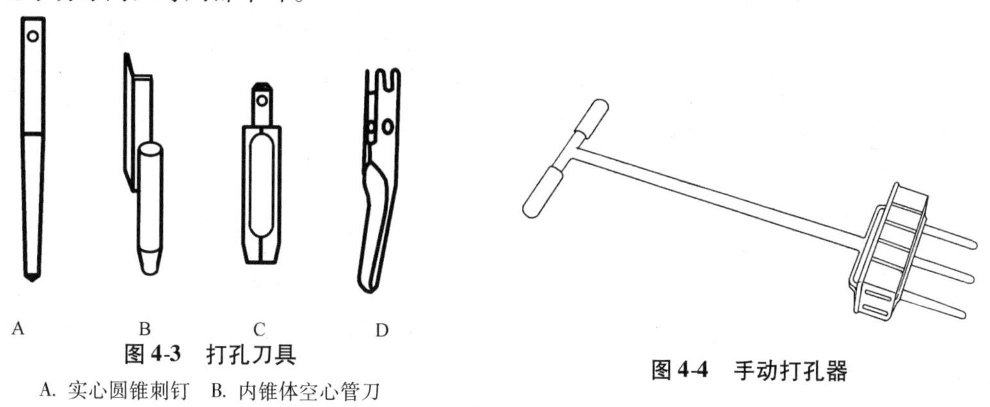

图4-3　打孔刀具

A. 实心圆锥刺钉　B. 内锥体空心管刀
C. 侧开口空心管刀　D. 叉式空心管刀

图4-4　手动打孔器

大面积草坪应该使用自走式草坪打孔机，而大型的草坪打孔机是由拖拉机牵引的打孔机组成，它具有更为广泛的用途。

根据打孔刀具在作业时的运动方式，可将打孔机分为两种：垂直运动式(往复式)打孔机和滚动式(旋转式)打孔机(图4-5)。这两种打孔机都可以进行步行操作和乘坐操作。

垂直运动型打孔机有许多空心管排列在轴上，工作时对草坪造成的扰动较小，深度较大。由于兼具水平运动和垂直运动，所以工作速度较慢。每100m^{2}草坪约需

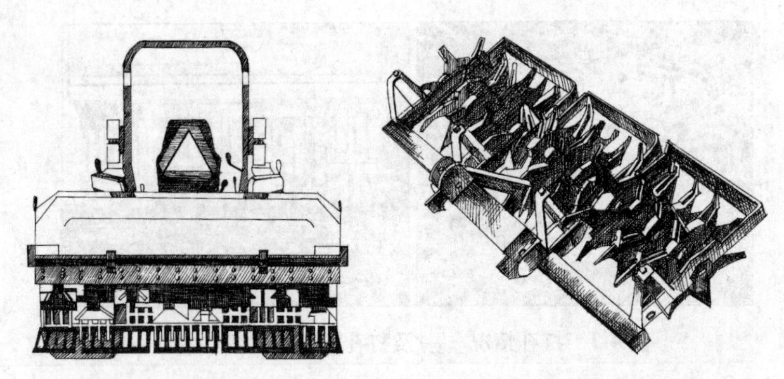

图 4-5　垂直运动式打孔机（左）与滚动式打孔机的刀辊（右）

10min。调节打孔机的前进速度或空心管的垂直运动速度可改变孔距。这种机械常用于果岭等低修剪的草坪上。

旋转型打孔机主要工作部件是一个安装着打孔锥的圆柱滚筒或卷轴，通过滚筒或卷轴的滚动完成打孔作业。除了去除部分心土外，还具有松土的作用。孔距由滚筒上或卷轴上安装的小铲或空心管的数目和间距决定。与垂直运动型打孔机相比，旋转工作速度较快，效率较高，但对草坪表面的破坏性也较大，因此打孔要浅。该种打孔机常用于使用频度高的草坪，如运动场草坪。

4.4.2.2　打孔的时期

打孔要在草坪草生长旺盛、生长条件良好的时候进行，并辅以覆土、施肥和灌溉等措施，以防止草坪草脱水，从而利于草坪草的生长，迅速占领空隙，抑制杂草侵入。夏季由于气候炎热干燥，打孔会使草坪草产生严重的脱水现象。且打孔后增加了草坪表面积，易引起杂草萌发，因此最好不要在夏季打孔。另外，可避开杂草种子的成熟和萌发生长期打孔，能有效抑制杂草发生。

4.4.2.3　打孔后的处理

为了提高打孔的效果，通常在打孔后要进行铺沙、拖耙或垂直刈割等作业。打孔后如果不进行覆土或铺沙，草坪根系和附近土壤会很快把孔洞填满，并且灌溉和践踏会加速这一过程，草坪打孔的作用会很快消失。

打孔后一般不清除其产生的心土，而是待心土干燥后通过垂直修剪机或拖耙将心土粉碎，使之重新进入孔中。没有进入孔洞的碎土，在草层中与枯草层结合，形成有利于草坪草生长的基质。

在高等级草坪上，打孔产生的心土会影响草坪观赏效果，因此常在打孔后清除心土。这样打孔后必然要进行铺沙。所施的土壤必须与原有草坪土壤一致。

打孔应与草种补播及拖耙相结合：一方面减少劳动投入；另一方面有利于种子发芽和幼苗的生长发育。同时在心土拖耙粉碎和草坪重播过程中，通过伴施选择性除莠剂能有效防除杂草。

4.4.2.4 注意事项

① 打孔时要注意土壤湿度。土壤过干或过湿均不适宜打孔。土壤过于干燥，则不易穿透土壤，且机械易损坏；过湿时，则会形成一个光滑而结实的洞壁，不利于草坪草根系生长。

② 一次打孔只能改善部分土壤的不良状况，经过多次打孔作业，就可以改善整个草坪的土壤状况。但打孔要注意采取不同的深度。多次的浅打孔，可以使表层土壤疏松，但打孔深度以下的土壤会更紧实。因此经过一定次数的浅打孔后，要进行 1 次或 2 次较深的打孔作业，改善深层土壤结构，促进深层根系发育。

③ 打孔除了使用空心管，也可采取实心管进行穿刺。这时不会产生芯土，可能会造成孔洞周围和洞底土壤的板结。如果土壤质地偏砂且土壤湿度适宜，打孔过程产生的振动会疏松土壤，反而能改善土壤的通透性。

4.4.3 垂直切割

垂直切割也称中耕松土，是指通过机械的方法除去枯草层，将地表面耙松，使土壤获得大量水分和氧气的过程。垂直切割包括划条、穿刺和垂直刈割等措施，有与打孔通气类似的管理效果，但强度较小。划条、穿刺和垂直刈割对草坪的破坏程度不同，适用对象也有所差异。

(1)划条

划条(slicing)是一种深而垂直的切割作业，是指用安装在犁盘上的一系列“V”形刀片在草坪上切出一定深度和长度的窄缝，深度可达 7 ~ 10cm。划条所用的刀具是扁平尖角切缝刀和平口扁平切缝刀(图 4-6)，安装在重型圆筒上。以尖角切缝刀为切割刀具时，划条机的工作装置是旋转的，在草坪上滚动切缝。作业时，刀轴上与地面接触的尖角切缝刀在自身重量及附加配重的重力作用下插入草坪土壤，而在拖拉机牵引的过程中，刀轴向前滚动，切缝刀连续不断地插入草坪土壤(图 4-7)。

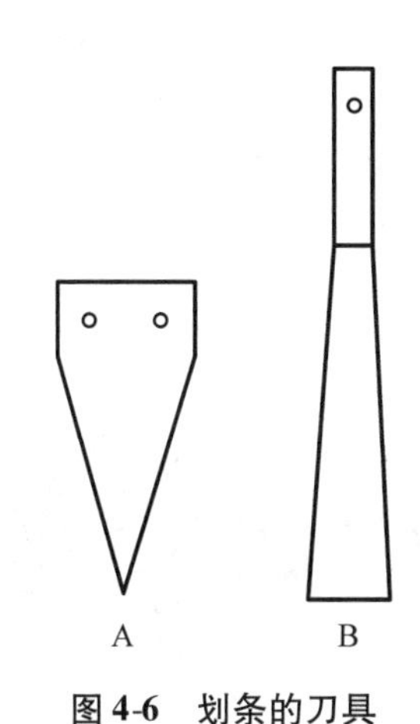

图 4-6 划条的刀具

A. 扁平尖角切缝刀 B. 平口扁平切缝刀

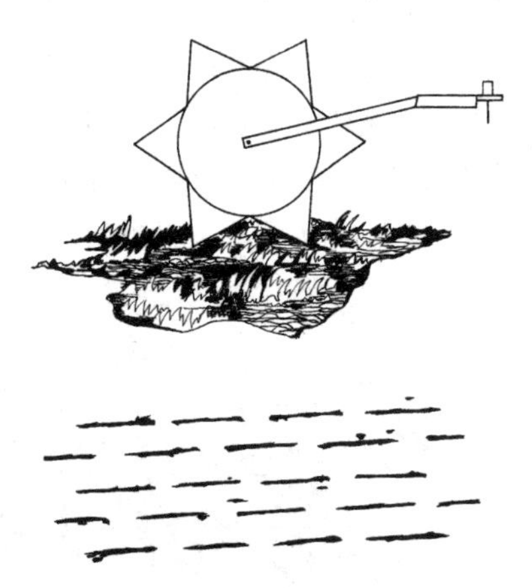

图 4-7 划条机械(上)及划条作业效果(下)

(2)穿刺

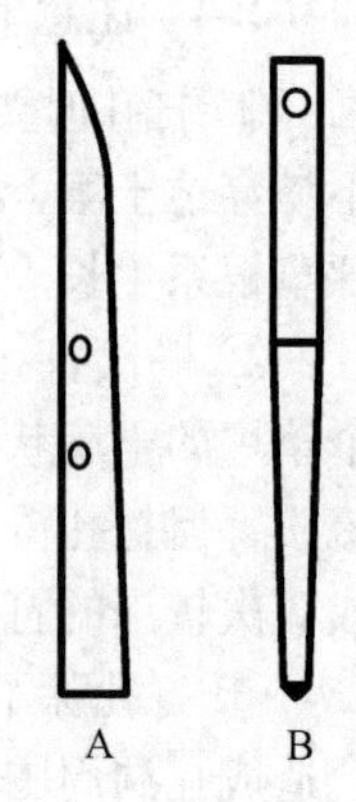

图4-8 穿刺刀具
A. 扁平深穿刺刀
B. 实心圆锥刺钉

穿刺(spiking)是用刀片或实心锥(图4-8)对草坪表面进行的一种中耕，与打孔方法相似，只是入土深度小于10cm，深穿刺最深可达25cm。可选择手动或动力机械进行穿刺。穿刺的深度可通过选择实心锥长度进行调节。

划条和穿刺与打孔的目的相同，也可用来改善土壤通透条件，特别是在土壤板结严重的地方。如在高尔夫球场的球道区或其他践踏严重的地方，可进行划条操作；而果岭则可采用穿刺。

划条和穿刺不移出土壤，对草坪破坏较小。因此，可在盛夏或其他胁迫期间不宜打孔时进行。对于匍匐生长的草坪草来说，由于划条和穿刺切断了部分匍匐枝和根茎后，将这些断枝断茎又埋于土中，还有可能有助于新根和新枝的生长发育，使草坪变得更加致密。在潮湿的土壤上，划条的效果比打孔要好。每周可进行1次。

由于划条和穿刺对草坪损伤较小，而效果与打孔相似，因此可以经常进行。

(3)垂直刈割

垂直刈割是指借助安装在高速旋转水平轴上的一系列纵向排列的刀片，进行近地表面的垂直切割或划破草坪的修剪作业，用以切割匍匐茎、根状茎，去除枯草层，改善草皮通透性。垂直刈割仅适用于大量产生营养繁殖体的草坪地。

因为垂直刈割划破草坪的深度较浅，通气效果也较划条更轻微，适用于不太需要打孔强刺激的草坪。春季返青前进行垂直刈割，可使草坪返青时间提前，并有较好的外观质量，垂直刈割可视为一种较为常规的管理措施。

垂直刈割作业由垂直刈割机(图4-9)完成，当该机在草坪上作业时，高速旋转的刀片可把枯草拉去，将表土切碎，同时将草坪草部分地下根茎切断。该机的旋转刀片或割刀的位置有上、中、下3种，以达到不同的深度。当将刀片安置在上位时，刀片刚刚划着草坪，草坪草的匍匐茎和叶片可以被剪掉，可用来减少果岭上的纹理，提高草坪的平整度。当刀片安装在中位时，可用来破碎打孔后留下的土柱，使土壤重新混合。当刀片安置在下位时，可以去除大部分的枯草层。此外，还可调节刀片深度，使之刺入枯草层以下，改善表层土壤的通透性。

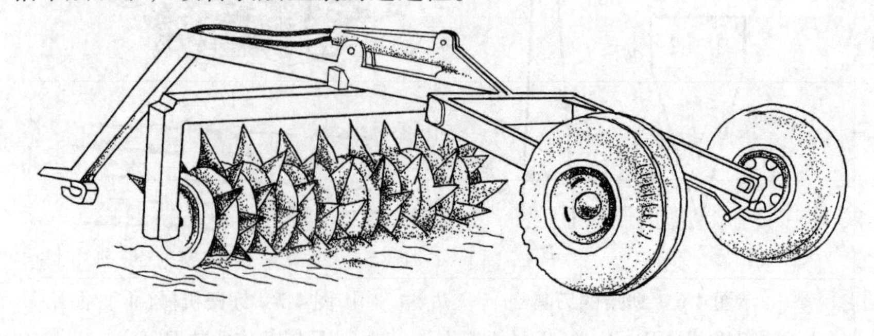

图4-9 垂直刈割机

4.4.4 疏草

4.4.4.1 疏草的作用

疏草(梳草)也叫耙草，主要目的是清除枯草层，也起到消除杂草和改善草坪表面透气状况的作用。

4.4.4.2 疏草机械

在面积较小或经济条件不允许时，常用人工进行疏草。可用钢丝制成小的短齿耙，从横、竖、斜3个方向上，迅速有力地耙动枯草层，使其与草坪分离，达到疏草的目的。

对面积较大的草坪进行疏草时，可选用疏草机或垂直刈割机。垂直刈割机在刀片调至较高位置时进行的作业，主要目的就是疏除枯草层。有时可一机多用，结合疏草、划破草皮和补播工作一次完成。疏草机及其部件如图4-10所示。

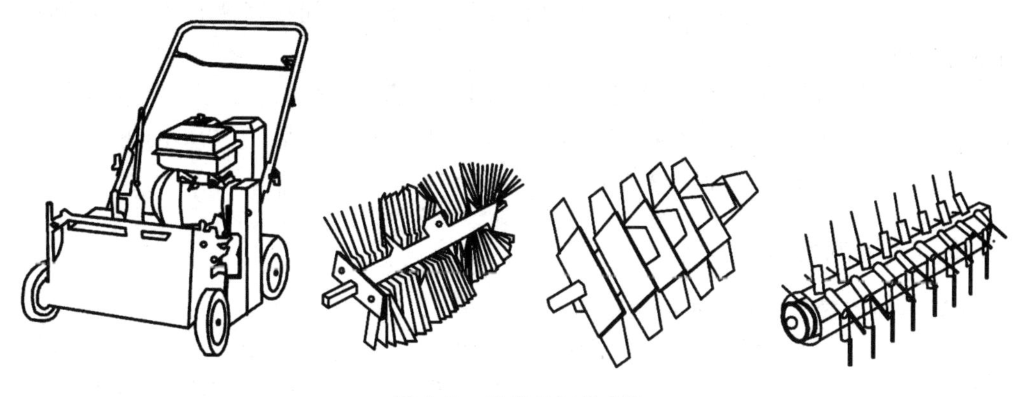

图4-10 疏草机及其部件

4.4.4.3 疏草的时期、次数

(1)早春疏草

通常疏草作业后草坪要有30d左右的恢复期。对冷型草坪草而言，早春返青前疏草可使草坪提前返青，返青后即进入快速生长的恢复期。另外早春疏草对于许多草坪来说也是一种有效的管理措施，既可除去枯草层，也可清除枯枝落叶等杂物。

(2)夏末秋初疏草

夏末秋初也是冷型草坪草疏草的好时机，此时草坪将要进入年度的第二个快速生长期，疏草可除去夏季病害形成的各种枯叶和正常积累下来的枯草层。

对于暖型草坪草而言，因为一年只有一次生长高峰，最佳的疏草时间应当在生长高峰来临之前的春末夏初时期。处于休眠状态的草坪最好不要进行疏草。当冷型草坪草在夏季休眠期病害较为严重时，为防除病害和确保草坪安全度夏，可采用疏草的方法去除枯草层，但同时必须及时辅以其他措施，如喷施杀菌剂、生根激素并及时补充水分等。

疏草不要太频繁，也不要太深地破坏根系，只要枯草层不超过1cm就应该容忍其存在，令其自行分解、更新。对于运动场草坪或高尔夫球场草坪，若为冷型草坪草，每年可进行1~2次疏草作业。

4.4.4.4 疏草作业注意事项

① 疏草作业时，要结合浇水、施肥，甚至打孔作业，以提高工作效率。在生长季节疏草后，除了及时浇水外，还要喷洒一次杀菌剂，防止遭受破坏的根茎感染病菌。

② 对于留茬较高或者枯草层太厚的草坪进行疏草作业时，为便于操作和避免疏草时对草坪的严重破坏，可以用剪草机先轻剪一次，然后对留茬平整的草坪进行疏草作业。

③ 疏草应在土壤和枯草层较干燥时进行，以减轻对草坪的破坏，同时也便于清理。

④ 疏草作业后，应及时将清除物移出草坪，不能长时间在草坪上堆放，否则将对草坪造成危害。

⑤ 由于疏草后草坪的密度降低，给杂草的入侵提供了机会，因此大面积草坪疏草时，最好能避开杂草易于萌生的时期。不能避开时，要特别注意杂草的萌生情况，及时通过喷洒选择性除草剂、修剪等措施清除。

4.4.5 草坪的修复

(1)草坪的修补(modification)

即使在正常的养护管理下，由于气候、使用等原因，也难免会发生一些危害草坪质量的情况。如足球场的球门区草坪，由于过度践踏造成秃斑；在高温高湿情况下，病害易于发生也常造成秃斑；践踏严重的草坪，雨中使用的运动场，人为破坏等都会造成秃斑，影响草坪质量。由于这些情况造成的草坪受害面积较小，通过修补的办法即可恢复。

修补的方法有两种：①当时间不紧迫时，可以采取补播种子的办法；②时间紧，立即就要见效果的情况下，可采取重铺草皮方法，快速修复草坪。

补播时要先清除枯死的植株和枯草层，露出土壤，再将表土稍加松动，然后撒播种子，补播所用的种子应与原有草坪草一致，以便修复后的草坪色泽一致。播种前可采取浸种、催芽、拌肥、消毒等播前处理措施。

重铺草皮成本较高，但由于具有快速定植的优点，故常采用。重铺时，先标出受害地块，铲去受害草皮，适当松土和施肥，压实、耙平后，即可铺设草皮，铺设的新草皮应与原有草坪草一致。用堆肥和沙填补满草皮间空隙，并镇压，使草皮紧贴坪面，保证坪面等高，利于今后管理。

(2)退化草坪的更新(renovation)

长期使用草坪会使表层土壤板结，影响根系生长，造成草坪退化。多年生杂草侵入草坪，造成草坪群落组成不良更替；病虫害危害严重时，草坪会产生大面积空秃；

草坪枯草层过厚，或者当以上情况都存在时，草坪退化更是严重。在这种情况下，草坪急需改造。但如果原草坪地形设计好，表层以下 5cm 土壤结构良好，而草坪等级又许可的情况下，则可以不翻耕原有草坪，只进行部分或全部重新建植就可以达到改良草坪的目的。

在进行草坪更新时，首先要弄清草坪退化的原因，对症下药，有的放矢地提出改良措施。

退化草坪的更新包括坪床准备、草种选择、建植和建成草坪管理 4 个环节。只是在进行坪床准备时，应考虑原有草坪情况。如果原有草坪中含有大量一年生禾草和阔叶杂草，可用选择性除草剂，不仅可以杀灭杂草，还可以保留原有草坪草；如果原草坪中有大量多年生杂草，则需使用灭生性除草剂。若存在较厚的枯草层，需进行较深的垂直刈割；而枯草层较薄或没有时，可进行几次浅的垂直刈割或打孔；表层土壤严重板结时，则进行高密度打孔，待心土干燥后进行拖耙，破碎芯土并耙平。

4.4.6 草坪着色剂着色

草坪着色剂(turf colarant)是具有不同用途和不同颜色的颜料，可在休眠草坪上进行人工染色、装饰发生病害或褪色退化的草坪和用于草坪标记等。草坪着色剂一般为蓝绿色至鲜绿色。

草坪着色剂主要用于冬季休眠的暖型草坪草的染色，也可用于越冬的冷型草坪草，使草坪草保持绿色。当草坪由于病害、使用过度等原因而褪色时，除了对草坪进行修复外，还可以采取喷着色剂的方法进行暂时的补救。在高尔夫球场和其他运动场草坪上也常用喷着色剂的方法进行装饰，以达到美观的效果。

思 考 题

1. 草坪的修剪原则有哪些?
2. 草坪施肥应注意哪些问题?
3. 草坪灌溉应注意哪些问题?
4. 铺沙、打孔在草坪管理中有何意义?
5. 草坪的修复有哪些方法? 各有何优缺点?

推荐阅读书目

1. 草坪学(第 4 版). 孙吉雄、韩烈保. 中国农业出版社，2015.
2. 草坪建植与管理. 韩烈保、孙吉雄、刘自学. 中国农业大学出版社，2000.
3. 草坪科学与管理. 胡林、边秀举、阳新玲. 中国农业大学出版社，2001.
4. 现代草坪管理学. 张志国. 中国林业出版社，2003.
5. 草坪管理学. 孙彦. 中国林业出版社，2017.

第 5 章
草坪有害生物防治

[本章提要]草坪有害生物防治是草坪管理的重要环节之一。本章围绕几种草坪常见病害、虫害的发生过程和危害特征等问题，对其主要防治原理和方法进行了说明，并对部分杂草的防除方法进行了介绍。

草坪有害生物主要指草坪病害、草坪虫害以及杂草等危害。

5.1 常见草坪病害及其防治

由于定期修剪使得草坪草根系减少，抗性下降，且修剪造成的伤口使得病原菌更易侵入草坪草，因此，相对于其他植物而言，草坪病害的发生也更常见、更严重。在草坪病害中，较常见的病害主要有褐斑病、腐霉枯萎病、夏季斑枯病、币斑病等。

5.1.1 褐斑病(Brown Patch)

褐斑病是一种世界性的危害极为严重的草坪病害，是草坪病害中分布最广的病害之一。在北京地区的冷型草坪草病害调查中，其发生程度高达80%以上。严重时褐斑病会造成草坪大面积斑秃，极大地破坏草坪景观。

(1)病原菌与寄主

引起褐斑病的病原菌主要是半知菌亚门无孢目丝核菌属的立枯丝核菌(*Rhizoctonia solani*)，该病菌可以侵染包括早熟禾属、黑麦草属、羊茅属、剪股颖属、狗牙根属、结缕草属等在内的所有草坪草，冷型草坪草受害最重。

(2)发病规律

病原菌为土壤习居菌，主要靠土壤传播，以菌核或菌丝体在土壤或病残体上度过不良环境，也可以在枯草层中以腐生方式存活。当土壤温度达到15～20℃时，菌核开始萌发，菌丝以圆形向周围扩展，此时只引起草坪草局部轻微侵染。但当白天气温升至30℃左右，夜间气温高于20℃，且空气湿度高时，病原菌会大量侵染草坪草，造成草坪大面积发病。

(3)症状特点

被侵染的病叶及叶鞘上会出现梭形或长方形的云纹状病斑，形状不规则，初呈水渍状，后病斑中心枯白，边缘红褐色，受病叶片由绿色变为浅褐色，而后变为深褐色，最终干枯、萎蔫，死去的叶片仍直立。在草坪上出现大小不等的近圆形枯草圈，枯草圈直径可从几厘米扩展至 2m 左右。

(4)防治方法

科学养护管理　在高温高湿天气来临或期间，要少施氮肥，保持一定量的磷肥和钾肥。避免傍晚浇灌草坪，尽量保持草坪草叶片夜间无水。

化学防除　对于新建草坪，提倡用粉锈宁、代森锰锌、百菌清等进行药剂拌种，或用杀毒矾、敌克松等对土壤进行消毒处理。对于成熟的草坪，在发病初期效果较好的药剂有杀毒矾、代森锰锌、甲基托布津、敌力脱、雷多米尔锰锌、力克、扑海因等。可以喷雾使用，也可以灌根控制发病中心。

5.1.2　腐霉枯萎病(Pythium)

腐霉枯萎病是一种分布范围极广的毁灭性真菌病害，在高温高湿时，能在一夜之间毁坏大面积草坪。在高尔夫球场，腐霉枯萎病是危害最严重的草坪病害之一。

(1)病原菌与寄主

引起腐霉枯萎病的病原菌为鞭毛菌亚门卵菌纲霜霉目腐霉属真菌(*Pythium* spp.)，冷型草坪草如草地早熟禾、匍匐剪股颖、多年生黑麦草、高羊茅、粗茎早熟禾、细弱剪股颖等受害最重，暖型草坪草中的普通狗牙根也易受害，尤其是草坪草幼苗更易被侵染。

(2)发病规律

腐霉菌为土壤习居菌，通常存在于土壤及枯草层中，需要在水分充足的条件下才能生存和侵染草坪草。腐霉枯萎病主要的发生季节为 6～9 月，高温高湿是其侵染的最适宜条件。当白天最高温在 30℃以上，夜间最低温在 20℃以上，空气相对湿度高于 90%持续 10h 以上时，腐霉枯萎病大量发生。在排水不良、通气性差、氮肥施用过多导致草坪草生长稠密时受害更重。碱性土壤生长的草坪比酸性土壤易发病。

(3)症状特点

幼苗受病菌侵染会出现苗腐、幼苗猝倒等。成株受害，在清晨有露水时，病株呈水浸状暗绿色腐烂，病叶变软、黏滑，常黏在一起，触摸有油腻感。雨后的清晨或晚上，腐烂叶片成簇状倒伏在地面上，可见一层呈绒毛状的白色菌丝层，在枯草区外缘还能看到白色或紫灰色絮状菌丝体。干燥时菌丝消失，叶片萎缩，整株枯萎而死，最后变成稻草色枯草圈。病斑呈圆形或不规则形，直径可达 2.5～20cm。

(4)防治方法

提倡不同草种或品种混播建植草坪　北方地区提倡草地早熟禾、高羊茅与多年生黑麦草混播以提高草坪的整体抗逆性。大部分杂交狗牙根对该病具有一定的抗性。

建立良好的立地条件　建植草坪时，对黏重土壤应进行合理改良，设置良好的排水设施，避免雨后积水，并使土壤保持弱酸性。

科学养护管理　避免在傍晚或夜间灌溉草坪，应保证草坪草叶片在夜间无明水存在。施肥要均衡，可适当增施磷、钾肥和有机肥，避免施用过量氮肥造成草坪草徒长。

化学防除　选用代森锰锌、杀毒矾、灭霉灵等进行药剂拌种可有效防止苗腐和幼苗猝倒。在高温高湿季节到来前及期间，要定期及时喷施杀菌剂预防病情。可选用甲霜灵、乙磷铝、杀毒矾、代森锰锌、雷多米尔、金雷、地茂散、霜霉威等进行混合使用或交替使用，以防止病菌产生抗药性。

5.1.3　夏季斑枯病(Summer Patch)

夏季斑枯病主要危害冷型草坪草，尤以草地早熟禾受害最重，形成的枯草斑在下一个生长季也难以恢复，对草坪景观的破坏性极强。

(1)病原菌与寄主

引起夏季斑枯病的病原菌 *Magnaporthe poae* 属子囊菌亚门的一种真菌，其致病性已在草地早熟禾、一年生早熟禾和细叶羊茅类草坪草上得到证实。

(2)发病规律

在夏季，如果连续48h土壤5cm深处温度高于21℃，并伴随深灌或降雨，或夜晚温度持续1个月以上高于21℃，夏季斑枯病易发生。该病常常在3年以上的成熟草坪上发生，在新草坪上也偶有发生。其病原菌以菌丝体在植物的病残体和组织中越冬，在21～35℃温度范围均可侵染寄主，28℃为侵染最适温度。高温潮湿、排水不良、土壤紧实、低修剪等都会加重病害。

(3)症状特点

夏初开始表现症状，发病草坪最初出现环形、瘦弱的小病斑，直径在3～8cm，病斑内的病株呈灰绿色并逐渐萎蔫。以后草坪植株变成枯黄色，出现环形枯萎病块，并逐渐扩大，直径可达40～80cm。多个枯草斑块可相互联结，从而形成大面积不规则形枯草斑。受危害的草株根部、根冠部和根状茎呈黑褐色，后期维管束也变为褐色，外皮层腐烂，整株死亡。

(4)防治方法

选用抗病草种或品种　研究表明，对于夏季斑枯病的抗性，多年生黑麦草>高羊茅>匍匐剪股颖>硬羊茅>草地早熟禾(抗病性由高到低)；而草地早熟禾中的某些品种如‘Adelphi’、‘Aspen’、‘Eumundi’、‘Rugby’、‘Sydsport’和‘Touchdown’等表现出了良好抗性。

加强养护管理　炎热的夏季，应于每天中午至午后冲淋草坪，浇水深度以2.5～10mm为宜。研究表明，必须使土壤中的氮素维持足够的水平，否则药剂处理没有效果。采取促进草坪草根部生长的措施，如施用生根剂等，有利于防治此病。

化学防治　对于新建草坪，可选用灭霉灵、乙磷铝、杀毒矾、绿亨1号、代森锰锌、甲基硫菌灵、移栽灵等药剂进行拌种和土壤消毒。成熟草坪可喷施三唑酮、绘绿、丙环唑等进行病害预防。一般在土壤深5cm外，温度达到18℃时(春末和夏初)

应立即施用上述药剂进行病害的预防，并于30d后再次喷施。如果草坪已经显现了夏季斑枯病的症状，则甲基托布津喷施后再将药剂冲洗至土壤中，使其在草坪草根部发挥作用，并于3周后再次喷施。

5.1.4 币斑病(Dollar Spot)

币斑病又名钱斑病，在低修剪草坪上发生较严重。据报道，美国的高尔夫球场用于防治币斑病的投入多于其他任何一种病害。近几年，币斑病在我国高尔夫球场草坪中的发病率也呈上升趋势，值得关注。

(1)病原菌与寄主

引起币斑病的病原菌是子囊菌亚门核盘菌纲柔膜菌目的真菌(*Lanzia* spp.，*Moellerodiscus* spp.)，主要侵染草地早熟禾、匍匐剪股颖、细弱剪股颖、多年生黑麦草、狗牙根、巴哈雀稗、假俭草、钝叶草、结缕草等多种草坪草。

(2)发病规律

病原菌以休眠菌丝和子座在病株上和土壤中越冬，在15.5～32℃均可活动，其最适侵染温度为21～32℃，因此从春末一直到秋季币斑病都可能发生。目前已知因病菌株系的不同，币斑病的发病有两种情况，一种是凉爽天气条件下发病(气温低于24℃)；另一种是在高湿、白天高温而夜晚凉爽条件下发病。此外，土壤干旱瘠薄、氮素缺乏等因素可加重病害。

(3)症状特点

初发病时草坪上出现圆形、凹陷、漂白色或稻草色的枯草斑，斑块大小从5分硬币到1元硬币不等，因而得名为币斑病。在修剪很低的草坪如高尔夫球场果岭上，币斑病显现的症状为圆形、凹陷的斑块，斑块直径很少超过6cm。病情加重时，小斑块可愈合成大的不规则形状的枯草斑块。在修剪较高的草坪上，可出现不规则形状的、褪绿的、呈漂白色的枯草斑块，斑块为2～15cm宽或更宽。清晨草坪上有露水存在而病原菌又处于活动状态时，可看到白色、棉絮状或蜘蛛网状的菌丝，干燥时菌丝消失。

受害植物初期在叶片上形成圆形、水渍状的褪绿斑点，病斑逐渐扩大并变成漂白色、黄褐色至红褐色的边缘。以后，病斑逐渐扩大至整个叶片，病斑往往呈漏斗形。

(4)防治方法

避免使用易感病草种或品种 但草地早熟禾中的'Nuggett'、'Sydsport'，多年生黑麦草中的'Manhattan'，紫羊茅中的'Dawson'，结缕草中的'Emerald'，狗牙根中的'Tifway'、'Sunturf'等品种易感此病。

加强养护管理 不要频繁修剪和过低修剪。研究表明，施用腐熟的有机肥，可明显地抑制病情。合理灌水，提倡浇深水，减少浇水次数，以两次浇水间隙不造成水分胁迫为准。不要在午后和晚上浇水。另外，通风透光，可减少病害发生。

化学防治 防治币斑病可选用的药剂有百菌清、敌菌灵、丙环唑、粉锈宁、甲基托布津、扑海因、代森锰锌等。

5.1.5 全蚀病(Take-All Patch)

全蚀病是典型的草坪根部病害，以新建的匍匐剪股颖草坪受害最重，常造成根系、匍匐茎腐烂，变成深褐色至黑色，植株矮小、瘦弱，干枯死亡，影响草坪的寿命和使用价值。

(1)病原菌与寄主

引起全蚀病的病原菌属于子囊菌亚门球壳菌目顶囊壳属 *Gaeumannomyces graminis*，主要侵染匍匐剪股颖、细弱剪股颖和绒毛剪股颖，有时羊茅属和早熟禾属草坪草也可受害。

(2)发病规律

病原菌主要以腐生方式存在于枯草层中，并以菌丝体在草坪草的根部越冬或越夏。病原菌侵染的最适土温为12～18℃，但在6～8℃的低温下也能侵染，因此，在凉爽、湿润的春、秋季草坪草的茎基部和根系易发病，新建的匍匐剪股颖草坪上受害最重。多雨、灌溉、积水等使土壤表层有充足水分的环境有利于病菌侵染。过多施用石灰、土壤pH值较高、砂质土壤等易于发病。据报道，施用酸性肥料如硫酸铵、氯化铵等，全蚀病的发病率有下降趋势。

(3)症状特点

夏末至秋季发病最重。发病初期，主要是草坪根系和茎基部受害，随着根系受害加重，会在草坪上出现淡绿色、灰白色至萎黄色的枯草斑，直径为10～15cm。病斑中心的草坪草通常枯死，而被一些杂草取代。如果不加控制，一年后枯草斑直径扩大到1m。枯草斑内的草坪草根系发育不良，根、根状茎、匍匐茎和茎基腐烂。湿润条件下，在草坪草叶鞘基部、茎基部和根系上，可用放大镜看到黑色匍匐菌丝束和成串连生的菌丝节。

(4)防治方法

选择抗病性强的草种或品种 对全蚀病的抗性由高至低为：紫羊茅>草地早熟禾>多年生黑麦草>一年生早熟禾>剪股颖属草坪草。因此，在全蚀病高发地区，在草坪建植中，提倡采用不同草种混播建坪。

加强养护管理 土壤中应保持适当的磷肥和钾肥。对于全蚀病高发区，可增施磷酸铵、氯化铵等酸性肥料。避免施用颗粒细小的石灰。

化学防治 在全蚀病高发地区，草坪建植时可采用粉锈宁、立克秀等拌种或包衣。新建草坪首次修剪后可施用丙环唑预防全蚀病。发病初期，可用粉锈宁、立克秀、绘绿、甲基托布津或敌力脱等进行灌根、泼浇或喷施来控制病情。

5.1.6 春季死斑病(Spring Dead Spot)

春季死斑病主要发生在普通狗牙根和杂交狗牙根上，主要造成狗牙根春季不能正常返青，草坪大片毁坏。

(1)病原菌与寄主

引起春季坏死斑病的病原菌有多种，在澳大利亚春季死斑病的病原菌被鉴定为子囊菌亚门的小球腔菌 *Leptosphaeria korrae* 和 *L. narmari*；在北美，盘蛇孢菌 *Ophiosphaerella herpotricha* 和 *O. korrae* 被报道能引起春季死斑病的发生。

(2)发病规律

春季死斑病主要发生在春季，夏末秋初是病原菌最为活跃的时期，并开始侵染狗牙根的根、茎和叶。受到侵染的根由深褐色变为黑色，尽管在当年的秋季就开始发病，但直到翌春才出现草坪草叶片的发病症状。受到侵染的根系在冬季因低温干燥而濒于死亡，使草坪草的抗寒性减弱。冬季越寒冷、草坪草休眠期越长的地区，春季死斑病越严重。在低修剪，夏、秋季高水肥，土壤紧实的草坪上易发生该病。

(3)症状特点

休眠的草坪草在春季返青时，草坪上出现圆形或弧形的褐色下陷的枯死斑块，直径从几十厘米到几米不等，淡黄色的枯斑随机地分布于草坪上，看似草坪草仍处于休眠状态一样。发病植株的根、根茎、匍匐茎呈黑褐色，已严重腐烂。即使在生长季，枯斑依然难以恢复，翌春在同一地方仍会出现枯斑并有扩大趋势。经2～3 年后，斑块中的部分植株得到恢复，枯草斑呈现环带状，且多个斑块愈合在一起。

(4)防治方法

选择抗病品种 不同的狗牙根品种对春季死斑病的抗性存在差异。普通狗牙根比杂交狗牙根对春季死斑病的抗性强。由于这种病害的危害程度随着冬天气温的降低而增强，因此耐寒性较强的狗牙根品种对该病具有抗性，如以种子繁殖的品种'Guymon'、'Reveile'，以营养体繁殖的品种如'Midiron'、'Midlawn'和'Quickstand'等对春季死斑病均有较强的抗性。狗牙根品种中容易发病的有'U-3'、'Cheyenne'、'Sahara'、'Oasis'、'Princess'、'Tifdwarf'、'Tiffine'、'Tiflawn'、'Tifway'、'Tifgreen'、'Tropica'、'Sunturf'等。

加强养护管理 在草坪返青后，施入硫酸铵、氯化钾、氯化铵等则有助于狗牙根从春季死斑病中恢复并且能提高草坪的质量。此外，草坪管理中采用垂直刈割和铺砂等减少枯草层的管理措施能减少发病。

化学防治 研究认为，秋季施用苯菌灵能明显降低病情。另外，防治春季死斑病效果较好的杀菌剂主要有甲基托布津、绘绿和乐必耕等。

5.1.7 白粉病(Powdery Mildew)

白粉病是草坪草上常见的一种茎叶部病害，广泛分布于世界各地。与其他多种病害不同的是，该病不会引起草坪草的迅速枯萎或死亡，但会影响其生长发育和抗逆性。

(1)病原菌与寄主

引起白粉病的病原菌是子囊菌亚门白粉菌目白粉属的禾白粉菌(*Erysiphe grami-*

nis)，是典型的专性寄生菌，只能在活的寄主植物上通过吸器吸取营养而生存。主要寄主为草地早熟禾、细叶羊茅、匍匐剪股颖、多年生黑麦草和狗牙根。

(2)发病规律

白粉病菌不耐高温，15～20℃时为发病适温，温度高于25℃时病害受到抑制，因此白粉病通常在春秋季节发病。但在遮阴处春、夏、秋三季均可发生。长期光照不足、空气流通不畅发病严重。

(3)症状特点

白粉病菌主要侵染草坪草的叶片和叶鞘，也危害茎秆和穗部。初期症状为1～2mm大小的白色菌丝或小菌落出现在叶表面，逐渐扩大并合并后，覆盖大部分或整个叶表面，颜色也由白色变成灰白色、灰褐色。霉斑表面着生一层粉状物，即病原菌的分生孢子，易脱落飘散。后期霉层中出现棕色或褐色颗粒，即病原菌的闭囊壳。大面积发病时，草坪表面呈灰白色，如同被撒了一层面粉，故称白粉病。该病会降低草坪草的光合作用能力。一般老叶较新叶发病重。随着病情的发展，叶片变黄，枯死。

(4)防治方法

选择抗病草种或品种　遮阴地建坪时，应选择耐阴性较强的草种或品种，如粗茎早熟禾、细叶羊茅等。草地早熟禾某些品种对该病有一定的抗性或耐性，如'Eclipse'、'Glade'和'Bensun'等。

加强养护管理　降低草坪密度，对草坪适时修剪，使之保持良好的通风透光性。种植在树下的草坪，可将树干低处的树枝进行适当剪除，以减少遮阴。合理灌水，使草坪不过干过湿。

化学防治　在春季发病初期，应及时喷施杀菌剂，如粉锈宁、多菌灵、甲基托布津、退菌特等。

5.1.8　锈病(the Rusts)

锈病是草坪草最常见的茎叶病害之一，在冷、暖型草坪草上均可发生，发病时间长，分布广。与白粉病相似，锈病一般不会引起草坪草的迅速枯萎和死亡，但会使草坪草抗逆性下降。草坪锈病主要有条锈病、叶锈病、秆锈病和冠锈病4种。

(1)病原菌与寄主

引起草坪草4种锈病的病原菌分别是担子菌亚门锈病目柄锈属的4种病原菌，为条锈菌(*Puccinia striiformis*)、叶锈菌(*P. recondite*)、秆锈菌(*P. graminis*)和冠锈菌(*P. coronata*)。锈病病原菌寄主范围广，可侵染所有常见草坪草，尤其是草地早熟禾、多年生黑麦草、高羊茅、结缕草等受害最重，狗牙根也可受害。

(2)发病规律

锈菌是严格的专性寄生菌，离开寄主很难存活。在草坪草四季常绿的地区，锈菌以菌丝体和夏孢子在病部越冬。而在冬季草坪草地上部分枯死的地区，锈菌不能越冬，侵染是由翌春从越冬地区随气流传来的夏孢子引起的。锈病发病适温为18～

30℃，在夏末秋初发病最为严重，春季和晚秋也可发生。锈病的潜育期约为7d。

(3)症状特点

锈病主要发生在草坪草的叶片、叶鞘，同时也可侵染茎部。发病初期，在叶片、叶鞘或茎秆上出现浅黄色斑点，随后病斑数目增多、扩大，叶、茎表皮破裂，散发出黄色、橙色、棕黄色或铁锈色的孢子堆，即锈菌的夏孢子堆。叶片从顶端开始变黄，然后向叶基发展，直至整片叶变成黄色。因此被锈菌侵染的草坪，远看是黄色的。病害发展后期，病部出现褐色、黑色的冬孢子堆。导致草坪稀疏，景观受到破坏。

(4)防治方法

提倡建植混播草坪　草坪草对锈病的抗性很有限，但部分草种及品种对锈病有一定抗性，因此采用多草种或多品种混播建坪，可有效避免整片草坪被锈病破坏。草地早熟禾品种如'Park'、'Newport'等虽然对锈病有较强的抗性，但却易感染其他更严重的病害。在锈病危害严重的地区，应避免采用草地早熟禾品种'Merion'，多年生黑麦草品种'Pennfine'、'Manhattan'，结缕草品种'Emerald'、'Meyer'，狗牙根品种'Sunturf'建植草坪，因为这些品种更容易感染锈病。

加强养护管理　草坪管理中，应均衡施肥，合理灌溉，并加强草坪排水，降低草坪湿度均可抵制病害。适时修剪草坪是防治锈病最有效的措施之一。由于锈病的潜育期为7d以上，如果草坪修剪的间隔期少于7d，即在夏孢子形成释放之前进行修剪，并清除修剪的草屑，可减轻锈病的危害。

化学防治　对于生长缓慢而无法频繁修剪的草坪草如结缕草，感染锈病时应及时喷施杀菌剂，如粉锈宁、代森锰锌、放线酮、萎锈灵等。

5.1.9　红丝病(Red Thread)

红丝病又名红线病，是一种发生在因低温或氮肥缺乏而生长缓慢的草坪上的叶部病害。造成草坪草生长迟缓，早衰甚至死亡，草坪景观受到破坏。

(1)病原菌与寄主

引起红丝病的病原菌为担子菌亚门层菌纲非褶菌目伏革菌属真菌，其无性态是墨角藻型鲜明黏胶菌(*Laetisaria fuciformis*)，有性态为墨角藻型伏革菌(*Corticium fuciforme*)。主要侵染匍匐剪股颖、细弱剪股颖、细叶羊茅、多年生黑麦草、草地早熟禾、一年生早熟禾、狗牙根等草坪草。

(2)发病规律

红丝病全年均可发生，但严重发病期只有几个月。发病适宜温度为15～25℃，病菌最高存活温度为32℃，最低为-20℃，在干燥的条件下可存活2年多。病菌既可通过水流、机械、人、畜等在一定范围内传播，也可随风远距离传播。春秋季低温、高湿的天气有利于此病的发生发展。土壤中氮肥缺乏、干旱、发生其他病害或使用生长调节剂使得草坪草生长迟缓，都可促使红丝病严重发生。

(3)症状特点

红丝病是一种叶部病害，只侵染叶片。清晨有露水时，在发病部位可看见粉红色、橘红色或暗红色的棉絮状菌丝体和红色丝状菌丝束(可以在叶尖的末端向外生长约1cm)，干燥后，菌丝体和菌丝束变细成丝状。受到侵染的叶片，都是由叶尖向叶基枯死。呈现直径为5～10cm环形或不规则形的红褐色病草斑块。病草呈水渍状，迅速死亡。

(4)防治方法

选择抗病草种或品种　在红丝病危害严重的地区，避免选择易感此病的草种，如多年生黑麦草、细羊茅等。

加强养护管理　增施氮肥，保持土壤肥力充足、均衡。及时浇水，防止草坪干旱，可增强草坪草抗病能力。适当修剪并及时将剪下的草屑集中处理，以减少病原菌量。乔、灌、草合理配置，增加草坪光照和空气流通。

化学防治　发病初期，可选用代森锰锌、放线酮、粉锈宁、敌菌灵、苯菌灵等进行喷雾防治。

5.1.10 其他草坪病害

除了前面提到的病害外，常见的还有镰刀菌枯萎病、叶斑病、灰叶斑病、铜斑病和霜霉病等几种病害。

(1)镰刀菌枯萎病(Fusarium Blight)

镰刀菌枯萎病又名镰孢枯萎病，是由半知菌亚门丝孢纲瘤座孢目镰刀菌属(*Fusarium* spp.)真菌引起的病害，可侵染多种草坪草，全国各地草坪均可发生。高温、干旱、湿度过大、枯草层过厚、施肥不均衡等因素均有利于此病的发生。病原菌可侵染不同的植物组织或部位，引起苗枯、根腐、茎基腐、叶斑、叶腐、匍匐茎和根状茎腐烂等一系列复杂症状。草坪上出现圆形或不规则形枯草斑，枯草斑内草坪草几乎全部发生茎基腐和根腐。在湿度高时，病株的茎基部可见白色至粉红色的菌丝体和大量的分生孢子团。有时枯草区中央残留少数绿草而呈现出“蛙眼状”。

防治此病需强调“预防为主，综合防治”的原则，提倡不同草种及品种混播建植草坪。在播种前对种子进行药剂拌种，成熟草坪需加强养护管理，均衡施肥，合理灌溉，适时修剪并及时清除枯草层。发病初期，可喷施绘绿、苯菌灵、甲基托布津、扑海因、敌力脱、多菌灵、杀毒矾等杀菌剂。杀菌剂施用后应使其充分浸润草丛以下土壤。

(2)叶枯病(Leaf Blight)

叶枯病是一类常见的真菌病害，由半知菌亚门丝孢纲丝孢目中不同属的真菌引起，主要包括德氏霉叶枯病(*Drechslera* spp.)、离蠕孢叶枯病(*Bipolaris* spp.)、弯孢霉叶枯病(*Curvularia* spp.)和喙孢霉叶枯病(*Rhychosporium* spp.)等，可危害所有常见草坪草种，使草坪草出现叶斑、叶枯、苗枯、根腐、茎基腐等一系列复杂症状，造成草坪稀疏，形成不规则的枯草斑，严重时草坪大面积枯死。叶枯病既可发生在凉爽潮湿的春、秋季，也可发生在高温高湿的夏季，对草坪的危害时间长。防治此病的关键在于采用不同的草种或品种建植草坪，并加强草坪养护管理，为草坪草健康生长创造有利条件，提高其抗病性。发病初期，可喷施内吸性杀菌剂，如绘绿、甲基托布津、三唑酮等进行防治。

(3)灰叶斑病(Gray Leaf Spot)

灰叶斑病是由半知菌亚门丝孢纲丝孢目梨孢霉属灰利孢(*Pyriculaira grisea*)引起的，主要危害钝叶草，也可严重危害狗牙根和多年生黑麦草。主要发生在高温多雨的夏季，最适发病温度为25～30℃。受害叶、叶鞘和茎上首先出现细小的褐色斑点，斑点迅速增大，形成圆形、椭圆形的病斑。病斑中部灰褐色，边缘紫褐色，周围或附近有黄色晕圈。发病严重时，病叶枯死。过度施用氮肥及新建草坪易发病。防治此病应避免偏施氮肥和傍晚或夜间灌溉草坪。适时修剪，及时清除枯草层，保持草坪通风透光。发病时及时喷施绘绿、甲基托布津、丙环唑、绘绿、代森锰锌、百菌清等杀菌剂进行防治。

(4)铜斑病(Copper Spot)

铜斑病主要发生在高尔夫球场上，但分布范围并不广泛。病原菌为半知菌亚门丝孢纲瘤座孢目胶尾孢属高梁胶尾孢(*Gloeocercospora sorghi*)，主要危害剪股颖，特别是低修剪的绒毛剪股颖草坪。发病盛期温度通常在26℃以上，偏施氮肥、土壤pH值偏低时发病严重。病株叶片上出现红色至褐色斑点，多个病斑连在一起使整个叶片枯死。发病草坪上出现分散的、近环形的红棕色斑块，直径为2～8cm。防治此病应注意均衡施肥，不过量施用氮肥，并适当改良土壤，避免土壤pH值偏低。发病初期及时施用代森锰锌、多菌灵、丙环唑、甲基托布津等杀菌剂进行防治。

(5)霜霉病(Yellow tuft，Downy mildew)

别名黄丛病、黄色草坪病，是由鞭毛菌亚门卵菌纲霜霉目指疫霉属大孢指疫霉(*Sclerophthora macrospora*)引起的病害，主要危害草地早熟禾、粗茎早熟禾、细羊茅、高羊茅、多年生黑麦草、匍匐剪股颖、细弱剪股颖和绒毛剪股颖等草坪草。发病适温为15～20℃，主要发生在春末和秋季，排水不良的地方最易发生。病菌只有在水滴的条件下才能萌发，并随水流传播。发病初期植株略矮，叶片轻微加厚或变宽，叶片不变色。发病后期植株矮化萎缩，叶色淡绿有黄白色条纹。发病严重时，草坪上出现1～10cm的黄色小斑块，每个斑块里的草坪草都有一丛茂密的分蘖，根黄且短小，容易拔起。天气潮湿时，出现白色霜状霉层。防治此病的关键在于加强土壤排水，通过打孔疏草等措施增强土壤通透性，不过量施氮肥，增施磷、钾肥。发现病株及时拔除。发病时，向草坪补充铁元素(硫酸亚铁)可在一定程度上掩盖病株的黄色。可使用霜霉威、乙磷铝、杀毒矾等药剂拌种或喷雾防治。

5.2 常见草坪虫害及其防治

危害草坪的害虫主要有蝼蛄类、蛴螬类、金针虫类、地老虎类、夜蛾类、叶蝉等。

5.2.1 蝼蛄类

蝼蛄是直翅目蝼蛄科昆虫的通称，为大型土栖昆虫。我国已知蝼蛄科昆虫有4种：华北蝼蛄、东方蝼蛄、欧洲蝼蛄和台湾蝼蛄。华北蝼蛄主要分布于我国北纬32°以北。东方蝼蛄为世界性害虫，我国分布最普遍，从南到北均有危害。

5.2.1.1 形态特征

(1)华北蝼蛄

华北蝼蛄体狭长。头小，圆锥形。复眼小而突出，单眼2个。前胸背板椭圆形，背面隆起如盾，两侧向下伸展，几乎把前足基节包起。前足特化为粗短结构，基节特短宽，腿节略弯，片状，胫节很短，三角形，具强端刺，便于开掘。

成虫体长36~55mm，前胸宽7~11mm。黄褐色，近圆桶形。前翅覆盖腹部不到1/3，卵椭圆形，长1.6~1.8mm、宽1.1~1.3mm。初产乳白有光，后变黄褐色、暗灰色。初孵若虫乳白色、体长2.6~4mm。脱皮1次后浅黄褐色、体长3.6~4mm。5~6龄后体色与成虫相似。末龄若虫体长36~40mm。

(2)东方蝼蛄

东方蝼蛄成虫体长30~35mm，灰褐色，腹部色较浅，全身密布细毛。头圆锥形，触角丝状。前胸背板卵圆形，中间具一明显的暗红色长心脏形凹陷斑。前翅灰褐色，较短，仅达腹部中部。后翅扇形，较长，超过腹部末端。腹末具1对尾须。前足为开掘足，后足胫节背面内侧有4个距，别于华北蝼蛄。卵初产时长2.8mm，孵化前4mm，椭圆形，初产乳白色，后变黄褐色，孵化前暗紫色。若虫共8~9龄，末龄若虫体长25mm，体形与成虫相近。

5.2.1.2 生活习性

生活在地下，湿土中可钻15~20cm深。前足适于铲土。产卵于土穴内，穴内存放植物作为孵出若虫的食物。一般于夜间活动，但气温适宜时，白天也可活动。土壤相对湿度为22%~27%时，华北蝼蛄危害最重。土壤干旱时危害轻。成虫有趋光性。夏秋两季，当气温在18~22℃之间，风速小于1.5m/s时，夜晚可用灯光诱捕到大量蝼蛄。

(1)华北蝼蛄

华北蝼蛄的生活史较长，约3年1代，若虫13龄，以成虫和8龄以上的各龄若虫在土中越冬。翌年3~4月当10cm深土温达8℃左右时若虫开始危害，地面可见长约10cm的虚土隧道，4~5月地面隧道大增即危害盛期。

(2)东方蝼蛄

东方蝼蛄仅在洞顶壅起一堆虚土或较短的隧道。在黄淮地区约2年完成1代，长江以南1年1代。产卵习性与华北蝼蛄相似，更趋向于潮湿地区，集中于沿河、池塘和沟渠附近。

以成虫或若虫在地下越冬。清明后上升到地表活动，在洞口可顶起一小虚土堆。5月上旬至6月中旬是蝼蛄最活跃的时期，也是第一次危害高峰期；6月下旬至8月下旬，天气炎热，转入地下活动；6～7月为产卵盛期。9月气温下降，再次上升到地表，形成第二次危害高峰。10月中旬以后，陆续钻入深层土中越冬。蝼蛄昼伏夜出，以21：00～23：00活动最盛，特别在气温高、湿度大、闷热的夜晚，大量出土活动。

蝼蛄无论成虫或若虫均于夜间在表土层或地面上活动，21：00～3：00为活动取食高峰。炎热的中午则躲至土壤深处。有以下几种趋性：①群集性：初孵若虫有群集性，怕风、怕光、怕水，以后分散危害；②趋光性：非洲蝼蛄成虫在飞翔时均有强烈的趋光性；③趋化性：对甜味物质特别嗜好，因此可用煮至半熟的谷子，炒香的豆饼及麸糠制成毒饵，诱杀效果特别好；④趋粪性：蝼蛄对厩肥和未腐熟的有机物、粪坑具有趋性；⑤喜湿性：蝼蛄喜在潮湿的土中生活。

5.2.1.3 危害症状

蝼蛄都营地下生活，食性复杂。蝼蛄的成虫和若虫均咬食草籽、草根和嫩茎，把茎秆咬断，使草坪与土壤分离，失水而枯死，蝼蛄发生严重时造成草坪死亡，形成大面积秃斑。

5.2.1.4 防治方法

(1)成虫诱杀

毒饵诱杀 用20%杀灭菊酯50～100倍液加炒香的麦麸或磨碎的豆饼5kg，搅拌均匀，傍晚时均匀撒于草坪上或沟施。用毒饵22.5～45kg/hm^2可兼治地老虎幼虫。

灯光诱杀 在草坪周围设黑光灯、电灯或火堆诱杀。在天气闷热或将要下雨的夜晚，以20：00～22：00诱杀效果最好。

(2)人工捉虫

春季灭虫 在蝼蛄春季苏醒阶段，如发现虫洞，可沿虫洞向下挖，一般挖到45cm左右即可找到蝼蛄。

夏季挖窝毁卵 在蝼蛄产卵盛期，发现产卵洞口，从产卵洞口向下挖5～10cm深，即可挖出虫卵。

(3)化学防治

施用毒土 在作苗床(垄)时，向床面或垄沟里撒布配好的毒土，然后翻入土中。毒土配制方法是，5%辛硫磷颗粒剂或50%氯丹乳油1份加细土50份，混拌均匀施用。

5.2.2 蛴螬类

蛴螬是金龟子的幼虫，属鞘翅目金龟子总科，下分为22个科。全世界已知约2.8万种金龟子，我国已知约1300种。按其食性可分为植食性、粪食性、腐食性3类，其中植食性的占60%以上，大多属于鳃角金龟科、丽金龟科、犀金龟科(独角仙)和花金龟科等。植食性蛴螬食性极杂，危害多种农作物、经济作物和花卉苗木、草坪等，喜食刚播种的种子、根、块茎以及幼苗，是世界性的地下害虫，危害很大。危害草坪的主要有华北大黑鳃金龟、东北大黑鳃金龟、铜绿金龟子、暗褐金龟子、黄褐金龟子等。

5.2.2.1 形态特征

蛴螬体肥大弯曲近“C”形，体白色或黄白色。体壁较柔软，多皱。体表疏生细毛。头大而圆，多为黄褐色或红褐色，生有左右对称的刚毛，常为分种的特征。胸足3对，后足较长。腹部10节，第10节称为臀节，其上生有刺毛，其数目和排列也是分种的重要特征。

下面是几种常见的蛴螬成虫金龟子的主要特征：

(1)华北大黑鳃金龟子

成虫体长16~21mm，宽8~11mm，长椭圆形，体黑色，鞘翅上各3条纵隆纹，臀节宽大呈梯形，中沟不明显，背板平滑下伸。幼虫体长37~45mm，头部前顶刚毛每侧各3根成一纵列，肛门孔三裂，腹毛区有刚毛群。

(2)东北大黑鳃金龟子

成虫体大小、体色与华北大黑鳃金龟子相似，鞘翅上有4条明显纵隆纹，臀板短小，近三角形，背板呈弧形下弯。幼虫体长35~45mm，头部前顶刚毛每侧各3根成一纵列，腹毛区刚毛散生。

(3)铜绿金龟子

成虫体长18~21mm，宽8~11mm，头及鞘翅铜绿色，有光泽，两侧边缘处呈黄色，腹部黄褐色。幼虫体长30~33mm，肛门横裂，刺毛纵向平行两列，每列由11~20根长针状刺组成。

(4)暗褐金龟子

成虫体长17~22mm，宽9~12mm，长椭圆形，体黑褐色，无光泽，全身有蓝白色细毛，鞘翅上有4条纵隆纹，两翅会合处有较宽的隆起。幼虫头部前顶刚毛每侧各1根，位于冠缝两侧，其他特征与华北金龟子幼虫相似。

(5)黄褐金龟子

成虫体长15~18mm，宽7~9mm，体淡黄褐色，鞘翅密布刻点，并有3条暗色纵隆纹，腹部密生细毛。幼虫体长25~35mm，肛门横裂，刺毛纵列两行，后段向后呈“八”字形岔开。

5.2.2.2 生活习性

蛴螬幼虫分3龄，1、2龄期较短，第3龄期最长，3个龄期逾300d，以3龄幼虫在60~70cm土中越冬。蛴螬有假死和趋光性，并对未腐熟的粪肥有趋性。白天藏在土中，20：00~21：00进行取食等活动。蛴螬终生栖生土中，其活动主要与土壤的理化特性和温湿度等有关。当10cm土温达5℃时开始上升土表，13～18℃时活动最盛，23℃以上则向深土移动，盛夏地温太高，蛴螬的活动量稍减，至秋季土温下降到其活动适宜范围时，再移向土壤上层，中秋前后有一个危害高峰。当日均气温低于12℃时，蛴螬的活动下移，随着气温不断降低，蛴螬在地下水位以上冻土层以下冬眠。

蛴螬对草坪的危害主要在春秋两季。土壤潮湿活动加强，春、秋季在表土层活动，夏季多在清晨和夜间到表土层。蛴螬危害最简单的观察方法是看草坪上有无2cm左右的小土堆。若有则说明蛴螬开始危害草坪，抓住最有利的时期进行防治，可以收到事半功倍的效果。

5.2.2.3 危害症状

蛴螬近年来对草坪的危害日趋严重，成为草坪的主要地下害虫之一，在我国大部分地区均有发生，咬食草坪根部。此虫食量大，爆发性强，短时间内即可将成片草坪毁坏。草坪受到蛴螬危害，植株生长出现失绿、萎蔫现象、大面积斑秃，较严重的则成片死亡。用手一提，就能掀起大片草坪并在掀起草坪的地面上看到大量幼虫。受害草坪多呈长条状枯死斑，严重降低草坪的观赏价值。

5.2.2.4 防治方法

蛴螬种类多，在同一地区同一地块，常为几种蛴螬混合发生，世代重叠，发生和危害时期很不一致，因此只有在普遍掌握虫情的基础上，根据蛴螬和成虫种类、虫口密度、发生规律，因地因时采取相应的综合防治措施，才能收到良好的防治效果。

(1)做好预测预报工作

调查蛴螬种类和虫口密度，掌握成虫发生盛期及时防治成虫。

(2)诱杀

利用金龟子(特别是铜绿金龟子)有较强趋光性的特点，在成虫的盛发期用黑光灯诱杀成虫。

利用金龟子喜欢在牲畜粪便上产卵的习性，选择背风又潮湿的地方，堆放一些杂草，杂草上堆一些新鲜的牲畜粪便，然后用砂土埋上，只露一点点。干燥时，适当浇水，这样就可以引诱金龟子集中在堆上产卵。秋天及时处理草土堆上的卵或幼虫，可以减少蛴螬的危害。

(3)人工捕捉

要捕捉蛴螬，必须让其在地表活动。镇压草坪将蛴螬的通道压实，蛴螬怕挤，会立即将土拱出地面，出现新鲜的小土堆。或在浇水以后，使蛴螬的通道被淹，也会促使蛴螬立即拱土。这时在地下5cm之内，用带倒钩的锥子钩出虫子，也可直接用注射器将杀虫药注入洞中将虫杀死。

(4)化学防治

用3%呋喃丹，52～75kg/hm^2，或用3%甲基异柳磷颗粒剂，75～100kg/hm^2，或

用50%辛硫磷乳油，0.3~0.375kg/km^2，上述药剂混细沙225~375kg/hm^2，撒施后用水淋透，让药液渗入土中，接触虫体，增加药效。

(5)生物防治

用卵孢白僵菌(Beauveriatenella)孢子粉拌适量的泥炭，在草坪建植前拌入坪床土壤，拌匀，使蛴螬感染白僵病致死，死去的蛴螬又成为白僵菌的寄主。这样白僵菌在土壤里的密度越来越大，蛴螬越来越难生存，虫口密度就会越来越小。

5.2.3 金针虫类

金针虫是鞘翅目叩头虫科幼虫的总称，为重要的地下害虫。我国金针虫从南到北分布广泛，危害的植物种类也较多。在我国分布广而常见的主要有沟金针虫和细胸金针虫，此外，还有褐纹金针虫、宽背金针虫、兴安金针虫、暗褐金针虫等。

5.2.3.1 形态特征

成虫体长8~9mm或14~18mm，依种类而异。体黑或黑褐色，头部生有1对触角，胸部着生3对细长的足，前胸腹板具1个突起，可纳入中胸腹板的沟穴中。头部能上下活动似叩头状，故俗称“叩头虫”。幼虫体细长，长13~30mm，金黄或茶褐色，并有光泽，故名“金针虫”。身体生有同色细毛，3对胸足大小相同。根据种类不同，幼虫期1~3年，蛹在土中的土室内，蛹期大约3周。主要分布区域：

①沟金针虫　北起辽宁，南至长江沿岸，西到陕西、青海，旱作区的粉砂壤土和粉砂黏壤土地带发生较重。

②细胸金针虫　从东北北部到淮河流域，北至内蒙古以及西北等地均有发生，但以水浇地、潮湿低洼地和黏土地带发生较重。

5.2.3.2 生活习性

金针虫生活史很长，因不同种类而异，常需3~5年才能完成一代，各代以幼虫或成虫在地下越冬，越冬深度为20~85cm。

沟金针虫　约需3年完成一代，在华北地区，越冬成虫于3月上旬开始活动，4月上旬为活动盛期。成虫白天躲在麦田或田边杂草中和土块下，夜晚活动，雄虫飞翔较强，雌性成虫不能飞翔，行动迟缓，有假死性，没有趋光性，卵产于土中3~7cm深处，卵孵化后，幼虫直接危害植物。

土壤温湿度对沟金针虫影响较大，10cm处土温达6℃时，幼虫和成虫就开始活动，形成春季的危害高峰；夏季温度升高时，幼虫向土壤深处转移；秋季幼虫又上移至地表危害。沟金针适宜的土壤湿度为15%~18%，春季雨水较多，土壤墒情较好，危害加重。

细胸金针虫　多数2年完成一代，也有1年或3~4年完成一代的，以成虫和幼虫在土中20~40cm处越冬，翌年3月上中旬开始出土，4~5月危害最盛。成虫昼伏夜出，有假死性，对腐烂植物的气味有趋性，常群集在腐烂发酵气味较浓的烂草堆和土块下。幼虫耐低温，早春上升危害早，秋季下降迟。土壤温湿度对其影响较大，幼虫耐低温而不耐高温，地温超过17℃时，幼虫则向深层移动。细胸金针虫怕干燥，要求土壤湿度为20%～25%，喜偏碱性潮湿土壤，在春雨多的年份发生重。

5.2.3.3 危害特征

主要危害草坪及各种园林植物、农作物等，咬断植物根茎，并能钻到植物的根和茎内取食。

5.2.3.4 防治措施

(1)诱杀

在成虫的盛发期用黑光灯诱杀飞翔能力较强的雄虫，以减少金针虫的基数。

(2)化学防治

施用毒土：用48%地蛆灵乳油3～3.75kg/hm²，50%辛硫磷乳油3～3.75kg/hm²，加水10倍，喷于375～450kg/hm²细土上拌匀成毒土；或用5%甲基毒死蜱颗粒剂30～45kg/hm²，5%辛硫磷颗粒剂37.5～45kg/hm²，拌细土375～450kg/hm²成毒土，处理土壤。

5.2.4 地老虎类

地老虎属鳞翅目夜蛾科，是一类危害草坪的重要地下害虫。我国常见的地老虎主要有小地老虎、大地老虎和黄地老虎3种。小地老虎在全国各地均有分布，其中以沿海、沿湖、沿河及低洼地区、土壤湿润、杂草较多的地区发生最重，干旱地区也有不同程度的危害。大地老虎分布比较普遍，常与小地老虎混合发生。但仅在长江沿岸部分地区发生。黄地老虎主要分布于北方，在南方也有少量发生。

5.2.4.1 形态特征

小地老虎　成虫为暗褐色的蛾，体长17～23mm，翅展(两翅伸展开的长度)40～45mm；前翅黑褐色，中部有1条圆形的环状纹和1个肾状纹，肾状纹外方有1个三角形的楔状纹，后翅灰白色，边缘褐色，翅脉黄褐，明显。卵半球形，表面有许多纵横的隆起线，初产时乳白色，后变为黄褐色。幼虫末龄体长41～50mm，暗褐色，表皮粗糙，密生大小不同的颗粒，腹部第1至第8节背面，每节有4个毛瘤，前2个显著小于后2个，身体末端有比较坚硬的臀板，为黄褐色，上有黑褐色纵带2条。蛹纺锤形，红褐色，腹部末端有1对毛刺，长18～24mm。

5.2.4.2 生活习性

小地老虎由南向北发生代数逐渐减少，一年发生1～7代。南方越冬代成虫2月出现，全国大部分地区羽化盛期在3月下旬至4月上、中旬，北方地区为4月下旬。成虫多在15：00～22：00羽化，白天潜伏于土缝中、杂草间、屋檐下或其他隐蔽处，夜间出来活动、觅食，3～4d后交配、产卵。成虫具有强烈的趋化性，喜吸食糖蜜等带有酸甜味的汁液，同时对黑光灯趋性强。卵散产于低矮叶密的杂草和作物幼苗上，少数产于枯叶、土缝中，1，2龄幼虫常栖息于土表或寄主叶背，昼夜活动，不入土；3龄以后潜入土中1～2cm处，夜晚出土取食草坪叶片，阴天也能出土危害。幼虫有假死性，一遇惊动，就缩成环形，食料不足时有转移危害习性。老熟幼虫大都迁移到田埂、杂草根旁较干燥的土内深5cm处筑土室化蛹，蛹期9～19d。

5.2.4.3 危害症状

地老虎以幼虫危害植物，1～2龄幼虫在土表或寄主的叶背和心叶取食；2～3龄幼虫将叶片咬成无数小孔或缺刻，有的也危害生长点，3龄以后入土，夜间出土咬断整株苗，连茎带叶，潜入穴中，常留少许叶尖露出土表。

5.2.4.4 防治方法

地老虎防治的重点时期是早春3～4月第一代幼虫孵化发生高峰期。

(1)除草灭虫

在春天草坪返青时，清除草坪周边杂草，沤肥或烧毁，便可消灭大量寄生在杂草上的卵和幼虫及其寄主。

(2)成虫诱杀

利用糖、醋、酒液诱杀成虫，诱蛾剂配方如下：糖6%，醋2%，白酒1%，90%敌百虫1%，水90%，调匀，在成虫发生期设置，诱杀成虫效果显著。

黑光灯诱蛾，在晚上打开黑光灯，利用地老虎的趋光习性进行诱杀，可结合其他害虫同时进行。

(3)化学防治

毒土或毒砂防治 用50%辛硫磷或90%敌百虫0.5kg，加适量水，喷拌细土50kg；2.5%溴氰菊酯乳油90mL，或40%甲基异柳磷乳油500mL加水适量，喷拌细土50kg配成毒土。毒土或毒砂用量300～375kg/hm^2，均匀撒施在草坪基部。结合草坪梳草、打孔等措施，效果更好。

毒饵或毒草诱杀幼虫 用90%晶体敌百虫0.5kg，加水2.5～5kg，喷拌50kg碾碎炒香的棉籽饼上，或用50%辛硫磷乳油每亩0.05kg，拌棉籽饼5kg制成毒饵，用量为75kg/hm^2；用0.25kg晶体敌百虫拌铡碎的鲜草30～50kg，或用2.5%敌百虫粉剂0.5kg拌鲜草50kg制成毒草，用量为225～300kg/hm^2。毒草或毒饵傍晚撒在草坪上或草坪周边空地上，可诱杀幼虫。毒饵需要经常更换，保持新鲜。

喷雾防治 用50%辛硫磷乳油1000倍，或90%晶体敌百虫或50%甲胺磷乳油1000～1500倍，或2.5%溴氰菊酯，或10%氯氰菊酯或20%速灭杀丁乳油1500～3000倍液喷雾。

5.2.5 夜蛾类

与地老虎类一样，同属鳞翅目夜蛾科，危害草坪的主要有斜纹夜蛾和黏虫等。

下文以斜纹夜蛾为例进行介绍。

斜纹夜蛾在全国各地都有发生，是一种暴食性害虫，危害的植物可多达99科290多种，主要危害蔬菜和多种园林植物。它主要以幼虫危害全株，小龄时群集叶背啃食，3龄后分散危害叶片、嫩茎，老龄幼虫可形成暴食，是一种危害性很大的害虫。

(1)形态特征

成虫体长14～20mm，翅展33～46mm，体暗褐色，胸部背面有白色丛毛，前翅灰褐色，花纹多，内横线和外横线灰白色呈波浪状，中间有明显的白色斜阔带纹，故称斜纹夜蛾。卵半球状，初产黄白色，后变为暗灰色，集结成3～4层卵块，外覆黄色绒毛。老熟幼虫体长33～50mm，头部黑褐色，胸部多变，从土黄色到黑绿色都有，体表散生小白点，从中胸至第9腹节亚背线内侧，各有近似半月形或三角形黑斑1对，其中以第1、7、8腹节的黑斑最大。蛹长15～23mm，圆筒形，赤褐色至暗褐色，尾部有1对短刺。

(2)发生规律与危害特征

一年4～5代。以蛹在土下3～5cm处越冬。成虫白天潜伏在叶背或土缝等阴暗处，夜间出来活动。初孵幼虫群集在卵块附近取食寄主叶片表皮成筛网状，稍遇惊扰就四处爬散或吐丝飘散；2龄后开始分散危害；4龄后进入暴食期，常将寄主叶片吃光，仅留主脉；老熟幼虫入土化蛹。成虫有强烈的趋光性和趋化性，且对糖、醋、酒味很敏感。

(3)防治措施

人工摘除卵块 在各代盛卵期检查草坪周边阔叶植物，一旦发现卵块和新筛网状被害叶，即摘除并销毁。

诱杀成虫 利用成虫趋光性和趋化性，可用黑光灯、糖醋液(糖∶酒∶醋∶水＝6∶1∶3∶10)加少许敌百虫、甘薯或豆饼发酵液诱成虫。

药剂防治 在幼虫低龄期用药，4龄后幼虫抗药性强，防治效果较差。幼虫白天不出来活动，故喷药宜在傍晚进行。常用药剂有：90%晶体敌百虫，50%辛硫磷1000倍液，20%杀灭菊酯乳油1500～2000倍液，20%灭幼脲Ⅰ号或Ⅲ号制剂500～1000倍液。

5.2.6 黏虫

黏虫遍布全国各地，是一种杂食性害虫，主要危害农作物、园林树木、草坪等，危害植物可达16科104种以上。以幼虫取食植物叶片，大量发生时可将植物叶片全部吃光，造成严重损失。因其群聚性、迁飞性、杂食性、暴食性，成为全国性重要害虫。

(1)形态特征

成虫体长15～17mm，翅展36～40mm。头部与胸部灰褐色，腹部暗褐色。前翅灰黄褐色、黄色或橙色，变化很多；后翅暗褐色，向基部色渐淡。卵长约0.5mm，半球形，初产白色渐变黄色，有光泽；卵粒单层排列成行成块。老熟幼虫体长38mm；头红褐色，头盖有网纹，额扁，两侧有褐色粗纵纹，略呈“八”字形，外侧有褐色网纹，体色由淡绿至浓黑，变化甚大(常因食料和环境不同而有变化)。蛹长约19mm，红褐色；腹部5~7节背面前缘各有一列齿状点刻；臀棘上有刺4根，中央2根粗大，两侧的细短刺略弯。

(2)发生规律与危害特征

年发生世代数全国各地不一，从北至南世代数由2~3代增加到6~8代。黏虫属迁飞性害虫，其越冬分界线在北纬33°一带。在33°以北地区任何虫态均不能越冬；在湖南、江西、浙江一带，以幼虫和蛹越冬；在广东、福建南部终年繁殖，无越冬现象。北方春季出现的大量成虫系由南方迁飞所至。成虫产卵于叶尖或嫩叶、心叶皱缝间，常使叶片成纵卷。幼虫共6龄，初孵幼虫腹足未全发育，所以行走如尺蠖；初龄幼虫仅能啃食叶肉，使叶片呈现白色斑点；3龄后可蚕食叶片成缺刻；5~6龄幼虫进入暴食期。老熟幼虫在根际表土1~3cm做土室化蛹。

成虫昼伏夜出，黄昏时觅食，成虫对糖醋液趋性强，产卵趋向黄枯叶片。每个卵块20~40粒。成条状或重叠，多者达200~300粒。1，2龄幼虫多在植物基部叶背危害，3龄后食量大增，5~6龄进入暴食阶段，其食量占整个幼虫期90%左右。3龄后的幼虫有假死性，受惊动迅速卷缩坠地，畏光，晴天白昼潜伏在麦根处土缝中，傍晚后或阴天爬到植株上危害，幼虫发生量大食料缺乏时，常成群迁移到附近草坪或园林植物上继续危害，老熟幼虫入土化蛹。

(3)防治措施

诱杀成虫 可用糖醋盆、黑光灯等诱杀成虫，降低虫口密度。

药剂防治 在幼虫3龄前用药，常用药剂有：90%晶体敌百虫1000倍液或50%马拉硫磷乳油1000~1500倍液、50%辛硫磷1000倍液。丁硫克百威与辛硫磷以1:4混配，增效作用显著；双甲脒与丁硫克百威及双甲脒与辛硫磷1:1混配有增效作用。

5.2.7 线虫

线虫又称蠕虫，是土壤中常见的一类线性低等动物。线虫存在于土壤，并以土壤中的真菌、细菌、小的脊椎动物及高等植物的某些组织、器官为食。

寄生草坪草的线虫个体很小，长0.3~1mm，宽0.015~0.035mm。虫体长而半透明，肉眼不易看见。线虫大都生活在土壤的耕作层中，从地面到15cm的土层内线虫最多，尤其是在草坪草的根际中更多。在高温潮湿又通气的土中，线虫的活动性强，养分消耗快。存活时间短。反之，在低温干燥的土壤中，其寿命相对延长。线虫在土壤中自动蠕动，活动范围极其有限，一个生长季不超过1m。但线虫的传播力很强，能通过土壤植物组织的运输、土壤中的外寄主、土壤耕作机具、运动的牲畜、移动的风沙等多种途径传播。强烈的风暴可将线虫传到200km以外，根据电子计算机模拟计算，当风速达3m/s，线虫可传出10km(高10m)。

多数寄主草坪草的线虫主要危害其根系和地下器官(个别线虫也伤害地上器官)。线虫的口针在取食时刺伤草坪草组织，口针的分泌物对草坪草的细胞和组织起着多方面的损害作用，从而使草坪草产生诸如巨型细胞、肿瘤、畸形等多种病变。有的抑制顶端分生组织引起枯死，有的降解中胶层，溶解细胞壁引起组织坏死，总体上因其全株生长不良症状，使草坪草矮化、变黄。此外，线虫造成的伤口常为土壤真菌病原物的侵染提供方便。因此，某些草坪草常因线虫群体的大量寄生而产生严重危害。草坪中常见的线虫及特征见表5-1。

表5-1 常见草坪草线虫的特征及危害

类别	俗名	特征	危害	防治
内寄生线虫	囊肿线虫	包括多个异皮属的种，小的白色珍珠状的雌体附着在根上，柠檬状的雌虫死亡后变成棕褐色，形成褐色囊肿。春天囊中的卵孵化为家畜蠕虫的幼虫进入根部，交配后身体膨胀而撕破整个根的表皮	枝条矮化和褪绿	播种前用某些土壤熏蒸剂如乙烯二溴、溴化钾、三氯硝基甲烷、氯土和二氯丁二烯等进行熏蒸
	类囊肿线虫	特征与囊肿线虫完全相似	枝条矮化和褪绿	播种前用乙烯二溴、溴化钾、三氯硝基甲烷、氯土和二氯丁二烯等进行熏蒸
	根结病线虫	产生特殊、肿胀或柿子状大小不同的瘿	枝条矮化和褪绿	播种前用土壤熏蒸剂熏蒸土壤
	侵入斑线虫	侵入草坪草根的外皮，引起棕褐色或黑色的病斑	感染的组织被真菌或细菌所寄生，最后引起环状剥皮和死亡。又由于线虫是最大的群体，可导致整个根系的崩溃	播种前用土壤熏蒸剂熏蒸土壤
外寄生线虫	钻眼线虫	分布于热带和亚热带地区。其特征与侵入斑线虫相同		播种前用土壤熏蒸剂熏蒸土壤
	螺旋形线虫	采食幼根，栖息于根际土壤，静止时呈“C”状	引起草坪活力下降、褪绿和根的损伤，在寒冷地带促进草地早熟禾的休眠	加强草坪的培育管理以维持草坪的旺盛生长能减少外寄生线虫危害，在多发区使用杀虫剂也能收到良好的效果
	螯针线虫	是最大的食草坪草线虫	引起褪绿和使根畸形	
	矮小线虫		引起根萎缩，不具病痕	
	网状线虫	最小的植物寄生线虫	感染后使植株矮化，过多分叶。在过多分枝和变短的根上有着明显的病根	
	殊根线虫	是较小的线虫，在根上出现深的、黑色的不规则病痕，尤其在根尖附近明显	引起褪绿和大大地降低活力，尤使细胞分裂减少	
	剑形线虫	产生根腐和红棕色到黑色的根病变	引起植株矮化和褪绿	

（续）

类别	俗名	特征	危害	防治
外寄生线虫	矛状线虫	具矛状螯针，引起黑色病变，最后根的外皮组织脱落，是草坪常见线虫	引起植株矮化和褪绿	
	针状线虫		使根变短粗，增厚，根尖变弱	
	钻子线虫		使草坪草矮化，外皮发生病变，根尖变弱	

线虫分布于植物的根上和根内，因而给防治带来一定的困难，用农药往往达不到完全根除的目的。适当的施用杀线虫剂，可大大地减少破坏性，尤其是外寄生性线虫的危害。

常用的杀线虫剂有熏杀剂和触杀剂两种类型。熏杀剂是在土壤中迅速产生有毒气体，杀灭效果最好。但是他们对草坪的毒性较高，通常只在种植前使用。常用的熏杀剂有溴化钾、三氯硝基甲烷、威百亩和氯土利。触杀剂必须在浸透定植草坪根带时才能起作用，只有和线虫直接接触时才有杀灭的能力。该类常用的药剂有二嗪农、内吸磷、灭克灵、克线磷和丰索磷等。

杀线虫剂液施(喷撒)后应立即灌水，以减少草坪草叶面的灼伤，一般用撒播机施颗粒剂较安全。杀线虫剂一般在春季开始生长或秋季土温在13～16℃时施用较好，施药前配合进行土壤中耕可提高杀灭效果。

防止线虫传播进入草坪，避免感染是更主要的一种防治线虫危害的方法。采用无线虫的建植材料(草皮、种子)，注意草坪地的清洁卫生和机具的消毒灯，都是有效的防治措施。

5.3 常见草坪杂草及其防除

5.3.1 杂草生物学特性与分类

草坪杂草(weed)是草坪上除栽培的草坪植物以外的其他植物。杂草与草坪草争夺光、水、养分，影响草坪的光合作用，使草坪变黄，生长瘦弱，严重时枯死；侵占草坪的生长空间，缩短草坪更换周期；传播、滋生病虫害；某些杂草可散布有毒花粉，污染环境；妨碍娱乐及体育活动；淡化草坪作用，降低草坪的观赏价值，影响草坪的社会效益。

5.3.1.1 杂草的一般生物学特性

杂草繁殖能力极强　杂草具有结实多、繁殖能力强的特性，且杂草结实具有连续性，在我国南方一年四季都可开花结实。杂草种子具有自然落粒性，随风、水传播或进入土壤。

多种传播方式 杂草传播途径多样，引种、播种、浇灌、施肥、耕作、整地、移土、包装运输等人类生产活动均可传播杂草；人、机械、风、水、鸟、动物也可传播杂草种子。

种子长寿 杂草的种子生活力强，寿命可长达几年、十几年甚至更长。

生态适应性和抗逆性 杂草具有极强的生态适应性和抗逆性。

生长发育优势 许多杂草具有 C_4 光合途径，生长发育迅速，竞争能力强，且地下根茎、地上匍匐枝发达，一旦在草坪中立足便能迅速生长形成优势群落，抑制草坪的生长，引起草坪的退化，增加管理成本。

5.3.1.2 草坪杂草的分类

草坪杂草的种类繁多，据统计，我国草坪杂草近 450 种，分属 45 科 127 属。其中主要的杂草类型集中在禾本科、莎草科、藜科、蓼科、苋科、菊科、唇形科、十字花科等。

根据除草剂的作用对象，将杂草分为 3 类：禾本科杂草(禾草)、阔叶杂草和莎草。这 3 类杂草对除草剂的敏感性不同。有些除草剂只对禾草有效，有些除草剂则只对阔叶杂草有效。

禾本科杂草(禾草) 属于禾本科植物。主要形态特征为与主茎连接的叶片没有分支；叶片狭长，叶柄扁平，无叶柄，平行叶脉；茎圆形或扁形，分节，节间中空，叶片从茎的 2 个侧面长出来；纤维或网状根系；花小且不太美观；基部生长点(根颈)靠近地表。如马唐、稗草、牛筋草、狗尾草。许多一年生禾本科杂草可以用萌前型除草剂控制或多次施用萌后型有机砷除草剂防治，常用的除草剂有苯氧羧酸类(2, 4-D、二甲四氯)或苯甲酸类(麦草威)除草剂，均为萌后型除草剂。萌后型除草剂大多数具有选择性，应用不当会严重伤害草坪草。

阔叶杂草 包括双子叶阔叶杂草和部分单子叶阔叶杂草。其中单子叶阔叶杂草包括眼子菜科、泽泻科、水鳖科、天南星科、浮萍科、鸭跖草科、雨久花科、百合科等植物。主要形态特征为茎分枝远离主茎；叶片宽大且呈圆形，有柄，网状叶脉；茎常为实心；直根系；花大而美丽。如反枝苋、苘麻、马齿苋、荠菜。

莎草 包括莎草科、黑三棱科、花蔺科、谷精草科、灯心草科等植物，其叶片、根系、花等部位的形态特征与禾本科杂草相似，但叶片表层有蜡质层，较光滑，叶色亮，叶片质地较硬；茎三棱形，不分节；茎为实心；叶片从茎的 3 个侧面长出来；在生长条件适宜各种类型的植物时，莎草比禾草长得快。如香附子、异型莎草等。

5.3.2 常见草坪杂草

(1)禾草类

草坪上常见的一年生禾草种类有马唐、稗草、牛筋草(蟋蟀草)、野燕麦、雀麦、毒麦、狗尾草、看麦娘、金狗尾草、画眉草、一年生早熟禾、毛马唐等；多年生禾草有白茅、双穗雀稗、狗牙根、狼尾草、鼠尾粟、铺地黍、假高粱、芦苇等。

(2) 阔叶杂草类

常见的一年生阔叶杂草主要有猪秧秧、藜、苋、反枝苋、马齿苋、地肤、老鹳草、扁蓄、苘麻、尼泊尔蓼、粟米草、龙葵、酢浆草、飞蓬、加拿大蓬、胜红蓟、辣子草、圆叶牵牛、打碗花、委陵菜、圆叶锦葵等；多年生阔叶杂草有蒲公英、艾蒿、土荆芥、马蹄金、堇草、酸模、飞扬草、车前、阔叶车前、田旋花、白三叶、婆婆纳属、石生繁缕、繁缕、苣荬菜、蓟、野菊花、荠菜、苍耳、野牛蓬草、刺儿菜、苦头菜、附地菜等。

(3) 莎草类

莎草科常见的杂草有问荆(根戎科)、灯心草(灯心草科)、油莎草、异型莎草、碎米莎草、多穗莎草、球穗莎草、旋鳞莎草、水蜈蚣属等。

在北方地区草坪杂草主要种类有一年生早熟禾、马唐、金色狗尾草、异型莎草、反枝苋、藜、马齿苋、蒲公英、苦荬菜、车前、刺儿菜、委陵菜、堇菜、野菊花、荠菜等；在我国南方地区草坪杂草主要的种类有升马唐、皱叶狗尾草、香附子、土荆芥、马齿苋、蒲公英、苦头菜、阔叶车前、繁缕、苍耳、野牛蓬草等。

春季的草坪杂草主要有蒲公英、荠菜、附地菜及田旋花等；夏季常见的杂草主要有马唐、莎草、藜、苋、马齿苋、苦荬菜等；秋季常见的杂草有马唐、野菊花、狗尾草、蒲公英、堇菜、委陵菜、车前草等。

5.3.3 杂草防除

5.3.3.1 杂草防除的基本原理和策略

综合治理是杂草防治的基本原则。综合考虑一切可利用的有利条件，避免过度依赖除草剂。具体措施如下：

(1) 减少杂草种子来源

可在播种前，进行种子防疫，防患于未然。选用无杂草的草坪种子，场地尽可能清理干净。

(2) 消除土壤中的杂草种子

在新建草坪播种前灌水，提供杂草萌发的条件，待杂草出苗齐整后，喷施灭生性除草剂将其杀灭。然后播种草坪草，杂草的发生量就很少。

(3) 适地适草，选择优质、竞争力强的草坪品种

草坪建植时，选择合适草种，是抵制杂草的有力措施。如果所选草种适合当地气候及土壤条件，草坪草生长旺盛，竞争力强，杂草自然就失去生存空间。

(4) 利用栽培措施防除杂草

适时播种　直播草坪的杂草防除比较困难，因为可用的除草剂很少。若在春、夏季播种禾本科草坪，在土壤中有大量杂草种子的情况下，禾本科杂草的发生量大，而且出苗比草坪草快，很容易出现草荒。如果改为秋播，可抑制杂草生长。草坪苗期禾草的发生量极少，草坪草可形成对杂草的竞争优势，发生的杂草主要是阔叶草，这样喷施阔叶草除草剂就能防止杂草的危害。

加大播种量　适当加大播种量，可加快草坪草对地面的覆盖，从而减少杂草的发生及生长。但播种量太大对草坪中后期的生长不利，降低草坪与杂草的竞争力。因此，应在保证草坪良好生长的前提下，适当提高播种量。在冷型草坪草的播种中，常应用混播技术。在混播配方中，加入一定比例的能快速出苗的草种，使之迅速出苗、生长，可起到抑制杂草生长的作用，这种方式称为保护播。

提高草坪管理水平　包括加强肥水管理和病虫害防治、及时补种。杂草未发生时，有利于草坪草生长的水肥管理能够抑制杂草的生长；但如果杂草已经发生，灌水、施肥只会加重杂草的危害。因此，灌水、施肥最好在杂草防除后进行。另外，在早春，杂草还未出苗时，及时灌水、施肥有利于促进草坪的返青和生长，从而抑制杂草萌发和生长。

加强病虫害防治　病虫害使得部分草坪草枯死，造成斑秃，提供杂草发生的条件。因此，加强病虫害防治对抑制杂草的发生尤为重要。无病虫害危害的草坪，草坪生长旺盛，保持高的地面覆盖率，就没有杂草萌发的条件。

及时补种　在草坪生长期，由于各种不利因子会造成局部草坪草的死亡。如果不及时补种，杂草就会萌发、生长，最终影响周围草坪草的生长。因此，及时补种不给杂草提供生存空间，对预防杂草的发生十分重要。

(5)人工拔除或机械剪割

在我国很多地方，杂草不多的观赏性草坪、高尔夫草坪多采用人工拔除杂草的方法。但这种方法效率低、成本高。适时修剪也是防除杂草的一项有效措施，因为大多数杂草不耐频繁的修剪。

(6)化学防除

化学防除是草坪杂草防治的重要技术措施。对大部分多年生、深根性杂草，人工拔除难以根除，施用除草剂进行化学防除最为有效。其缺点为污染环境并对人类健康有害。化学防除的关键是除草剂的选择，应根据草坪类型、杂草种类、主要杂草发生消长规律选择除草剂，并采用适当的用药时间和方法。

(7)生物防除

草坪杂草的生物防治还处于研究阶段。

5.3.3.2　除草剂的应用

除草剂又称除莠剂，是为消灭或控制杂草生长所用的农药。

(1)除草剂的类型

按对植物的选择性，可分为选择性除草剂(selective herbicide)和灭生性除草剂(non-selective herbicide)。选择性除草剂在不同的植物间有选择性，能杀死某些植物而对另一些植物安全，甚至只可杀某种或某类杂草。如禾草克只对早熟禾、双穗雀稗等禾本科杂草有效，而对双子叶植物是安全的。灭生性除草剂对植物没有选择性或选择性极小，可将草坪草和杂草无选择地杀死或能将所有绿色植物杀死，使用时只能通过时差、位差的选择性，达到只杀杂草而不伤害草坪的目的。灭生性除草剂主要用于草坪播种或移栽前杂草的防除，以及清除路边荒地杂草等。

根据除草剂在植物体内的输导特性可分为内吸传导型除草剂(systemic herbicide)和触杀型除草剂(contact herbicide)。内吸输导型除草剂是指喷施后被植物的茎叶或根部吸收，其药剂在植物体内可传导、移动到其他部位甚至整个植株而起作用，如百草敌、草甘膦、2,4－D等。触杀型除草剂喷施后同植物组织接触即可发挥作用，其药剂在植物体内不能移动或移动极小，如果尔、百草枯(克芜踪)等。

按使用方法分，可分为土壤处理除草剂和茎叶处理除草剂。土壤处理除草剂也称苗前除草剂，是指用于土表施用或混土处理的除草剂，多年生禾草常需用该类型除草剂防治。而茎叶处理除草剂又称苗后除草剂，对于已出苗的草坪草进行叶面喷施。

根据除草剂的杀草谱分类，可分为除禾草除草剂、除莎草除草剂、除阔叶杂草除草剂，还有兼除禾草和阔叶杂草、兼除莎草和阔叶杂草、兼除禾草和莎草或兼除三类杂草的除草剂。

按除草剂的作用方式可分为光合作用抑制剂、呼吸作用抑制剂、脂肪酸合成抑制剂、氨基酸合成抑制剂、维管束形成抑制剂和生长素干扰剂等。

(2)正确选用草坪除草剂

由于除草剂对生态环境及人类健康有害，因此，正确选择草坪除草剂是非常重要的，即在不同种草坪的不同生育期，针对不同杂草应用高效、低毒、无残留、环境污染低的除草剂，并结合正确的施用方法。

选择除草剂的依据：

① 根据草坪种类选用除草剂　草坪的种类和生长状况对除草剂的药效有一定的影响，同一种除草剂对不同的草坪草的药效不一样。因为不同的草坪与杂草的竞争力强弱不同。竞争力强、长势好的草坪能有效地抑制杂草的生长，防止杂草再出苗，从而提高除草剂的防治效果。

根据研究资料，成坪的草坪草耐药性从大到小顺序为：结缕草>狗牙根>早熟禾>海滨雀稗>黑麦草>高羊茅>剪股颖。剪股颖的耐药性最差，因此剪股颖草坪的生长期不可使用除草剂。冷型草坪草中，早熟禾对除草剂的耐性最高。直播的草坪耐药性从大到小为狗牙根>结缕草>早熟禾>海滨雀稗>黑麦草>高羊茅>剪股颖。直播的草坪在种前一段时间内避免使用药效期较长的芽前除草剂，可在播前20d低量使用药效期适中的芽前除草剂。对于马蹄金草坪则应防除芽前杂草，或防除苗后早期杂草。

② 根据草坪不同生育期选用除草剂　草坪的不同生育期对除草剂的耐药性不同，营养繁殖的草坪，在栽种前或从栽种到成坪，都可以用除草剂。直播的草坪，在播种前如用过长残效除草剂，会影响草籽的出苗率。草坪从播种后至4叶期，宜选用安全性很高的除草剂。5叶期以后的直播草坪，可选用的除草剂则较多。

③ 根据杂草种类选用除草剂　不同的杂草种类对除草剂的敏感程度不同，如防除阔叶草施用2,4－D。相反，对多年生杂草，多数情况下不能有选择的控制。至今，仍不具有选择性的除草剂除去早熟禾草坪中的狗牙根、匍匐剪股颖及其他多年生杂草。对多年生杂草，用非选择性除草剂局部处理较好。

④ 根据杂草不同生育期选用除草剂　根据杂草生长期的不同选用不同的除草剂，是草坪杂草治理的关键。杂草不同的叶龄期对某种除草剂的敏感程度不同。另外，杂草开花结实后，使用除草剂无效。

杂草的密度对除草剂的田间药效也有一定的影响。因此，施药时应根据杂草群落结构、杂草大小和杂草密度选择适合的除草剂和施用剂量。

⑤ 根据环境的要求选用除草剂　在河流两岸、池塘边和其他生态条件脆弱的地方应少用或不用除草剂，避免污染。高尔夫球场、运动场、公园草坪、绿化草坪是人们特别是儿童经常活动的地方，应用毒性低的除草剂，并且喷施次数要尽可能少。药效期特长的除草剂，适合在机场、停车场、仓库、油库、加油站应用。

(3) 影响除草剂药效的因素

除草剂的除草效果是其自身毒力和环境条件综合作用的结果。在田间使用除草剂的药效受到环境条件和施药技术的影响。土壤的质地、有机质含量、pH 值等因素直接影响到土壤处理除草剂在土壤中吸附、降解速度、移动和分布状态，从而影响除草剂的药效。在有机质含量高、黏性重的土壤中，除草剂吸附量大，活性低，药效下降。土壤 pH 值影响到一些除草剂的离子化作用和土壤胶粒表面的极性，从而影响到除草剂在土壤中的吸附。

温度、相对湿度、风、光照、降水等对除草剂药效均有影响。高温高湿有利于除草剂药效的发挥。风速主要影响施药时除草剂雾滴的沉降，风速过大，除草剂雾滴易漂移，减少在杂草整株上的沉降量，而使除草剂药效下降。对于需光除草剂，光照是发挥除草剂活性的必要条件。对易光解的除草剂，光照加速其降解，降低其活性。对土壤处理除草剂，土壤墒情差，不利于除草剂药效发挥，施药前后降雨可提高土壤墒情，从而提高药效。在土表干燥时施药，应当提高喷液量，或喷药前浇水可提高药效。但对茎叶处理除草剂，施药后就下雨，杂草茎叶上的除草剂会被冲刷掉，反而降低药效。

(4) 除草剂的使用方法

草坪除草剂的使用方法有喷雾法、药砂法、药土法、涂抹法和药肥法。应用最多的方法是喷雾法和药砂法。

使用除草剂的技术要领：四看——看药剂、杂草、作物、环境；三准——面积、药量、施药期准；二匀——药剂拌匀，施药均匀；一管——水分管理，不干、不流失。

草坪杂草的化学防除通常分为种植前处理、播后苗前处理、草坪生长期处理和休眠期处理 4 个时期。种植前处理和休眠期采用灭生性除草剂茎叶喷雾；播后苗前处理采用土壤处理，主要用于直播方式种植的草坪。草坪生长期处理采用芽期除草剂土壤处理和杂草出苗后 3 ~ 5 叶期茎叶处理。

确定除草剂的使用方法要考虑下列因素：

① 杂草　防除苗后阔叶杂草、莎草及早期的禾草，宜用喷雾法。防除较大的禾本科杂草，需要加大剂量，因喷雾不安全，以涂抹法较好，既对草坪草安全，又可根除杂草。对一些多年生杂草，提倡用高剂量的药剂涂抹，可明显提高根除效果，如

PP98040或草坪宁3号防除铺地黍、芦苇。

② 草坪草种类　结缕草系列、狗牙根系列、雀稗系列等暖型草坪草，移植前后及生长季节应用芽前或苗后除草剂，均可用喷雾法施药。早熟禾系列的草坪，在生长季节应用芽前或苗后除草剂，也可用喷雾法施药。在直播的结缕草系列、狗牙根系列及早熟禾系列草坪未成坪前，施用芽前除草剂，宜用药砂法，而不宜用喷雾法。高羊茅、黑麦草系列的草坪，在生长季节应用除草剂，大部分均可用喷雾法。但一些会造成叶片灼伤的除草剂，则不宜在高羊茅、黑麦草系列草坪的生长季节喷雾，如草坪宁1号、5号、9号。这类草坪需要用这几种药时，只能以药砂法、药土法施用。在直播的高羊茅、黑麦草系列的草坪未成坪前应用芽前除草剂，只能以药砂法、药土法施用，如草坪宁5号、9号等。

③ 除草剂　草坪苗后除草剂在任何情况下不可用药砂法或药土法，只可用喷雾法或涂抹法。芽前除草剂如草坪宁1号、4号，在暖型草坪如结缕草、狗牙根、雀稗等草坪的移植前后和生长季节及休眠季节均可喷雾，在早熟禾草坪成坪后也可喷雾。但在高羊茅、黑麦草生长期只可用药砂法，而不宜用喷雾法，也不能用涂抹法。

应注意的是，由于芽前除草剂只能控制芽前杂草，因此用药时必须保持土壤湿润，无论是用药砂法、药土法撒施和喷雾法喷施，施药后都必须灌溉或浇透水，将草坪叶面上的除草剂冲淋到草坪下部，并保持5cm表土层湿润，以利于药土层的形成和杂草的萌发，杂草在萌发过程中吸收药剂中毒死亡。以药砂或药土法施药的，都可用药肥法代替。

(5)主要杂草的化学防除方法

① 一年生杂草的防除　应抓住每年5～6月，7～8月2个杂草发生高峰期，即在这两个阶段种子出苗前适时使用两次芽期除草剂土壤处理，把杂草消灭在萌芽之中。而对于其后生长的杂草，采用茎叶处理剂加以控制。

播后苗前土壤处理　在新种植草坪时，可在播后苗前施用除草剂进行土壤封闭处理，防止杂草发生。常用的除草剂有环草隆(不能用于狗牙根和剪股颖)、地散磷(不能用于早熟禾)、恶草灵(不能用于羊茅和剪股颖)等。在豆科草坪播后苗前，可用二甲戊乐灵、甲草胺、异丙甲草胺等除草剂来防除一年生禾草和小粒种子阔叶草。播后苗前施用除草剂的风险性大，极易出现药害。选用的除草剂应根据草坪草种类和环境条件来确定。在大面积施用前应先试验，取得成功后再应用。

生长期土壤处理　为了防止草坪杂草的发生、危害，一般采用芽期除草剂土壤处理，即在草坪休眠期或初春土温回升至13～15℃时，草坪灌水开始返青后，施用芽期除草剂。常用除草剂有：丁草胺、异丙甲草胺、杀草丹、甲草胺、氟草胺、恶草灵、萘丙酰草胺、二甲戊乐灵、乙氧氟草醚、扑草净(不能用于阔叶草草坪)、西草净等。一般持效期30～50d。

茎叶处理　在杂草3～5片叶期，用选择性除草剂做茎叶处理，单用或混用。如快灭灵、氯氟吡氧乙酸、2甲四氯、2,4－D等在禾草类的草坪防除猪殃殃、繁缕、小旋花、蓼、苋、空心莲子草等阔叶草。表5-2列出了草坪中主要阔叶杂草对几种除草剂的敏感性。

表 5-2　草坪主要阔叶杂草对几种除草剂的敏感性

杂草名称	英文名称	除草剂名称			
		2,4－D	百草敌	快灭灵	使它隆
猪殃殃	Tendei cathweed bedsrew	I	S	S	S
田旋花	Field bindweed	S，I	S	S	S
荠	Shepherdspurse	I	S	S	I
土荆芥	Mexican tea	S		R	S
繁　缕	Chickweed	R	S	S	S
卷　耳	Mouse-ear chichiweed	R	S	S	S
委陵菜	Common cinquefoil	S，I	S，I	S，I	S
蒲公英	Common dandelion	S	S	S	S
马齿苋	Puslantain	I	S	S	S
婆婆纳	Speedwells	R	R	I	S
艾　蒿	Mugwort	S，I	S	R	I
藜	Lambsquarters	S	S	S	S
苋	Pigweed	S	S	R	S
车前草	Asiatic plantain	S	R		
马鞭草	European verbena	I	R		
堇　菜	Wide violet	R	R		
酢浆草	Creeping woodsorrel	I	I	S	S
扁　蓄	Common knotweed	R	S	I	S
蓼	Knotweed	R	S	S	S
空心莲子草	Alligator alternanthera	R	R	R	S

注：S 敏感；I 中度敏感；R 抗性。

这类除草剂与二氯喹啉酸等除草剂混用，能兼治冷型草坪中的阔叶草及稗草、马唐。

② 多年生杂草的防除　多年生禾草与草坪草极为相似，所导致的草害问题尤为严重，防除也较困难，尤其在冷型草坪上。该类杂草的化学防除应以非选择性除草剂播种前处理以及草坪休眠期处理、生育期选择性定向茎叶处理为主。

播前茎叶处理　在草坪建植前采用灭生输导型的除草剂，如草甘膦(10%水剂、41%水剂、74%颗粒剂)、百草枯等茎叶喷雾，可防除建植地的杂草，特别是多年生杂草，大大减少杂草种子源。

生长期茎叶处理　根据草坪类型选用选择性除草剂，如在阔叶草坪上防除禾草，可选用烯禾定、吡氟氯草灵、吡氟禾草灵等；防除禾本科草坪上的阔叶草，可选用氯氟吡氧乙酸、快灭灵(F8426)、2,4－D 等。另外，对那些难防的多年生禾草可采用灭生性除草剂(如草甘膦)定向喷雾防除，同时结合补种，防止杂草再发生。

在商品化的除草剂中大约只有10%的种类可用于草坪除草。特定草坪，可选用的除草剂更为有限。同一除草剂对一些草坪安全而对另一些草坪则不安全。同一种草坪的不同品种对某种除草剂的敏感性也可能不一样。另外，环境条件、施药时草坪的生长状况影响到草坪对除草剂的敏感性。因此，在杂草化学防除过程中，必须遵守先试验、后推广应用的原则，以免发生药害(表5-3)。

表 5-3 主要草坪除草剂对草坪草的安全性

中文名	英文名	应用		安全性									
		方法	时期	KB	CB	FF	TF	PR	BE	BA	ZO	SA	CE
丙甲草胺	Metolachlor	S	Pr	I	I	I	I	I	S	S	S	S	S
萘丙酰草胺	Napropamide	S	Pr	N	N	N	N	N	S	S	S	S	S
恶草灵	Oxidaazon	S	Pr	I	N	I	S	O	S	S	–	–	–
二甲戊乐灵	Pendimethalin	S	Pr	S	S	S	S	S	S	S	S	S	S
氯磺隆	Chlorsulfuron	S	Pr	N	N	S	S	S	S	S	S	S	S
呋草黄	Ethofumesate	F	Po	I	N	N	N	S	N	N	N	N	N
炔敌稗	Pronamide	S	Pr，Po	N	N	N	N	N	S	–	–	–	–
莠去津	Atrazine	F，S	Pr，Po	N	N	N	N	N	I	I	S	S	S
西玛津	Simazine	S	Pr，Po	N	N	N	N	N	I	S	S	S	N
扑草净	Prometryne	S	Pr	I	I	I	S	S	S	S	I	I	I
二氯喹啉酸	Quinclorac	F，S	Pr，Po	N	S	S	S	S	S	S	S	S	S
扑草净 + 二甲戊乐灵	Prometryne + Pendimethalin	S	Pr	S	S	S	S	S	S	S	S	S	S
地散磷	Bensulide	F	Po	S					I	I	I	I	I
快灭灵	Carfentrazone	F	Po	S	S	S	S	S	S	S	S	S	S
麦草畏	Dicamba	F	Po	S	I	I	S	S	S	S	S	S	S
氯氟吡氧乙酸	Fluroxypyr	F	Po	S	S	S	S	S	S	S	S	S	S
烯禾定	Sethoxydim	F	Po	N	N	N	N	N	N	N	N	S	S
草甘膦	Glyphosat	F	Po	N	N	N	N	N	N	N	N	N	N

注：应用：F 茎叶处理、S 土壤处理，Pr 苗前、Po 苗后；

安全性：S 安全、I 有一定耐受性、N 有严重药害，不推荐使用或在草坪休眠期事业、– 只能用于阔叶草坪；

KB 草地早熟禾、CB 匍匐剪股颖、FF 细羊茅、TF 高羊茅、PR 多年生黑麦草、BE 狗牙根、BA 雀稗、ZO 结缕草、SA 钝叶草、CE 假俭草。

思 考 题

1. 常见的草坪病害有哪些？如何防治？说出几种杀菌剂的名称、主要用途及使用方法。
2. 常见的草坪虫害有哪些？如何防治？说出几种杀虫剂的名称、主要用途及使用方法。
3. 除杂草的主要方法有哪些？说出几种除草剂的名称、主要用途及使用方法。

推荐阅读书目

1. 草坪病虫害．杨旺．中国林业出版社，2003.
2. 草坪病虫害识别与防治．商鸿生、王凤葵．金盾出版社，2002.
3. 草坪杂草防除技术．沈国辉．上海科技文献出版社，2002.
4. 草坪、园林杂草化学防除．薛光、马建霞、武菊英等．化学工业出版社，2004.
5. 草坪杂草及化学防除彩色图谱．薛光、马建霞．中国农业出版社，2002.

第2篇

地被植物

第 6 章
地被植物分类与种植养护

[**本章提要**]为了方便掌握地被植物的生态习性、便于栽培和应用，需要对其进行分类。本章扼要介绍了地被植物常用的分类方法，并对其种植方法和养护管理措施进行了叙述。

随着我国园林绿化事业的不断发展，地被植物的功能越来越被重视，地被植物的种类也趋向了多样化，其中既有草本也有木本，既有藤本也有竹类，既有常绿植物也有落叶种类。为了更科学合理地应用这些种类，需要了解其分类和掌握其种植养护技术。

6.1 地被植物分类

本文依据生态环境、观赏特性、植物种类等因素，对地被植物进行分类。

6.1.1 按生态环境分

按生态习性可分为喜光地被植物、耐阴地被植物及半阴性地被植物三大类。

(1) 喜光地被植物

喜光地被植物指在全日照条件下正常生长发育的地被植物，主要应用于空旷地带。如常夏石竹、半支莲、鸢尾、百里香、紫茉莉、砂地柏、金叶女贞等，阳性地被植物在阳光充足的条件下才能正常生长，表现出应有的花、叶色彩和效果，在半阴处则生长不良或死亡。

(2) 耐阴地被植物

耐阴地被植物指在郁闭度较高的林下或建筑物的阴影处能正常生长的地被植物。如玉簪、蛇莓、虎耳草、连钱草、淫羊藿、桃叶珊瑚、蝴蝶花、白芨等，这类植物喜阴，在全日照条件下反而会出现叶色发黄，甚至叶片先端出现焦枯等不良现象。

(3) 半阴性地被植物

半阴性地被植物指在稀疏的林下、林缘处或其他光照不足环境下能正常生长的地被植物。如蔓长春花、石蒜、细叶麦冬、常春藤、八角金盘、蕨类植物等，此类植物在半阴处生长良好，在全日照条件下及浓荫处均生长不良。

6.1.2 按观赏特性分

按观赏特性可分为常绿、观叶、观花三大类。

(1) 常绿地被植物

常绿地被植物指四季常青的地被植物，可达到终年覆盖地面的效果。如砂地柏、铺地柏、石菖蒲、麦冬、葱兰、常春藤等，这类地被植物没有明显的休眠期，一般在春季交替换叶。

常绿地被植物主要栽培于黄河流域以南地区，由于我国北方冬季寒冷，常绿阔叶地被植物在室外环境栽植，越冬困难。

(2) 观叶地被植物

观叶地被植物指一些地被植物有特殊的叶色与叶姿，单独或群体均可欣赏。如‘金叶’过路黄、‘紫叶’酢浆草、八角金盘、菲白竹、‘金叶’女贞、‘洒金’东瀛珊瑚、‘紫叶’小檗等。

(3) 观花地被植物

观花地被植物指花期长、花色艳丽的地被植物，在其开花期以花取胜。如地被菊、二月蓝、红花酢浆草、矮生美人蕉、花毛茛、微型月季、迎春、红花韭兰、石蒜等。有些观花地被植物可在成片的观叶植物中穿插布置，如在麦冬类或石菖蒲等观叶的地被中插种一些萱草、石蒜等观花地被植物，则更能发挥地被植物的美化效果。

6.1.3 按植物种类分

按植物种类区分，可分为草本地被植物、藤本地被植物、蕨类地被植物、矮竹类和矮灌木5类。

(1) 草本地被植物

草本地被植物种类、数量众多，自然分布范围广。可以在城市绿地大量使用，避免草坪的单调性，是地被植物中非常重要的群体。

根据草本植物的生活型特点，可以把草本地被植物分为：一、二年生草本地被植物，多年生草本地被植物，多浆类地被植物3类。

① 一、二年生草本地被植物　在一个生长季或两个生长季内完成全部生活史的草本地被植物，在园林绿地中有一定程度的应用。如成片生长的半支莲、雏菊、藿香蓟、孔雀草等一年生地被植物，其春季观赏效果非常突出；而二年生地被植物如二月蓝、牻牛儿苗等在公园、堤岸及居住区绿地成片栽植后，在盛花期繁花似锦，为绿地景观增添了自然野趣。

② 多年生草本地被植物　指个体寿命超过两年，能多次开花结实的草本地被植物。该类植物是草本地被植物的主力军，应用极为广泛。

根据其地下部分的形态变化可分为宿根地被植物和球根地被植物。宿根地被植物有萱草、玉簪、常夏石竹、地被菊、马蔺等；球根地被植物有美人蕉、大丽花、郁金香、葱兰、番红花等。这类植物既可观花，又可观叶，在大面积的草坪上点缀栽植或色块栽植，使其分布有疏有密、自然错落，形成缀花草坪，既能增加植物种类的多样性，又使景观别具风趣。或者在公园绿地建立专门的宿根花卉园，形成专类景区。例如，近年来从国外引种驯化的郁金香，在全国各地的公园中得到了很好的运用。

根据茎的生长特点可分为多年生蔓生草本地被植物和多年生非蔓生草本地被植物。多年生蔓生草本地被植物具有发达的匍匐茎，水平枝扩展能力强，可在短期内快速覆盖地面，形成良好的绿地景观。如匍枝毛茛、鹅绒委陵菜、匍枝委陵菜、连钱草、蛇莓、蔓长春花、乌敛莓等。多年生蔓生草本地被植物多采用营养体繁殖，繁殖系数高，可随时满足不同季节的工程需要。这类植物应用于北方地区时，在冬季其地上部分一般会枯黄，但翌春可自然返青。多年生非蔓生草本地被植物适用于园林绿化的种类最为丰富，豆科、蔷薇科、菊科、堇菜科、毛茛科、唇形科、桔梗科、莎草科、百合科等科属中的许多低矮草本类都是优良的多年生非蔓生草本地被植物，如紫花地丁、甘野菊、棘豆、黄芩、野火球、蓍草、毛地黄、委陵菜、白头翁、耧斗菜、风铃草、崂峪苔草、玉竹、铃兰等，大多植株矮小整齐，可粗放管理，并可通过种子繁殖。

根据冬态表现可分为常绿草本地被植物和落叶草本地被植物。常绿草本地被植物如崂峪苔草、青绿苔草、金叶过路黄、红花酢浆草、葱兰、大吴风草、麦冬等，落叶草本地被植物最多，如地被菊、萱草、耧斗菜、紫花地丁、委陵菜、二月蓝、荷兰菊等。

③ 多浆类地被植物　主要为景天科植物，近年来该类植物得到了广泛推广。景天类植物大多根系浅而抗性强，耐旱、耐贫瘠、耐热、抗风，非常适宜作屋顶绿化材料。该类植物植株较矮，繁殖能力强，扩张速度快，无需过多灌溉、施肥以及修剪处理，如景天科的佛甲草、白花景天、垂盆草、德国景天、八宝、费菜等，应用于屋顶绿化后，可使住宅的室内温度得到改善，也广泛应用于公路绿化和城市园林绿地中。

(2) 藤本地被植物

藤本植物，如地锦、扶芳藤、常春藤、凌霄、金银花、络石、山荞麦、铁线莲等，这类植物单株覆盖面积大、附着力强，能很好地防止水土流失，且无需专门管理，是公路、河岸的良好护坡地被植物。例如，北京的许多高速公路和环道坡面都种植了大量的地锦，既满足了绿化功能，又起到固土护坡的作用。每当秋风吹过，满目红叶，为道路增添了别样的景致。

(3) 蕨类地被植物

蕨类植物，如翠云草、荚果蕨、铁线蕨、肾蕨、贯众、凤尾蕨等，性喜阴湿环境，是园林绿化中优良的耐阴地被植物，具有很好的应用前景。

(4) 矮竹类地被植物

在千姿百态的竹类资源中，茎秆比较低矮而养护管理粗放的种类很多，其中一些种或品种在假山园、岩石园中作为地被植物来应用，如菲白竹、箬竹、倭竹、鹅毛竹、菲黄竹、凤尾竹、翠竹等。

(5)矮灌木地被植物

矮灌木是园林植物造景的主要种类之一，因其种类繁多、形态色彩各异、季相变化丰富，而成为造园过程中主要植物材料。在植物配置时，乔、灌结合，既满足植物造景需要，又能有效地覆盖地面、增加绿量。北方地区常用的灌木主要有砂地柏、迎春、卫矛、平枝栒子、‘金叶’女贞、‘紫叶’小檗、大叶黄杨、小叶黄杨等。其中砂地柏更是因其植株贴地生长、枝态舒展、四季常青、管理粗放而得到广泛种植。‘金叶’女贞、‘紫叶’小檗和大叶黄杨近几年也成为常用材料，用于道路绿化带、城市广场、立交桥等，通过变换搭配组合出多种造型图案，丰富了园林色彩，美化了环境。

6.2　地被植物种植

地被植物的种植是将设计变为现实的过程，也是能否保证植物成活和产生效果的重要环节。在种植之前，一定要重视适宜的整地、施肥及以后的养护管理等措施，才能保证植物正常生长发育，达到理想的景观效果。地被植物的种植，要根据景观设计要求，以及当前苗木的实际情况和工程进度选择不同的种植方法。常见的种植方法主要有直播法、营养体繁殖法和育苗移栽法。

6.2.1　直播法

直播法即直接撒播种子法，是地被植物栽植中比较常用的一种方法，播种法简单、方便、省工省时，还易于扩大栽培面积。撒播时在整好的种植地上将地被植物的种子均匀地撒开。为节约种子和达到撒播均匀，可在种子中混入适量的细沙或过筛后的泥炭土。撒播时视情况决定是否覆土，覆土厚度应以不露种子为度，保持播种地湿润，这样可保证出苗迅速。由于地被植物是利用植物的群体效果来营造景观，所以要求植物生长速度快、生长茂密，为此，在播种时要适当增加撒播的种子量，尽量在2~3个月内实现植物枝叶茂盛、郁闭土地。

6.2.2　营养体繁殖法

营养体繁殖法是利用植物营养体分生组织能力强或扩展性强的特性，采用分株、分球、扦插、压条等无性繁殖方法，直接在现场定植或苗床繁殖，使之迅速扩展，形成优势植物群落，覆盖地面。该方法成活率高，大多数地被植物均可采用。

6.2.3　育苗移栽法

育苗移栽法是在圃地育苗，然后根据需要移植在园林绿地中。育苗过程中，可以用种子播种先培育成苗，或用地被植物的营养体(根、茎、叶)采用扦插、分株、压条或组织培养等方法育苗，可(苗床)大田培育，也可容器培育，然后将幼苗附带营养基质或裸根进行移栽。该方法成活率高，见效快。目前，为达到快速成景效果，绿化中所用的地被植物通常采用育苗移植的方法，当培育的幼苗长至3~4片叶时，即可进行移栽。

6.3 地被植物养护管理

地被植物的养护管理是根据形成的植物景观要求和植物的生长规律，在地被植物栽植后采取一系列综合性的管理措施。地被植物一般选用乡土植物，其抗逆性较强，养护管理与草坪相比不需要投入过多的人力和物力，在正常情况下，一般不允许也不可能做到精细养护，定植后以粗放管理为原则。养护管理环节包括肥水管理、整形修剪、病虫害防治、更新复壮等环节。

6.3.1 肥水管理

肥料和水分是植物生长发育过程中的必需条件，所以肥水管理也是地被植物养护工作中十分重要的环节。

6.3.1.1 施肥

城市绿地土壤大多由生活土壤改良和翻耕而成，一般比较贫瘠，翻耕结合施肥，可改善土壤结构和理化性质，促使土壤团粒结构形成，增加孔隙度。在地被植物的整个生长发育过程中，只有满足其所必需的各种营养物质才能健壮地生长发育。如果在生长发育过程中的一个时期，地被植物缺乏任何一种营养元素，其正常生长将会受到影响，甚至造成死亡。

在不同生长季节，地被植物对肥料的要求也不相同。在营养生长季节，对氮和磷的需求量较大，氮肥有利于新梢的生长，新梢生长结束后对氮肥的需求减少，这时可增加磷肥量，多施磷肥有利于促进发芽分化；在开花、坐果和果实发育时期，植物对各种营养元素的需要量都较大，而钾肥的作用更为重要。

地被植物因种类不同，对肥料的需求也不相同。例如，千屈菜、阔叶箬竹、麦冬、荷兰菊等植物比较喜肥沃的土壤；甘野菊、连钱草、匍枝毛茛等乡土地被植物比较耐瘠薄。如果植物不能从土壤中得到足够的营养元素，它们的外观和生长状况就会发生变化，产生各种缺素(肥)症状。缺乏元素不同，植物所表现出的受害症状也不相同，如缺铁植物表现出失绿症，缺锌则表现出小叶现象。

施肥一般分为基肥和追肥。基肥施肥时间要早，追肥要巧。基肥是在较长时间内供给植物养分的基本肥料，所以宜施迟效性的有机肥料，如腐殖酸类肥料中的堆肥、厩肥、圈肥、鱼肥、血肥以及作物秸秆、树枝、落叶等，使其在较长时间内逐渐分解。追肥可促进植物迅速生长或观花地被花量丰富，一般在春季进行，多施用肥效快的含氮、磷、钾化学肥料；促进茎叶生长时，宜多施氮素，如硫酸铵、尿素、碳酸铵等；在花芽分化期和开花前则要多施磷肥、钾肥，如磷酸钙、磷酸铵、硫酸钾、氯化钾等。

地被植物常用的追肥方法有撒施法和叶面喷施法。撒施法多在雨季进行，肥料易于溶解，并迅速流入土壤，有利于植物吸收，也可结合中耕土壤进行。叶面喷施法在我国各地早已广泛使用，简单易行，用肥量小且发挥作用快，可及时满足地被植物的需要。

6.3.1.2 灌水

水是地被植物的重要组成部分，是地被植物的命脉。植物生长的全过程与水分密不可分。但是，如果水分过量，会造成植物根部代谢受阻，容易感染病虫害，影响植物正常生长，甚至涝害死亡。

土壤中的水主要源自自然降水、人工灌水和地下水，其中人工灌水的水源分河水、湖水、井水和再生水。有条件的应该使用河水，其养分含量优于井水；再生水是目前推广应用力度较大的水源，但其中所含各种成分是否符合水质要求还在进一步的研究中，有望成为重要水源。北方地区降水少，靠自然降水满足不了部分需精心养护的地被植物的生长需要，还必须结合人工灌水，根据地被植物不同生长阶段的需要量来补充土壤水分的不足。在雨水相对集中的季节，土壤中水分过量会对地被植物的生长产生不良影响，必须进行排水、防涝工作。否则积水过多会造成地被植物黄叶、死亡等。

我国水资源短缺，地被植物均选用适应性强的抗旱种类或品种，但为了使其生长良好，正常的养护浇水是必要的。春季开始升温，地被植物解除休眠进入了生长阶段，木本类植物解除休眠较早些，可在萌芽前浇春水一次，以补充冬季干旱地区地被植物的缺水状况，促进植物萌芽、生长；在生长季节则可根据天气状况及植物本身的生长特性进行浇水。有些植物耐干旱能力较强，可不浇或少浇，但出现连续干旱无雨的天气时，应进行抗旱浇水。

北方冬季以干旱、少雪、大风天气为主，春季雨水较少，入冬前浇一次冬水能使地被植物根部吸收充足的水分，增强抗旱越冬能力；南方温暖城市的地被植物可以进行春灌，这样能够促进其提早返青。地被植物浇水应遵循“不浇则已，浇则浇透”的原则，避免只浇表土，每次浇水以达到30cm土层内水分饱和为原则，不能漏浇。因土质差异，在容易造成干旱的范围内应该增加灌水次数。

施肥应做到与灌水相结合，这样既减少劳动投入，又能提高施肥质量，特别是施用速效性肥之后，应该浇透水，这样既可避免肥力过大、过猛对根系造成伤害，又可满足地被植物对水分的正常需求。松土后浇水可促进水分渗透，特别是在坡度大的地方，可减少水土流失和地表径流。

6.3.2 整形修剪

通常低矮类的地被植物不需要经常修剪，以粗放管理为主；对于一、二年生的草本地被植物要及时更换另一生长季节的植物，以形成新的植物景观；对于多年生地被植物则应及时剪除已凋谢的花序和花朵，修剪枯枝和徒长枝，及时修剪整形以促进分枝，减少对养分的消耗，有效控制植株的高度，使株形姿态优美，此工作可结合种子采收同时进行。

木本地被植物，因其形态、观赏特点和形成景观的不同，整形修剪的方法也各有特点。对于矮灌木类地被植物，春季开花的，花芽(或混合芽)着生在2年生枝条上，如连翘、迎春、牡丹等是在前一年的夏季高温时进行花芽分化，经过低温阶段于翌春开花，应在花残后叶芽开始膨大尚未萌发时进行修剪。修剪的部位依植物种类及纯花芽或混合芽的不同而有所不同。连翘、迎春等可在开花枝条基部留 2 ~4 个饱满芽进行短截。

对于矮篱和成片种植的，常用于草地或作镶边材料的，多采用几何图案式或自然式的修剪整形，种植后剪去高度的1/3 ~1/2，促其多发枝、发壮枝，每年至少修剪 3 次，以保持地被的整齐美观。整形修剪时要求顶面与侧面兼顾，不能只修顶面不修侧面，否则易造成顶部枝条旺长，侧枝斜出生长，要保证下面和侧面的枝叶采光充足，通风良好。

6.3.3 病虫害防治

大多数地被植物抗病虫害的能力较强，不像草坪草和温室花卉需要精心养护和定期喷药防治。但有时由于各种原因，如气候、栽植密度、排水欠佳或施肥不当等，也会引发病虫害。对病虫害应贯彻“预防为主，综合防治”的方针，加强调查研究，搞好虫情调查和预测、预报工作，创造有利于苗木生长、抑制病情发生的环境条件。本着“治早、治小、治了”的原则，及时防治，并加强植物检疫工作，切断一切传播途径。

在使用化学药剂进行病虫害防治时，为了能够获得良好的防治效果，应该注意药剂的使用浓度，可参考使用说明书进行配比。如果发生病虫害比较严重，可稍微加大用量，但浓度不可过高，否则将会抑制地被植物生长，或导致死亡。为达到防治效果，除在病虫害发生后喷洒药剂于植株表面，还可在播种前对种子进行药剂处理，消灭种子内外的病原物。药物防治时喷药时间、喷药次数和药量要根据天气情况和植株状况来定。喷药时间一般选在晴天，遇雨天会丧失药效，需要进行补喷。喷药次数根据药剂残效期的长短来确定，一般 7 ~10d 喷药 1 次，喷后观测防治效果，连续喷洒 2 ~3 次可全面防除。药量要根据病虫害发生情况而定，严重者可加量，轻者减量，否则过多将造成浪费，过少则起不到防治作用。

园林地被植物一般以景观效果和生态效益为主，为减少环境污染，应尽量减少使用化学药剂。

6.3.3.1 常见病害及其防治

引起园林植物病害的病原包括生物性病原和非生物性病原。生物性病原是以园林植物为寄主，主要有真菌、细菌、病毒、线虫等；非生物性病原包括气候、土壤、空气、营养元素等一切不利于植物生长发育的环境因素。地被植物常见病害有锈病、白粉病、黑斑病、叶斑病、根瘤病和烂根等。

地被植物种植不宜过密，水、肥管理工作要科学合理，使植株生长健壮，增强自身的抗病能力同时减少侵染来源。当病害发生之后，应结合修剪剪除病枝、病芽和病叶，及时清扫落叶残体并烧毁，如果病害大面积发生，可采用化学药物防治。

(1)锈病

地被植物受真菌中锈菌寄生而引起的病害，可感染地被植物的各个绿色器官，主要危害叶片和芽，在地被月季、射干、马蔺、鸢尾等植物上容易发生。该病菌是单主寄生锈菌，以菌丝体及冬孢子在病芽、病枝、病叶上越冬。夏孢子在生长季节可反复侵染，借助风雨传播，由气孔侵入寄主植物。该病在生长季节皆可发生，以6~7月发病较重，四季温暖、多雨、多雾的年份有利于发病，偏施氮肥则加重病害。可用25%粉锈宁1500~2000倍液、敌锈钠250~300倍液、50%代森锰锌500倍液、0.2~0.4°Be石硫合剂、75%氧化萎锈灵3000倍液喷洒防治。

(2)白粉病

由白粉菌引起。嫩叶比老叶易感染此病，嫩梢和花蕾也易受侵染，叶片展开就表现出症状。发病初期，叶片上出现白色的小粉斑，扩大后呈圆形病斑，如撒上的面粉。白粉病在荫蔽、潮湿、空气流通较差的地区较常见，尤其雨季较易发病。发病严重时，病叶皱缩不平，叶片向外卷曲，叶片枯死早落，嫩梢向下弯曲或枯死。常见的易发病地被植物有'矮紫薇'、地被月季、福禄考、麦冬、蛇鞭菊、牵牛花、风铃草、美女樱、观赏草类等。可在发病后使用64%杀毒矾500倍液、70%甲基托布津1000倍液、25%粉锈宁2000倍液或45%敌唑酮2500~3000倍液喷雾，或使用百菌清、杀灭尔、溶菌灵等药剂喷洒防治。

(3)黑斑病

黑斑病是一种比较顽固的病害，以菌丝在被害植物茎、叶上越冬，翌春分生孢子借风雨传播，从伤口或气孔侵入植物体，叶、茎、花均可受害，但主要危害叶片。染病初期，叶片上出现褐色放射状斑点，扩大后病斑为圆形，紫褐色，且病斑上有黑色小点，随着斑点增多变大，整叶变褐干枯。茎上发病从叶柄开始，纵向发展呈长条状黑褐色斑。环境潮湿时，病部出现黑色粉状霉层。在幼苗期，茎基受害时形成深褐色至黑褐色中心下陷的溃疡斑，严重时可横切基部，引起立枯。高温、高湿可使发病严重，8~9月为发病盛期。植株过密、通风透光不良、氮肥施用过多、多雨多雾季节均易发病。地被月季极易染病，可用50%多菌灵500倍液、1%波尔多液、75%百菌清可湿性粉剂500~800倍液、80%代森锌500倍液以及505甲基托布津可湿性粉剂800~1000倍液来喷洒防治，或使用杀灭尔、杀毒矾等药剂。

(4)叶斑病

叶斑病主要由真菌、细菌及线虫等病原物所致。在多雨季节容易发生，可危害叶、茎、花，下部叶片和枝条发病较多。发病初期，叶面出现不规则形状的红色或紫红色病斑，随着病斑的逐渐扩大，病斑中心呈灰色或灰褐色圆斑，病斑外围变成紫褐色，随之叶片枯萎。石竹、甘野菊等菊科植物叶斑病发生较为频繁，发病期可每10d喷1次1%的波尔多液、50%甲基托布津1000倍液，或使用百菌清、杀灭尔、溶菌灵、杀毒矾等药剂。注意药剂要交替使用，以免病菌产生抗药性。

(5)根瘤病

在发病初期，病部膨大呈球形或球形的瘤状物，幼瘤呈白色有弹性，以后变硬。

肿瘤表面粗糙，呈褐色或黑褐色，严重时根瘤能长出地面。长根瘤后，植物叶面发黄，根系的数量减少，轻则造成植株生长缓慢，叶色不正；重则可引起全株死亡。主要发生在地被月季、石竹等地被植物上，可用链霉素、土霉素进行防治。

6.3.3.2 常见虫害及其防治

地被植物发生虫害比较普遍。防治虫害应采取人工捕捉、药物防治和生物防治相结合的方式。首先，要充分调查了解本地区危害地被植物的主要害虫的区系和有害动物，准确把握造成危害的程度和时期，及时清除杂草及枯枝落叶并耕翻土地，消灭越冬虫源。其次，应加强养护管理，使植株生长健壮，增加抗虫害能力；合理使用药剂，掌握防治害虫的有利时机，适时施药。

(1)蚜虫

蚜虫是地被植物最常见的一种害虫，有棉蚜、菊蚜、蔷薇蚜等。一年四季均有发生，蚜虫在气温29℃左右繁殖最快，其寄主有大丽花、小红菊、甘野菊、波斯菊、旋覆花、大花金鸡菊等菊科植物和大花秋葵、木槿、蜀葵等锦葵科植物以及地被月季、牵牛花等。蚜虫大多聚集在地被植物的花蕾和嫩叶上，在植株嫩叶的背面吸取汁液，同时排泄出黏液，堵塞气孔，造成叶片卷曲、皱缩变形，使顶部幼芽和分枝生长受到影响。药物防治可用40%氧化乐果乳油3000倍液、2.5%溴氰菊酯乳油4000倍液、灭多威2000倍液或1.2%烟参碱1500倍液、美果松(巴拉松)50%乳剂、蛛螨克(新杀螨)25%乳剂等药剂喷施。还应结合修剪将蚜虫栖居或虫卵潜伏过的残花、病枯枝叶彻底清除，集中烧毁，再对土壤进行消毒，以杀死残留的虫卵，同时保护和利用七星瓢虫、异色瓢虫以及食蚜蝇、草蛉等天敌。

(2)红蜘蛛

红蜘蛛以成、幼、若螨形态在寄主的叶背面吸取汁液，并结成丝网。初期叶面出现零星褪绿斑点，严重时受害部位水分减少，表现为叶面失绿变白，叶表面呈现密集、苍白的小斑点；卷曲发黄，白色小点布满叶片，使叶面变为灰白色；最后叶片干枯早落，植株早衰。在通风不良处，宿根福禄考、石竹等容易感染红蜘蛛。对红蜘蛛喷药必须采取早期防治，即在红蜘蛛点片发生初期立即用喷雾器喷药。可用的药剂有73%克螨特乳油3000倍液、20%增效哒螨灵2500～3000倍液；在大规模发生期间，可喷20%三氯杀螨醇乳油500～600倍液、20%灭扫利乳油2000倍液、5%尼索朗乳油1500倍液、50%久效磷乳油1500倍液、40%水胺硫磷乳油1500倍液、40%氧化乐果乳油1500倍液、10%天王星乳油3000倍液等，大大降低虫口密度。为了避免害虫产生抗药性，应交替用药或混合施药。另外，应注意保护和利用瓢虫、草蛉等天敌来控制红蜘蛛的发生量，并协调化学防治与其他防治措施之间的矛盾，在天敌大量出现时，应停止施药。

(3)斑潜蝇

成虫体长1.3～2.3mm，幼虫体长3mm，幼虫潜入叶片和叶柄而引起危害。蛀食叶肉，只留下表皮，形成曲折虫道，严重时全叶枯萎。斑潜蝇幼虫的发育期受温度和寄主植物的影响较明显，可使用1.8%爱福丁乳油2000～3500倍液、0.9%爱福丁乳油2000～3000倍液、24.5%爱福丁乳油1000～2000倍液、5.5%多丰农1000～1500倍液，其防效均在90%以上。

(4)夜蛾类

以幼虫危害健康的植株，从而使植株生长衰弱，受夜蛾危害部位以叶片为主，在高温、少雨天气易发生，以景天科、禾本科和百合科麦冬危害最严重。夜蛾孵卵盛期及低龄幼虫期施药防治，效果最好，可用2.5%敌杀死3000～5000倍液、20%杀灭菊酯乳油3000倍液、5%抑太保乳油2000倍液、48%乐斯本乳油1000～1500倍液或90%晶体敌百虫1000倍液来喷洒。夜蛾成虫具有趋光性，可用灯光诱杀成虫，也可人工采卵和捕捉幼虫。应加强田间栽培管理，在高温季节及时对易感地被植物进行灌溉，使土壤始终保持湿润，有效减少虫源。

6.3.4 更新复壮

地被植物栽植后，会很快形成比较稳定的景观。但由于栽植地的土壤贫瘠、管理不当或缺乏管理，则会影响到地被植物的正常生长，有时会造成植株死亡，影响观赏和绿化效果。因此，在地被植物的养护中，应根据实际情况，对衰老或生长不良者进行更新复壮，以保证景观质量。

在地被植物的生长过程中，一旦出现植株衰老、枯死现象，应立即检查原因，松土并检查土质，如土质不好，应该及时换土，使地被植物根部土壤疏松透气，加强肥水管理，并进行补植，恢复地被的完整和美观。

对一些观花类的球根及宿根地被植物须每隔5～6年进行1次分根翻种，否则会引起自然衰退；对于多年生匍匐茎类地被植物如匍枝毛茛、连钱草等容易在地表形成枯草层，可在秋末或早春休眠时期在植被上覆土0.5cm厚，使枯草层腐烂，变成有机肥料，对春季萌发新枝，形成整洁、美观的地被景观有较大的促进作用；对于已经进入衰老期的灌木类地被植物，采用重短截的方法，剪掉衰老的主枝和侧枝，使营养集中于少数腋芽，萌发壮枝，以便形成新的树冠，这种做法叫作更新复壮。通过更新复壮，能够延续理想的景观效果。为了达到良好的复壮效果，应该提早规划，对灌木类地被植物一般在早春第一次修剪时即留好备用的更新枝，通过1.5～2年的培养即可完成更新。

对于病虫害严重，生长显著衰老的地被植物，要进行更换、重新种植。

思　考　题

1. 按生态环境区分，地被植物分为哪些类型？
2. 按观赏特性区分地被植物，在园林绿化中有何意义？
3. 地被植物种植主要有哪些方法？并举实例说明。
4. 地被植物的养护管理应注意哪些问题？

5. 地被植物整形修剪有何意义？
6. 地被植物为什么需要更新和复壮？

推荐阅读书目

1. 草坪与地被植物．胡中华、刘师汉．中国林业出版社，1995.
2. 地被植物与景观．吴玲．中国林业出版社，2007.
3. 草坪与地被植物．王文和．湖北科学技术出版社，2004.
4. 草坪地被植物原色图谱．孙吉雄、白小明．金盾出版社，2008.

第7章 草本地被植物

[本章提要]草本地被植物是地被植物中重要的一类。本章从原产地分布、形态特征、生态习性、繁殖栽培要点以及园林应用等角度详细介绍了一、二年生地被植物5种，多年生地被植物81种，以及蕨类地被植物8种。

地被植物是个种类繁多、色彩绚丽的群体，草本花卉则是这个群体中的主角之一，无论是温暖的江南，还是寒冷的北方，从沿海地区到内陆干旱沙漠，到处都呈现着它们的活力和美丽。

7.1 一、二年生观花地被植物

7.1.1 生物学特性及生态习性

一年生观花地被包括典型一年生的观花地被植物和多年生作一年生栽培的类型。前者通常是指春季播种，夏秋开花，冬季死亡，生命周期为一年的类型，如万寿菊、孔雀草、半支莲、百日草、鸡冠花、波斯菊、夏堇等；后者一般是指具多年的生长习性，但多年生栽培会生长不良故只作一年生栽培，如美女樱、矮牵牛、藿香蓟、一串红、长春花等。二年生观花地被包括典型的二年生花卉和多年生作二年生栽培的类型。前者从播种到开花结实、死亡要跨越两个年头，通常秋季播种，冬季前进行营养生长，以营养体越冬，第二年春夏开花，炎夏死亡，这种类型不多，如二月蓝、金盏菊、羽衣甘蓝等；后者在园林中比较常见，如雏菊、石竹类、金鱼草、花菱草、紫罗兰、三色堇等，这些类型若作多年栽培，则生长较差，景观效果不好。除这两种类型外，还有一种既可作一年生栽培，又可作二年生栽培的类型，秋播或春播均可，如蛇目菊、月见草、美女樱等。

一、二年生观花地被生长强健，适应性强。绝大多数喜阳光充足，仅少数喜半阴条件。温度适应范围广，一年生地被性喜温暖、冬季不耐寒，不能忍受0℃以下低温。二年生地被性喜凉爽环境，可忍受0℃以下温度，有春化要求，春化条件通常为0～10℃的温度，时间30～70d。一、二年生兼性类型抗性好，既耐低温，又具耐热性；土壤要求不严，除过黏和过松土壤外，其他类型均适合，但以土层较深、肥力充足的土壤生长良好；要求土层湿润，干旱土壤生长不良。

7.1.2 繁殖栽培

一、二年生观花地被植物的繁殖主要以播种为主。播种时间取决于地被类型，一年生地被春季播种，但因栽种地区、用花时间以及设施条件不同，播种时间有所差异，长三角地区多在3月初，华中地区主要在3月中旬到下旬，黄河中下游多在3月底到4月初，秦岭以北则延迟到4月下旬。二年生观花地被通常秋季播种，但不同地区存在差异，秦岭以北冬季特别寒冷的地区，秋播温度低，不易萌发，越冬困难，不能秋播，春播更合理，二年生作一年生栽培；其他地区正常播种时间为秋季，春播气温回升快，春化不足，生长不良。一、二年生兼性类型秋播、春播皆可。营养繁殖仅少量采用，如美女樱、金盏菊可采用嫩枝扦插繁殖，成活率较高。

7.1.3 观赏特性

一、二年生观花地被以其花色鲜艳、花期整齐、植株低矮、株形紧凑、繁殖系数大、造景快等特点，成为园林中非常重要的角色。多数种类花大色艳，花期长，如三色堇、万寿菊、百日菊、金盏菊、雏菊；有些种类虽然花小，但生长繁茂，或花型奇特，如半支莲、美女樱、香雪球、金鱼草、三色堇、一串红、夏堇等；有的种类则是以色彩斑斓的叶色营造景观，如羽衣甘蓝、五色草类、雁来红。这些种类在园林中能够快速地营造大规模的地被景观。

7.1.4 常见种类

(1)二月蓝 *Orychophragmus violaceus*（十字花科诸葛菜属）

原产于我国东北南部、华北、华中及华东地区，野生于山地、田边和路旁。现各地均有栽培。

二年生草本。株高20～70cm。茎直立，光滑，单茎或分枝多，具白粉霜。基生叶扇形，近圆形，边缘有不整齐的粗锯齿；茎生叶抱茎，羽状分裂；顶生叶肾形或三角状卵形。总状花序顶生，花冠深紫或浅紫，花瓣4枚，倒卵形，十字排列，具长爪。长角果圆柱形，6月成熟后开裂。种子黑褐色。花期早春至6月，盛花期3～4月。

喜光，也耐半阴，在一定散射光下能正常生长、开花、结实。耐寒性强。对土壤要求不严，但以中性或弱碱性的肥沃土壤为宜。

播种繁殖，具自播繁殖能力。播种于9月，直接撒播或育苗移栽，春播也可，但植株长势较差，开花也少。作地被利用的二月蓝可利用种子的自播能力，作多年生地被应用。栽培管理粗放，病虫害很少，生长期间注意适时浇水即可。

二月蓝冬季绿叶葱葱，早春花开紫花片片，株形优雅别致，又耐半阴，繁殖简单，是优良的林下地被植物，可散生于日本晚樱、桃花、梅花等疏林下，形成林下紫花妩媚、枝头红花怒放的美景。也可用作林缘镶边地被，或坡地和岩石园的护坡植被。

(2)雏菊 *Bellis perennis*（菊科雏菊属）

原产于西欧，现我国各地园林中均有栽培。同属植物约10种。

多年生草本作二年生栽培。株高15～20cm。叶基部簇生，匙形。头状花序单生，花径3～5cm，舌状花条形，花色白、粉、红等；花莛自叶丛基部抽出，长10～15cm，每株抽10莛左右。花期3～6月。

喜光，不耐阴。较耐寒，可耐－4～－3℃低温，不耐炎热，炎夏季节开花不良，易枯死。土壤适应性广，但在排水良好、疏松肥沃的砂壤土中生长良好。不耐水湿。

播种、分株或扦插繁殖均可，但以播种为主。播种可在8月中旬或9月进行，喜光性种子，发芽适温15～20℃，5～10d出苗。幼苗3～4片真叶移植，播种后15～20周开花。夏季凉爽地区也可分株繁殖。可利用雏菊自播特性作多年生地被应用。栽培管理较粗放，生长期间只要保证水肥供应即可。病害主要有灰霉病、褐斑病，虫害主要为蚜虫。

雏菊低矮，地表覆盖度大，花色丰富，是优良的观花地被，可大面积种植在空旷地，也可作林缘地被。

(3)长春花 *Catharanthus roseus*（夹竹桃科长春花属）

原产于非洲东部、南部及美洲热带地区。我国引种历史不长，在长江以南的广东、广西、上海、江苏、浙江、云南等地栽培普遍。同属约6种。

多年生草本作一年生栽培。株高20～60cm。茎直立，分枝多。叶对生，叶柄短，长椭圆状，全缘，两面光滑无毛，主脉白色明显。聚伞花序顶生或腋生，花冠高脚碟状，5裂，花色红、紫、粉、白、黄等多种。花期长短与叶片数量呈正比，每出一叶，叶腋间冒出2朵花。种子易爆裂。花期可从4月持续到10月；果期5～12月。

喜光，不耐阴，阳光不足或遮阴处，叶片发黄脱落。不耐寒，喜温暖，夏季生长适温18～24℃，冬季温度不低于10℃。喜干旱，忌湿怕涝，过湿生长不良。对土壤要求不严，耐瘠薄，但以肥沃和排水良好的壤土生长好，忌偏碱性。

播种和扦插繁殖，以播种为主。播种时间各地有异，长江流域及以北地区，通常4月中旬播种；种子发芽适温20～25℃，3对真叶时移栽，生长期间摘心1～3次。扦插插穗为开花后嫩枝。栽培管理简单，但要注意严格水分管理，不可湿涝，夏季梅雨季节及时排水，否则易受涝成片死亡。冬季室内越冬者水分以干燥为宜。

长春花以其鲜艳的花朵、极长的花期和繁茂的花枝，成为夏秋季节优良的观花地被植物，可单独或搭配布置花坛、花境。

本种常见栽培品种有‘白’长春花(‘Albus’)和‘黄’长春花(‘Flavus’)，两者形态特征、生长习性和栽培管理与长春花相同。

(4)半支莲 *Portulaca grandiflora*（马齿苋科马齿苋属）

原产于南美巴西。我国各地均有栽培。生于山坡、田野间。同属约100种。

一年生草本。株高10～15cm。茎细圆，肉质，匍匐或斜生，节上有丛毛。叶散生或略集生，圆柱形，肉质。花顶生，直径2.5～5.5cm，花大色艳，花色白、黄、红、紫等。果实成熟易开裂，种子小，银灰色。花期6～11月。

喜光，不耐阴，阴暗潮湿处生长不良。喜高温，不耐寒。耐干旱瘠薄，一般土壤均能适应。能自播繁衍。开花对日照敏感，见阳光花开，早、晚、阴天闭合，故称太阳花、午时花。

播种繁殖为主，扦插亦可。播种春、夏、秋三季均可，种子发芽适温20～25℃，种子喜光，播后不覆土或覆薄土，7～10d发芽，15℃以上20多天开花。扦插繁殖常用于重瓣品种，5～8月进行，插穗为夏季剪下的枝梢或茎段，易生根，插活后即现花蕾。栽培管理极简单粗放，移栽无需带土，生长期浇水少。病虫害少，主要有蚜虫。

植株低矮，地表覆盖性好，茎叶肉质光亮，花色绚丽，花期持久，自播能力强，具多年观赏效果，管理极简单，是优良的观花地被植物，可用于花坛、花境、花丛，或矮林林缘种植。

同属常见栽培的主要是阔叶半支莲(*Portulaca oleracea*)，一年生草本，叶宽厚，长椭圆形。生态习性、繁殖栽培、园林应用等与半支莲相同。

(5)夏堇 *Torenia fournieri*(玄参科蓝猪耳属)

原产于亚洲热带、非洲林地。我国各地常见栽培。同属约30种。

一年生草本。株高15～30cm，分枝多，株形整齐紧密。茎四棱，光滑无毛。叶对生，心形，有锯齿。花腋生或顶生总状花序，小花二唇形，不同色，花色有紫青色、桃红色、蓝紫、深桃红色及紫色等。种子细小。花期7～10月。

喜光，耐半阴。耐暑热，不耐寒。不择土壤，耐干旱，不耐水湿。可自播繁殖。

播种繁殖，春播，种子细小，要掺细沙，播后不覆土，用薄膜保湿，播后浸润浇水，10d左右发芽，5片真叶或10cm株高时移栽。栽培管理简单，施足基肥，生长期间光照充足，可保证花色艳丽。

植株生长繁茂，地表覆盖性好，姿色幽逸柔美，花期极长，能自播繁殖，可营造多年观赏景观，是夏季酷暑时期的优良地被植物，可作花坛用花，或桃林、梅林等疏林下地被，或形成缀花草坪，也可作屋顶绿化材料。

本种常见栽培品种还有小丑系列(Clown series)，植株低矮紧密，花色艳丽丰富，有白、粉、深紫、淡紫、蓝、黄色条纹等品种，主要用于花坛。

7.2 多年生观花地被植物

7.2.1 生物学特性及生态习性

多年生观花地被植物，大多生长低矮，株高通常小于25cm，有些种类还具有匍匐生长性。花色艳丽，形态优雅，管理比较粗放。生长多年后，有些种类基部会发生木质化，但地上部分仍呈草质。通常有耐寒性和常绿性两种类型。耐寒性多年生观花地被冬季地上茎叶全部枯死，地下部位呈休眠状态，在我国大部分地区可以露地越冬，春季萌发。常绿性多年生观花地被冬季茎叶常绿，低温生长缓慢或停止，呈半休眠状态，在我国北方冬季不能露地越冬。

多年生观花地被生长强健，适应性好，但由于种类繁多，生态习性差异较大。早春及春天开花的种类，耐寒性强，性喜冷凉，夏季怕炎热；夏、秋季开花的种类多数性喜温暖气候。对光照有喜光、耐阴或稍耐阴等多种要求，适合作林下地被布置。土壤要求通常不严，但大多喜排水良好的壤土或轻质土壤。大部分种类比较耐旱，但也有较喜水湿的类型，如黄菖蒲、鸢尾、铃兰等。

7.2.2 繁殖栽培

多年生观花地被植物以分生、扦插等营养繁殖为主，也有部分进行种子繁殖。分生繁殖很普遍，如红花酢浆草、白车轴草、玉簪、萱草、葱兰等均采用分株或分球繁殖。分生繁殖春秋两季均可进行，一般春花种类应在秋季或初冬分生，如荷包牡丹、乌头、矢车菊、鸢尾、绵毛水苏等；夏秋开花者多在早春或春季分生，如萱草、玉簪、大吴风草、常夏石竹、宿根福禄考等。扦插繁殖者有银叶菊、荷兰菊、紫菀、紫锦草等。播种繁殖在为了获得大量植株时采用，但播种苗通常 1～2 年后才开花，有的种类要 5～6 年才开花。

7.2.3 观赏特性

一些多年生观花植物以其花色鲜艳、色彩斑斓的观赏特性，在园林中成为不可缺少的重要地被植物。有些种类不仅花朵美丽，而且还有较长的开花期，如常夏石竹、宿根福禄考、白车轴草、葱兰等；有些种类花色虽不艳丽，但叶色灿烂，叶形多样，是花叶皆可观赏的类型，如玉簪类、大吴风草类、绵叶水苏等；某些种类两季开花，如红花酢浆草、多花酢浆草等；有的则开花奇特，花姿秀美，如石蒜类花叶永不相见，夏秋时节从土壤中开出灿烂的花朵，花后叶萌发。因此，多年生观花地被植物观赏价值非常高，植物配置得当，一年四季都能营造出鲜花烂漫的景象。

7.2.4 常见种类

(1)红花酢浆草 *Oxalis corymbosa*(酢浆草科酢浆草属)

原产于美洲巴西及南非好望角。我国各地均有栽培。同属植物中，观赏价值较高的主要有多花酢浆草、白花酢浆草、‘紫叶’酢浆草、酢浆草等。

多年生常绿草本，株高 20～30cm，地下具球形根状茎，白色透明。叶基生，叶柄较长，三小叶复叶，小叶倒心形，三角状排列，顶端凹陷，两面均被毛，叶缘有黄色斑点。花淡红或深桃红，花由叶丛中抽生，伞形花序顶生，总花梗稍高出叶丛；4～11 月开花，其中 4～7 月和 9～11 月为盛花期，8 月少有花，花与叶对阳光均敏感，白天、晴天开放，夜间及阴雨天闭合。蒴果。

喜光，虽能耐半阴，但花数减少。喜温暖但畏酷暑，夏季高温时处于半休眠状态，需遮半阴，不耐寒，在华北地区冬季需温室栽培，在长江以南，可露地越冬。喜湿润环境，对土壤适应性强，但较适宜于富含腐殖质、排水良好的砂质土壤中生长。

球茎和分株繁殖是主要繁殖方式。红花酢浆草的连体茎可分离为母球茎、芽球茎、叶球茎 3 种。以春、秋季分球为主。

也可用播种繁殖，春、秋季皆可进行，25℃以上温度，1 周即可出苗，春播当年可生成完好的根茎而开花，秋季播种翌年才能开花。

红花酢浆草种植不能太深。生长期每月施1次有机肥，并及时浇水，可保持花繁叶茂。炎热季节生长缓慢，基本上处于休眠状态，要注意停止施肥水，置于阴处，保护越夏。冬春季节生长旺盛期应加强肥水管理。

红花酢浆草具有植株低矮、整齐，花繁叶茂，花期长，花色艳，覆盖地面迅速，栽培容易，管理粗放，抑制杂草生长等诸多优点，很适合在花坛、花境、疏林地及林缘大片种植，常见配置有水杉林/鸡爪槭林/香樟林/红枫林/紫叶李/桃树林＋红花酢浆草。

同属地被植物主要有多花酢浆草(*Oxalis martiana*)、'紫叶'酢浆草(*O. violacea* 'Purple Leaves')和酢浆草(*O. corniculata*)等。这3种与红花酢浆草基本相同，也是优良地被植物。

(2)蔓花生 *Arachis duranensis*(蝶形花科蔓花生属)

原产于亚洲热带及南美洲。台湾地区栽培较多，福建、广东也正开始推广。

多年生宿根草本植物。生长健壮，株高10~15cm。叶柄基部有潜伏芽，分枝多，可节节生根，铺地平坦，草层厚度为4~10cm；枝条呈蔓性。叶互生，倒卵形，全缘。花腋生，蝶形，金黄色。荚果。

在全日照及半日照下均能生长良好，有较强的耐阴性。对土壤要求不严，但以砂质壤土为佳。生长适温为18~32℃。蔓花生有一定的耐旱及耐热性，对有害气体的抗性较强。

可用播种及扦插繁殖，由于种子采收较费工，现大量繁殖均采用扦插，可于春、夏、秋季进行，一般选择在雨季或阴天进行，以中段节位作插条为佳，可促使其早生根，分枝也较多，返青之后再适当施肥促其生长。

在作地被植物栽培时，栽培株行距以25cm×30cm为宜，在短期内就可形成致密的草坪。

蔓花生对有害气体抗性较强，可用作园林绿地、公路的隔离带地被植物，由于其根系发达，也可植于公路、边坡等地防止水土流失；也可用作改土绿肥、牧草公园绿化、水土保持覆盖等。

蔓花生观赏价值高，在温暖地区四季常青，是极有前途的优良地被植物。

(3)小冠花 *Coronilla varia*(豆科小冠花属)

原产欧洲地中海地区。我国北方大部分地区引种栽培。

多年生草本，茎直立，粗壮，多分枝，高50~100cm。奇数羽状复叶，具小叶11~17(~25)；托叶小，膜质，小叶薄纸质，椭圆形或长圆形，长15~25mm，宽4~8mm，先端具短尖头，基部近圆形。伞形花序腋生，总花梗长约5cm，花5~10(20)朵，密集排列成绣球状；花冠紫色、淡红色或白色，有明显紫色条纹。花期6~7月，果期8~9月。

小冠花喜温暖湿润气候，但因其根蘖芽潜伏于地表下20cm左右处，故抗寒越冬能力较强，也较抗旱，但不耐涝。小冠花对土壤要求不严，在pH 5.0~8.2的土壤上均可生长。生长健壮，适应性强。一般在年降水量400~450mm的地方无灌溉条件也能正常生长。

小冠花常用种子繁殖，撒播、条播、穴播均可，每亩用种量0.5～1kg，春夏秋季都可播种。小冠花种子小，播种浅，因此播种前应精细整地。种子的硬实率高达70%～80%，播种前必须进行种子处理，少量种子可用15%的硫酸浸种20～30min后播种，或用70～80℃的温水浸泡，自然冷却，浸种12～15h后播种。大量种子一般用碾米机碾破种皮后播种。发芽率为40%～90%，有些硬实粒要到第2年才能出芽。苗期生长缓慢，要及时除草，一旦建植成功即可抑制杂草生长。苗期生长较慢，加强管护，6个月内可达覆盖率80%以上。

小冠花根系发达且耐旱，是边坡绿化优质材料，为了尽快发挥防止水土流失之效，根据不同的施工时间和立地条件，配以禾本科草混播，可以在40d内覆盖地表80%以上，小冠花需约两年时间才能全部“吃掉”伴生草种覆盖地表。一旦小冠花覆盖地表将会长期绿草如茵、花色鲜艳。小冠花在美国公路上已有六七十年使用历史，表现良好。引入我国陕西省公路绿化已有十几年应用历史，并推广到湖南、湖北、河南、河北、山西等地。

(4)白车轴草 *Trifolium repens*（豆科车轴草属）

原产于欧洲，现广泛分布于温带及亚热带高海拔地区。在我国大部分地区都有分布。

多年生草本植物。植株低矮，株高20～50cm。侧根发达，集中分布于表土15cm以内。主茎短，匍匐茎向四周蔓延，茎尖能分泌化学物质，侵占性强，成坪快，单独占地面积可达1m^{2}以上。掌状三出复叶，互生，叶柄细长直立，小叶倒卵形或心脏形，叶缘有细齿，叶面中央有“V”形白斑。花白色。种子褐色、小、近球形，有光泽，千粒重0.5～0.7g。花期4～6月，果期8月。

喜温凉湿润气候，适宜生长温度19～24℃，但适应性强，耐热、耐旱、耐寒、耐阴、耐贫瘠，喜微酸性土壤，幼苗和成株能忍受－6～－5℃的寒霜，在－8～－7℃时仅叶尖受害，转暖时仍可恢复生长。盛夏生长会停止，但无夏枯现象；在遮阴林下也能生长。对土壤要求不严，只要排水良好，各种土壤均能生长，尤喜富于钙质及腐殖质黏质土壤，适宜土壤pH 6～7，在pH 4.5时也能生长，但不耐盐碱。

分蘖能力和自播能力极强。播种或分株繁殖。夏末采收成熟荚果晾干贮藏，翌春播种，保湿1周出苗。栽培管理粗放。

观叶观花地被植物，广泛用于机场、高速公路、观赏草坪或坡面、路旁绿地、江堤湖岸等固土护坡绿化中；也可与其他冷型和暖型草混播。还可用于疏林下绿化。常见林下配置有梅林/日本晚樱林/红枫林/竹林＋白车轴草。

红车轴草（*Trifolium pratense*）　株高25～50cm，花紫红色。花期4～11月。在园林中与白车轴草混栽。

‘花叶’三叶草（*T. pratens* ‘Purpurascens Quadrifolium’）　株高15～20cm，叶深紫色，叶缘绿色。花白色。花期5～6月。可作彩色地被植物。

杂三叶草（*T. hybridum*）　花粉红色。形态特征介于白车轴草与红车轴草间，其他与白车轴草相似。

(5)玉簪 *Hosta plantaginea*(百合科玉簪属)

原产于我国及日本，同属有20多种，观赏价值较高的有紫萼、狭叶玉簪、波叶玉簪等。

多年生草本。株高30~50cm。地下茎粗大。叶基生成丛，卵形至心状卵形，基部心形，叶脉呈弧状。总状花序顶生，高于叶丛，花为白色，管状漏斗形，浓香，傍晚开放。花期6~8月。

性强健，耐寒，性喜阴湿环境，不耐强光，不择土壤，但以排水良好、肥沃湿润、土层深厚的砂壤土为宜。

多分株繁殖，也可播种。可在4月间将植株挖起，从根部将母株分成3~5株。栽前，应先选好背阳地块，翻耕耙松，掺入腐熟堆肥或厩肥，与土充分混合，耙平后做成高畦。按株行距为30cm×40cm栽植。栽后浇水，但不要太多，雨季应注意排水。夏季要特别注意避开烈日，生长期施腐熟稀薄肥2~3次。

花朵洁白素净，幽香四溢，与其碧绿青翠的叶片相映衬，显得清雅、朴素。园林中多植于林下作地被，或植于建筑物庇荫处以衬托建筑，或配置于岩石边。常见林下配置有桃+玉簪。

紫萼(*Hosta ventricosa*)　株高30~50cm。叶丛生，阔卵形。总状花序，花10朵以上，淡紫色。花期6~8月。

狭叶玉簪(*H. lancifolia*)　根茎细。叶灰绿色，披针形或长椭圆形。花茎中空，花淡紫色。变种和品种很多。

紫萼与狭叶玉簪园林应用同玉簪。

(6)萱草 *Hemerocallis fulva*(百合科萱草属)

原产于东亚至中欧。我国各地均有栽培，但长江流域栽培普遍。同属约15种，我国10种。

多年生草本。具短根状茎和粗壮的纺锤形肉质根。叶基生，宽线形，对排成二列，宽2~3cm，长可达50cm以上，背面有龙骨突起，嫩绿色。花莛细长坚挺，高60~100cm，着花6~10朵，呈顶生聚伞花序；花大，漏斗形，直径10cm左右，花被裂片长圆形，下部合成花被筒，上部开展而反卷，边缘波状，橘红色。蒴果，背裂，内有亮黑色种子数粒。花期6月上旬至7月中旬，每花仅开放1d。

性强健，耐寒，北方可露地越冬。适应性强，喜湿润也耐旱，喜光但耐半阴。对土壤选择性不强，宜生长于富含腐殖质，排水良好的湿润土壤。

春秋以分株繁殖为主，每丛带2~3个芽，栽前施以腐熟堆肥。春季分株，夏季就可开花，通常3~5年分株1次。播种繁殖春、秋季均可。春播时，种子要层积沙藏。秋播为9~10月，露地播种，翌春发芽。实生苗一般2年开花。萱草管理较粗放，开花前遇干旱应适当灌水，忌涝。每年施追肥2次，入冬前施1次腐熟有机肥。作地被植物时几乎不用管理。

花色鲜艳，栽培容易，且春季萌发早，绿叶成丛极为美观。园林中多丛植或于花境、路旁栽植，也可密植于疏林下假山旁或墙基作地被植物。

大花萱草(*Hemerocallis* × *hybrida*)　株高40～60cm，叶长30～45cm。花喇叭状，芳香，花色丰富，大红、粉红、黄、白及复色等。花期6～7月。

‘重瓣’萱草(*H. fulva* ‘Kwanso’)　株高60～100cm。花莛高于叶面，花重瓣，雌雄蕊发育不全。花期6～7月。

常绿萱草(*H. aurantiaca*)　根状茎肉质，株高50～80cm。叶线性或披针形，保持绿色。花黄色。花期7月底至10月上旬。园林应用同萱草。

(7)石蒜 *Lycoris radiata*(石蒜科石蒜属)

原产于我国，分布于长江流域及西南各地，日本也有分布。

多年生球根花卉。鳞茎广椭圆形，外被紫红色薄膜。叶线形或带形，常绿色，于花期后自基部抽出，5～6片，秋冬抽出，夏季枯萎。花先叶抽出，高30～40cm，伞形花序，顶生4～6朵花；花被片6，鲜红色长5～6mm，裂片狭长披针形，向外翻卷。花期8～9月。

耐阴，也能在全光照下生长，喜湿润，也耐干旱，稍耐寒，耐轻度盐碱，耐贫瘠。宜排水良好、富含腐殖质的砂质壤土。花期无叶，花期约1个月。花枯萎后抽叶。

分鳞茎繁殖。鳞茎不宜每年采收，一般3年掘起分栽一次。可在花后春、秋季分球栽植。选择排水良好的地方栽植。栽植深度以土将球顶部盖没即可。接近休眠期时，应逐渐减少浇水，夏季高温干旱时应及时浇水。

园林中可作林下地被花卉、花境丛植或山石间自然式栽植。因开花前有段时间观赏期空白且开花无叶，所以应与其他较耐阴的地被植物混合种植。配置时可与高矮错落、观赏期互补的地被植物混合种植，如马蹄金、蔓锦葵、金叶过路黄、连钱草等，也可与叶形相似的麦冬类、沿阶草类、葱兰、韭兰、吉祥草等混种。

(8)黄花石蒜 *Lycoris aurea*(石蒜科石蒜属)

原产于我国的南方，多分布于日本、缅甸、我国台湾岛以及我国大陆的湖北、湖南、广西、云南、广东、福建、四川等地，生长于海拔600～2300m的地区，见于阴湿山坡。

多年生草本。鳞茎肥大，近球形，直径约5cm，外有黑褐色鳞茎皮。叶基生，质厚，宽条形，上部渐次狭窄，长达60cm，宽约1.5cm；上面黄绿色，有光泽；下面灰绿色，中脉在上面凹下，在下面隆起，叶脉及叶片基部带紫红色。先花后叶，花莛高30～60cm，伞形花序具5～10朵花；黄色或橙色，稍两侧对称，长约7cm；开花时无叶，长叶时不开花。花期7月下旬至9月上旬，果期10月。

喜温暖湿润的半阴环境，有一定的耐寒性，不耐旱，怕积水和暴晒，对土壤要求不严。植株在冬季和夏季都呈休眠状态，其管理较为粗放，生长期保持土壤湿润，休眠期注意控制浇水，忌涝，土壤积水易造成鳞茎腐烂。

多以分球的方法进行繁殖。4～6月进行为好，此时老鳞茎呈休眠状态，外表皮较松弛。可选择多年生、具多个小鳞球茎的健壮老株，将小鳞球茎掰下，尽量多带须根，以利当年开花。选择排水良好、土壤肥沃的半阴处进行种植，植株行距以10～

15cm 为宜。

可在疏林下作地被，也可植于花境、岩石旁、草坪边缘等处，华南地区多栽培。

(9)换锦花 *Lycoris sprengeri*(石蒜科石蒜属)

产于我国安徽、江苏、浙江、湖北等地，多生于阴湿山坡或竹林中。

多年生草本植物。鳞茎卵形，直径约 3.5cm。早春出叶，叶带状，长约 30cm，宽约 1cm，绿色，顶端钝。花茎高约 60cm；伞形花序有花 4～6 朵；花淡紫红色。花期 8～9 月。

喜温暖的气候，最高气温不超过 30℃；喜光、喜潮湿的环境，也适宜生长于半阴和干旱环境，稍耐寒，生命力颇强，对土壤无严格要求，如土壤肥沃且排水良好，则开花格外繁盛。

分球繁殖为主，在休眠期或开花后将植株挖出来，将母球附近附生的子球取下种植，一两年后便可开花。

温暖地区多栽培，可作林下地被花卉，花境丛植或山石间自然式栽植。因其开花时光叶，所以应与其他较耐阴的草本植物搭配为好。栽植密度为株距 15～20cm、行距 40cm，行间种植 1 行其他常绿植物。

(10)葱兰 *Zephyranthes candida*(石蒜科葱兰属)

原产于南美。我国各地均有栽培。同属园林栽培的有韭兰。

多年生常绿草本。株高 15～20cm。鳞茎卵形，颈部细长，株丛低矮而紧密。叶基生，扁线形，稍肉质，叶色暗绿。花单生，花被 6 片，椭圆状披针形；聚伞花序，白色外被紫红色晕。蒴果近球形。花期 8～11 月。

喜光和温暖、湿润环境，耐半阴，稍耐寒。喜排水好、肥沃的砂壤土。

分生繁殖，鳞茎的分生能力很强。早春进行，2～3 个鳞茎种一穴。发芽前控制土壤水分，生长期要求水肥充分。2 年分栽 1 次，利于复壮。播种繁殖早春进行。生长强健，管理粗放。

叶丛碧绿泛光，美丽优雅。适合布置花坛、花境、缀花草坪；片植于分车带或林缘；树基地被。园林中常与韭兰混播种植。

韭兰(*Zephyranthes grandiflora*)　多年生草本。鳞茎卵圆形，颈短。叶扁平细长，浅绿色，基生。花粉红色或玫瑰红色。花期 5～9 月。喜光，耐半阴。较耐寒，长江流域以南均可露地越冬。要求排水良好、肥沃的砂壤土。我国园林中各地均有栽培。

(11)紫菀 *Aster tataricus*(菊科紫菀属)

原产于我国、日本及西伯利亚地区。同属 500 种，广布温带，其中北美洲最多，我国约 100 种，全国各地均有分布。同属植物多数具有观赏价值。

多年生草本。株高 15～150cm。茎直立，上部疏生短毛。基生叶丛生，长椭圆形，基部渐狭成翼状柄，边缘具锯齿，两面疏生糙毛，叶柄长，花期枯萎；茎生叶互生，卵形或长椭圆形，渐上无柄。头状花序排成伞房状，有长梗，密被短毛；舌状花蓝紫色，筒状花黄色。瘦果有短毛，冠毛灰白色或带红色。花期 7～8 月，果期 8～10 月。

喜光照充足、通风良好、夏季凉爽的环境，性耐寒。在湿润排水良好的肥沃土壤中生长健壮，亦耐旱。

分株或扦插繁殖为主，播种亦可。分株繁殖成活率高。扦插以5～6月进行为宜，嫩枝插穗18℃下2周可生根。种子发芽温度18～22℃，1周可萌发。栽培管理简单。

枝繁叶茂，开花齐整，花朵清秀，生长强健，可用于风景区、公共绿地、庭园，常作花坛、花境和地被布置。常见林下配置有含笑/桂花+紫菀。

荷兰菊(*Aster novi-belgii*)　原产于北美。株高40cm，全株被粗毛。叶线状披针形。头状花序伞房状，花色丰富。花期9～10月。可用于花坛、花丛、花境、地被。

高山紫菀(*A. alpinus*)　原产于欧洲、亚洲、美洲西北部，我国中部山区和华北有分布。株高15～25cm，全株被软毛，呈灰白色。叶匙形。花浅蓝色或紫色。花期5～6月。常作岩石园地被。

(12)千叶蓍 *Achillea millefolium*（菊科蓍属）

广泛分布于北温带，上海地区冬季半常绿。南北方均有栽培。

多年生宿根草本。株高可达50～80cm，茎直立，中上部有分枝，密生白色长柔毛。叶矩圆状呈披针形，二至三回羽状深裂至全裂，似许多细小叶片，故有“千叶”之说。头状花序。花期5～10月。

对土壤及气候的条件要求不严，非常耐瘠薄，半阴处也可生长良好；耐旱，尤其夏季对水分的需求量较少，为城市绿化中的“节水植物”。如果水分过多，则会引起生长过旺，植株过高。如有积水会引起烂根。

分株繁殖春秋进行，夏季分株后要注意遮阴保护，植株也要进行回缩修剪。以早期分栽为佳，否则影响其开花。分株时以2～3个芽为一丛，分栽间距30～40cm为佳。扦插以5～6月为好，剪取其开花茎，除去顶上的花序，插条剪成15cm，上部保留少许叶片，叶片适当剪短，扦插于疏松、透水的基质中，及时浇水、遮阴，1个月后生根。也可播种繁殖，发芽适温18～22℃，播后1～2周发芽。

千叶蓍因其花期长、花色多、耐旱等特点，在园林中多用于花境和岩石园，也可群植于林缘作地被。

(13)三裂蟛蜞菊 *Sphagneticola trilobata*（菊科蟛蜞菊属）

原产于热带美洲。香港、广东、台湾、福建(南部)等地多栽培。

多年生草本。茎平卧，无毛或被短柔毛，节上生根。叶对生，多汁，椭圆形至披针形，通常3裂，裂片三角形，具疏齿，先端急尖，基部楔形，无毛或散生短柔毛，有时粗糙；叶柄长不及5mm。头状花序腋生具长梗，舌状花4～8，黄色，先端具3～4齿，能育；盘花多数，黄色。

适应性强，能在不同土质生长，耐旱且耐湿，能耐4℃低温，在平地和缓坡上匍匐生长，在陡坡上可悬垂生长。花期几乎全年，但以夏至秋季为盛。

扦插或被土覆盖后，约10d即生根长成新的植株。种子繁殖也可。

华南地区全年开花，适应环境能力强，耐旱又耐阴，是良好的地被植物. 所到之处，能够排挤本地植物，形成单优群落，生长成片，侵占草地和湿地，排挤本地植物。该种已被列为“世界上最有害的100种外来入侵物种”之一。

(14)旋覆花 *Inula japonica*(菊科旋覆花属)

我国北方及东部各地极常见。在蒙古、朝鲜、日本及西伯利亚地区都有分布。生于山坡路旁、湿润草地、河岸和田埂上。

多年生草本。根状茎短，横走或斜升。茎单生，有时2~3个簇生，直立，高30~70cm，有时基部具不定根，基部径3~10mm，有细沟，被长伏毛，中部叶长圆形，长圆状披针形或披针形。头状花序径3~4cm，多数或少数排列成疏散的伞房花序，花序梗细长；总苞半球形，径13~17mm，长7~8mm；总苞片约6层，管状花花冠长约5mm。花期6~10月，果期9~11月。

种子繁殖或分株繁殖。以温暖湿润的气候最适宜，以肥沃的砂质壤土或腐殖质壤土生长良好。播种时按行距30cm开浅沟条播，将种子均匀撒入沟内，覆上薄土，稍镇压后浇水，每亩播种量0.75~1kg。分株繁殖在4月中旬至5月上旬进行，按行株距30cm×15cm开穴，将母株旁边所生的新株挖出，分栽于穴中，每穴栽苗2~3株，使根部舒展于穴中，盖土压实后浇水。

旋覆花花期长，易栽培管理，可形成富有乡土特色的地被，在东北地区应用较多。园林应用中当花开至盛期时，会形成一片云霞般的观赏效果。

(15)银叶菊 *Senecio cineraria*(菊科千里光属)

原产于南欧，我国南北各地引进栽培。

多年生草本植物。植株多分枝，株高50~80cm。叶一至二回羽状分裂，上下面均被银白色柔毛。头状花序单生枝顶，花小、黄色。花期6~9月，种子7月开始陆续成熟。

较耐寒，长江流域能露地越冬。不耐酷暑，高温高湿时易死亡。喜凉爽湿润、阳光充足的气候和疏松肥沃的砂质壤土或富含有机质的黏质壤土。生长最适温度为20~25℃。

春秋播种或扦插繁殖。播种繁殖多在8月底至9月初进行，发芽温度15~20℃，10~15d可发芽，具4片真叶可移栽。扦插繁殖为嫩枝扦插为主，插穗2~3节较好，长10cm，插穗蘸生根粉，扦插介质以砂壤土为好，20d左右根系形成。生长期间水分管理以见干见湿为原则。氮肥施用注意不要污染叶片，以免叶片过大，白色茸毛稀少，观赏价值降低。

其银白色的叶片远看像一片白云，与其他色彩的花卉配置可形成独特效果，是重要的观叶观花地被植物。用于花坛、花境、林缘或草坪点缀地被。

(16)大吴风草 *Farfugium japonicum*(菊科大吴风草属)

原产于我国东部部分地区；日本和朝鲜有分布。在我国长三角地区应用普遍。

多年生常绿草本。根茎粗大，株高30~70cm。叶多为基生，亮绿色，革质，肾形，直径15~20cm，边缘波角状。头状花序呈松散复伞状，舌状花10~12枚，黄色。花期7~11月。

喜半阴和湿润环境；耐寒，在江南地区能露地越冬；怕阳光直射；对土壤适应性较好，宜生长于疏松肥沃、排水好的壤土。

分株或播种繁殖。分株在春季进行，3～4年分株1次，3～4丛为1株，露地栽培。移植时应去除1/3叶片，栽后管理较粗放。播种可在春、秋季进行，萌发率高，出苗整齐。栽培管理较简单，春季施肥1次，夏季适当遮光，直射阳光下，叶片发黄或叶缘枯萎。

叶硕大，四季常绿，花期长，为优良观叶观花地被。可大面积布置于大树下、背阴处、林地。常见配置有木槿/广玉兰+大吴风草。

‘黄斑’大吴风草（*Farfugium japonicum* ‘Aureo-maculatum’） 叶上密布星点状黄斑。喜温暖、湿润、向阳、排水良好的土壤。主要控制氮肥施用，否则黄斑退化。大面积种植作林下或立交桥下地被。

(17)地被菊 *Chrysanthemum × morifolium*（菊科菊属）

分布于华北及东北地区。

多年生草本。株高30～40cm。茎匍匐生长，分枝紧密。叶小。花色丰富，红、粉、紫、黄、白等各色。瘦果。花期9～10月。

地被菊多为菊花和野生菊属植物的远缘杂种，比一般菊花的抗逆性强，抗寒，可在“三北”各地露地越冬，抗旱、抗病虫害、耐半阴、耐瘠薄土、耐盐碱、耐污染、耐粗放管理等。

扦插、分株、压条、组织培养等方法繁殖。栽植地点应选择地势高燥不积水，土壤通气透水，稍有遮阴但不可过荫，株行距(20～35)cm×(20～35)cm。

地被菊系北京林业大学杂交培育而成的一类植株低矮、抗逆性强、花期较早、花期长、开花繁密的菊花新品种群。其适应性强，观赏价值高，适于在广场、街道、公园、风景林、居住区、工矿区等各类绿地用作地被植物，组成大色块展现宏观群体之美的园林景观。以品种或颜色为单位，采用片植、丛植、带植等方式为宜。

(18)鹅绒委陵菜 *Potentilla anserina*（蔷薇科委陵菜属）

分布于我国东北、西北、华北及西南各地，几遍全国。多生长于河岸草甸、沙滩草地、湿碱性沙地或田边。

多年生草本。植株近平铺在地面上根纺锤形，肥厚。茎细长，长可达1m，匍匐生长，分枝处生不定根。奇数羽状复叶，基生叶较大，茎生叶较小，小叶3～12对，长圆状，倒卵形或长圆形，叶面亮绿色，叶被密生白细绵毛，宛若鹅绒，故得名，边缘具粗齿。花单生叶腋，黄色。花期6～8月，果期8～9月。

喜光而不耐炎热干旱，对土壤的适应性较强，在黑土、山地黑土、草甸土、沼泽化草甸土、高山草甸土以及不同盐渍化程度的草甸土，均能正常生长发育。

埋条法繁殖，按20cm×20cm的株行距栽植畦池中，埋植土深4～6cm，然后灌水。

鹅绒委陵菜是优良的观花地被植物，栽培管理简单，适合在北方地区大面积栽培应用。如森林公园等大面积空地可以栽植。

(19)莓叶委陵菜 *Potentilla fragarioides*（蔷薇科委陵菜属）

我国广泛分布，南北均产。日本、朝鲜、蒙古、俄罗斯西伯利亚等地均有分布。

多年生草本。根簇生，极多。花茎多数，丛生，上升或铺散，长8~25cm，有开展长柔毛。基生叶为奇数羽状复叶，有小叶5~7片，稀为9片，连叶柄长5~22cm，小叶有短柄或几无柄；小叶片倒卵形、椭圆形或长椭圆形，长0.5~7cm，宽0.4~3cm，先端圆钝或急尖，基部楔形或宽楔形，边缘有锯齿，近基部为全缘，两面有平铺疏柔毛；茎生叶常有3小叶，小叶与基生叶相似或为长圆形；基生叶有膜质托叶，茎生叶有草质托叶。顶生伞房状聚伞花序，多花；花瓣黄色。花期4~6月，果期6~8月。

生于湿地、山坡、草甸、地边、沟边、灌丛及疏林下，海拔350~2400m地带。具有耐阴、耐干旱、耐极寒、耐贫瘠等生态习性，对温度、水分、养分及光照等有很广的适应范围。

可用分株和播种方法繁殖，以种子繁殖为主。因其具有耐阴、耐干旱、耐极寒、耐贫瘠等生态习性，对温度、水分、养分及光照等有很宽的适应范围，故栽培简单易行。

因其具有良好的生长特性，且覆盖度好，适合在各类土壤中生长，是城乡绿化、彩化不可多得的地被植物，我国东北地区大量栽培。

(20)常夏石竹 *Dianthus plumarius*(石竹科石竹属)

原产于奥地利和西伯利亚地区。我国各地广泛引种栽培。

多年生草本植物。株高20~30cm。叶簇生，线状披针形，蓝灰色。花单生或几朵簇生，粉红或白色。蒴果。花期5~7月，果熟期7~8月。

适应性极强，性喜光，较耐阴，耐寒，在华北地区可露地越冬，经霜冻仍常绿，生长适温15~30℃。耐旱、耐贫瘠，宜在疏松、肥沃砂壤土生长。

播种、分株、扦插繁殖。播种可于春季或秋季播于露地，寒冷地区可于春、秋季播于冷床或温床，发芽温度20~22℃，播后约5d发芽，幼苗通常经2次移植后定植。分株以春季为好。扦插多在5~6月进行，生根后移植。管理粗放，夏季要注意排水，以免烂根，虫害发生少，但7~9月会发生立枯病、凋萎病。修剪从晚春至秋季随开花不断进行，每次花后要对花茎进行修剪。

常夏石竹常绿，叶形优美，花色艳丽，花具芳香，花期长，整体观感如早熟禾类草坪。广泛用于大型绿地、广场、公园、街头绿地、庭园绿地和花坛、花境，或群植于岩石园，或公路护坡。常见配置方式有梅花/蜡梅+常夏石竹/石蒜，合欢/紫薇+常夏石竹/石蒜。

石竹(*Dianthus chinensis*)　多年生作一年生栽培。原产于我国，我国各地均有分布和栽培。花白、粉、红色；花期5~7月，果期8~9月。性耐寒、喜温凉气候，怕涝。

须苞石竹(*D. barbatus*)　多年生作二年生栽培。原产于欧亚地区，美国栽培普遍。茎直立，向上渐成四棱，光滑。基生叶莲座状，茎生叶对生。花多朵成聚伞花序，红、紫、白色；花期4~5月，果期5~6月。用于布置花坛、花境。

(21)丛生福禄考 *Phlox subulata*(花荵科天蓝绣球属)

原产于美国纽约州、北卡罗来纳州、密歇根州。我国华东地区有栽培，北京有引种。

多年生矮小草本。茎丛生，铺散，多分枝，被柔毛。叶对生或簇生于节上，钻状线形或线状披针形，长1～1.5cm，锐尖。花数朵生枝顶，呈简单的聚伞花序；花冠高脚碟状，淡红、紫色或白色。

极耐寒，耐旱，耐贫瘠，耐高温。在贫瘠的黄沙土地上，即使多日无雨，仍可生存生长。又可耐42℃的高温。一年中还可两度开花，每次花期40d左右，是极好的草坪草替代种。

播种、扦插、分株繁殖均可。播种可在春季进行，扦插可在5～7月进行，选择健壮的植株，采用当年生半木质化的，长度7～10cm的枝条作插穗。分株繁殖可在春、秋季节进行。

该植物具备宿根花卉的大部分优良性状，不仅覆盖率高，观赏价值也很高，是优良的地被花卉，可替代传统草坪。以其花期长、绿色期长(330～360d)，颇受青睐，特别是早春开花时，繁花似锦。最适合庭院配置花坛或在岩石园中栽植，群体观赏效果极佳，可作地被装饰材料点缀草坪。可种植在大树下，起到黄土不露天的美化效果；还可种植在边坡地段，减少水土流失。

(22)毛茛 *Ranunculus japonicus*(毛茛科毛茛属)

在我国除西藏外，各地均有广布。朝鲜、日本、俄罗斯远东地区也有分布。生于田沟旁和林缘路边的湿草地上，海拔200～2500m地带。

多年生草本植物。须根多数簇生。茎直立，高可达70cm。叶片圆心形或五角形，基部心形或截形；中裂片倒卵状楔形或宽卵圆形或菱形，两面贴生柔毛；裂片披针形，有尖齿牙或再分裂。聚伞花序有多数花，疏散；花直径1.5～2.2cm；花瓣5，黄色。花果期4～9月。

喜温暖湿润气候，日温在25℃生长最好。喜生于田野、湿地、河岸、沟边及阴湿的草丛中。生长期间需要适当的光照，忌土壤干旱，不宜在重黏性土中栽培。

种子繁殖为主。7～10月果实成熟，用育苗移栽或直播法。东北地区9月上旬进行播种育苗，一般1～2周后出苗，揭去稻草。待苗高6～8cm时，进行移植。按行株距20cm×15cm定植。

本种是我国分布广、数量多的一种毛茛，形态变异较大，曾被分成不同的种和变种。具有极高的观赏价值，可广泛应用于园林中观赏。

(23)鸢尾 *Iris tectorum*(鸢尾科鸢尾属)

原产于我国中部，各地都有栽培。缅甸、日本也有分布。同属约300种，我国约40种。多数种类具有很高的观赏价值。

多年生草本。根状茎匍匐多节，节间短。叶剑形，质薄，淡绿色，交互排列成两行。花茎几与叶等长；总状花序；花1～3朵，蝶形，蓝紫色，外列花被的中央面有一行鸡冠状白色带紫纹突起。花期4～5月，果期6～8月。

性强健。喜排水良好、适度湿润、微酸性的壤土，也能在砂质土、黏土上生长。耐干旱、寒冷，长三角地区冬季茎叶仍保持常绿。

分株或播种繁殖。分株可于春、秋季和开花后进行。一般2~5年分割1次。播种宜在种子成熟后立即进行，不宜干藏，实生苗2年开花，但种子繁殖易发生变异。鸢尾栽培一般宜浅，栽于壤土时，根颈顶部以与地面相平为宜。管理粗放，病害主要有白绢病、鸢尾叶斑病，应及时防治。

花大而美丽，如鸢似蝶，叶片青翠碧绿，似剑若带，观赏价值较高。在园林中可丛栽、片植，布置花坛，栽植于水湿畦地、池边湖畔、石间路旁，或布置成鸢尾专类园，亦作地被植物。常见林下配置方式有紫叶李/栀子+鸢尾。

德国鸢尾(*Iris germanica*) 原产于欧洲，我国各地庭园常见栽培。园艺品种甚多。花色鲜艳，有纯白、白黄、姜黄、桃红、淡紫、深紫等色。耐寒。常用于花坛、花境。

黄菖蒲(*I. pseudacorus*) 原产于欧洲，我国各地常见栽培。花黄色。喜水湿，在水畔或浅水中生长。也耐干燥。还有斑叶、大花、重瓣等品种，十分美丽。

玉蝉花(*I. ensata*) 又名花菖蒲。原产于我国东北、山东、浙江；朝鲜、日本、俄罗斯也有分布。野生于湿草甸或沼泽地。根状茎粗壮。须根多而细。花大，鲜紫红色。园艺品种多，花形和花色变化很大，观赏价值高。可布置水生鸢尾专类园，或于水池中点缀数丛，别具雅趣。

(24)马蔺 *Iris lactea* var. *chinensis*(鸢尾科鸢尾属)

分布于朝鲜、俄罗斯、印度和我国。我国“三北”地区常有栽培。

多年生草本宿根植物，是白花马蔺的变种，多年生密丛草本。根茎叶粗壮，须根稠密发达，呈伞状分布。叶革质线形，莲座状基生，灰绿色。2~4朵花，花为浅蓝色、蓝色或蓝紫色，花被上有较深色的条纹。蒴果长椭圆状柱形。花期5~6月，果期6~9月。

马蔺根系发达，入土深度可达1m，须根稠密而发达，因此具有极强的抗性和适应性，以及很强的固土保水能力。马蔺直立生长的叶片可有效地减少水分蒸发，缓解雨水对地表的直接冲刷，而且还利于根部透气。在恶劣的环境条件下，马蔺的地上部分会变得相对低矮，地上生长量会减少20%以上；同时，根系会更加发达，会增加10%以上，这都有助于其在高温干旱、水涝等不良环境中正常生存。生于荒地、路旁、山坡草地，尤以过度放牧的盐碱化草场上生长较多。耐盐碱、耐践踏，根系发达，可用于水土保持和改良盐碱土壤。

既可用种子繁殖也可进行分株繁殖，但直播种子出苗率较低，用成熟的马蔺进行分株移栽繁殖成活率较高。成熟野生种子绝大多数具有活力，种子发芽的内在潜力很大。马蔺根状茎伸长长大时即可分株，在春秋两季或花后进行。

喜阳光、稍耐阴，在北方地区绿色期可达280d以上，叶片灰绿柔软，蓝紫色的花淡雅美丽，花蜜清香，花期长达50d，可形成美丽的园林景观。具有较强的贮水保土、调节空气湿度、净化环境作用。因此，在建植城市开放绿地、道路两侧绿化隔离带和缀花草地等中，马蔺是无可争议的优质材料。马蔺因其根系十分发达，抗旱能力、固土能力强，又是水土保持和固土护坡的理想植物。

(25)蝴蝶花 *Iris japonica*(鸢尾科鸢尾属)

多分布于我国和日本。我国多地已广泛栽培。

多年生草本。根状茎可分为较粗的直立根状茎和纤细的横走根状茎，直立的根状茎扁圆形，节间短，上生须根。叶基生，暗绿色，有光泽。花茎直立，高于叶片；顶生稀疏总状聚伞花序，分枝5~12个；花淡蓝色或蓝紫色，直径4.5~5cm。花期3~4月，果期5~6月。

生于山坡较荫蔽而湿润的草地、疏林下或林缘草地，云贵高原一带常生于海拔3000~3300m处。种植环境喜湿润且排水良好，富含腐殖质的砂壤土或轻黏土，有一定的耐盐碱能力，在pH 8.7、含盐量0.2%的轻度盐碱土中能正常生长。喜光，也较耐阴，在半阴环境下也可正常生长。喜温凉气候，耐寒性强。

分株、播种、种球繁殖均可。分株繁殖一般每隔2~4年进行一次，于春秋两季或花后进行。播种繁殖，应在种子成熟后立即进行，这样种子容易萌发，播种苗2~3年即可开花。种球种植也可。

花具有叶色优美以及花枝挺拔的特点，可以用于花群、花丛以及花镜。也可布置于林下或草坪边缘。

(26)紫叶山桃草 *Gaura lindheimeri*(柳叶菜科山桃草属)

原产于美国路易斯安那州南部及得克萨斯州，主要分布于北美洲温带。我国北京、山东、南京、浙江、江西、香港等有引种，并逸为野生。

多年生草本，常丛生。茎直立，高60~100 cm，常多分枝，入秋变红色，被长柔毛与曲柔毛。叶无柄，椭圆状披针形或倒披针形，长3~9 cm，宽5~11mm，向上渐变小，先端锐尖，基部楔形，边缘具远离的齿突或波状齿，两面被近贴生的长柔毛。花序长穗状，花瓣白色，后变粉红。花期5~8月，果期8~9月。

耐寒，喜凉爽及半湿润气候，要求阳光充足、肥沃、疏松及排水良好的砂质土壤。宜生长在阳光充足的场所，耐半阴。土壤要求肥沃、湿润、排水良好，耐干旱。

播种或分枝法繁殖。春播、秋播均可，发芽适温15~20℃，生长强健。适合群栽，也可作插花。秋季播种，小苗需低温春化。

栽培种包括花朵全白色至深粉红色。一些栽培种的花瓣于黎明时是白色，但到了黄昏则变为粉红色，极具观赏性。适合群栽，供花坛、花境、地被、盆栽、草坪点缀，适用于园林绿地，多成片群植，也可用作庭院绿化。

(27)绵毛水苏 *Stachys lanata*(唇形科水苏属)

原产于亚洲南部及土耳其北部。我国各地引种栽培，长三角地区园林中应用普遍。

多年生宿根草花。株高35~40cm，冠幅45~50cm。叶对生，长10cm，基部叶片长圆状匙形，上部叶片椭圆形，基部楔形渐狭，枝与叶均被有白色绵毛。轮伞花序，花冠筒长3cm，紫色或粉色，上面生满白色绵毛。花期6~7月。

喜光，稍耐阴，耐寒，可耐-29~-25℃低温，耐热，耐旱，不耐水湿。喜排水良好、疏松的土壤。

分株繁殖，早春或秋季进行。管理简单，但要防止土壤积水。

绵毛水苏叶片银光闪闪，是优良的观叶观花地被植物。可布置花坛、花境、树基，或成片种植。南方常见林下配置方式有桂花/紫叶李＋绵毛水苏。

(28)黄芩 *Scutellaria baicalensis*(唇形科黄芩属)

原产于俄罗斯东西伯利亚、蒙古、朝鲜、日本均有分布。我国大部分地区有分布和栽培。

多年生草本。根茎肥厚，肉质，径达2cm。茎基部伏地，四棱形，具细条纹，自基部多分枝。叶对生坚纸质，披针形至线状披针形，长1.5～4.5cm，宽0.5～1.2cm，顶端钝，基部圆形，全缘；上面暗绿色，下面色较淡；叶柄短。总状花序顶生，花冠紫、紫红至蓝色，有毛，长2.3～3cm；花期7～8月。

黄芩野生于山顶、山坡、林缘、路旁等向阳较干燥的地方。喜温暖，耐严寒，成年植株地下部分在－35℃低温下仍能安全越冬，35℃高温不致枯死，但不能经受40℃以上连续高温天气。耐旱怕涝，积水易烂根。喜排水良好的壤土和砂质壤土，酸碱度以中性和微碱性为好，忌连作。

播种、扦插、分根繁殖均可。种子繁殖以直播为主，直播多于春季进行，北方地区多在4月上中旬前后。也可扦插繁殖，5～6月扦插成活率高。插条应选茎尖半木质化的幼嫩部分，扦插成活率可达90%以上。分根繁殖即挖取洞未萌发的3年生黄芩根茎进行栽种。

花色优雅美丽，适应性较好，是北方地区富有野趣的地被植物。

(29)淫羊藿 *Epimedium grandiflorum*(小檗科淫羊藿属)

同属55种，我国有47种，是该属的分布中心，主要分布于四川、贵州、湖南、湖北、西北及山西、河南等地。淫羊藿是我国的传统中药。

多年生草本。株高30～50cm。茎细圆柱形，长约20cm，中空，光滑有光泽。二回三出复叶，复叶常对生茎顶；小叶卵圆形，长3～8cm，宽2～6cm，顶生小叶基部心形；两侧小叶较小，偏心形，外侧较大，耳状，边缘具黄色刺毛状细锯齿；叶微苦。花序总状或下部分枝成圆锥花序，无毛或少数腺毛；花径6～8mm；萼片8，外轮4片，有紫色斑点，易脱落，内轮较大，白色；花瓣4，囊状，有距或无。果卵圆，宿存短嘴状。花期2～3月，果期4～5月。

生态适应范围广，但性喜温暖阴湿的林下生态环境，不喜强光照射。在富含腐殖质的土壤中生长势强。

播种或无性繁殖。播种繁殖周期长，种子采收于5～6月，播前应温汤浸种，种子覆土1cm厚，3～6个月苗高达2～5cm，10月移栽；分株是主要繁殖方式，于早春进行，每2～3株为1个繁殖单位，移栽定植于10月下旬或翌年3月进行。株行距30cm×30cm左右。生长期间保持阴湿，但忌水涝；苗期要追肥，以饼肥为好。病虫害少。

淫羊藿以其独特的叶形和株形，以及耐阴湿的特性，成为优良的草本地被植物。适合林下种植，配置于林缘或作镶边材料，果实成熟，还可获得经济效益。

7.3 观叶地被植物

7.3.1 生物学特性及生态习性

常见的草本观叶地被植物大多数为多年生常绿草本，少数为落叶宿根草本。南方应用较为普遍。如麦冬类(沿阶草、阔叶山麦冬等)、吉祥草、连钱草、‘金叶’过路黄、马蹄金、万年青、石菖蒲等。

这类植物温度适应范围广，通常既耐高温，又有一定耐寒性；大多数种类较耐阴；对土壤要求不严，除过黏和过松土壤外，其他类型均适合，但以土层较深、肥力充足的土壤生长良好；要求土壤湿润，干旱土壤生长不良。

7.3.2 繁殖栽培

观叶地被植物的繁殖主要以扦插或分株繁殖为主，播种繁殖应用较少。繁殖时间因地区及种类不同而异。大多数栽培管理容易。

7.3.3 观赏特性

观叶地被植物与观花植物相比较，具有观赏期长的优势。除了绿色之外，还有许多异色叶如红色、紫色、黄色、花叶植物等，为园林提供独特而丰富的植物景观。例如，绿色的观叶地被植物可以形成大片的绿色底色，衬托出树木和花卉的万紫千红；金黄色的观叶植物色彩明快，增加植被的层次感。花叶地被植物色彩斑斓，更可与观花植物相媲美。

7.3.4 常见种类

(1)大叶红草 *Alternanthera dentata*(苋科虾钳菜属)

原产于巴西。

多年生草本。高度×冠幅：30~60cm×30~50cm。质感中至细。茎叶铜红色，冬季开花，花乳白色，小球形，酷似千日红。

中性植物，日照60%~100%均能生长，喜温暖。生性强健，耐热、耐旱、耐瘠、耐剪。

播种、扦插或分株法繁殖。

叶色深红，具有独特的观赏价值，可在花台、庭园丛植、列植及在高楼大厦中庭美化，与其他绿色植物搭配更能凸显色彩效果。

(2)‘红龙’草 *Altemanthera ficoidea* ‘Ruliginosa’(苋科虾钳菜属)

原产于南美。在世界热带、亚热带各地多有栽培。

多年生草本。高15~20cm。叶对生，叶色紫红至紫黑色，极为雅致。头状花序密聚成粉色小球，无花瓣。

生性强健，耐旱。土质以肥沃的壤土或砂质壤土为佳，排水需良好。栽培地点日照要充足，日照不足易徒长，叶色不良，且无法密短细化。性喜高温，生育适温20～30℃。

分株或扦插繁殖，大量育苗以扦插为主，春至秋季均能育苗。插条剪取顶芽或未老化枝条，每段5～10cm，插于河床中，略遮阴，保持湿度，10～15d能发根成苗。大面积栽培，可先行整地，再剪枝，每3～5枝为一簇，直接扦插于营养土。追肥可用有机肥料或复合肥，每月施用1次。如枝条过长或不够密集，应做适度修剪，促使萌发新枝。成株后耐旱性增强，少浇水可以抑制徒长。

'红龙'草以观叶为主。其生长密集，叶色优雅，最适合庭院植为地被，构成美丽图案，大面积栽培视觉效果极佳，可在花台、庭院丛植，或在高楼大厦中庭美化，以强调色彩效果。

(3)赤胫散 *Polygonum runcinatum*(蓼科蓼属)

分布于我国陕西、甘肃、河南、湖北、湖南、贵州、云南、四川等地。生于海拔500～1500m的山谷水沟边。

赤胫散又名散血草。一年生或多年生草本植物。高25～70cm。茎直立或倾斜，分枝或不分枝，有纵沟，有稀疏柔毛或近无毛。叶片三角状卵形，腰部内陷，长4～10cm，宽2.5～5cm，先端渐尖，基部截形，稍下延至叶柄；叶耳长圆形或半圆形，先端圆钝，长0.5～1cm，有的近于无叶耳；两面有稀疏柔毛或无毛，先端截形，有短缘毛或无。头状花序，直径0.5～1cm，有数朵至10余朵花，由数个花序排列成聚伞状花序；苞片卵形，内有1朵花，花柄短或无柄；花萼白色或粉红色，5片，长约2mm；雄蕊8枚，长约1mm，中部以下与花萼连合，花药黄色。瘦果球状三棱形，直径约2mm，先端稍尖，褐色，表面有点状突起，包在宿存的花萼内。花期6～7月，果期7～9月。

生于草丛、沟边阴湿处。喜光亦耐阴，耐寒、耐瘠薄。以疏松、肥沃、排水良好的土壤较好。性强健，管理粗放，宜适当遮阳，秋冬季节将地上枯萎部分及时清理以利于翌年春季发出新枝。

分株和种子繁殖，以分株繁殖为主。分株可于春秋进行，播种宜在春季。

赤胫散易栽培管理，适合许多环境。适宜布置花境、路边或栽植于疏林下。

(4)八宝景天 *Sedum spectabile*(景天科景天属)

原产于我国东北地区以及河北、河南、安徽、山东等地；日本也有分布。

多年生肉质草本植物。株高30～70cm。地上茎簇生，粗壮而直立，全株略被白粉，呈灰绿色。叶肉质倒卵形，对生，少三叶轮生，具波状齿。伞房状聚伞花序密集如平头状，花序径10cm，花淡粉红色。

耐寒，能耐-20℃的低温，抗旱，耐瘠薄土壤；喜光；忌积涝。

扦插繁殖为主。插条长10～15cm；夏季露地直接扦插，20d左右生根。也可分株吸芽繁殖，早春进行。管理粗放。

叶丛翠绿，花密成片，开时似一片粉烟，植株优美，花期长，集观花、观叶、观株形于一身。园林中可以布置花境，或林缘灌丛前栽植，填补夏季花卉在秋季凋萎无观赏价值的空缺，部分品种冬季仍然有观赏效果。耐瘠薄和干旱，适宜缺水地区园林绿化应用。

常见栽培有'白花'八宝('Album')、'暗紫花'八宝('Atropurpureum')、'红花'八宝('Brilliant')、'桃红'八宝('Carmen')、'花叶'八宝('Aariegatum')等。

(5)堪察加景天 *Sedum kamczaticum*(景天科景天属)

以北温带为分布中心，分布于我国北部、中部。

多年生肉质草本。株高20~50cm。茎直立，不分枝。单叶互生，肉质，叶片披针形，近上部边缘有钝锯齿，表面绿色，背面淡绿，叶柄极短。聚伞花序顶生，花密集，花瓣5枚，黄色。花期7~8月，果期8~9月。

多生长于山地林缘、灌木丛中、河岸草丛，较耐阴，也较耐旱，喜光照，较耐寒，在北方能露地越冬，对土壤无严格选择，适应性广。

繁殖方法有种子繁殖、分根和扦插3种方法，以分根繁殖为主。播种繁殖多在早春进行，栽培较容易，但以排水良好而富含腐殖质的土壤较为适宜。分根方法是：早春挖出根部，切下的每一段根带2个以上根芽，按株行距30cm×15cm挖穴栽植，覆土后踩实。扦插在夏季进行，选健壮枝，切成10~15cm长度的茎段，插入畦内，畦土保持湿润，约20d后生根成活。

株丛茂密，枝翠叶绿，适应性强，可布置花坛、花境，用于岩石园绿化或作镶边材料，也可用于城市中一些立地条件较差的裸露地面作绿化覆盖。

(6)佛甲草 *Sedum lineare*(景天科景天属)

在我国自然分布面很广，除新疆、西藏、青海和内蒙古、甘肃等地植物志上没有记载外，其他各省级的植物志上都有记载。

多年生草本。高10~15cm。茎纤细，基部节上生纤维状不定根。叶3~4片轮生或互生于花茎上部，线形至倒披针形，长1~2.5cm，宽0.6~2mm。花序聚伞形，顶生，着花稀疏，直径达4.5cm；苞片线形，有距。花瓣黄色。蓇葖果闭合呈五角星状。种子卵圆形，具小乳头状突起。花期5~6月，果期7~8月。

生长在平地草坡、田间路旁、山麓边等岩石上。在阳光充足或阴湿地都能生长。佛甲草适应性极强，不择土壤，耐寒力极强。能抗夏季60℃高温，冬季-10℃也能存活；只需天然雨水，无需人工浇水也能存活。在长江以南地区栽种，一年四季郁郁葱葱，翠绿晶莹，十分惹人喜爱。

常以分株和扦插法繁殖，皆易成活。在阳光充足的地方，叶色黄绿，在稍阴处，则叶为绿色。如果长时间过于荫蔽，则茎蔓易徒长，节间长，不充实。此草在开春萌发时，要多浇水，保持土壤湿润，以后可少浇水。生长季每月浇1次粪肥，则可生长得茎蔓四壁，青翠旺盛。

佛甲草是一种耐旱性极强的多浆植物，适合应用于各种环境作地被，应用于屋顶绿化，采用无土栽培，负荷极轻，最低限度3cm即可生长，能形成比较茂密的覆盖层，从而起到隔热和对屋顶的保护作用。

凹叶景天(*Sedum emarginatum*)　为多年生匍匐状肉质草本。茎节下部平卧于地面或地下，节上生有不定根；上部直立，淡紫色，略呈四棱形。叶片顶端圆而且有一个凹陷，枝叶密集如地毯。花较小，黄色，着生花枝顶端。4～5月开花，6～7月结果。室外越冬时部分叶片紫红色。上海地区可露地越冬，耐旱，喜半阴环境。

垂盆草（*S. sarmentosum*） 多年生肉质草本，高10～20cm。茎纤细，匍匐或倾斜，整株光滑无毛，近地面的茎节容易生根。叶3片轮生，倒披针形至长圆形，先端尖。花小，黄色，无柄，排列在顶端，呈二歧分出的聚伞花序。种子细小，卵圆形。7～9月开花。生于低山坡岩、山谷、沟边长有苔藓的石上。耐寒，耐旱，耐湿，耐瘠薄。喜半阴环境和肥沃的黑砂土壤。一般于4～5月或秋季，用匍匐枝作分根繁殖。其生长力特强，能节节生根。为预防夏季高温日晒，宜选适当的树行空间处培育。养护管理简便，干旱期间要保持土壤湿润，适当追施液肥。垂盆草绿色期长，是园林中较好的耐阴地被植物。但其叶片质地肥厚多汁，不耐践踏，故只宜在封闭式绿地上或屋顶上种植。

金叶景天（*S. makinoi*） 植株高5～7cm。茎匍匐生长，节间短，分枝能力强，丛生性好。单叶对生，密生于茎上，叶片圆形，金黄色，鲜亮，肉质。金叶景天性喜光，耐寒，耐半阴，忌水涝，是一种优良的彩叶地被植物。生长适温15～32℃，冬季不低于5℃。

(7)‘胭脂红’景天 *Sedum spurium*‘Coccineum’

原产于欧洲高加索地区，近年引入我国，上海、北京、辽宁等地均有栽培。

多年生草本。株高5～10cm。茎光滑，匍匐生长。叶对生肉质，卵形至楔形，叶缘上部有锯齿；叶色深绿色随着生长变成胭脂红色，冬季低温变为深红色。该植物喜光，较耐寒，耐旱，忌水湿，对土壤要求不严。‘胭脂红’景天分株或扦插繁殖为主，易成活。该植物叶色亮丽，用途同‘金叶’景天等。

(8)‘金叶’佛甲草 *Sedum lineare*‘Aurea’

我国东北、华北、华东地区有栽培。

多年生常绿草本，株高10～20cm。茎纤细而光滑，肉质多汁，柔软匍匐生长。叶三叶轮生，长圆形，黄绿色，鲜亮。

‘金叶’佛甲草不择土壤，喜光耐寒、耐旱、耐热、耐阴，忌涝，蔓延性好。叶色亮丽，覆盖度好，可在许多环境下应用，也可用于立体花坛，屋顶绿化。

(9)花叶冷水花 *Pilea cadierei*（荨麻科冷水花属）

原产于越南，多分布于热带地区。我国南方有栽培。

多年生常绿草本。株高15～40cm。地上茎丛生，细弱、肉质，半透明，上面有棱，节部膨大。叶对生，椭圆形，长4～8cm；叶缘有波状钝齿；叶面底色为绿色，有3条纵条纹主脉，叶脉部分略凹陷；主脉间杂以银白色的斑纹，条纹部分略凸。

不耐寒，冬季室温不可低于6℃，14℃以上开始生长。喜温暖湿润，怕阳光暴晒，在疏荫环境下叶色白绿分明，节间短而紧凑，叶面透亮并有光泽。在全部蔽阴的环境下常常徒长，节间变长，茎秆柔软，容易倒伏，株形松散。对土壤要求不严，能耐弱碱，较耐水湿，不耐旱。

一般采用扦插法繁殖，也可用分株繁殖。扦插在春、秋季均可进行。夏季高温季节不适于扦插，冬季扦插则生长较慢。选取生长充实的枝条，剪取茎先端5～8cm作为插穗，保留先端的几片叶子，直接插入蛭石或素砂基质中，或扦插于泥炭和土混合的盆土中，入土深度不宜超过2cm。置于半阴处，土温保持18～20℃，保持湿润2～3周即可生根，1～2月后即可移植。

冷水花是相当时兴的小型观叶植物，由于叶色绿白分明，纹样美丽，蔓延性强。在南方可用作地被植物，作带状或片状布置。

常见的栽培品种有'密生'冷水花('Nana')，枝叶密生，植株较矮小，株高不足20cm。

(10)虎耳草 *Saxifraga stolonifera*(虎耳草科虎耳草属)

分布于我国华东、中南、西南与日本。

多年生常绿草本。高14～45cm。匍匐茎细长，赤紫色，全株被疏毛。叶数片基生，肉质，密生长柔毛，叶柄长，紫红色；叶片广卵形或肾形，基部心形或截形，边缘有不规则钝锯齿，两面有长伏毛，上面有白色斑纹，下面紫红色或有斑点。圆锥花序，稀疏；花小，两侧对称，萼片5，不等大，卵形；花瓣5，白色，下面2瓣较大，披针形，上面3片小，卵形，都有红色斑点。花期5～8月，果期7～11月。

多野生于溪涧岩石林下阴湿处，如溪旁树荫下，岩石缝内，现多作盆栽观赏。喜凉爽湿润，不耐高温及干燥，不耐寒，喜半阴及排水良好土壤。

繁殖可随时剪取茎顶已生根的小苗移植，也可扦插，管理粗放。如植于岩石园，可植于岩石北面，以免阳光直晒。

虎耳草茎长而匍匐下垂，茎尖着生小株，犹如金线吊芙蓉。可用于岩石园绿化。其株形矮小，枝叶疏密有致，叶形美丽，是观赏价值较高的地被植物。

(11)'紫叶'小花矾根 *Heuchera micrantha*(虎耳草科矾根属)

原产于北美。我国南北方均有栽培。

多年生宿根草本，在温暖地区常绿。叶基生，阔心型，长20～25cm，深紫色。花小，钟状，花径0.6～1.2cm，红色，两侧对称。花期4～10月。

自然生长在湿润多石的高山或悬崖旁。性耐寒，喜阳耐阴。在肥沃，排水良好，富含腐殖质的土壤上生长良好。

播种、扦插、组培繁殖。扦插采用的是茎尖扦插，从母本上取茎尖，蘸生根粉(液)后扦插，要求空气相对湿度为90%，基质温度为20～24℃，气温在16～27℃条件下易生根。喜半阴，耐全光。

适合做花境、花坛、花带，园林中多用于林下花境、地被、庭院绿化等。

(12)蛇莓 *Duchesnea indica*(蔷薇科草莓属)

我国大部分地区有分布，日本、朝鲜、马来西亚等地也有。

多年生草本。全株有柔毛。匍匐茎长。叶为掌状三裂，3出复叶，有托叶，小叶片菱状卵形或倒卵形，边缘有钝锯齿。花黄色，花瓣几与副萼片或萼片等长。聚合果近球形或长椭圆形，暗红色，外包宿存萼片。花期4月，果期5月。

喜阳光充足、温暖、湿润环境，耐寒、耐旱、耐贫瘠。蛇莓适应性强，除高寒、干旱的荒漠地区外，在我国南、北方广大地区都可栽培。野生于山坡、路边、沟边、田埂等处，长势良好，常形成大片群落。

蛇莓在扦插后1个月即能生出新根。扦插苗生长快，且能在短期内开花结果，栽培管理简单。

植株低矮，茎多匍匐生长；节间落地生根形成新的植株。所形成地被覆盖性好，且生长稳定。适用于公园、街头绿地、空旷地、庇荫绿地等。叶形叶色美观，花色金黄，果色深红，是叶、花、果俱美的观赏价值高的乡土地被植物。

(13)'金叶'过路黄 *Lysimachia nummularia* 'Aurea'(报春花科珍珠菜属)

原产于欧洲、美国东部等地。我国大部分地区有引种栽培。

多年生蔓性草本。常绿，株高约5cm。枝条匍匐生长，可达50～60cm。单叶对生，圆形，基部心形长约2cm，早春至秋季金黄色，冬季霜后略带暗红色。夏季6～7月开花，单花，黄色尖端向上翻成杯形，亮黄色，花径约2cm。

耐寒性强，冬季在－10℃未见冻害。从2月下旬开始发叶生长，3月叶片绿色转黄色，覆盖力强，枝叶铺满地面时，杂草难于生长。夏季耐干旱，但应注意防涝。病虫害较少。立秋后，天气转冷，'金叶'过路黄叶色金黄未褪，到11月底植株渐渐停止生长，叶色由金黄色慢慢转淡黄，直至绿色。在冬季浓霜及气温在－5℃时叶色还能转为暗红色。

主要靠扦插繁殖，每平方米插800株，扦插基质用泥炭3份、熟土1份、细沙1份，基质厚度12～15cm。也可在10cm×10cm黑膜钵内充填基质育苗，待苗成活后定植。

'金叶'过路黄彩叶期长达9个月，生长迅速、长势强健，叶色鲜艳且常绿，是极有发展前途的地被植物。可与宿根花卉、麦冬、小灌木等搭配，是不可多得的优良彩色地被植物，可用于广场、街道、公园等各类园林绿地。

(14)马蹄金 *Dichondra repens*(旋花科马蹄金属)

马蹄金属暖型草坪草，在我国主要分布于长江沿岸及以南地区。

多年生草本植物。植株低矮，全株仅高5～15cm。须根发达，具较多的匍匐茎，能节间着地生根。叶片扁平，基生于根部，具细长叶柄，肾形，全缘，直径1～3cm。花冠钟状黄色、深5裂，裂片长圆状披针形。蒴果近球形，种子黄至褐色、被毛。花期4月，果期7月。

喜光及温暖湿润气候，耐阴能力很强。对土壤要求不严，但在肥沃之处，生长茂盛。缺肥叶色黄绿，覆盖度下降。华东地区栽培，冬季最冷时叶色褪淡，但仍能安全越冬。能安全越夏，基本常绿。马蹄金也耐干旱。不耐践踏。

可播种和分株繁殖。在实际生产中，马蹄金主要采用匍匐茎繁殖，通常按1∶8的比例分栽。侵占能力很强，较耐粗放管理。但要注意除草，越早除草越省工，覆盖越好。当修剪至1.3～2.5cm时，可形成叶片较小、覆盖度大的地被。当修剪至3.8～5cm时，则形成叶片较大、覆盖度小的地被。

马蹄金蔓延能力很强，为优良的地被植物。多用于小面积花坛、花境及山石园，作观赏草坪栽培，亦可用于布置庭园绿地及小型活动场地。

(15)'金叶'番薯 *Ipomoea batatas* 'Tainon No. 62'(旋花科旋花属)

我国各地均有分布。本种为栽培种，栽培地区广泛。

多年生草本。茎略呈蔓性。叶呈心形或不规则卵形，偶有缺裂，叶色为黄绿色。花喇叭形。

性强健，不耐阴，喜高温，喜光，生长适温为20～28℃。该植物生长迅速，被誉为北京奥运会绿化"特种兵"，如果水肥供应充足，最多一天能长6cm，通常情况一个月能生长40cm。

用扦插或块根繁殖，以肥沃砂质壤土为宜，全日照、半日照均可生长。如光线阴暗，色彩会淡化，影响观赏效果。每年春季修剪1次，施肥时应提高氮肥比例，增进叶色美观。如果进行掐尖处理，可促发分枝。

因其金黄透亮的叶色十分夺目，在满眼皆绿的夏日尤其突出，在姹紫嫣红的草花群中依然出众，而且能对鲜花起到很好的衬托作用。在绿化美化工程中，表现出容易繁殖、生长速度快、覆盖地面快、管理粗放、观赏期长的特点，特别是在炎热的夏季，生长良好，成为北方城市绿化新秀。在景观绿化中常用来解燃眉之急。

(16)薄荷 *Mentha haplocalyx*(唇形科薄荷属)

多年生草本。高30～60cm。茎直立或基部外倾，伏生根茎，有清凉浓香气，上部有倒向微柔毛，下部仅沿棱上有微柔毛。叶对生，长圆状披针形或长圆形，长2～8cm，宽10～25mm，先端急尖，基部楔形，边缘有尖锯齿，两面有疏短毛，下面有透明腺点。花小，成腋生轮伞花序。小坚果长圆状卵形，平滑。花期10月，果期11月。

喜湿润环境，但不耐涝。耐寒，又能耐热。需光照充足和长日照，较耐阴。对土壤的要求不高，但喜排水良好的有机质丰富的土壤。

主要用分株、扦插繁殖。4月上中旬将母株的茎分节切断，进行扦插。也可挖取粗壮、色白的根状茎，截成6～10cm长，植后覆土3cm左右，15～20d萌芽。播种在春、秋季进行，从发芽到开花需80～100d，发芽后初期生长较缓慢，2～3周后生长加快。为了维持良好的生长，最好能每年进行更新。生长期间需较多的氮肥，适当配合磷钾肥。

株形整齐、低矮，野生状态下形成的单纯群落，平坦、均匀，适宜作各种绿地中的地被植物材料。

常见本属的芳香植物有：留兰香(*Mentha spicata*)，有特殊的香气；'皱叶'留兰香(*M. spicata* 'crispata')和欧薄荷(*M. longfolia*)。

(17)'花叶'薄荷 *Mentha rotundifolia* 'Variegata'(唇形科薄荷属)

近年从国外引进，长三角地区有栽培应用。

多年生草本。高50～80cm，全株具有浓烈的清凉香味。茎基部稍倾斜向上直立，四棱形，被长柔毛。单叶对生，椭圆形至圆形，叶色深绿，边缘有较宽的乳白色斑。

两面有疏柔毛，下面有腺鳞。轮伞花序腋生，花小，淡紫红色，花冠二唇形。小坚果长圆形，藏于宿存萼内。花期7~10月，果期9~11月。

喜温暖湿润，生长最适温度20~30℃。喜光，稍耐阴，有一定耐寒性。当气温降至-2℃左右，植株开始枯萎，但地下根状茎耐寒性较强。

分株或扦插繁殖为主。雨水过多则易徒长，叶片薄，植株下部易落叶，病害也多，故雨季要注意防涝。喜pH 6.5~7.5的砂壤土、壤土和腐殖质土。薄荷喜肥，尤以氮肥为主，忌连作。

观花或观叶地被植物，可丛植于林下、林缘。也可作花境材料。

(18)连钱草 *Glechoma longituba*(唇形科活血丹属)

我国除西北、内蒙古外，各地均有分布。朝鲜也有分布。

多年生草本。茎细长，方形，有分枝，被细柔毛，下部匍匐，上部直立。节间着地后即可生根。叶对生，肾形至圆心形，边缘有锯齿，下面有腺点，正反两面叶脉上均有短柔毛；叶柄长为叶片的1~2倍。轮伞花序腋生，每轮2~6花；苞片刺芒状；花萼钟状；花冠二唇形，粉红色至淡紫色，下唇具深色斑点，中裂片肾形。小坚果长圆形，褐色。花期3~4月，果期4~6月。

生于山坡地，喜湿润气候，耐寒，喜光耐半阴，对土壤要求不严。

扦插、分株播种繁殖均可。由于连钱草节间容易生根，故分株繁殖极为简便，常于4~5月间挖取植株，进行分株移栽，浇水掩护即成活。连钱草喜阴湿环境，向阳处也能生长，砂壤土中生长良好。北京地区冬季略加覆盖能安全越冬。

此草极耐阴，可在疏林下等半阴处栽培，或作河岸溪边的地被植物，也可作花境材料。

(19)'花叶'欧亚活血丹 *Glechoma hederacea* 'Variegata'(唇形科活血丹属)

原产于欧洲，我国长三角地区有栽培。

多年性蔓性草本，温暖地区常绿。具匍匐茎，逐节生根。茎四棱形，基部通常为淡紫红色，除节上被倒向糙伏毛外，其余几无毛。叶草质，茎基部的较小，叶片近圆形，叶柄长3.5~4cm；茎上部叶较大，叶片肾形或肾状圆形，长0.8~1.3cm，宽约2cm，先端圆形，基部心形，具宽展的基凹，边缘具粗圆齿，齿端有时微凹，两面无毛，有时下面脉上疏被倒向糙伏毛，叶柄长0.8~1.8cm，两侧被倒向钩状毛。聚伞花序2~4花，组成轮伞状；花萼管状，上部微弯；花冠紫色，长约1cm，外面被短柔毛或硬毛，内面在下唇中裂片下被硬毛，冠筒长约7.5mm，挺直，向上渐宽大而呈漏斗状；雄蕊4，内藏。花期5月。

生于山谷草地上。喜欢温暖湿润的半阴环境，耐阴，有一定的耐寒性，对土壤要求不严，但在疏松肥沃、排水良好的土壤中生长更好。

扦插或分株繁殖。节处生根，切茎挖出另栽；剪取2~3节枝茎扦插，成活率高。生长期要保持土壤湿润，避免干旱，但要避免积水，以免造成烂根。只要不低于0℃即可安全越冬，如果遭遇低温茎叶枯萎，但地下的根茎仍然存活，到次年春天随着气温的回升，会有新的枝叶长出。

观赏价值优良，通常也作护坡、花镜、林荫下、建筑物北侧、石山、桥梁下等地被植物，也可作为屋顶绿化植物。

(20)‘金叶’牛至 *Origanum vulgare* ‘Aureum’(唇形科牛至属)

原产于欧、亚两洲及北非，我国上海、杭州、北京有栽培。生于路旁、山坡、林下及草地，海拔500~3600m地区。

多年生草本，芳香。根茎斜生，其节上具纤细的须根，多少木质。茎直立或近基部伏地，通常高15~40cm，多少带紫色，四棱形，具倒向或微蜷曲的短柔毛。叶黄绿色对生，叶片卵圆形或长圆状卵圆形，先端钝或稍钝，基部宽楔形至近圆形或微心形，长1~4cm，宽0.4~1.5cm。花序呈伞房状圆锥花序，开张，多花密集。花期7~9月，果期10~12月。

喜温暖湿润气候，适应性较强。以向阳、土层深厚、疏松肥沃、排水良好的砂质壤土栽培为宜。对土壤要求不严格，一般土壤都可以栽培，但碱土、砂土不宜栽培。

种子繁殖。直播于春季3月播种，将种子与细沙混合后，按株行距25cm×20cm开穴播种。条播按株行距25cm×25cm开条沟，将种子均匀播入。播种前用新高脂膜拌种与种衣剂混用，驱避地下病虫，隔离病毒感染，提高种子发芽率。苗出齐后及时间苗，中耕除草，排灌施肥，并在植物表面喷施新高脂膜，增强肥效，防止病菌侵染，提高抗自然灾害能力，提高光合作用效能。

叶黄绿色，在营养生长期间极其醒目，后期进行修剪。可以与草坪、灌木等搭配，营造良好的景观效果。

(21)匍匐筋骨草 *Ajuga reptans*(唇形科筋骨草属)

原产于美国；我国各地广泛栽培。

多年生常绿草本。高10~20cm。茎基部匍匐。叶对生，匙形或倒卵状披针形，边缘有不规则波状粗齿，叶片为绿色和紫褐色相间。轮伞花序有6~10朵花，排成间断的假穗状花序；苞片叶状，花萼钟形，5齿裂；花冠唇形，淡蓝色、淡紫红色或白色，基部膨大，内有毛环，上唇短，直立，顶端微凹，下唇3裂，中裂片倒心形，灰黄色，具网状皱纹。花期3~7月，果期5~11月。

生于路旁、溪边、草坡和丘陵山地的阴湿处。全日照、半日照均可，耐寒。

采用分株或扦插繁殖。分株一般在生长旺季的5~6月或10月进行。扦插一年四季均可进行。

叶色独特，枝叶繁密，可成片栽于林下、湿地，达到黄土不露天的效果。

(22)天胡荽 *Hydrocotyle sibthorpioides*(伞形科天胡荽属)

我国长江以南各地有分布。

多年生草本。株高5~10cm。茎细长，匍匐地面生长。叶互生，圆形或肾形，叶片常5裂片，每裂片再2~3浅裂，边缘有钝锯齿，上面绿色，光滑或有疏毛，下面通常有柔毛，叶柄细。伞形花序生于节上，与叶对生，花瓣卵形，绿白色。果实近心状圆形。花期4~5月，果期9~10月。

喜湿润的环境，忌干旱、严寒。生长于潮湿的草地、山坡、河畔、溪边等。自播繁衍能力强。

播种或扦插繁殖。播种在3月中上旬进行，扦插繁殖在春、秋季进行。

天胡荽是乡土地被植物，适应性广、覆盖能力强，可在短时间内形成致密草坪，但叶片嫩，水分多，不耐践踏。为耐阴湿观叶地被植物，可片植于阴湿的林下。

(23)'紫叶'鸭儿芹 *Cryptotaenia japonica* 'Atropurpurou'(伞形科鸭儿芹属)

分布于朝鲜、日本；我国多地有栽培。

多年生草本。株高20~70cm，叉式分枝。通常为3小叶；所有的小叶片边缘有不规则的尖锐重锯齿，叶片暗红色。广卵形复伞形花序呈圆锥状。花期4~5月，果期6~10月。

通常生于海拔200~2400m的山地、山沟及林下较阴湿的地区。适宜生长温度为10~25℃。宜选择土壤肥沃、有机质丰富、结构疏松、排灌良好、相对潮润但不黏重、土壤呈微酸性的立地条件。高温季节，宜搭建遮荫棚，同时经常要保持湿润。抗病虫害能力较强。

主要采用种子繁殖。播种前宜需进行种子处理，处理方法是先进行盐水选种，然后用湿毛巾包好种子，放在15~20℃温度中催芽5~7d。与细沙混播，播后喷足水分，保持发芽温度20~25℃，经2~3d就可出齐苗。

可与佛甲草等常绿多年生草本配置，夏季佛甲草生长旺盛，成片开花，秋季'紫叶'鸭儿芹生长健壮，色泽艳丽，在相对萧瑟的冬季，红绿相间，充满了生机。也可与上层乔灌木合理配置，不仅能丰富群落层次，而且能增添景观效果。

(24)鱼腥草 *Houttuynia cordata*(三白草科蕺菜属)

原产于亚洲东部和东南部，我国长江以南各地有分布。生长于沟边、溪边及潮湿的疏林下。

多年生草本。株高20~50cm，全株有鱼腥味。茎下部伏地，节上轮生小根，上部直立，无毛或节上被毛。叶互生，薄纸质，有腺点，叶片卵形或阔卵形，全缘，上面绿色，下面常呈紫红色，两面脉上被柔毛。穗状花序生于茎顶或与叶对生，基部有4枚白色花瓣状总苞片，花小而密，无花被。蒴果卵圆形，先端开裂，具宿存花柱。花期5~7月，果期7~10月。

适应性强，喜温暖、湿润、半阴环境，忌干旱。耐寒，怕强光，在-15℃可越冬。土壤以肥沃的砂质壤土及腐殖质壤土生长最好，不宜于黏土和碱性土壤栽培。

扦插或分株繁殖。扦插繁殖在5~6月进行，10~15d生根，2周后定植，常规管理。分株繁殖在4月下旬挖掘母株，分成几小株栽植。栽种后注意浇水，需保持土壤潮湿，夏季遮光。

植株高矮一致，生长茂盛，群体效果好。3月下旬至7月观赏价值较高。可于阴湿地布置花境，点缀池塘边、庭园假山，也可片植于林缘或林下作观叶地被植物。

(25)'变色龙'鱼腥草 *Houttuynia cordata* 'Chameleon'(三白草科蕺菜属)

原产于日本、我国。

多年生草本。高15~30cm或更高，株形扩展。叶卵形至心形，叶面色彩变化较为丰富，有淡黄色与粉红色斑纹，长3~9cm；叶片揉搓之后，会有橘子的香味。穗状花序3cm长，花小，黄绿色，下方由纯白色的卵形苞片所包围。花期春季。

生育适温20~28℃。喜高温多湿，喜光也耐阴，喜富含腐殖质的湿润土壤，也是水边常用的栽植植物。

播种繁殖，可在容器中进行。春季分根，可在春末时切根繁殖。全日照或半阴条件下都能生长良好，但斑叶品种如光照不足，会转为绿叶。

可用于水边栽植，是池、塘岸边的美化植物品种。

(26)铃兰 *Convallaria majalis*（百合科铃兰属）

原产于亚洲、欧洲及北美，我国南北方均有分布。常生长于山地阴湿地带之林下或林缘灌丛。朝鲜、日本至欧洲、北美洲也很常见。

多年生草本。株高约30cm。根状茎细长，匍匐。叶2枚，椭圆形，先端急尖，基部稍狭窄；叶柄呈鞘状相抱，基部有数枚鞘状的膜质鳞片。花莛由鳞片腋伸出；总状花序偏向一侧；苞片披针形，膜质；花乳白色，阔钟形，下垂。浆果球形，红色。种子椭圆形，扁平。花期5~6月，果期6~7月。

性喜凉爽、湿润和半阴环境，耐寒性强，忌炎热干燥。喜肥沃排水良好的砂质壤土。喜微酸性土壤，在中性和微碱性土壤中也能正常生长。

分株繁殖。在春、秋季切分根状茎或将萌芽切段另行栽培。株行距25cm×25cm~30cm×30cm，每丛2~3个芽，覆土深5~6cm。生长期应经常保持土壤疏松湿润。

喜半阴的地被植物，可植于落叶林下、林缘和林间空地及建筑物背面，也可与其他花卉配置于花坛和花境。

(27)玉竹 *Polygonatum odoratum*（百合科黄精属）

我国东北、华北、华东、华中、西南地区有分布。

多年生草本。株高20~50cm。具地下肉质根状茎，地下茎竹鞭状圆柱形。地上茎高20~50cm。叶互生，椭圆形至卵状矩圆形，稍厚，微革质，深绿色。花序腋生，每花序具花1~3朵，栽培的可多达8朵。花被白色，或顶端黄绿色，合生呈筒状。浆果，蓝黑色。花期6~7月，果期8~9月。

喜生长于含腐殖质土的山野或林下。耐寒，也耐阴，喜潮湿环境。

常用播种和根茎繁殖。种子繁殖于9月采收果实，放水中浸泡，搓去果皮果肉，与湿沙混拌进行沙藏处理至翌春取出播种。也可根茎繁殖，根茎繁殖生长速度快，一般于10月选晴天挖取根茎，选具有肥大、黄白色根芽的根茎留作种用。做到随挖、随选、随栽。栽植宜选择疏松、排水良好富含腐殖质的疏松土壤，切忌积水。

花叶同赏。5~6月开花，花白色，钟形下垂，小巧可爱，叶色碧绿，茎叶茂密。是良好的耐阴湿地被植物，宜用于花境或林缘栽植。

(28)白穗花 *Speirantha gardenii*（百合科白穗花属）

我国特有的单属种植物，分布于江苏、浙江、安徽、江西、四川，生于海拔630~900m处的山谷溪边和阔叶林下。

多年生常绿草本。具粗短圆柱形的根状茎及细长匍匐茎。叶基生，旋叠状，4～8枚，近直立，倒披针形、披针形或长椭圆形，先端渐尖，下部渐狭成柄。花莛侧生，长约10cm；总状花序有花12～30朵，花梗直，顶端有关节，果熟时从关节处脱落；花被白色，花瓣状，6枚，披针形，具1脉，反折；雄蕊6，着生于花被片基部，花药“丁”字着生，内向；子房上位，3室，每室有上下叠生的胚珠3～4颗。果为浆果。

喜温凉、湿润气候，较耐阴，忌阳光暴晒，耐寒。要求富含腐殖质的酸性土壤，在林下、溪旁与阴山坡上生长良好。引种平原地林下栽培也能适应。

分株繁殖为主。春、秋季节分根茎。白穗花对栽培条件要求不高，只要及时浇水，稍施肥料，均可生长良好。

叶终年常绿，花白色素雅，是良好的观叶、观花地被植物。可片植于林下阴湿处。

(29)山麦冬 *Liriope spicata*(百合科山麦冬属)

日本、越南有分布，我国除东北、内蒙古、青海、新疆、西藏各地外，其他地区广泛分布和栽培，生于海拔50～1400m的山坡、山谷林下、路旁或湿地。

多年生常绿草本，植株有时丛生。根稍粗，直径1～2mm，有时分枝多，近末端处常膨大成矩圆形、椭圆形或纺锤形的肉质小块根。根状茎短，木质，具地下走茎。叶长25～60cm，宽4～6(8)mm，先端急尖或钝，基部常包以褐色的叶鞘，上面深绿色，下面粉绿色，具5条脉，中脉比较明显，边缘具细锯齿。花莛通常长于或几等长于叶，少数稍短于叶，花通常(2)3～5朵簇生于苞片腋内；苞片小，披针形，干膜质；花梗长约4mm；花被片矩圆形、长4～5mm，先端钝圆，淡紫色或淡蓝色。种子近球形，直径约5mm。花期5～7月，果期8～10月。

喜阴湿，忌阳光直射，对土壤要求不严，以湿润肥沃为宜。在长江流域终年常绿，北方地区可露地越冬，但叶枯萎，次年重发新叶。

以分株繁殖为主，大量繁殖可用组织培养法。

山麦冬广泛栽培，我国大部分地区用作地被植物。

(30)阔叶山麦冬 *Liriope muscari*(百合科山麦冬属)

分布于我国长江流域以南各地。生于海拔100～1400m的山地林下或潮湿处。

多年生常绿草本。叶片较宽，宽线形，多少带镰刀状，长13～60cm，宽0.6～2cm或更宽，基部渐狭成柄状，具9～11条脉。花茎连花序长25～40cm；总状花序花多而密，长10～30cm；花3～8朵簇生。花期7～8月，果期9～10月。

性喜阴湿，忌阳光直射，较耐寒；对土壤要求不严，但在湿润肥沃土壤中生长更好。

繁殖以早春分株栽植为主。栽培地宜选通风良好的半阴环境，保持土壤湿润。由于生长迅速，除应有较充足的基肥外，生长期还应增施2～3次液体追肥。长江流域可露地越冬，华北地区冬季叶多枯萎。

株丛繁茂，终年常绿，为良好的观叶地被植物，也可作花境、花坛镶边材料。

(31)沿阶草 *Ophiopogon japonicus*(百合科沿阶草属)

原产于亚洲东部，我国华东、华中、华南均有分布，多生于海拔2000m以下山坡林下或溪旁。

多年生草本。高15~40cm。根状茎横走，外被膜质鳞片，须根多数，先端或中部膨大呈纺锤形或椭圆形的小块根。叶丛生，长条形，先端钝或尖，基部渐狭成叶柄状。花莛红，短于叶丛，长6.5~14cm；花序总状；苞片膜质，每苞片内着生2~5朵花；花被6片，淡紫色。浆果球形，蓝黑色。花期6~7月，果期10~11月。

性喜温暖湿润半阴及通风良好环境，抗性强，耐寒，忌暴晒，喜排水良好、疏松、肥沃土壤，但也耐瘠薄。不耐盐碱及干旱。

分株繁殖为主，于4月上旬将母株挖起，切去块根后分株。也可播种繁殖，10月果熟时随采随播，7~8周出苗，播种苗长势好，整齐繁茂，培育1~2年可作地被。基肥充足可加快生长速度。

沿阶草是优良的地被植物，园林布置中，用以点缀山石、台阶路旁，或草地镶边。

(32)吉祥草 *Reineckia carnea*(百合科吉祥草属)

我国长江流域以南各地及西南地区有分布，日本也有分布。

多年生常绿草本植物。叶通常簇生在匍匐根茎顶端，线状披针形至披针形。花淡紫红色。浆果球形，红色。花期9~11月，果期12月至翌年5月。

性喜温暖、湿润的环境，较耐寒耐阴，对土壤要求不严，适应性强。

常于早春萌芽前分株繁殖。虽可播种，但很少应用。栽培管理粗放。为我国长期栽植的花卉，以观叶为主。清《花镜》中对其形态、习性、栽培及欣赏都有扼要记述："吉祥草，丛生畏日，叶似兰而柔短，四时青绿不凋，夏开小花，内白外紫成穗，结小红子，但花不易发，开则主喜，凡候雨过分根种活，不拘水土中或石上俱可栽，性最喜温，得水即生，取伴孤石灵芝，清供第一。"

温暖地可作为地被植物成片栽植，冷凉地可盆栽。株形典雅，绿色明目，常取其吉祥之意，置于厅堂、书斋，也可用于会议室的几案上。

品种有'银边'吉祥草('Variegata')，叶缘白色或有白色条纹。

(33)假金丝马尾 *Ophiopogon bodinieri*(百合科沿阶草属)

原产于亚洲东南部，栽培变种。

多年生常绿草本。叶基生，禾叶状，先端渐尖，基部叶柄不明显，边缘具膜质叶鞘，长30~50cm，宽约1cm，绿色；叶边缘或中间有白色纵纹，叶缘斑条纹较宽。地下有根状茎，多年生植株可抽生匍匐茎；须根可膨大成块根。花莛比叶短，总状花序，花白色、紫色、淡紫色或淡绿白色。果紫黑色。花期7~8月，果期8~9月。

全日照条件，生长适温为16~28℃，不择土壤，喜湿润，也耐旱。

分株、播种繁殖均可。

假金丝马尾叶色美观，为优良的观叶植物，常用作地被植物观赏，也适合林缘、路边、山石边或水岸边丛植或片植。

(34)万年青 *Rohdea japonica*(百合科万年青属)

原产于我国和日本。在我国华东、华中及西南地区均有栽培。

多年生常绿草本。无地上茎，根状茎粗短，黄白色，有节，节上生多数细长须根。叶自根状茎丛生，质厚，披针形或带形，长15～40cm，宽2.5～7cm，边缘波状，基部渐窄呈叶柄状，上面深绿色，下面淡绿色，直出平行脉多条，主脉较粗。春、夏季从叶丛中生出花莛，花多数，丛生于顶端排列成短穗状花序；花被6片，淡绿白色。浆果球形，橘红色；内含种子1粒。

性喜半阴、温暖、湿润、通风良好的环境，不耐旱，稍耐寒；忌阳光直射、忌积水。一般园土均可栽培，但以富含腐殖质、疏松透水性好的微酸性砂质壤土最好。

分株、播种均可繁殖。分株春、秋季均可；3～4月间播种，在25～30℃下，约1个月发芽。夏季生长旺盛期应加强肥水管理，每2周追肥1次，适量增施磷肥，则叶色浓绿，生长旺盛。要求较湿润的空气和通风良好的荫蔽环境。冬暖地区露地栽培。

四季青翠，果实鲜红秋冬不凋，宜作林下地被或盆栽，为良好的观叶、观果植物。

变种：金边万年青（var. *marginata*），叶缘具黄边；银边万年青（var. *variegata*），叶片具白边；花叶万年青（var. *pictata*），叶片具白色斑点。

(35)一叶兰 *Aspidistra elatior*（百合科蜘蛛抱蛋属）

原产于我国南方各地，栽培利用较为广泛。

多年生常绿草本。根状茎近圆柱形，直径5～10mm，具节和鳞片。叶单生，彼此相距1～3cm，矩圆状披针形、披针形至近椭圆形，长22～46cm，宽8～11cm，先端渐尖，基部楔形，边缘多少皱波状，两面绿色，有时稍具黄白色斑点或条纹；叶柄明显。花被钟状，外面带紫色或暗紫色，内面下部淡紫色或深紫色。

喜温暖湿润、半阴环境，较耐寒，极耐阴。生长适温为10～25℃，而能够生长温度范围为7～30℃，越冬温度为0～3℃。

一叶兰主要以分株繁殖为主。将地下根茎连同叶片分切为数丛，使每丛带3～5片叶进行种植。对土壤要求不严，耐瘠薄，但以疏松、肥沃的微酸性砂质壤土较好。生长季要充分浇水，以利萌芽抽长新叶；秋末后可适当减少浇水量。

一叶兰叶形挺拔整齐；叶色浓绿光亮，长势强健茂密，适应性强，极耐阴，是温暖地区优良的地被植物。

(36)仙茅 *Curculigo orchioides*（石蒜科仙茅属）

我国南方各地以及日本、东南亚地区有分布。多生于向阴潮湿沟边、坡脚、路旁等，属于耐阴植物。

多年生常绿草本。株高30～70cm。根状茎直立，圆柱形，肉质。叶3～6片丛生，革质，披针形或狭披针形，长10～30cm，先端尖，两面有散生的长柔毛，基部扩大成鞘，近无柄。花腋生，花茎甚短，藏于叶鞘内；花杂性，上部为雄花，下部为两性花；苞片披针形，膜质；花径1cm，花被下部细长管状，长约2cm，或更长，先端6裂，裂片披针形，内面黄色，外面白色；雄蕊6，花丝短；子房下位，狭长。浆果椭圆形，先端有喙，被柔毛。花期5～8月。

喜温暖、湿润的环境。有一定耐寒、耐旱性。要求土壤疏松、深厚，排水良好。

播种繁殖或分株繁殖。3～4 月播种。分株繁殖在春季进行。栽培时适当遮阴，施足底肥，及时浇水。

耐阴湿观叶地被植物，仙茅可与其他植物一同配置在林下、水边等较阴地块，组建复杂的植物群落。

(37)石菖蒲 *Acorus tatarinowii*(天南星科菖蒲属)

我国长江流域以南各地均有分布，主产于四川、浙江、江苏等地。

多年生常绿草本植物。株高 30～40cm，全株具香气。硬质的根状茎横走，多分枝。叶剑状条形，两列状密生于短茎上，全缘，先端渐尖，有光泽，中脉不明显。花茎叶状，扁三棱形，肉穗花序，花小而密生，花绿色，无观赏价值。浆果肉质，倒卵圆形。4～5 月开花。

喜阴湿环境，在郁密度较大的树下也能生长，但不耐阳光暴晒，否则叶片变黄。不耐干旱。稍耐寒，在长江流域可露地越冬。

通常在 9～10 月进行分株种植，即除去枯黄老叶后，将植株分为 5～10 个分蘖的小株，然后种植浇水。株行距 30cm×30cm 左右，1～2 年可长成茂密的植被群落。

叶常绿而具光泽，性强健，覆盖性能好，宜在较密的林下作地被植物。也可用于水景岸边及水体绿化，或栽于浅水中作湿地植物，是水景园中重要的观叶植物。

(38)'金叶'金钱蒲 *Acorus gramineus* (天南星科菖蒲属)

原产于我国长江流域以南温暖潮湿多雨地区。全国各地广泛栽培。生长于海拔 1800m 以下，水旁湿地及石上。

多年生草本。高 20～30cm。根茎较短 5～10cm，横走或斜伸，芳香，外皮淡黄色，根肉质；须根密集。根茎上部多分枝，呈丛生状。叶基对折，两侧膜质叶鞘棕色，下部宽 2～3mm，上延至叶片中部以下，渐狭，脱落；叶片质地较厚，线形，绿色，长 20～30cm，极狭，先端长渐尖，无中肋，平行脉多数。花序柄长 2.5～9(～15)cm；叶状佛焰苞短，长 3～9(～14)cm，为肉穗花序长的 1～2 倍，稀比肉穗花序短，狭，宽 1～2mm；肉穗花序黄绿色，圆柱形，长 3～9.5cm。果序粗达 1cm，果黄绿色。花期 5～6 月，果期 7～8 月。

生长于海拔 1800m 以下水旁湿地及石上，耐半阴，耐寒，忌干旱，不择土壤。生长适温为 15～25℃。

扦插繁殖或分株繁殖。扦插全年都能进行，以春、秋季生根快，成活率高。

'金叶'蒲叶片常绿而具光泽，性强健，能适应湿润及较阴的环境条件。因此可栽培于光照不足的环境。

(39)白蝴蝶 *Syngonium podophyllum*(天南星科合果芋属)

原产于中美、南美热带雨林中，现世界各地广为栽培。

多年生蔓性常绿草本植物。茎节具气生根，攀附他物生长。叶片呈两型性，幼叶为单叶，箭形或戟形；老叶呈 5～9 裂的掌状叶，中间一片叶大型，叶基裂片两侧常着生小型耳状叶片。初生叶色淡，老叶呈深绿色，且叶质加厚。佛焰苞浅绿或黄色。

花期夏、秋季。

喜高温多湿、疏松肥沃微酸性土壤。适应性强，能适应不同光照环境。强光处茎叶略呈淡紫色，叶片较大，色浅；在明亮的散射光处生长良好。生于山坡较阴蔽而湿润的草地、疏林下或林缘草地，云贵高原一带常生于海拔3000～3300m处。冬季有短暂的休眠。

扦插繁殖为主。生根温度为20～25℃。土壤以肥沃、疏松和排水良好的砂质壤土为宜。

白蝴蝶株态优美，叶形多变，色彩清雅，在华南地区可作地被植物。在北方与绿萝、蔓绿绒誉为天南星科的代表性室内观叶植物。

(40)白芨 *Bletilla striata*（兰科白芨属）

原产于我国，广布于长江流域各地。朝鲜、日本也有分布。

多年生草本。株高20～60cm。球茎扁圆形，有环纹，茎粗壮，直立。叶披针形或广披针形，先端渐尖，基部鞘状抱茎。叶多平行纵褶。总状花序顶生，稀疏，有花3～8朵，花大而美丽，紫红色。蒴果，圆柱状。花期4～5月，果期10～11月。

喜温暖、湿润的环境。耐半阴，忌强光直射，夏季高温干旱时叶片容易枯黄。稍耐寒，长江中下游地区能露地栽培。宜排水良好含腐殖质多的砂壤土。

常用分株繁殖。春季新叶萌发前或秋冬地上部枯萎后，掘起老株，分割假鳞茎进行栽植，每株可分3～5株，每株须带顶芽。3月初种植，栽植深度3～5cm，株行距20cm×20cm。生长期需保持土壤湿润，注意除草松土，花后至8月中旬施1次磷肥，可使块根生长充实。

观花、观叶地被植物，可布置花境，片植于林下或林缘。

(41)蚌兰 *Rhoeo discolor*（鸭跖草科蚌兰属）

原产于西印度群岛、墨西哥、委地马拉。我国华南地区广泛栽培。

多年生草本。株高30～60cm，节密生，不分枝。叶基生，叶放射状密生于茎顶，密集覆瓦状，茎短，无柄；叶片披针形或舌状披针形，长15～25cm，宽3～4cm，基部凹入，基部扩大成鞘状抱茎，呈环状着生在短茎上；叶面光滑深绿，上面绿色，缀有深浅不同的条斑，下面紫红色，亦有紫红深浅不一的条斑；叶片肥厚而略呈革质。茎、叶稍多汁。聚伞花序生于叶的基部，大部藏于叶内；苞片2片，蚌壳状，大而扁，淡紫色；由植株基部之叶腋处陆续向上开放，花冠白色或淡粉红色，花多而小。花期8～10月。

喜温暖气候，在15℃以上的温度条件下可全年生长，不耐寒，10℃以下停止生长，越冬温度最好能维持在5℃以上。喜半阴和充足的散射光。忌湿涝，过湿易引起烂根。

扦插、分株、播种均可繁殖。

叶面光亮碧翠，叶背紫色，红绿相映，十分鲜丽；白色的小花开于两片极似蚌壳的紫色苞片中，犹如河蚌含珠，故又称蚌花，十分有趣。为华南地区广泛栽培的地被植物。

(42)'小'蚌兰 *Rhoeo spathaceo*'Compacta'(鸭跖草科蚌兰属)

原产于热带中美洲地区。我国华南地区常见栽培。

多年生草本。叶小而密生，叶簇密集，叶簇生于短茎，剑形，硬挺质脆；叶上面绿色，下面紫色。花序腋生于叶的基部，佛焰苞呈蚌壳状，淡紫色，花瓣3片。成株较小，以观叶为主，属于观叶植物。荫蔽处叶面呈淡绿色，叶下面淡紫红，强光下叶上面渐转浑红，下面紫红。

全日照、半日照均理想，叶色较美观。以肥沃的腐殖质壤土培育最佳，排水需良好。性喜温暖至高温，冬季应温暖避风，生育适温20~30℃，10℃以下需防寒害发生。

扦插、分株均可繁殖。扦插在3~10月均可，剪取顶端嫩枝，去除基部叶片，插穗长7~10cm，插后2周生根。易栽培，肥多会引起徒长，每旬施肥一次。浇水要做到不干不浇。

适于庭院、林缘等绿化美化。

(43)紫叶鸭跖草 *Setcreasea pallida*(鸭跖草科紫鸭跖草属)

原产于墨西哥，现世界各地广为栽培。

多年生草本植物。茎下垂或匍匐。叶披针形，基部抱茎。茎与叶均为暗紫色，被有短毛。小花生于茎顶端，鲜紫红色。

喜温暖、湿润，不耐寒，要求光照充足，但忌暴晒。对土壤要求不严，以疏松土壤为宜。

采用扦插法繁殖，成活率高。经常保持土壤湿润可使植物枝繁叶茂。夏季要适当遮阴，华南地区普遍栽培，长江流域地区也可栽培。

叶色深紫，蔓延性好，可用于路边、林下或花坛边缘种植，也可植于花台，下垂生长，十分醒目。

(44)吊竹梅 *Zebrina pendula*(鸭跖草科吊竹梅属)

原产于南美洲。我国长江流域以南可露地栽培。

多年生草木。茎稍柔弱，半肉质，分枝，披散或悬垂。叶互生，无柄；叶片椭圆形、椭圆状卵形至长圆形，先端急尖至渐尖或稍钝，基部鞘状抱茎，叶鞘被疏长毛，腹面紫绿色而杂以银白色，中部和边缘有紫色条纹，背面紫色，通常无毛，全缘。花聚生于1对不等大的顶生叶状苞内，花期6~8月。

吊竹梅在原产地多匍匐在阴湿地上生长，怕阳光暴晒。不耐寒，怕炎热，14℃以上可正常生长。要求较高的空气湿度，在干燥的空气中叶片常干尖焦边。对土壤的酸碱度要求不严。

扦插繁殖。摘取健壮茎数节插于湿沙中即可成活。插穗生根的最适温度为18~25℃，扦插后必保持空气的相对湿度在75%~85%易成活。

吊竹梅枝条自然飘曳，独具风姿；叶面斑纹明快，叶色美丽别致，深受人们的喜爱。植株小巧玲珑，又比较耐阴，是光照不足环境下优良的地被植物。也可用于室内美化。

(45) 白花紫露草 *Tradescantia fiumiensis*（鸭跖草科紫露草属）

原产于南美洲巴西中部、乌拉圭和巴拉圭。世界各地广泛栽培。

多年生常绿草本。茎匍匐，光滑，长可达60cm，带紫红色晕，有略膨大节，节处易生根。叶互生，长圆形或卵状长圆形，先端尖，下面深紫堇色，仅叶鞘上端有毛，具白色条纹。花小，多朵聚生成伞形花序，白色，为2叶状苞片所包被。花期夏、秋季。

白花紫露草性喜温暖湿润气候，畏烈日，宜生于有明亮的散射光处，对土壤生态习性要求不高。适宜生长温度为15～25℃，冬季温度保持在5℃以上。

常用分枝、扦插、压条等法繁殖，易发根，生长快。扦插春、秋、夏三季均可进行，剪5～8cm的枝条水插、土插均可。白花紫露草虽耐阴，但不宜长时间过阴，否则茎会徒长、叶脆嫩、长势差。

白花紫露草植株铺散，叶色美观，覆盖度好，是温暖地区理想的地被植物材料。也可作盆栽观赏，是书橱、几架、茶几等处良好的装饰植物。

(46)‘三色’竹芋 *Ctenant oppenheimiana* ‘Quadricdor’（竹芋科栉花竹芋属）

原产于巴西。我国华南地区栽培较多。

常绿草本。根出叶，叶长椭圆状披针形，全缘，叶面深绿色，具有淡绿、白至淡粉红色羽状斑彩；叶柄及叶背暗红色。

性喜高温高湿，栽培土质以腐殖质土或砂质壤土为佳，排水需良好。老化的叶片随时剪除。

分株繁殖为主，春季进行。

叶色鲜明艳丽，性耐阴，生长密集，适于庭园荫蔽处丛植，也是优美高级的室内观叶植物。

(47)‘紫叶’车前草 *Plantago major* ‘purpurea’（车前草科车前草属）

我国上海、江苏、浙江、北京均有栽培。

多年生草本。根茎短缩肥厚，密生须根。叶基生呈莲座状，平卧、斜展或直立；叶片纸质，紫色，卵圆形至广卵形，叶脉5～7条，上面皱褶凹陷，下面明显隆起，叶缘波状。

适应性强，耐寒、耐旱，对土壤要求不严，在温暖、潮湿、向阳、砂质沃土上能生长良好。20～24℃范围内茎叶能正常生长。

采用种子繁殖。选择湿润、比较肥沃的砂质土壤，播种之前，将种子掺上细沙轻搓，去掉种子外部的油脂，利于种子发芽。我国北方3月底至4月中旬或10月下旬播种。为确保成苗率，可采取25%多菌灵粉剂拌种消毒，并用辛硫膦掺入细沙撒于地面，以防治地下害虫。

‘紫叶’车前草全株亮紫色，可布置于花坛、花境边缘作镶边材料，也可用于庭院、岩石园或水边点缀，丰富景观色彩。

(48) 紫叶鸭跖草 *Setcreasea pallida*（鸭趾草科紫竹梅属）

原产于墨西哥，我国各地引种栽培，长江流域以南地区园林应用普遍。

多年生草本。株高 20～30cm。叶披针形，略有卷曲，紫红色，被细绒毛。茎紫褐色，初始直立，伸长后半蔓性，匍匐生长。春、夏季开花，花色桃红或粉红。

耐旱，但性喜高温多湿，对光线适应力较强，强光或荫蔽处均能生长。强光下，叶呈深紫红色，荫蔽处转为褐绿。喜砂质、排水良好的腐殖土。生长适温 20～30℃。

扦插或分株繁殖。扦插 5～6 月进行，嫩枝插穗 7～10d 可生根，成活率 95% 以上。除冬季外，全年均能正常繁殖。2～3 年分株 1 次。栽培管理简单，生长期 2～3 月施用 1 次有机肥料。

适合草坪、道旁美化。也可用作花坛的边缘镶边材料，种植于树基，或在林缘片植。

(49)'金叶'苔草 *Carex hachijoensis* 'Erergold'(莎草科苔属)

主要分布在亚热带中低山及丘陵地区。

多年生常绿草本。株高 20cm。叶披针形，有黄色条纹，叶片两侧为绿边，中央呈黄色，穗状花序。花期 4～5 月。

喜光，耐半阴，不耐涝，适应性较强。对土壤要求不严，但低洼积水处不宜种植。生长期保持土壤湿润，但积水易造成烂根。耐瘠薄，一般不必另外施肥。有一定的耐寒性，在黄河以南地区可露地越冬。

繁殖以分株为主，常规管理即可。

叶色鲜亮，成片种植或孤植效果非常突出。最佳观赏期：5～6 月，9～10 月。植株生长密集，具有很好的覆盖性，既可作为植被成片种植，也可作为草坪、花坛、园林小路的镶边种植。

(50)玉带草 *Phalaris arundinacea* var. *picta*(禾本科虉草属)

原产于北美和欧洲，我国南北各地广为栽培。

多年生草本。具根茎，秆高 30～50cm。叶扁平，线形，长约 30cm，绿色间有白或黄色条纹，质地柔软，形似玉带。圆锥花序紧密成圆柱状。花果期 6～8 月。

较耐寒，忌雨涝，对土壤要求不严，但在气候温暖和砂质土中生长最茂盛。

分株繁殖为主。通常 3～4 年应分株栽植，以免根系拥挤影响生长。北京地区选冬季避风向阳处露地栽培；作地被栽植或花坛边缘栽植的，生长季应多次修剪，以促健壮生长。

园林中常作花坛镶边或护坡地被植物栽植，也可用作水景园背景材料，或点缀于桥、亭、榭四周。

(51)求米草 *Oplismenus undulatifolius*(禾本科求米草属)

分布于我国南北各地。

一年生草本。株高 20～30cm。秆细弱，基部横卧地面，节上生根。叶片披针形，通常皱而不平，先端尖，基部略圆而稍不对称；叶鞘有短刺毛，或仅边缘具纤毛，叶舌膜质，短小。圆锥花序狭长。颖果椭圆形。花果期 7～11 月。

耐阴，稍耐寒，忌阳光暴晒。对土壤要求却不严。在土壤肥沃、水分充足处生长茂盛。求米草属匍匐低矮小草本，喜生于阴湿的林子、路边，也分布在低山丘陵地。

每年早春种子萌发生长，当气温上升到10～12℃，植株生长旺盛时，发达的匍匐茎节上即生出许多不定根和腋芽，随后发育成地上枝。待地上枝长到一定高度时，又靠近地面匍匐生长，再次形成众多的地上枝，如此不断繁衍，能快速覆盖地面，形成簇生分布的单优势种群落。

播种繁殖。自播能力强。

蔓延能力强，耐阴湿地被植物，可种植于路旁、岩石边，也可片植于树林下作地被植物。

(52)淡竹叶 *Lophatherum gracile*（禾本科淡竹叶属）

分布于我国长江流域以南各地；东南亚和日本也有。

据《本草纲目》记载，“淡竹叶，处处原野有之。春生苗高数寸，细茎绿叶，俨如竹米落地所生细竹之茎叶，其根一窠数十须，须上结子，与麦门冬一样，但坚硬尔。随时采之。八九月抽茎，结小长穗。人采其根苗，捣汁和米作酒曲，甚芳烈。”淡竹叶为多年生草本。株高40～100cm。根茎缩短而木化，秆直立，中空，节明显。叶互生，披针形，基部收缩成柄状，脉平行并有明显小横脉。圆锥花序顶生，小穗条状，不育外稃相互包卷，先端有短芒。颖果深褐色。花期7～9月，果期10月。

淡竹叶生长旺盛、分蘖力强，喜阴凉气候。耐贫瘠，但阳光过强则生长不良，常表现为植株低矮、分蘖力降低、叶色发干偏黄等，观赏价值降低。

播种、分株皆可。直播法，7～9月，在种子成熟时，割取果穗，搓下种子，晒干、簸净贮藏备用。春播于3～4月进行，在整平的林下地，按沟心距25～30cm开横沟，播幅约10cm，深2～5cm。播前，种子用草木灰拌匀，播时先在沟里施入人畜粪水，把种子均匀撒入，上覆盖一层薄细土。每公顷用种子10.5～12kg。分株繁殖春秋二季可进行，易栽培管理。宜选山坡林下及阴湿处栽培，以富含腐殖质的砂质壤土栽培为宜。

林下耐阴湿地被植物。

7.4 蕨类地被植物

7.4.1 蕨类地被植物的观赏特性

蕨类植物虽没有鲜艳夺目的花与果，但其奇特的叶形、叶姿和青翠碧绿的色彩，使人赏心悦目，成为园林植物中的一枝奇葩。蕨类植物在我国分布广泛，特别适合在温暖湿润环境中生长。在草坪植物和喜光植物不能生长的阴湿环境里，很多蕨类植物却生长得十分旺盛。

蕨类植物应用于庭园内，尤其在难以处理的狭窄空地或阴暗的角落，如窗台下、石隙间、水池旁等处，种植鳞毛蕨、铁线蕨、肾蕨等，再配以特性相似的其他植物，使庭园呈现一派古朴的自然风光。

将喜水湿的种类植于水边、水池浅地、溪地畔及岸石间隙，使水岸处理自然化，绿意盎然，与水的柔和协调一致。

耐阴湿的蕨类植物为风景林下层、山坡北面疏林地的理想地被植物，在风景区的陡坡、路岸造景，效果非常好。

蕨类植物特殊的形态和生态，对城市绿地植物多样化具有独特的景观价值和生态意义，将其用作园林绿化中的花坛、花台、花境、行车道隔离带、绿地植物配置，在园林中有广阔的应用前景。

7.4.2 常见种类

(1)翠云草 *Selaginella uncinata*(卷柏科卷柏属)

我国中部、长江以南各地及西南有分布。生于林下阴湿岩石上或山坡溪谷中。

多年生常绿草本。茎柔软细长，伏地蔓生，长达50~100cm，节处生根，侧枝多回分叉。叶卵形，叶上面有翠蓝绿色荧光，下面深绿色；营养叶二型。孢子穗四棱形，孢子叶卵状三角形，覆瓦状排列。

喜温暖、湿润、半阴环境，忌强光直射。生长适温为20~26℃，冬季温度维持在5℃以上。要求腐殖质含量丰富、排水良好的土壤。

分株繁殖、扦插或孢子繁殖。分株在3~4月取不定根的茎段，选用富含腐殖质疏松透水的土壤栽种，种植后保持土壤湿润，注意遮阴。扦插在5~6月，将茎枝直接插于沙床中，保持湿润，约15d生根。也可用孢子繁殖。冬季温度过低，叶片易干枯卷缩。生长期每月施1次液肥。

叶形美丽，姿态俊秀，是极好的耐阴湿地被植物。可布置盆景园、假山石、岩石园，宜片植于乔灌木林下。

江南卷柏(*Selaginella moellendorfii*) 常绿蕨类植物。植株高达40cm。主茎直立，禾秆色，下部不分枝，上部分枝。叶在下部茎上，螺旋状疏生，卵形至卵状三角形；中叶不具白边。分布于长江以南各地，向北到陕西南部。越南也有。生林下、林缘、溪边、农田边，岩石缝中，凡是有灌草丛的低山丘陵上均能生长。其他与翠云草相似。

(2)芒萁 *Dicranopteris pedata*(里白科芒萁属)

我国长江以南各地有分布。朝鲜南部、日本也有。生于强酸性的红壤或黄壤丘陵地区。

多年生草本。株高30~80cm。根状茎横走，细长。叶上面黄绿色，下面灰白色或灰蓝色；叶轴二至多回分叉，分叉腋间有休眠小叶腋，基部有1对阔披针形羽片。孢子囊生于叶片下面，在主脉两侧各排一行。

自成群落，为酸性土指示植物，喜强酸性土壤，极耐干旱，耐贫瘠，抗逆性强。

分株繁殖。春季切取根茎，每段根茎带2~3片叶，带原土栽种，保持土壤湿润。成活后管理粗放。

向阳坡地或疏林下耐贫瘠地被植物。

(3)渐尖毛蕨 *Cyclosorus acuminatus*(金星蕨科毛蕨属)

广布于长江以南各地，东至台湾，北到陕西南部。多生于田边、山谷。

植株高70~80cm。根状茎长而横走。叶二列，叶柄长达30~40cm，深禾秆色；叶片二回羽裂；披针形，先端尾状渐尖，叶厚革质，上面被短粗毛，叶轴和羽轴被刚毛或柔毛。孢子囊群生于侧脉上部。

生于海拔100~1200m的田边、路旁或林下溪谷边，喜温暖湿润。适应性强。

孢子或分株繁殖均容易。宜在中性土壤栽培，管理粗放。

生命力和适应性强，可植于林缘草丛或溪沟边作地被。

(4)井栏边草 *Pteris multifida*(凤尾蕨科凤尾蕨属)

我国除东北、西北外，各地有分布。日本、朝鲜、菲律宾、越南也有分布。

多年生常绿草本。株高30~60cm。根状茎直立，短而硬，密被黑褐色条状披针形鳞片。叶簇生；具不育叶和孢子叶两种类型；不育叶卵状长圆形，可育叶狭线形。孢子囊沿叶边细线状排列。

生于阴湿的林下、墙缝、井边及石灰岩上，为钙质土壤指示植物。喜温暖阴湿环境，在肥沃、湿润、排水良好的碱性土中生长最佳。

分株或孢子繁殖。栽植要遮阴，保持较高的空气温度。

叶形美丽，四季常绿，是良好的观叶地被植物。在郁闭度高、湿度大的林下可成片布置，也可种植于阴湿堤岸或山石的阴面。

(5)紫萁 *Osmunda japonica*(紫萁科紫萁属)

我国秦岭以南及亚热带地区有分布。生于山坡林下、溪旁。

多年生草本。株高50~80cm。根状茎短粗，斜生。叶簇生；叶二型，营养叶三角状阔卵形；孢子叶深棕色，小叶片条形，主脉两侧密生孢子囊，孢子成熟后枯死；植株一般常抽生1~7片孢子叶，顶部以下二回羽状裂，小羽片矩圆形。

喜阴湿凉爽环境。常生于山地、草丛或溪边，是我国南部酸性土壤的指示植物。

分株或孢子繁殖。分株繁殖在春季进行。选择富含腐殖质的微酸性土壤栽培，种植后保持土壤湿润。孢子繁殖5~6月进行，采集孢子，尽快播种(孢子寿命约为1周)。在荫棚下，将孢子均匀地撒播在泥炭基质上，薄膜覆盖保持土壤湿润。播后约10d，孢子开始萌发。当株高约15cm，具4~5片叶子时移栽。栽后及时除草、施肥、浇水保持土壤湿润，雨季及时排水，防止水淹。适当遮阴。入冬后适当覆盖防寒。

株形整齐美观，在南方温暖地区可作林下耐阴湿地被植物。

(6)石韦 *Pyrrosia lingua*(水龙骨科石韦属)

分布于我国长江以南各地，东至台湾，北至甘肃。

高10~30cm。根状茎长而横走。叶厚革质，近二型；叶柄深棕色，基部密被鳞片，叶基有关节；叶片披针形至长圆披针形，宽1.7~3cm，基部楔形，全缘。孢子囊群满布于叶片下面。

喜阴凉干燥环境，常附生树干或岩石上。在空气潮湿的时候，叶片舒展开来，尽情享受阳光和雨露；干旱时，叶子卷起来以适应干旱季节，直到雨露的再次降临。

分株或孢子繁殖。

布置岩石园或作林下地被植物。

(7)贯众 *Cyrtomium fortune*(鳞毛蕨科贯众属)

我国华北、西北和长江以南各地有分布。生于溪沟边、石缝间、山坡林下。

多年生常绿草本。株高25~50cm。根状茎短。叶簇生；单数一回羽裂，叶片矩圆披针形或阔披针形，叶柄基部密生黑褐色大鳞片；羽片镰状披针形，基部一侧耳状凸起。孢子囊群生于羽片下面，内藏小脉顶端。

喜凉爽湿润的环境，耐阴性强，有一定的耐旱、耐寒能力。要求腐殖质含量丰富、排水良好的钙质土壤，自繁能力强。

分株或孢子繁殖。管理粗放。

在荫蔽处成片种植作地被。

(8)东方荚果蕨 *Matteuccia orientalis*(球子蕨科荚果蕨属)

分布于我国陕西及长江流域以南地区。

植株高约1m。根状茎短而直立，木质。叶多数簇生，二型；营养叶长30~70cm，禾秆色；叶片椭圆形，二回羽状半裂，羽片15~20对，互生；叶纸质，仅沿羽轴和主脉疏被鳞片；能育叶与不育叶等高或较矮。

常生于林下溪边或阴湿灌丛中。喜凉爽湿润及半阴的环境，也能忍受一定光照。对土壤要求不严，但以疏松肥沃的微酸性土壤为宜。

分株繁殖较易，可于春秋两季进行。

因其叶片覆盖面大，株形美观，可作疏林下的地被植物。

思 考 题

1. 举出观花、观叶地被植物各10种，并说出其最佳观赏特点及主要繁殖方法。
2. 举例说明耐阴、耐寒、耐旱、耐高温、抗盐碱、耐瘠薄草本地被植物种类各5种，并说出其主要繁殖方法。
3. 一、二年生草本地被植物在园林中应用有何优势？
4. 为何提倡使用多年生草本地被植物？
5. 结合所学内容，对当地草本地被植物进行调查。

推荐阅读书目

1. 草坪与地被植物．胡中华、刘师汉．中国林业出版社，1995.
2. 草坪与地被植物．王文和．湖北科学技术出版社，2004.
3. 地被植物与景观．吴玲．中国林业出版社，2007.
4. 地被植物图谱．阮积惠、徐礼根．中国建筑工业出版社，2007.
5. 草坪地被植物原色图谱．孙吉雄．金盾出版社，2008.

第 8 章
木本地被植物

[**本章提要**]本章从原产地分布、形态特征、生态习性、繁殖栽培要点以及园林应用等角度详细介绍了灌木类地被植物43种，藤本类地被植物11种以及部分竹类地被植物。

木本地被植物包括灌木类、藤本类、竹类等，这类植物虽植株低矮，但寿命长，覆盖能力强，观赏价值高，既有观花、观叶、观果植物，又有异色叶植物，在园林绿化中应用量大，一年四季都承担着重要的角色。

8.1 灌木类地被植物

8.1.1 常绿灌木类地被植物

8.1.1.1 生物学特性及生态习性

常绿灌木类地被植物是指冬季茎叶常绿的一类矮性灌木地被植物，植株大多低矮，不超过100～120cm；分枝多，枝叶平展；在矮性灌木中，有些种类枝叶特别茂密，丛生性极强，甚至呈匍匐状，铺地速度极快，是优良的地被植物，如平枝栒子、爬行卫矛、铺地柏等；有些种类非常耐修剪，高度易控，如瓜子黄杨、六月雪、枸骨等，同样可以作为灌木类地被应用。

常绿灌木类地被生长势强，一年中可多次萌发新梢，其中春梢萌发量最大，冬梢抽生相对较少。这类植物大多性喜温暖多湿的生长环境，冬季可耐-5℃左右的短期低温；以耐阴为主，强光生长不良，但某些彩叶类型在弱光下色彩变暗，或呈绿色。土壤适应性广，有偏酸性的，也有要求不严的，在湿润、排水畅通、富含有机质的土壤中生长良好。需水量较多，但也有耐旱的类型，如火棘、冬红、茶梅等。

8.1.1.2 繁殖栽培

常绿灌木地被植物以扦插、分株、压条等营养繁殖为主，也有部分进行种子繁殖。扦插最为普遍，如石岩杜鹃、春毛鹃、金丝桃、小檗、栀子、火棘等均采用扦插方式，扦插时间差异较大，常规扦插在梅雨季节或9月中下旬进行，如大花六道木、

‘金叶’小檗、平枝栒子、湖北十大功劳、水栀子、‘红果’金丝桃等。分株繁殖也是一种较为常用的繁殖方式，如金丝梅、凤尾兰、蓝雪花、阔叶十大功劳、日本小檗等。压条也有一定应用，如小檗类、金缕梅、六月雪等。不少灌木可以形成种子，可用种子繁殖的种类有石岩杜鹃、春毛鹃、多叶金丝桃、小檗类、火棘、栒子类等，但播种苗开花所需时间长，成景慢。

8.1.1.3 观赏特性

常绿灌木类地被植物以其矮小的株形、茂密的枝叶，或满枝的花朵，或美丽的叶色，或经久不衰的累累果实，尤其是冬季绿色不凋的状态，成为园林中乔木下连接草本地被的重要植物类型，使得园林植被更加富有层次性，也更为自然和谐。有些种类株形十分低矮、匍匐性或可塑性强，耐修剪，如铺地柏、火棘、海桐、枸骨等；有些种类花色灿烂、繁星点点，如杜鹃花类、六月雪等；株形和色彩富于变化，且易于造型；有些种类还具有色彩绚丽的果实，经冬不落，如火棘、枸骨等。某些种类季相变化万千，一年四季姹紫嫣红，如南天竹、瓜子黄杨、金叶女贞等。因此，常绿灌木类可以形成季相变化丰富、观赏期长、覆盖性好的地被景观。

8.1.1.4 园林应用

常绿灌木类地被植物可以单独成景，形成大面积的片状、带状、块状地被，如火棘、‘金叶’女贞、栒子类、铺地柏、黄杨类；也可以种植在高大乔木下，形成林下地被景观，如阔叶十大功劳、‘洒金’桃叶珊瑚、海桐等；可以布置在林缘，形成林下镶边地被，如大花六道木、金丝梅、金丝桃等。

几种灌木地被配置，形成一定图案或文字，也是一种常见园林应用，如将金丝桃、黄杨等造型成奥运五环图案。

8.1.1.5 常见种类

(1)铺地柏 *Sabina procumbens*(柏科圆柏属)

原产于日本，我国各地园林中均有栽培，尤以长江和黄河流域栽培更为广泛。

常绿匍匐小灌木，株高50～80cm。小枝密生，贴近地面伏生，枝梢及小枝向上斜伸。刺叶，3叶交叉轮生，叶上面有2条白色气孔线，下面基部有2白色斑点，叶基下延生长，叶长6～8mm。球果，成熟时蓝黑色，被白粉，内含种子2～3粒。

喜光，耐寒，耐旱，在干燥砂地上生长良好，喜石灰质的肥沃土壤，中性、微酸性土也能适应，忌水湿。

以扦插繁殖为主，压条、嫁接也可。扦插春秋两季均可进行，插穗为1～2年生枝条，长10～15cm，去除下部枝叶，扦插深度4～5cm，保湿保温弱光下100d左右生根，成活率90%以上；秋季扦插于8～9月进行，生根相对较慢，成活率80%左右。春、秋季均可移植。移栽须带土球，栽后浇透水。雨季注意排水。不需精细管理。病虫害少。

匍匐有姿，覆盖效果好，是良好的地被树种，在园林中可配置于岩石园或草坪角隅。适应性强，宜护坡固沙，作水土保持及固沙造林用树种。

(2)沙地柏 *Sabina vulgaris*(柏科圆柏属)

产于南欧及中亚，我国西北及内蒙古有分布。

匍匐灌木，高不及1m。幼树常为刺叶，交叉对生，长3~7mm，背面中部有明显的椭圆形或条状腺体；壮龄树几乎全为鳞叶，背面中部有腺体，叶揉碎后有不愉快香味。球果多为倒三角状球形。

根系发达，细根极多，10~60cm的土层内形成纵横交错的根系网，萌芽力和萌蘖力强。能忍受风蚀沙埋，长期适应干旱的沙漠环境，是干旱、半干旱地区防风固沙和水土保持的优良树种。喜光，喜凉爽干燥的气候，耐寒、耐旱、耐瘠薄，对土壤要求不严，不耐涝，在肥沃通透土壤成长较快。适应性强，扦插易活，栽培管理简单。

生产上多用扦插繁殖。选3年生粗壮枝作插穗，长30cm，粗0.5~0.7cm，尽量随采随插，插前浸水或埋入湿沙中。以早春地刚解冻时扦插为最佳。秋插在9月上旬至10月初进行。

沙地柏匍匐生长，树体低矮、冠形奇特，生长快，耐修剪，四季苍绿，在园林中广为应用。常植于坡地观赏及护坡，或作为常绿地被和基础种植，增加层次。匍匐有姿，是良好的地被树种。适应性强，宜护坡固沙，作水土保持及固沙造林用树种，是华北、西北地区良好的绿化树种。

(3)黄杨 *Buxus sinica*(黄杨科黄杨属)

原产于我国中部，长江流域及以南地区均有栽培。该属70多种。

常绿灌木或小乔木。树皮灰色，有规则剥裂。茎枝四棱。叶倒卵形或倒卵状长椭圆形至宽椭圆形，背面主脉基部和叶柄有微细毛。花簇生于叶腋或枝端，无花瓣；萼片6，2轮。蒴果球形，熟时黑色。花期3~4月，果期5~7月。

喜凉爽、湿润气候，喜半阴，耐干旱。根系浅、须根发达，适生于肥沃、疏松、湿润之地，酸性土、中性土或微碱性土均能适应。生长慢，萌生性强，耐修剪。抗污染。

采用播种、分株、扦插等方法繁殖。种子播种以春季为宜；扦插于6~7月进行；分株于春季进行。管理较为粗放，但春季要经常修剪，控制株形和高度。

枝叶茂盛，耐修剪，冬季低温叶色鲜红，是优良的常绿灌木地被植物，常片植、孤植、丛植，也可作绿篱和花坛镶边材料等。

常见栽培的有锦熟黄杨(*Buxus sempervirens*)、雀舌黄杨(*B. bodinieri*)、华南黄杨(*B. harlandii*)、皱叶黄杨(*B. rugulosa*)等。雀舌黄杨，叶匙形或倒披针形，表面深绿色，有光泽，树姿优美，常与黄杨配置造景。

(4)红花檵木 *Loropetalum chinense* var. *rubrum*(金缕梅科檵木属)

主要分布于我国长江中下游及以南地区，印度北部也有。

常绿灌木。嫩枝被暗红色星状毛。叶互生，革质，卵形，全缘，嫩枝淡红色，越冬老叶暗红色。头状花序，4~8朵簇生于枝顶，小花花瓣4枚，淡紫红色，带状线形。蒴果木质，倒卵圆形。春季4~5月及秋季9~10月为开花期，花期长30~40d。

喜光，稍耐阴，但遮阴叶色容易变绿。适应性强，耐旱，喜温暖，稍耐寒。萌芽力和发枝力强，耐修剪。耐瘠薄，在肥沃、湿润的微酸性土壤中生长良好。

扦插为主，也可压条、嫁接和播种繁殖。扦插可于早春进行，插穗为一年生枝条，长10~15cm，砂壤土中保温保湿，成活率80%；也可于6月花后进行，插穗为刚木质化的当年生成熟枝条，保温保湿，半阴处，约30d生根，成活率比春插更高。压条可于早春进行，低压或高压，秋季生根后，剪取栽种。幼苗移栽应带土球，可摘除部分叶片，穴植株行距25cm×25cm；整形修剪在梅雨前完成；主要病虫害有黑斑病、小苗立枯病、蚜虫、蜡蝉等。

常年叶色鲜艳，枝叶茂盛，尤其是花期瑰丽无比，极为夺目，是花、叶俱美的观赏植物。常用于色块布置或修剪成球形，或布置于林缘或带状种植。常见配置方式有桂花/日本晚樱/鸡爪槭+红花檵木。

(5)南天竹 *Nandina domestica*(小檗科南天竹属)

原产于我国、日本和印度。我国长江流域以南广泛栽培。

常绿灌木，直立，少分枝。老茎浅褐色，幼枝红色。叶对生，2~3回羽状复叶，小叶椭圆状披针形，冬季变成鲜红色。圆锥花序顶生；花小，白色。浆果球形，鲜红色，宿存至翌年2月。花期5~6月，果期10~11月。

喜温暖多湿、通风良好的半阴环境；较耐寒。喜钙质土壤，适宜腐殖质高的砂壤土。

以播种、分株为主，也可扦插。播种于秋季种子成熟后进行或春播；分株宜在春季萌芽前或秋季进行。扦插在新芽萌动前或夏季新梢停止生长时进行。冬季要注意加强光照，否则叶色变暗或不变红。防止介壳虫发生。

树姿秀丽，翠绿扶疏。冬季叶色鲜红，红果累累，圆润光洁，经冬不凋，是叶、果皆可观赏的地被植物。可野生于疏林及灌木丛中，或片植于水杉林、桃林下，也可栽于庭园中。

(6)茶梅 *Camellia sasanqua*(山茶科茶梅属)

原产于日本和我国浙江及东南各地。

常绿灌木或小乔木，树冠球形或扁圆形。树皮灰白色。嫩枝有粗毛。叶互生，椭圆形至长圆卵形，先端短尖，边缘有细锯齿，革质，具光泽，中脉上略有毛。花单生于枝顶，花白色、粉色或红色，略芳香。蒴果球形，稍被毛。花期11月至翌年4月。

性喜温暖湿润环境，耐半阴，强光灼伤叶和芽，导致叶卷脱落。但适当光照促进开花繁茂鲜艳。适于肥沃疏松、排水良好的酸性砂质土。对SO_2，H_2S，Cl_2，HF等气体有抗性。

繁殖以扦插为主，嫁接、压条和播种等也可。扦插于5月进行，插穗应选用5年以上母株的健壮枝，基部带锤，保留2~3片叶，20~30d生根，幼苗第二年移植。移栽后施肥要薄，夏季早晚应浇水1次，冬季数日浇水1次。抗性强，病虫害少。

株形低矮，叶色鲜绿，花色绚丽，花期长，有香气，是花叶兼备的优良地被植物，可片植或散生于林下，或作花篱，或基础种植；也可布置于花坛、庭园；也适于工厂绿化。

(7)'龟甲'冬青 *Ilex crenata* 'Convexa'(冬青科冬青属)

原产于日本及我国广东、福建等地。我国长江流域广泛栽培。

常绿灌木，低矮紧凑，株高50~60cm。多分枝，小枝有灰色细毛。叶互生，小而密，叶面凸起，厚革质，椭圆形至长倒卵形；老叶浓绿具光泽，新叶金黄色。花白色，4瓣。果球形，黑色。花期5~6月。

喜温暖湿润、阳光充足的环境，耐半阴；喜中性或酸性土壤，在肥沃疏松的土壤上生长良好，忌土壤积水。

扦插繁殖。硬枝扦插一年四季均可，以春夏两季为好。春季扦插用已完成休眠的1年生枝条为插穗，长3~5cm，保温保湿遮阴，15d左右产生不定根。新梢长至2~3cm后移栽，成活率90%以上。主要病虫害为茎基腐病、枝枯病和白盾蚧。

株形矮小，紧凑美观，叶色光亮，四季常绿，观赏性高，可作园林色块种植，或孤植、丛植、片植，也可用作绿篱。

(8)夏鹃 *Rhododendron* spp.(杜鹃花科杜鹃花属)

原产于日本，我国南方普遍栽培。该属约900种，我国约530种。

常绿灌木。株高1.8m左右，株形丰满，分枝稠密，枝叶纤细。叶色墨绿。花漏斗状，花色丰富。花期4~5月。

喜凉爽、湿润气候，忌酷热干燥。耐半阴；在富含腐殖质、疏松、湿润、pH 5.5~6.5的酸性土壤中生长良好。最适宜的生长温度为15~25℃。气温超过30℃或低于5℃则生长趋于停滞。冬季有短暂的休眠期。

播种或扦插繁殖。

花繁叶茂，耐修剪。在园林中可应用于林缘、溪边、池畔及岩石旁成丛成片栽植，也可散植于疏林中。如垂丝海棠、日本晚樱+鸡爪槭/夏鹃。

(9)'洒金'桃叶珊瑚 *Aucuba japonica* 'Variegata'(山茱萸科桃叶珊瑚属)

原产于我国台湾及日本，我国长江流域以南园林中广泛栽培。

常绿灌木。小枝粗圆、绿色。叶对生，叶片椭圆状卵圆形至长椭圆形，油绿，光泽，散生大小不等的黄色或淡黄色的斑点，先端尖，边缘疏生锯齿。雌雄异株，圆锥花序顶生，雌花长3cm，雄花长10cm；花小，紫红色或暗紫色。浆果状核果，鲜红色。花期3~4月。果期11月至翌年2月。

性喜温暖湿润环境，不耐寒，耐旱，极耐阴，夏季畏暴晒。在排水良好、肥沃的土壤中生长良好。抗污染性好，尤其对烟尘和大气污染抗性强。

扦插繁殖，也可播种繁殖。扦插在春季新梢萌发前或夏季新梢木质化后进行，极易成活。播种在种子采后进行，发芽较迟。苗期生长缓慢，移栽宜在春季或雨天进行，带土球。栽培管理粗放。

抗污染的耐阴树种。叶片黄绿相映，十分美丽，宜栽植于园林的庇荫处或树林下或建筑物的背阴处，也可用于工厂绿化。常见配置有广玉兰/垂丝海棠+'洒金'桃叶珊瑚。

(10)八角金盘 *Fatsia japonica*(五加科八角金盘属)

原产于日本，我国长三角地区栽培普遍。

常绿灌木。叶大，掌状5~7深裂，较厚，有光泽，边缘有锯齿或呈波状，绿色有时边缘金黄色，叶柄长，基部肥厚。伞形花序集生成顶生圆锥花序，花白色。浆果球形，紫黑色，外被白粉。花期10~11月，果期翌年4~5月。

耐阴性强，忌阳光直射；喜温，也较耐寒；喜湿，不耐干旱；适宜生长于肥沃疏松而排水良好的土壤中。对SO_2有抗性。

扦插繁殖为主，也可播种繁殖。扦插以梅雨季节最宜，取茎基部萌发的小枝，10cm左右，插入沙或蛭石中，遮阴保湿，15d生根。播种可于5月种子成熟后进行，播后15d出苗。定植移栽需带土球。栽培管理注意避免阳光直射，新叶生长期，适当多浇水，保持土壤湿润，以后浇水要间干间湿。

叶形奇特，覆盖率高，是极好的常绿观叶地被植物。极耐阴，适宜于三五株丛植或片植于林下、路边、草坪角落。常见配置有垂丝海棠/水杉+八角金盘。

(11)金丝桃 *Hypericum monogynum*(藤黄科金丝桃属)

我国华东、华中、华南西南及陕西、河北等地均有分布，现各地园林中均有栽培。

半常绿小灌木。株高60~90cm，全株光滑无毛。分枝多，小枝对生，圆筒状。叶全缘，对生，叶片椭圆形，端钝尖，基楔形。花单生或3~7朵集合成聚伞花序，顶生，金黄色。蒴果卵圆形。花期6~7月，果期9~10月。

喜光，稍耐寒，略耐阴，性强健，在半阴坡的砂质壤土中生长良好，忌积水。

分株、扦插和播种等繁殖均可。扦插繁殖多在梅雨季节进行，嫩枝扦插10~15d可生根，成活率85%以上；播种宜在3月下旬至4月上旬进行。种子细小，覆土宜薄。播后保湿，21d可发芽，苗高5~10cm时可以分栽。分株宜于2~3月进行，极易成活。栽培管理简单，夏秋开花期应及时剪去残梗枯枝和过密枝、凋谢的花朵。生长期内每月追施氮磷肥1~2次，促进多次开花。北方冬季要培土防寒。

花丝纤细，灿若金丝，绚丽可爱，仲夏黄花密集，为优良的观花灌木和地被植物。在园林中常作绿篱栽培，也可丛植、群植于草地边缘、树缘、墙隅一角、道路的转角、路口等处，也可用作花境。

金丝梅(*Hypericum patulum*) 原产我国西南、华东及陕西等地。生于山坡谷林下或灌丛中，各地园林有栽培。半常绿或常绿小灌木，株高0.5~1m。小枝红色或暗褐色。叶对生，卵形、长卵形或卵状披针形，上面绿色，下面淡粉绿色，散布稀疏油点，叶柄极短；花单生枝端或成聚伞花序，金黄色，雄蕊多数，连合成5束，金黄色。蒴果卵形。花期4~7月，果期7~10月。喜光，稍耐阴，忌积水。扦插或播种繁殖。

(12)金粟兰 *Chloranthus spicatus*(金粟兰科金粟兰属)

产于我国云南、四川、贵州、福建、广东等地。多生于山坡、沟谷密林下，海拔150~990m，但野生者较少见，多为栽培。日本也有栽培。

常绿半灌木。直立或稍平卧，高30~60cm。叶对生，厚纸质，椭圆形或倒卵状椭圆形，长5~11cm，宽2.5~5.5cm，叶边缘具圆齿状锯齿，齿端有一腺体，叶上面深绿色，光亮，下面淡黄绿色，侧脉6~8对；托叶微小。穗状花序排列成圆锥花序状，通常顶生，花小，黄绿色，极芳香。花期4~7月，果期8~9月。

金粟兰在我国川西平原基本能露地越冬，一般能忍耐5~10℃的低温，喜温暖阴湿环境，要求排水良好和富含腐殖质的酸性土壤，根系怕水渍，在阳光直射和排水不畅的地方以及碱性土壤均不适宜种植。

繁殖以分株、扦插或压条法为主。分株繁殖春季进行。扦插一般在春季萌芽前进行，插穗选6~10cm的健壮枝条，保留最上1对叶，插入土中一半，掌握好盆土湿度，30d生根发叶。压条最适时间是花后半月。压条选用生长强壮的2年生枝条最好，30~40d可以生根。

金粟兰茎丛生，呈灌木状，能很好地覆盖地面，花香清雅、醇和、耐久，有醒神消倦之效。为华南地区很受欢迎的地被植物，而且花期正值夏秋炎热季节，是学校、医院等单位和矿区绿化的好材料。

(13)水栀子 *Gardenia jasminoides* var. *radicans*(茜草科栀子属)

原产于我国长江以南大部分地区，江南园林中常见栽培。

常绿灌木。株高30~60cm。多分枝、开张。叶对生或3叶轮生，披针形，革质、光亮，托叶膜质。花单生于叶腋中，有短梗，花萼呈圆筒形，花冠肉质白色，具香气。果实倒卵形或长椭圆形，硕大，外有黄色胶质物，熟时呈金黄色或橘红色。花期5~7月，果期8~11月。

喜温暖湿润气候，耐半阴，荫蔽下叶色浓绿，但开花稍差；稍耐寒；喜肥沃、排水良好、酸性的轻黏壤土，稍耐旱；抗SO_2。萌蘖力、萌芽力均强，耐修剪更新。

扦插和压条繁殖，成活率高。扦插于2~4月进行，插穗为1~2年生的健壮枝条，长10~15cm，保温、保湿、遮光，30d左右生根。压条于5~6月进行，30d左右生根。

植株低矮，叶色翠绿，花朵洁白，香气浓郁，耐修剪，是优良的芳香地被植物，可散生于林下，或点缀岩石园，或工厂区绿化。

(14)六月雪 *Serissa japonica*(茜草科六月雪属)

原产于我国长江流域以南地区，广东、广西和台湾也有分布。现江南园林中常见栽培。

常绿小灌木。株高50~70cm。枝条纤细密生。叶对生，极小，卵圆形，全缘。花小而密，白色，漏斗形。花期5~6月，盛开时如同雪花散落，果期7~8月。

喜光，耐半阴，忌狂风烈日，喜温暖，耐旱力强，对土壤要求不严，在肥沃、疏松、排水良好的土壤中生长好。

扦插繁殖为主，压条、分株及播种也可。扦插可在初春和梅雨季节进行，初春扦插用嫩枝作插穗，梅雨季节用嫩枝和老枝为插穗成活率较高。适应性强，栽培管理简单，夏季高温季节应适当遮阴。花后和入冬前施肥增多，土壤忌积水。

花小细白，枝叶扶疏，为良好的观花地被，园林中常布置成灌木丛，种植于林下或林缘，也可作花坛、花境材料。

(15) 细叶萼距花 *Cuphea hyssopifolia*（千屈菜科萼距花属）

生长在墨西哥和中南美洲。现在我国广东、广西、云南、福建等地已大量栽培。

常绿小灌木。植株矮小。茎直立，分枝多而细密。对生叶小，线状披针形，翠绿。花小而多，盛花时状似繁星，故又名满天星；花单生叶腋，结构特别，花萼延伸为花冠状，高脚蝶状，具5齿，齿间具退化的花瓣，花紫色、淡紫色、白色。花后结实似雪茄，形小，呈绿色，不明显，以观花为主。

耐热喜高温，不耐寒。喜光，也能耐半阴，在全日照、半日照条件下均能正常生长。喜排水良好的砂质土壤。

扦插繁殖为主，也可用播种繁殖。在春秋两季扦插为好。选取健壮的带顶芽的枝条5~8cm，去掉基部2~3cm茎上的叶片，插入沙床2~3cm，10d左右生根。

该植物枝繁叶茂，叶色浓绿具有光泽，四季常青，花繁密而周年开花不断，易成形，耐修剪，有较强的绿化功能和观赏价值。庭园石块旁作矮绿篱；适于花丛、花坛边缘种植；空间开阔的地方宜群植，小环境下宜丛植或列植。或与其他乔灌木组合成群落均能形成优美景观。

(16) ‘金叶’大花六道木 *Abelia grandiflora* ‘Variegate’（忍冬科六道木属）

原产于法国等地，我国中部、西南部及长江流域广泛栽培。

常绿矮生灌木。株高30~50cm。枝条开展，幼枝红褐色。叶带金边，色泽光亮；叶色富于变化，春季呈金黄色，微透绿心；夏季叶片全绿；秋季橙黄色。圆锥聚伞花序，数朵着生于叶腋或花枝顶端，花小，粉白色，萼片粉褐色，宿存。花期6~11月。

适应能力强，耐阴、耐寒、耐旱、耐瘠薄。萌蘖力强，耐修剪。在酸性、中性或偏碱性土壤中均能良好生长。

扦插繁殖。一年四季均可，冬春扦插以成熟枝条作插穗；夏、秋季扦插用半成熟枝或嫩枝作插穗。栽培管理简单粗放。

叶片有金边，花开枝端，粉白繁多，惹人喜爱。花期长，从夏到秋，花后粉红色萼片宿存经冬不凋，十分美丽，是花叶俱佳的夏、秋两季的观赏地被。在园林中，可布置于空旷地、水边或建筑物旁，也可配置于林下，或作为林缘地被。

大花六道木（*Abelia grandiflora*） 常绿灌木，株高40~50cm。枝条开张，红褐色。叶光亮，绿色。花单生或簇生，漏斗状，长25cm，白色。花期6~11月。喜光，稍耐阴，耐热。扦插繁殖。园林用途同‘金边’大花六道木。

(17) 湖北十大功劳 *Mahonia confusa*（小檗科十大功劳属）

主要分布于我国湖北、四川、浙江等地，长江流域以南地区广泛栽培。

常绿灌木。株高60~100cm。枝叶柔软，灰绿色。奇数羽状复叶，小叶9~15枚，狭披针形，先端长尖，基部楔形。总状花序，3~7个簇生，花小，黄色。浆果蓝黑色，被白粉。花期9~10月。

喜光，耐半阴。喜温，耐寒性稍差。稍耐旱，不择土壤，但以疏松肥沃排水良好的土壤中生长最佳。抗SO_2能力强。夏季高温干旱易得白粉病。

扦插、分株和播种繁殖。硬枝扦插3月下旬进行，以冬季落叶的健壮枝条作插穗，长15cm，嫩枝扦插6~7月进行，插穗长10~12cm，保温保湿遮阴，成活率较高。种子12月采收，后熟，冬季沙藏；3~4月播种，保湿保温，14d出苗。栽培粗放，但夏季注意防白粉病。

叶形奇特，果实累累，是园林中叶果兼赏的优良地被植物，可丛植于假山一侧或有大树庇荫的高燥地，或工厂绿化，或作林下、屋后、庭园围墙的基础种植。常见配置有红枫/紫叶李+湖北十大功劳。

阔叶十大功劳(*Mahonia bealei*) 常绿灌木，株高90~120cm。奇数羽状复叶，小叶7~15片；小叶卵圆形，叶缘反卷。总状花序，花大。花期7~10月，果期11~12月。分布于浙江、湖北、四川等地，长江以南园林栽培普遍。播种、扦插、分株繁殖。管理粗放。

十大功劳(*M. fortunei*) 小叶3~9，长圆状或披针形，绿色，冬季低温部分变为红色。浆果长圆形。扦插、分株、播种繁殖，夏季预防白粉病。此两种园林应用同十大功劳。

(18)凤尾兰 *Yucca gloriosa*（龙舌兰科丝兰属）

原产于北美东部和东南部。我国各地普遍栽培。

常绿灌木。茎不分枝或分枝很少。叶片剑形，长40~70cm，宽3~7cm，顶端尖硬，螺旋状密生于茎上，叶质较硬，有白粉，边缘光滑或老时有少数白丝。圆锥花序高逾1m，花朵杯状，下垂，花瓣6片，乳白色。两季开花，春季5~6月，秋季9~11月。

性喜温暖湿润、阳光充足环境，耐寒，耐阴，耐旱，稍耐湿，对土壤要求不严。对SO_2，HCl，HF等抗性和吸收能力强。

扦插或分株繁殖。扦插在春季或初夏进行，以老茎为插穗，长5~8cm，开沟平放，覆土5cm，保持湿度，插后20~30d生根。分株于每年春、秋季挖取根蘖直接栽植。栽培管理简单，花后及时剪除花茎。

叶色浓绿，花朵洁白素雅，花茎高耸挺立，花期持久，幽香宜人；树姿奇特，数株成丛，错落别致，是良好的庭园观赏植物。片植于花坛中央、建筑前、草坪中、路旁、台坡、建筑物周围；或丛植于池畔；或带状种植；或作绿篱种植。

丝兰(*Yucca smalliana*) 常绿灌木，茎短，叶基部簇生，呈螺旋状排列，叶片坚厚，叶面皱缩，被少量白粉，老叶边缘具丝状物。花乳白色。花期9~11月。性强健，易成活，不择土壤。喜阳光充足和通风良好环境，极耐寒，华北露地栽培。

(19)银石蚕 *Teucrium fruticans*（唇形科石蚕属）

原产于地中海地区及西班牙，广泛用于欧美园林中。近年我国从新西兰引进，现在长江流域以南地区广泛栽培。

常绿灌木，株高40~50cm。分枝多，小枝四棱形，密生，全株被白色绒毛，以

叶背和小枝最多。叶对生，卵圆形，长1～2cm，宽1cm。花淡紫色。花期5～6月，

环境适应性强，喜光，耐－7℃低温，抗35℃高温，抗旱，耐瘠薄，不择土壤。分枝能力强，耐修剪。

种子、扦插、分株繁殖。扦插于5月进行，嫩枝扦插，插穗8～10cm，保温保湿，遮光20d左右生根。栽培管理简单粗放。

全株浅蓝色，株形低矮，小枝密生，银光闪烁，花形美丽，暗香涌动，是优良的新型芳香地被植物。可布置于林缘、花境、矮绿篱。

(20)亚菊 *Ajania pacifica*（菊科亚菊属）

分布于我国黑龙江东南部；蒙古、俄罗斯、朝鲜北部和阿富汗北部也有分布。生于山坡、灌木丛中。该属20多种。

常绿亚灌木。株高40～50cm。分枝性强，株形紧凑整齐。叶面绿色，叶背密被白毛，叶缘银白色，宛如镶银边。头状花序，舌状花密集，金黄色。花期8～10月。

喜光，不耐阴；耐旱，忌积涝；耐寒，不耐高温、高湿；不择土壤。在地势稍高、土层深厚、富含腐殖质、疏松肥沃、排水良好的壤土中生长良好。

扦插为主，分株也有。扦插、分株在3月或秋季进行，每3年分株1次。栽培管理简单，病虫害少，但枯萎病容易造成严重影响。

花色艳丽，株形低矮，是花叶兼备的观赏地被植物。宜作花境、花坛、道路绿地的色块、色带种植，也可在草坪中片植。

(21)'花叶'假连翘 *Duranta repens* 'Variegata'（马鞭草科假连翘属）

原产于美洲热带，本种为我国引进园艺品种。

常绿灌木。叶对生，少有轮生，叶片倒卵形，长度4～6cm，纸质，顶端短尖或钝，叶缘有锯齿；叶片边缘有块状金黄色斑，周年色彩鲜艳。总状花序顶生或腋生，花冠通常蓝紫色。

性喜温暖湿润，生育适温22～30℃，不耐寒，喜强光，稍耐阴，耐旱，在疏松、肥沃、腐殖质丰富、排水良好的土壤上生长良好，忌黏重地。

繁殖多用扦插或播种方式。

叶色美丽，耐修剪，密生成簇，为我国南方重要的彩叶地被植物，广泛用于草坪、道路、居住区等各类城市绿地，也可作绿篱，或与其他彩色植物组成模纹花坛，也可配置于高大庭荫树下。

(22)红背桂 *Excoecaria cochinchinensis*（大戟科海漆属）

分布于我国广东、广西、云南等地区。

常绿灌木。高达1m左右。枝无毛，具多数皮孔。叶对生，稀兼有互生或近3片轮生，纸质，叶片狭椭圆形或长圆形，长6～14cm，宽1.2～4cm，顶端长渐尖，基部渐狭，边缘有疏细齿，叶腹面绿色，背面紫红；中脉于两面均凸起，侧脉8～12对，弧曲上升，离缘弯拱连接，网脉不明显；托叶卵形，顶端尖，长约1mm。

不耐干旱，不甚耐寒，生长适温15～25℃，冬季温度不低于5℃。耐半阴，忌阳光暴晒，夏季放在庇荫处，可保持叶色浓绿。要求肥沃、排水好的微酸性砂壤土。不

耐盐碱，怕涝。

广泛采用扦插快速育苗方法。最佳时间为春芽尚未萌动前，此期间的枝条内含激素丰富，营养物质积累多，插后温度回升，插穗很快产生愈合组织。也可在花芽和秋梢尚未萌动前的7月下旬至8月中旬扦插，但必须选用当年春季萌发生长的嫩枝作为插穗，才能达到较高的成活率。

红背桂枝叶飘飒，清新秀丽，南方用于庭园、公园、居住小区绿化，茂密的株丛，鲜艳的叶色，与建筑物或树丛构成自然、闲趣的景观。

(23)红叶石楠 *Photinia × fraseri*(蔷薇科石楠属)

在我国华东、中南及西南地区普遍栽培，北京、天津、山东、河北、陕西等地均有引种栽培。

常绿小乔木或灌木。乔木高6~15m，灌木高1.5~2m。叶片为革质，有光泽。红叶石楠幼枝呈棕色，贴生短毛，后呈紫褐色，最后呈灰色无毛。树干及枝条上有刺。叶片长圆形至倒卵状，披针形，长5~15cm、宽2~5cm，叶端渐尖而有短尖头，叶基楔形，叶缘有带腺的锯齿；叶柄长0.8~1.5cm。花多而密，呈顶生复伞房花序；花序梗，花柄均贴生短柔毛；花白色，径1~1.2cm。梨果黄红色，径7~10mm。花期5~7月，果期9~10月成熟。

生长习性比较特殊，在温暖潮湿的环境生长良好。但是在直射光照下，色彩更为鲜艳，耐旱、耐阴、耐盐碱，耐瘠薄但不耐水湿。适合在微酸性的土质中生长，尤喜砂质土壤，但是在红壤或黄壤中也可以正常生长。

繁殖以扦插为主。扦插时间可在3月上旬春插，6月上旬夏插，9月上旬秋插均易成活。插穗采用半木质化的嫩枝或木质化的当年生枝条，剪成一叶一芽，长度3~4cm。种植地的土壤以质地疏松、肥沃、微酸性至中性为好。

生长速度快，且萌芽性强、耐修剪，可根据园林需要整形修剪成不同的树形，在园林绿化上用途广泛。1~2年生的红叶石楠可修剪成矮小灌木，在园林绿地中作为地被植物片植，或与其他色叶植物组合成各种图案，红叶时期，色彩对比非常显著。

(24)‘亮绿’忍冬 *Lonicera nitida* ‘Maigrun’(忍冬科忍冬属)

系园艺品种，由国外引入。

常绿灌木。枝叶十分密集，小枝细长，横展生长。叶对生，细小，卵形至卵状椭圆形，长1.5~1.8cm，宽0.5~0.7cm，革质，全缘，上面亮绿色，下面淡绿色。花腋生，并列着生两朵花，花冠管状，淡黄色，具清香。浆果蓝紫色。

生长旺盛，萌芽力强，分枝茂密，极耐修剪；耐寒力强，能耐-20℃低温，也耐高温；对光照不敏感，在全光照下生长良好，也能耐阴；对土壤要求不严，在酸性土、中性土及轻盐碱土中均能适应。

扦插繁殖。剪取当年生半木质化枝条，基质采用蛭石、泥炭和珍珠岩的比例为5:3:2。黏土或土壤肥力不足时，必须进行土壤改良。

四季常绿，叶色鲜亮，观赏价值高，生长旺盛，萌芽力强，分枝茂密，极耐修剪。适合作耐荫下木，亦可点缀园林花境，是近年来看涨的优秀苗木。

8.1.2 落叶灌木类地被植物

8.1.2.1 生物学特性及生态习性

落叶灌木类地被植物是指冬季落叶的一类灌木地被植物，植株大多低矮，一般株高不超过120cm，该类植物枝叶茂密、萌蘖较多、丛生性强，有些呈匍匐状，铺地速度快，是优良的地被材料。这类植物具有优良的花、果、叶观赏特性，观花的如绣球、棣棠、月季、绣线菊类、连翘、金露梅等；观果的如小檗类、忍冬类等；色叶的如'紫叶'小檗、'金叶'莸、'金叶'连翘、'花叶'接骨木、'花叶'锦带花等；有些种类虽植株比较高大，但非常耐修剪，高度易控制，如小叶女贞、忍冬类、紫穗槐等，甚至一些乔木树种如榆树、柽柳等，经修剪同样可以作为灌木类地被应用。

落叶灌木地被植物生长势强，一年中从春季萌芽，到秋季落叶，生长量较大，有些植物在春季易出现抽条现象。由于这类植物南北分布范围较大，故生态习性方面也存在一定的差异，大多喜温暖湿润的生长环境；光照上以喜光性或中性为主，遮阴条件下大部分生长不良，某些彩叶植物在弱光下色彩会退化变暗，或呈绿色；土壤适应性广，大多需中性土壤，在湿润、排水良好、富于有机质的土壤生长良好，也有一些植物喜偏酸或偏碱的土壤。需水量适中，有一些比较耐旱，符合节水园林的要求，如柽柳、锦鸡儿等。

8.1.2.2 繁殖栽培

落叶灌木地被植物以种子繁殖和扦插、分株、压条等营养繁殖为主。播种分春季和秋季播种，用种子繁殖的苗木数量大、较整齐，但播种苗初花需要的时间长；扦插时间差异较大，常规扦插一般在5～8月进行，如果有温室或大棚，则可提前或推后进行；分株繁殖适用于萌蘖较多的植物，如连翘、绣线菊等；压条应用较少，因其成苗量有限。

8.1.2.3 观赏特性

落叶灌木类地被植物季相变化明显，冬季表现为枝干的线条美，春夏秋则焕发出勃勃生机。株形变化较大，有的贴地生长，高不足15cm，如百里香；有的不加人工控制，高可达2m以上，如锦鸡儿、紫穗槐等。这类植物枝繁花密美丽的叶色或经久不衰的累累果实，成为创造节水园林的主要植物材料，其既可以作为过渡部分联系草坪、草本地被和乔灌木，又能形成大片的地被景观，使得园林植被更加层次丰富自然。

8.1.2.4 园林应用

落叶灌木类地被植物既可组合形成大面积的片状、带状、块状地被，又可以单独成景；几种落叶灌木地被配置，经人工修剪，可形成大型色带或图案。这类植物在防尘、防风沙、护坡和防止水土流失方面有显著作用，是节水园林的主要植物材料；在造景方面可以增加树木在高低层次方面的变化，可作为乔木的陪衬，也可以突出表现灌木在花、果、叶观赏上的效果；也可用以组织和分隔较小的空间；尤其是耐阴的落叶灌木地被与大乔木、小乔木配合起来成为主体绿化的重要组成部分。

8.1.2.5 常见种类

(1)'紫叶'小檗 *Berberia thunbergii* 'Atropurpurea'(小檗科小檗属)

原产于日本，我国秦岭地区也有分布，现我国各大城市有栽培。

落叶灌木。高可达2~3m。幼枝紫红色，老枝灰褐色或紫褐色，有槽，具刺。叶深紫色或红色，全缘，菱形或倒卵形，在短枝上簇生。花单生或2~5朵成短总状花序，黄色，下垂，花瓣边缘有红色纹晕。浆果红色，宿存。花期4月，果期9~10月。

喜凉爽湿润环境，耐寒也耐旱，不耐水涝，喜光也能耐阴，萌蘖强，耐修剪，对各种土壤都能适应，在肥沃深厚排水良好的土壤中生长更佳。

主要采用扦插法，也可用分株、播种法。适应性强，长势强健，管理也很粗放，对水分要求不严。苗期土壤过湿会烂根。移栽可在春季2~3月或秋季10~11月进行，裸根或带土坨均可。萌蘖性强，耐修剪。

春开黄花，秋缀红果，是叶、花、果俱美的观赏花木，适宜在园林中作花篱或在园路角隅丛植、大型花坛镶边或剪成球形对称状配置，或点缀在岩石间、池畔，也可和其他地被植物构成大面积色块、色带。

朝鲜小檗(*Berberia koreana*) 落叶灌木，高可达1.5m，原产于朝鲜及我国东北、华北地区。成熟枝暗红色，有纵槽，枝节部有单刺或3~7分叉刺，有时在强壮小枝上刺呈明显掌状。叶长椭圆形至倒卵形，先端圆，缘有锯齿。花黄色，呈下垂的短总状花序；5月开花。果亮红色或橘红色，经冬不落。20世纪初引种到世界各国栽培，以其观花、观果、秋季红叶及十分耐寒等特性而受到欢迎。

细叶小檗(*B. poiretii*) 小枝细而有沟槽，枝紫褐色，刺常单生。花黄色，成下垂总状花序，5~6月开花。浆果卵球形，鲜红色。产于我国北部山地；蒙古、俄罗斯也有分布。喜光，耐寒，耐干旱。

'矮紫叶'小檗(*B. thunbergii* 'Atropurpurea Nana') 株高仅60cm，叶常年紫色。

'金叶'小檗(*B. thunbergii* 'Aurea') 叶色金黄，花黄白色，花期5~6月，浆果红色。耐寒，适应性强，在碱性土壤中生长良好。

(2)八仙花 *Hydrangea macrophylla*(虎耳草科八仙花属)

原产于我国长江流域、华中和西南以及日本。

叶对生，叶片肥厚，光滑，椭圆形或宽卵形，先端锐尖，长10~25cm，宽5~10cm，边缘有粗锯齿。伞房花序顶生，球形，密花，花白色、蓝色或粉红色，几乎全为无性花，每一朵花有瓣状萼4~5片，花瓣4~5片。花期5~7月。

性喜温暖、湿润和半阴环境。怕旱又怕涝。喜肥沃湿润，排水良好的轻壤土。

常用扦插、分株、压条和嫁接繁殖，以扦插为主。栽培以疏松、肥沃和排水良好的砂质壤土为好。但花色受土壤酸碱度影响，酸性土花呈蓝色，碱性土花为红色。为了加深蓝色，可在花蕾形成期施用硫酸铝。为保持粉红色，可在土壤中施用石灰。适当修剪，保持株形优美。绣球花的生长适温为18～28℃，冬季温度不低于5℃。

花序由百花成朵，团状如球。繁茂者，雪花压树，清香满院。园林中常片植于疏林树下、游路边缘、建筑物入口处，或丛植几株于草坪一角，或散植于常绿树之前。

(3)粉花绣线菊 *Spiraea japonica*(蔷薇科绣线菊属)

原产于我国东部、南部及日本。

落叶灌木。枝密纤细，丛生，高不足70cm。叶矩圆状披针形，先端锐尖，重锯齿，叶面有皱纹，叶背有白霜。复伞房花序，花深红至淡粉红色。5～9月开花。

性强健，喜光又耐半阴，耐寒、耐旱。

用播种、扦插、分株等法均可繁殖。粉花绣线菊枝叶茂密，花后可适当疏剪，衰老的弱枝可在休眠期更新，既矮化植株又复壮树势。

植株低矮而整齐，枝叶茂盛，花色柔和，花期长，可片植于林缘与草坪边角，丛植于水池畔、角隅，也可作花境、矮花篱。

三裂绣线菊(*Spiraea trilobata*)　落叶灌木。株高50～100cm。小枝开展，呈"之"字形弯曲。叶片近圆形，先端3裂，基部圆形或楔形。伞形花序，具总柄；花白色，直径5～7mm。花期5～6月，果期7～8月。较耐阴。花期一簇簇的白色小花十分抢眼。

'金山'绣线菊(*S. bumalda* 'Gold Mound')　落叶低矮灌木，株形紧密，叶绿黄色或白色，花粉红色，花期5月。新叶金黄色，夏叶浅绿，秋叶金黄；喜光，怕涝，耐修剪；扦插或分株繁殖。适宜用作花坛、花境、草坪、池畔等，宜与'紫叶'小檗、圆柏等配置成模纹，可以丛植、孤植或列植作绿篱；可作基础栽植，用于阳坡排水良好之地，同宿根花卉配置作地被效果更好。

'金焰'绣线菊(*S. bumalda* 'Gold Flame')　株高0.4～0.6m，冠幅0.7～0.8m。新梢顶端幼叶红色，下部叶片黄绿色，叶卵形至卵状椭圆形，长4cm，宽1.2cm。伞房花序，小花密集，花粉红色；花期长达4个月，从6～9月，开花4～6次，每次15～20d。生长季剪截新梢后，过20～25d，又在分枝上开花，可利用这一特性，人为调整开花数；喜光及温暖湿润的气候，在肥沃土壤中生长旺盛，耐修剪，栽培地势应排水良好。扦插或分株法繁殖。适宜种在花坛、花境、草坪、池畔等地，可丛植、孤植或列植，也可作绿篱。

(4)月季 *Rosa chinensis*(蔷薇科蔷薇属)

原产于北半球，几乎遍及亚、欧两大洲，我国是月季的原产地之一。

常绿或落叶灌木，高达2m，小枝绿色，散生皮刺或近无刺。羽状复叶，小叶一般3～5片，叶缘有锯齿，两面无毛，光滑，托叶与叶柄合生。花生于枝顶，花朵常簇生，稀单生，花色甚多。品种多，多为重瓣，也有单瓣者，花有微香。肉质蔷薇果，成熟后呈红黄色，顶部裂开，"种子"为瘦果，栗褐色。花期4～10月，春季开花最多。

适应性强，耐寒耐旱，对土壤要求不严，但以富含有机质、排水良好的微酸性砂壤土最好。喜光，但强光直射对花蕾发育不利，花瓣易焦枯。喜温暖，一般气温在22～25℃最为适宜，夏季高温开花减少。

大多采用扦插繁殖法，亦可分株、压条、播种和嫁接繁殖。扦插一年四季均可进行，但以冬季或秋季扦插为宜，夏季的绿枝扦插要注意水的管理和温度的控制，否则不易生根，冬季扦插一般在温室或大棚内进行；播种繁殖用于有性杂交育种；对于少数难以生根的品种，则用嫁接繁殖，野蔷薇作砧木。月季移植在11月至翌年3月之间进行，移植的同时可进行修剪，剪去密枝、枯枝、老弱枝，留2～3个向外生长的芽，以便向四面展开；适当剪短特别强壮的枝条，以加强弱枝的长势，夏季新枝生长过密时，要进行疏剪。花谢后，及时将与残花连接的枝条上部剪去，不使其结子消耗养料，保留中下部充实的枝条，促进早发新枝再度开花。月季喜在开花前重施基肥，花后追施速效性氮肥以壮苗催花。对水要求严格，不能过湿过干，过干则枯，过湿则伤根落叶。主要虫害有蚜虫、卷叶蛾、刺蛾等。

宜作花坛、花境、庭园及基础种植用，在草坪、园路的角隅、假山处成片配置也很合适。

小月季(*Rosa chinensis* var. *minima*)　植株矮小多分枝，高一般不超过25cm，叶小而窄，花也较小，直径约3cm，玫瑰红色，重瓣或单瓣。

月月红(*R. chinensis* var. *semperflorens*)　茎较纤细，常带紫红晕，有刺或近于无刺，小叶较薄，带紫晕，花为单生，紫色或深粉红色，花梗细长而下垂，品种有铁瓣红、大红月季等。

'变色'月季(*R. chinensis* 'Mutabilis')　花单瓣，初开时浅黄色，继变橙红、红色最后略呈暗色。

现代月季(*R. hybrida*)　是我国的几种月季和欧洲多种蔷薇属植物杂交改良而成的一大类群优秀月季，品种多达20 000个以上，目前栽培的品种有以下几个品系：杂种长春月季(Hybrid Perpetual Roses)、杂种香水月季(Hybrid Tea Roses)、丰花月季(Floribunda Roses)、壮花月季(Grandiflora Roses)、微型月季(Miniature Roses)、藤本月季(Climbing Roses)、地被月季(Ground Cover Roses)。

(5)棣棠 *Kerria japonica*(蔷薇科棣棠属)

分布于我国华北南部及华中、华南各地，在河南大别山、桐柏山、伏牛山区生于海拔400～1000m的山坡山谷灌丛杂林中。日本、朝鲜等也有分布。

落叶丛生小灌木。高1～2m。枝条终年绿色，无毛，髓白色，质软。单叶互生，叶卵形至卵状椭圆形。花金黄色，非常绚丽。瘦果黑褐色。花期4～6月，果期7～8月。

喜温暖湿润气候，耐寒性不强，故在北京园林中宜选背风向阳处栽植。较耐阴，对土壤要求不严，不耐旱。

生产中常采用分株、扦插方法繁殖，早春2～3月可选1年生硬枝剪成长17cm左右，插在整好的苗床，插后及时灌透水，扦插密度以4cm×5cm为宜，上露1cm左右，保证外露出1个饱满芽。保持苗床湿润，生根后即可圃地分栽。分株繁殖可在晚秋和早春进行，整株挖出，从根际部劈成数株后定植即可。花芽在新梢上形成，花谢后短截，每隔 2～3 年应重剪 1 次，更新老枝，促多发新枝，使之年年枝花繁茂。

棣棠花、叶、枝俱美，丛植于篱边、墙际、水畔、坡地、林缘及草坪边缘，或栽作花境、花篱，或以假山配置，景观效果极佳。

栽培品种有：'重瓣'棣棠('Pleniflora')，花重瓣，各地栽培最普遍；'菊花'棣棠('Stellata')，花瓣 6～8，细长，形似菊花；'白花'棣棠('Albescens')，花为白色；'银边'棣棠('Argenteo-variegata')，叶边缘白色；'金边'棣棠('Aureo-variegata')，叶边缘黄色；'斑枝'棣棠('Aureo-vittata')，小枝有黄色和绿色条纹。

(6)金露梅 *Potentilla fruticosa*（蔷薇科金露梅属）

产于我国东北、华北、西北、西南各地；日本、蒙古、欧洲、北美也有分布。

落叶灌木。株高 0.5～1.5m，树冠球形，树皮纵裂、剥落，分枝多。幼枝被丝状毛。羽状复叶集生，长椭圆形至条状长圆形，全缘，边缘外卷。花单生或数朵排成伞房花序，鲜黄色，径 2～3cm。果实为聚合瘦果。花期 6～8 月。

喜光，耐寒性强，可耐 -50℃低温，不择土壤，但在微酸至中性、排水良好的湿润土壤中生长较好，也耐干旱瘠薄。少有病虫害。

播种繁殖，栽培容易，管理粗放，于秋季落叶后早春放叶前进行修剪。

植株紧密，花色艳丽，花期长，为良好的观花地被植物，可丛植或片植于草地、林缘、屋基，还可配置于高山园或岩石园，也可栽作矮花篱。

小叶金露梅(*Potentilla parvifolia*)　小叶 5～7，常集生似掌状，形小，长 0.5～1cm。花较小，径 1～2cm，可丛植、片植于绿地中，也可作庭园观赏。

银老梅(*P. glabra*)　高 1m，花单生，白色。产于陕西、甘肃、青海，西伯利亚、日本也有分布。性强健，耐寒、耐干旱，植株紧密，花色鲜丽，用种子繁殖，可配置于高山园或岩石园。

(7)匍匐栒子 *Cotoneaster adpressus*（蔷薇科栒子属）

原产于我国西南部，大部分地区有栽培。

落叶灌木，匍匐生长。株高 30cm，枝条较硬，节位生根。小枝红褐色至暗褐色，幼时有粗伏毛，后脱落。叶广卵形至倒卵状椭圆形，长 5～15mm。花 1～2 朵，花色粉红。果径 6～7mm，色泽鲜红，种子 2 粒。花期 5～6 月。

喜光，但也耐半阴，可植于疏林下，较耐寒，可耐 -15～-10℃低温。

多用播种、扦插繁殖。新鲜种子可采后即播，干藏种子宜在早春 1～2 月播种。扦插可在春季或梅雨季节进行。移栽宜在早春进行，大苗需带土球。适宜种植在排水良好的土壤中，生长旺盛，不加人工修剪即可保持匍地生长。

可片植于坡地，有很强的覆盖能力，是优良的岩石园种植材料，入秋红果累累，匍匐岩壁，极其美丽。

平枝栒子(*Cotoneaster horizontalis*)　产于我国湖南、湖北、陕西、甘肃、四川等地，多生于海拔1000～3500m 的湿润岩石坡、灌木丛中及路边。半常绿匍匐灌木，枝开展成整齐二列状。叶小，厚革质，近圆形或宽椭圆形，先端急尖，基部楔形，全缘，背面疏被平伏柔毛。花小，无柄，单生或 2 朵并生，粉红色，花期 5～6 月。果近球形，鲜红色，果期9～12月。喜光，但也耐半阴，可植于疏林下，较耐寒，在-20℃的低温时不会发生冻害；对土壤要求不严，在肥沃且通透性好的砂壤土中生长最好，亦耐轻度盐碱。多用播种、扦插繁殖。平枝栒子树姿低矮，枝叶横展，春天粉红色小花星星点点嵌于墨绿色叶之中，叶小而稠密，花密集枝头，晚秋时叶红色，红果累累经冬不落。最适宜作基础种植材料、地面覆盖材料，红果翠叶特别醒目，常丛植于斜坡、岩石园、水池旁或山石旁，或散植于草坪。

(8)胡枝子 *Lespedeza bicolor* （豆科胡枝子属）

分布于我国的东北、华北、西北及湖北、浙江、江西、福建等地；蒙古、俄罗斯、朝鲜、日本也有分布。

落叶灌木。株高0.5～3m。分枝繁密，老枝灰褐色，嫩枝黄褐色，疏生短柔毛。三出复叶互生，顶生小叶宽椭圆形或卵状椭圆形，长1.5～5cm，宽1～2cm，先端钝圆，具短刺尖，基部楔形或圆形，叶背面疏生平伏短毛，侧生小叶较小；具短柄；托叶2，条形。总状花序腋生，总花梗较长，花梗长2～3mm；花萼杯状，花冠蝶形，紫色，旗瓣倒卵形，翼瓣矩圆形，龙骨瓣与旗瓣近等长。荚果倒卵形，网脉明显，疏或密被柔毛。花期6～8月，果9～10月成熟。

耐阴、耐寒、耐干旱、耐瘠薄。根系发达，适应性强，对土壤要求不严。

播种繁殖，播种期多选择在土壤水分充足的早春或雨季，播种前种子去壳，擦破种皮，能提高发芽率。播种量60～75kg/hm^2。播种前施过磷酸钙300～450kg/hm^2。苗期生长慢，应除草1～2次。翌年生长快。

根系发达，有较好的水土保持功效，可用于山区、坡地绿化，既作为观赏植物，又可发挥其水土保持作用。

多花胡枝子(*Lespedeza floribunda*)　亚灌木，株高30～70cm。枝条细弱。三出羽状复叶，小叶倒卵形至椭圆形。总状花序，腋生；花紫色。荚果菱卵形。花期9月。植株低矮，适应性强，园林用途同上。

(9)紫穗槐 *Amorpha fruticosa*（豆科紫穗槐属）

原产于北美。我国东北以南，华北、西北，南至长江流域都有分布。

丛生灌木。高1～4m。枝条直伸，青灰色，幼时有毛。羽状复叶，小叶11～25，长椭圆形，具有透明腺点，幼叶被毛。花小，蓝紫色，花药黄色，呈顶生密总状花序。荚果短镰形，密被隆起油腺点。花期5～6月，果9～10月成熟。

耐寒性强，在最低温度达-40℃以下，1月平均温度达-25.6℃的地区也能正常生长。耐干旱力强；能耐一定程度的水淹。对土壤要求不严，但以砂质壤土较好，耐盐碱。生长迅速，萌芽力强，侧根发达，耐修剪。

可用播种、扦插及分株法繁殖。用分株法可在短时间内获得大量大规格苗木。栽植后注意除草，栽培管理粗放，如新植者生长势弱可平茬一次并施基肥即可。

枝叶繁密，常植作绿篱，又是蜜源植物。根部有根疣可改良土壤，抗烟尘能力强，可用于水土保持、被覆地面、工业区绿化，也可作防护林带的下木。荒山、荒地、盐碱地、低湿地、沙地、河岸、坡地的绿化也常用。

(10)锦鸡儿 *Caragana sinica*（豆科锦鸡儿属）

产于我国东北、华北及西北地区。生于林缘、路旁灌丛中或村庄附近。

落叶灌木。高可达 1.5m。小枝细长有棱。偶数羽状复叶，小叶 2 对，倒卵形，无柄，顶端1 对常较大，长5～18mm，顶端微凹有短尖头，在短枝上丛生，在嫩枝上单生，叶轴宿存，顶端硬化呈针刺，托叶 2 裂，硬化呈针刺，长约 8mm。春季开花，花单生于短枝叶丛中，蝶形花，黄色或深黄色，凋谢时变褐红色。荚果稍扁，无毛。花期 4～5 月，果期 8～9 月。

喜光，常生于山坡向阳处。根系发达，具根瘤，抗旱耐瘠，能在山石缝隙处生长。忌湿涝。萌蘖力强，能自播繁殖。

用播种或分株繁殖。当荚果颜色呈褐色时，及时暴晒收种置于箩筐中，秋播或春播均可。春播种子宜先用 30℃温水浸种 2～3d 后，待种子露芽时播下，出苗快而整齐。分株通常在早春萌芽前进行，在母株周围挖取带根的萌条栽在园地，但需注意不可过多损伤根皮，以利成活。

锦鸡儿枝繁叶茂，花冠蝶形，黄色带红，展开时似金雀。在园林中可丛植或片植于草地或配置于坡地、山石边，是北方干旱地区良好的地被植物。

金雀儿(*Caragana rosea*)　产于河北、山东、江苏、浙江、甘肃、陕西等地；多生于山坡或灌丛中。落叶灌木。高达 1m，枝直生，长枝上托叶刺宿存，叶轴刺脱落或宿存，小叶 2 对簇生；花总梗单生，中部有关节，花冠黄色，龙骨瓣玫瑰红色，谢后变红色，花冠长约 2cm，5～6 月开花；荚果筒状。喜光，耐寒，耐干旱瘠薄。用播种法繁殖，能自播。可植于庭园作地被观赏，作水土保持植物。

柠条锦鸡儿(*C. korskinkii*)　落叶灌木，叶披针形或长椭圆形，先端有刺，花冠浅黄色，花期 5 月。喜光，耐旱、耐瘠薄，可作护坡、固沙植物。

(11)结香 *Edgeworthia chrysantha*(瑞香科结香属)

北自河南、陕西，南至长江流域以南各地区均有分布。

落叶灌木。高 1～2m，枝通常三叉状，棕红色，粗壮柔软，可打结而不断。叶互生，常簇生枝顶，长椭圆形，长 6～20cm，全缘，秋末落叶后留下突起叶痕。花黄色，浓香，早春先叶开放，有红花变种；下垂头状花序，生于枝顶或近顶部。3～4 月叶前开花。

喜半阴，也耐日晒。为暖温带植物，喜温暖，耐寒性差。根肉质，忌积水，宜排水良好的肥沃土壤。萌蘖力强。

可分株或于早春、初夏枝插繁殖。移植在冬、春季进行，一般可裸根移植，成丛大苗宜带泥球移植。栽培中保持土壤潮湿，干旱易引起落叶，影响开花。成年结香应修剪老枝，以保持树形的丰满。

树冠球形，枝叶美丽，姿态优雅，柔枝可打结，十分惹人喜爱，适植于庭前、路旁、水边、石间、墙隅。

(12)‘矮生’紫薇 *Lagerstroemia indica* ‘Nana’(千屈菜科紫薇属)

原产于亚洲东部温带地区，在东亚分布甚广。我国各地普遍栽培。

落叶矮生小灌木，株高0.3～1m，枝条蔓性强。叶对生，椭圆形或倒卵形。花顶生，圆锥花序，有桃红、紫红、白色等花色，花极为繁茂。蒴果。花期6～10月。

喜光，耐旱，耐寒，宜植于排水良好之地。

常用播种、扦插繁殖，也可分株及压条繁殖。11月采收(黑棕色)成熟的种子，翌春3～4月播种，种子发芽温度为15～25℃，播后覆土5mm左右，用薄膜覆盖，保温保湿，出苗率为90%以上，易栽培管理。

为夏秋季节美丽的观花地被。

(13)杜鹃花 *Rhododendron simsii*(杜鹃花科杜鹃花属)

广布于我国长江流域各地，东至台湾，西南达四川、云南。

落叶灌木。高约2m。叶纸质，卵状椭圆形，两面均有糙伏毛，背面较密。花2～6朵簇生于枝端；花冠鲜红或深红色，宽漏斗状，长4～5cm，5裂，上方1～3裂片内面有深红色斑点；雄蕊7～10，花丝中部以下有微毛，花药紫色。蒴果卵圆形。花期4～5月，果期10月。

喜酸性土壤，在钙质土中生长不良，甚至不生长。因此，土壤学家常常把杜鹃花作为酸性土壤的指示作物。杜鹃花性喜凉爽、湿润、通风的半阴环境，既怕酷热又怕严寒，生长适温为12～25℃，夏季气温超过35℃，则新梢、新叶生长缓慢，处于半休眠状态。

多采用扦插或嫁接繁殖。长江流域以南可露地栽培。

经过人们多年的培育，已有大量的栽培品种出现，花的色彩更为丰富，花的形状也多种多样，有单瓣及重瓣品种。适宜群植于湿润而有庇荫的林下、岩际，园林中宜配置于树丛、林下、溪边、池畔及草坪边缘；在建筑物背阴面可作花篱、花丛配置。

(14)'金叶'女贞 *Ligustrum × lucidum* 'Vicaryi'(木犀科女贞属)

由卵叶女贞的变种金边女贞(*Ligustrum ovalifolium* var. *aur-eo-marginatum*)与欧洲女贞(*L. vulgale*)杂交而成的新品种，1983年由北京园林科研所从德国引进。

落叶灌木。高1～2m，冠幅1.5～2m。单叶对生，椭圆形或卵状椭圆形，长2～5cm，先端渐尖，幼叶金黄色。圆锥花序，白色。核果阔椭圆形，紫黑色。花期6月，果期10月。

性喜光，耐阴性较差，耐寒力中等，适应性强，对土壤要求不严，但以疏松肥沃、通透性良好的砂壤土为最好。

采2年生新梢，剪成15cm左右插条，上部留2～3片叶扦插即可。扦插基质用粗砂土，蘸0.1%生根粉溶液，夏、秋两季扦插均可，夏季扦插比秋季生根率高。萌芽力强，生长迅速，耐修剪，在强修剪的情况下，整个生长期都能不断萌生新梢。

用于绿地广场的组字或图案，还可以用于小庭园装饰。'金叶'女贞在生长季节叶色呈鲜亮的金黄色，可与红叶的'紫叶'小檗、红花檵木，绿叶的龙柏、黄杨等组成灌木状色块，形成鲜明的色彩对比，具极佳的观赏效果，也可修剪成球形。

(15) 迎春 *Jassminum nudiflorum*（木犀科茉莉属）

我国南北方各地广泛栽培。

落叶灌木。高 40 ~ 50cm。枝细长拱形，四棱形，绿色。三出复叶对生，卵形至长椭圆形。花单生黄色，先叶开放。花期 2 ~ 4 月。通常不结果。

性喜光，稍耐阴；耐寒，北京可露地栽培；喜湿润，也耐干旱，怕涝；对土壤要求不严，耐碱，除洼地外均可栽植。根部萌发力很强，枝端着地部分极易生根。

采用扦插、压条、分株繁殖。

植株铺散，枝条鲜绿，耐修剪，栽培管理简单。冬季绿枝婆娑，早春黄花可爱，在我国冬季漫长的北方地区，装点冬春之景寓意深刻，各处园林和庭园都有栽培。南方可与蜡梅、山茶、水仙同植一处，构成新春佳境；与银芽柳、山桃同植，早报春光；种植于碧水萦回的柳树池畔，增添波光倒影，为山水生色；或栽植于路旁、山坡及窗户下墙边；或作花篱密植，观赏效果极好。

(16) 醉鱼草 *Buddleja lindleyana*（马钱科醉鱼草属）

主产于我国长江流域以南各地，华北地区的河南、山东等地山地常见分布。

落叶灌木。高可达 2m。冬芽具芽鳞，常叠生。小枝四棱形，嫩枝被棕黄色星状细毛。单叶对生，叶卵形或卵状披针形，长 5 ~ 10cm，宽 2 ~ 4cm，先端渐尖，基部楔形，全缘或有疏波状小齿，青绿色无毛，叶背疏生棕黄色星状毛；叶柄很短。花两性，顶生直立穗状花序，长可达 7 ~ 20cm，花密集，花冠钟形，紫色，4 裂，稍有弯曲，长约 1.5cm，径约 2mm，雄蕊 4 枚，不外露，花萼裂片三角形，萼、瓣均被细白鳞片。蒴果矩圆形，长约 5mm，具鳞片，种子细小。花期 6 ~ 8 月。果期 10 月。

喜温暖、湿润气候和深厚、肥沃的土壤，适应性强，但不耐水湿。

播种、分蘖、扦插、压条均可，一般每年冬季剪除地上部分，翌年重新萌发。

枝繁叶茂，顶生直立穗状花序，小花密集，紫色艳丽，可丛植于道路两侧、草坪边缘、宅旁墙角等处；可成片作护坡植物。有毒，应远离鱼池栽培。

互叶醉鱼草（*Buddleia alternifolia*） 落叶灌木，高可达 3m。枝条细弱，披散下垂。单叶互生，披针形，长 4 ~ 8cm，叶背具灰白色绒毛。簇生圆锥状花序生于二年生枝上，基部有少量小叶，花冠紫蓝色，花芬芳。山西、河北、西北地区有生长，较耐干旱。

(17) ‘金叶’莸 *Caryopteris clandonensis* ‘Worcester Gold’（马鞭草科莸属）

产于我国华东及中南各地，南北方均有栽培。

落叶小灌木。株高 50 ~ 100cm，冠幅 1.5m。叶卵状长矛形，具细齿，长 5cm，叶片暖黄色。聚伞花序腋生于枝上部，淡紫色或淡蓝色，二唇形。蒴果。花期 6 ~ 8 月。

喜光，也较耐阴，较耐寒，需中等肥力、排水良好的土壤。

以播种繁殖为主，一般于秋季冷凉环境中进行盆播，也可在春末至初夏进行软枝扦插。种植在具中等肥力、排水良好的土壤中，需全光或略荫的环境。介壳虫会造成叶片扭曲，应注意防治。

叶色亮黄，花色淡雅，是良好的观叶观花植物。适宜植于灌木丛边缘、草坪边缘、假山旁、水边、路旁，也可与其他植物搭配种植。

蒙古莸(*Caryopteris mongolica*) 产于内蒙古中部，半灌木，高10~30cm。喜光，耐瘠薄。播种繁殖。宜于作岩石园植物。

(18)枸杞 *Lycium chinensis*(茄科枸杞属)

主产于宁夏，分布于全国各地。日本、朝鲜、欧洲及北美也有分布。

落叶灌木。高约1m。多分枝，枝细长，拱形，有条棱，常有刺。单叶互生或簇生，卵状披针形或卵状椭圆形，全缘，先端尖锐或带钝形，表面淡绿色。花紫色，漏斗状，花冠5裂，裂片长于筒部，有缘毛，花萼3~5裂，花单生或簇生叶腋。浆果卵形或长圆形，深红色或橘红色。花果期6~11月。

喜光，稍耐阴，喜干燥凉爽气候，较耐寒，适应性强，耐干旱、耐碱性土壤，喜疏松、排水良好的砂质壤土，忌黏质土及低湿环境。

播种、扦插、压条、分株繁殖均可。易栽培管理。

可丛植于山坡，也可作河岸护坡或作绿篱栽植。适合于干旱地区绿化。

(19)百里香 *Thymus mongolicus*(唇形科百里香属)

产于我国甘肃、陕西、青海、山西、河北、内蒙古等。生于多石山地、斜坡、山谷、山沟、路旁及杂草丛中，海拔1100~3600m地区。

半灌木。茎分枝多数，匍匐或上升，被短柔毛。叶对生，卵圆形，长4~10mm，宽2~4.5mm，先端钝或稍锐尖，基部楔形或渐狭，全缘或稀有1~2对小锯齿。花序头状，多花或少花，花冠紫红、紫或淡紫、粉红色，长6.5~8mm。花期7~8月。

喜温暖，喜光和干燥的环境，对土壤的要求不高，但在排水良好的石灰质土壤中生长良好。疏松且排水良好的土地，向阳处。

种子繁殖、扦插繁殖、分株繁殖均可。春季3~4月播种育苗。由于百里香种子细小，育苗地一定要精细整地，土要细碎平整，然后稍加镇压，浇水后撒播，然后覆盖一薄层细土，覆盖塑料薄膜以保温保湿。用扦插法极易发根，很容易繁殖，大量生产时为求品质一致，以剪取3~5节、约5cm长带顶芽的植条扦插。分株繁殖选3年生以上植株，于3月下旬或4月上旬尚未发芽时将母株连根挖出分栽，每一株丛应保证有4~5个芽，即可栽植。百里香对于土质的要求不高，但不耐潮湿，需要排水良好的土壤。

该植物叶片芳香，植株低矮，具有沿着地表面生长的匍匐茎，近水平伸展。茎上的不定芽能萌发出很多根系，能形成很强大的根系网，有效防止水土流失。并且具有突出的耐寒、耐旱、耐瘠薄、抗病虫能力以及生长快速、花量大、花期长、具愉悦的香味等特性，它已成为城市园林绿化中不可多得的优良地被植物，在许多土壤退化严重的生境脆弱地区可形成自然的优势植物种或单优群体，在荒漠化群落组成及生态演替中发挥着重要的生态功能。

8.2 藤本地被植物

8.2.1 藤本观花类地被植物

8.2.1.1 生物学特性及生态习性

藤本观花类地被植物是以花的突出表现为主要观赏部分的木质藤本，花的颜色多样，这类植物具有攀缘性、吸附性或缠绕性，大部分是喜光植物。在墙面、岩石间、坡地、篱垣、花架、栅栏、树干、拱门、假山、屋顶等垂直绿化中形成艳丽的色彩景观。藤蔓生长较迅速，分枝力强，覆盖面积大。

藤本观花类地被植物生长势强，适应性强，抗性强。温度适应性差别较大，常绿类喜温暖，不耐寒或稍耐寒，耐高温，35℃高温下生长不会受影响，如叶子花；落叶类性喜冷凉，耐寒，有的在－30℃左右低温仍能正常生长，如金银花。大多喜光，但有些耐半阴。对土壤要求不严，适应范围广，但以排水良好、疏松、肥沃的砂壤土生长好。水分要求上有一定差异，常绿类喜湿润的环境，尤其是夏季；落叶类较为耐旱。

8.2.1.2 繁殖栽培

藤本观花类地被植物大多以播种、扦插、分株、压条等繁殖为主，个别种类嫁接繁殖。播种应用普遍，如山荞麦、大瓣铁线莲、紫藤等；扦插繁殖的有光叶子花、藤本月季、凌霄、紫藤、金银花等；萌蘖性强的可分株繁殖，如凌霄、紫藤、金银花等；由于藤本植物枝条较长，且有的节部易生根，可以进行压条繁殖，如大花铁线莲、紫藤、凌霄、金银花等。

8.2.1.3 观赏特性

藤本观花类地被植物以其独特的花形、巨大的花量、繁茂的枝叶、优雅的线条，成为垂直绿化中别具风格的植被。虽然花期长短不一，但其对环境的衬托作用和对游人吸引力是不可低估的，大部分花期为春夏秋季，如金银花、凌霄、山荞麦、紫藤；也有花期较长的，如藤本月季中的一些品种；而常绿的光叶子花则可开花到 12 月。

8.2.1.4 园林应用

藤本观花类地被植物可以种植于林缘、坡地、树池、花台、假山，形成群落，组成缠绕攀缘的自然景观；立交桥立面、廊柱、墙面、花架种植凌霄、紫藤等，柔和的线条遮掩建筑物，既能观花，又形成了安静休息的环境；岩面、缓坡种植山荞麦、大花铁线莲、金银花等，能起到水土保持、美化边坡的作用。

8.2.1.5 常见种类

(1)山荞麦 *Polygonum aubertii*(蓼科蓼属)

主产于我国西北地区。

落叶藤本，长达10~15m。地下具粗大根状茎，地上茎实心，披散或缠绕，褐色无毛，具分枝，下部木质。单叶簇生或互生，卵形至卵状长椭圆形，长4~9cm；顶端锐尖，基部戟形，边缘常波状；两面无毛；叶柄长3~5cm；托叶鞘筒状，褐色。花小，白色或绿白色，呈细长侧生圆锥花序，花序轴稍有鳞状柔毛；花梗细，长约4mm，下部具关节；花被片白色。瘦果卵状三棱形，长约3mm，黑褐色，包于花被内。花期7~9月。

喜阳光充足、湿润的环境，耐旱、耐寒，适应性强、生长迅速。

播种或扦插法繁殖，发芽率很高。当年苗高可达1m左右，如植株过密，可移栽1次。定植后要浇水1至数次，中耕除草1~3次，以后任其生长，管理极为粗放。

山荞麦开花时一片雪白，有微香，是良好的攀缘、地面覆盖和蜜源植物。

(2)光叶子花 *Bougainvillea glabra*(紫茉莉科叶子花属)

原产于巴西，我国各地园林中有栽培。

常绿攀缘灌木。有枝刺，枝条常拱形下垂，密被柔毛。单叶互生，卵形或卵状椭圆形，长5~10cm，全缘，密生柔毛。花3朵顶生，各具1枚叶状大苞片，鲜红色，椭圆形，长3~3.5cm；花被管长1.5~2cm，淡绿色，顶端5裂。瘦果有5棱。花期6~12月。

喜光，喜温暖气候，不耐寒；不择土壤，但适当干旱可以加深花色。

通常扦插繁殖，5~8月均可进行。选择花后木质化枝条作插穗，截成15cm长，插入后插床要保持湿润，温度保持在25℃左右，约1个月可生根。为促进插穗生根，可用20mg/kg吲哚丁酸处理插穗。扦插苗第二年即可开花。栽植时要求充足的光照和富有腐殖质的肥沃土壤。萌芽力强，耐修剪，忌水涝。

华南及西南地区多植于庭园、宅旁，常设立栅栏或让其攀缘山石、园墙、廊柱。长江流域及其以北地区多盆栽观赏，温室越冬。

叶子花(*Bougainvillea spectabilis*)　外形与光叶子花近似，但枝、叶密生柔毛，苞片鲜红色。

‘砖红’叶子花(*B. spectabilis* ‘Lateritia’)　花苞片为砖红色，品种有红花重瓣、白花重瓣、斑叶等。

(3)大花铁线莲 *Clematis patens*(毛茛科铁线莲属)

原产于我国山东和辽宁东部地区；朝鲜、日本也有分布。

落叶藤本。枝蔓长达4~6m。茎攀缘生长，细长，被柔毛。羽状复叶，小叶3~5，卵圆形，全缘，纸质。花单生于茎顶，乳白色或淡黄色，无苞片。瘦果多数，卵圆形，被黄色柔毛。花期5~7月，果期7~9月。

喜凉爽、湿润及半阴环境，适生温度15~22℃，宜于疏松、肥沃的砂壤土生长。

播种、扦插、压条繁殖。播种多用于培育新品种，实生苗约3年后开花。

花大而美丽，是绿化、美化园墙、花架、围篱等的好材料，也可用于假山、岩石坡地地被。

(4)地被月季 Ground Cover Roses(蔷薇科蔷薇属)

原种主产于北半球温带及亚热带，我国为原种分布中心。现代杂交种类广布欧洲、美洲、亚洲、大洋洲，尤以西欧、北美和东亚为多。我国各地多栽培。

落叶藤本，植株较高大。每年从基部抽生粗壮新枝，性强健，生长迅速，以茎上的钩刺或枝蔓靠他物攀缘。虽属四季开花习性，但以晚春或初夏两季花的数量最多，然后由夏至秋断断续续开一些花。由自然界原种或灌木状月季的枝变种，分藤本及蔓生两类。由蔷薇原种育成的藤本，生长强健，还能高攀覆盖墙面。花多数簇生成大丛，芳香。由杂种月季枝变而成的藤本，用途同前，花似杂交茶香月季，数朵簇生，花期同上。蔓生种主要亲本为光叶蔷薇，不能用于被覆墙面，因空气不流通，易患白粉病。

性较耐寒(比原种稍弱)。喜光，喜肥，要求土壤排水良好。耐修剪。

以扦插繁殖为主，但优良品种扦插难以成活，故生产中更多的是用嫁接繁殖。移栽定植，裸根苗宜于晚秋或早春栽植。定植应选向阳通风、排水良好之地。挖穴后，重施基肥；栽后浇足水。以后见干浇水。雨季忌积水，注意及时排水。炎热夏季干旱时，宜傍晚浇水。

藤本月季花大色艳，多数品种春秋两季多次开花，繁花似锦，甚为壮观。园林中多将之攀附于各式通风良好的架、廊之上，自成一景。

(5)金银花 *Lonicera japonica*(忍冬科忍冬属)

我国南北各地均有分布，北起辽宁，西至陕西，南达湖南，西南至云南、贵州等地广泛栽培。

半常绿缠绕藤本。枝长可达9m，枝条细长中空，皮棕褐色，条状剥落，幼时密被短柔毛。叶卵形或椭圆状卵形，对生，长3~8cm，端短渐尖至钝，全缘，幼时两面具柔毛，老后光滑。花成对腋生，苞片叶状；花冠二唇形，上唇4裂直立，下唇反转，初开为白色略带紫晕，后转为黄色，芳香。浆果球形，黑色。花期5~7月，8~10月果熟。

喜光也耐阴，耐寒，耐旱及水湿；对土壤要求不严，在酸碱土壤均能生长。性强健，适应性强，根系发达，萌蘖力强，茎着地即能生根。

播种、扦插、压条、分株均可。

冬叶微红，花先白后黄，富含清香，可缠绕篱垣、花架、花廊等作垂直绿化；或附在山石上，植于沟边，爬于山坡等用作地被；也是庭园和屋顶绿化的好材料。

盘叶忍冬(*L. tragophylla*)　落叶缠绕藤本，花序下的一对叶片基部合生；花在小枝端轮生，头状，1~2轮，有花9~18朵，花冠黄色至橙黄色，上部外面略带红色；浆果红色；花期6~7月，果期9~10月。产于我国中部及西部。耐寒；播种或扦插繁殖。

贯月忍冬(*L. sempervirens*)　常绿缠绕藤本，全体有毛；叶卵形至椭圆形，表面深绿，背面灰白色，花序下1~2对叶基部合生；花每6朵为1轮，数轮排成顶生穗状花序，花冠细长筒形，橘红色至深红色；浆果球形；花期晚春至秋。原产于北美东南部。

8.2.2 藤本观叶类地被植物

8.2.2.1 生物学特性及生态习性

藤本观叶类地被植物是指以枝叶为观赏部位的藤本植物，植物具有悬垂性和攀缘性特点，在岩面、墙面、缓坡、立交桥、树干等垂直绿化中具有独特的景观效果。枝蔓生长迅速、分枝性强，叶经冬不衰，如小叶扶芳藤、常春藤、银石蚕等；虽然花朵并不奇特，花色也不艳丽，但叶色富于变化，霜叶堪比花，如异叶爬山虎、爬山虎、络石等。在观叶类藤本植物中，有些种类枝叶繁茂，分枝紧密，覆盖迅速，匍匐性强，是优良的地被植物，如常春藤、络石、异叶爬山虎、扶芳藤等。有些种类匍匐性强，株形低矮，耐践踏，具有草坪草特点，可以与禾草构成混合草坪，或建植低质量的非禾草草坪，如马蹄金。

藤本观叶类地被植物生长旺盛，适应性好，抗性强，但其温度适应范围差别较大，常绿类喜温暖，不耐寒或稍耐寒，耐高温，35℃高温下生长不会受影响；落叶类性喜冷凉，耐寒，－8℃左右低温仍能正常生长。大多喜光，但耐半阴，忌阳光直射，但也有在全日照下生长良好的类型。对土壤要求不严，适应范围广，但以排水良好、疏松、肥沃的砂壤土生长好。

8.2.2.2 繁殖栽培

藤本观叶类地被大多采用分生、扦插、压条等繁殖方法。扦插应用普遍，如络石、‘花叶’络石、爬山虎、薜荔、扶芳藤类等，分生繁殖可在整个生长季进行，有的在梅雨季节进行效果更好，通常常绿类在整个生长期均可以分生繁殖，而落叶类则可以在休眠期进行。压条繁殖也有一定应用，如络石类、爬山虎类、薜荔等。播种繁殖是某些种类的重要方式，如油麻藤、南蛇藤、马蹄金等，种子成熟后，春秋两季均可播种。

8.2.2.3 观赏特性

藤本观叶类植物以其繁茂的枝叶、持久的绿叶期、优雅的姿态，成为园林中垂直绿化的主要植被，也是前景广阔的地被植物。有的种类观赏期长久，如扶芳藤、络石等；有些种类叶型变幻多样，霜叶鲜艳，成为秋冬时节亮丽的风景线，如异叶爬山虎、‘金叶’过路黄、银石蚕等；有些种类叶色青翠，叶异型，吸引游人驻足停留，如油麻藤、爬山虎等。

8.2.2.4 园林应用

藤本观叶类地被植物可以单独布置于林下、林缘、树池，也可以多种类型配置使用，形成立体造型景观。如水杉、桂花林下布置常春藤、络石、爬山虎等，形成大面积的耐阴地被，或藤缠树的自然景观；立交桥下、立柱、墙面种植爬山虎、常春藤等，柔和，可遮掩建筑物；岩面、缓坡种植马蹄金等，可美化保护边坡。

8.2.2.5 常见种类

(1)小叶扶芳藤(爬行卫矛)*Euonymus fortunei* var. *radicans*(卫矛科卫矛属)

分布于我国黄河流域以南各地，现全国各地园林中广泛栽培。

常绿藤本。茎匍匐或攀缘，地被高15cm左右。叶对生，薄革质，椭圆形，边缘有锯齿，秋冬季叶色鲜红。聚伞花序，花绿白色。蒴果近球形，黄红色，种子有橘红色假种皮。花期6~7月，果期10月。

喜光，也耐阴，耐旱，抗寒，耐贫瘠土壤。

扦插为主，播种或压条也可。扦插可在生长季或休眠季节进行，极易成活，成活率可达95%以上。栽培管理粗放。

叶色浓绿，秋叶红艳，是优良的常绿藤本地被。园林中可种植于假山上、岩石园、墙体下，立交桥下，作大树树池地被，或散生林下，或作护坡地被。

扶芳藤(*Evonymus fortunei*)　常绿藤本，小枝微棱。叶对生，薄革质，椭圆形，边缘有锯齿。花小，绿白色，花期5~6月。较耐寒，喜阴湿，耐盐碱，抗污染，不择土壤。扦插繁殖，成活容易。

园林中常见栽培的园艺品种还有'金边'扶芳藤('Emerald Gold')、'金心'扶芳藤('Sunpot')、'银边'扶芳藤('Silver Queen')、'花叶'扶芳藤('Variegatus')、'速铺'扶芳藤('Dart's Blanket')。园林应用同上。

(2)洋常春藤 *Hedera helix* (五加科常春藤属)

原产于欧洲。我国华北以南地区园林中广泛栽培。附于阔叶林中树干上或沟谷阴湿的岩壁上。

常绿攀缘藤本。茎枝有气生根，幼枝被鳞片状柔毛。叶互生，二型，革质，具长柄；营养枝上的叶三角状卵形，全缘或3浅裂；花枝上的叶椭圆状卵形或椭圆状披针形，基部楔形，全缘。伞形花序，花黄白或绿白色。浆果球形，黑色。花期9~12月，果期翌年4~5月。

喜阴，忌阳光直射，稍耐寒，耐旱，耐瘠薄。对土壤要求不严，在湿润、疏松、肥沃土壤中生长良好，不耐盐碱。

扦插为主，种子和压条也可。扦插繁殖于生长季进行，以嫩枝作插穗，30d左右可生根。种子繁殖可于当年种子成熟后进行，或沙藏到翌春播种。压条可于春、秋两季进行，波状压条，极易生根。栽培管理简单粗放，小苗带土移栽，定植后适当短剪主蔓，促分枝。

枝叶青翠，姿态优雅，地面覆盖性好，是优良的耐阴地被藤本。园林中，可用于假山、岩石、立交桥、棚架，或作建筑阴面的垂直绿化、林下耐阴地被。

中华常春藤(*H. nepalensis* var. *sinensis*)　常绿藤本，叶二型，不育枝叶三角形，果枝上叶长椭圆卵状。伞形花序单生或2~7个顶生，花小，绿白色。核果球形，黄色。花期10～11月，果期翌年3～5月。园林中作林下耐阴地被。

常见栽培的园艺品种有'彩叶'常春藤('Discolor')、'金心'常春藤('Goldheart')、'银边'常春藤('Silver Queen')、'金边'常春藤('Argenteovariegata')。

(3)异叶爬山虎 *Parthenocissus dalzielii*(葡萄科地锦属)

原产于我国南部、越南、印度尼西亚等地，现我国长江流域以南地区广泛栽培。

落叶藤本，全株无毛。叶异型，营养枝上的叶为单叶，较小，心卵形，有粗齿；果枝上的叶具长柄，三出复叶，中间小叶倒长卵形，侧生小叶斜卵形，基部极偏斜，叶缘具小齿或近全缘。聚伞花序常生于短枝端叶腋，花小，黄白色。浆果球形，成熟黑紫色。

喜温暖湿润气候，耐半阴，耐高温，耐寒，不耐旱，不择土壤。

常用扦插繁殖，播种、压条也可。扦插、压条繁殖于生长季节进行，生根容易，生长迅速。种子繁殖于春季进行，种子采后需沙藏至翌年。栽培管理简单，适当浇水、施肥即可。病虫害少。

藤蔓纵横，叶密色翠，春季幼叶、秋季霜叶或红或橙色，观赏甚佳；生长快、最大攀缘高度达20m。在园林中，可用于墙垣、假山、阳台、长廊、栅栏、岩壁、棚架的绿化；或用于疏林、树池地被。

爬山虎(*P. tricuspidata*) 主要分布于我国，日本也有。我国南北方均有栽培。落叶藤本。树皮有皮孔，髓白色。枝条粗壮，卷须短，多分枝，顶端有吸盘。叶异型，互生，花枝上的叶宽卵形，常3裂；下部枝上的叶分裂成3小叶；幼枝上的叶较小，不分裂。聚伞花序着生于两叶短枝上。花期6月，果期9～10月。喜温暖多湿环境，不择土壤。扦插繁殖为主。秋季叶红色，艳丽动人，用于岩墙面、建筑物垂直绿化，或坡地地被。

(4)络石 *Trachelospermum jasminoides*(夹竹桃科络石属)

原产于我国黄河以南各地，日本、朝鲜、越南也有分布。我国各地园林均有栽培。生长于山野林中，或攀缘于树上、岩壁等。

常绿藤本。枝蔓长2～10m，有气生根，具乳汁。老枝光滑，幼枝有绒毛。单叶对生，长椭圆形，先端尖，革质，叶面光滑，叶背有毛，叶柄很短。聚伞花序腋生，小花9～15朵，花冠白色，有芳香。花期6～7月，果期8～12月。

性喜温暖、湿润、疏阴环境，忌狂风烈日，稍耐寒，对土壤要求不严，但以疏松、肥沃、湿润的壤土生长良好。

扦插、压条繁殖为主。扦插、压条在生长季节进行，生根容易，成活率高。栽培管理简单粗放。

枝叶繁茂，秋冬叶色鲜艳，覆盖度好，是花叶兼备的常绿藤本地被。布置于林下、树池，或墙垣、假山上。

园艺栽培品种与变种有：'斑叶'络石('Vareigatum')、狭叶络石(石血)*T. jasminoides* var. *heterophyllum*。

(5)'黄金锦'络石 *Trachelospermum asiaticum* 'Ougonnishiki'(夹竹桃科络石属)

亚洲络石的变种。

茎有不明显皮孔。小枝、叶下面和嫩叶柄被短柔毛，稍老枝叶无毛。叶革质，椭圆形至卵状椭圆形或宽倒卵形，长2～6cm，宽1～3cm。老叶近绿色或淡绿色，第一轮新叶橙红色，或叶边缘暗色斑块，每枝多数为1对，少数2～3对橙红色叶；新叶下有数对叶为黄色或叶边缘有大小不一的绿色斑块，且绿斑有逐渐扩大的趋势，呈不规则状；多数叶脉呈绿色或淡绿色，从新叶到老叶叶脉绿色也逐渐加深。

喜光、强耐阴，喜空气湿度较大，喜排水良好的酸性或中性土壤环境，抗病能力强，生长旺盛，同时它又具有较强的耐干旱、抗短期洪涝、抗寒能力，在长江流域以南可露地栽培。

压条或扦插繁殖。特别是在梅雨季节其嫩茎极易长气根，利用这一特性，将其嫩茎采用连续压条法，秋季从中间剪断，可获得大量的幼苗。或于梅雨季节，剪取长有气根的嫩茎，插入素土中，置半阴处，成活率很高，但老茎扦插成活率低。

该品种以其高贵的“黄金色”，在园林中既可以作地被植物材料，用于色块拼植；又可作为攀缘植物，对边坡进行覆盖绿化；同时它又是优良的盆栽植物材料。用于家庭盆栽观赏。

(6)‘花叶’蔓长春花 *Vinca major* ‘Variagata’(夹竹桃科长春花属)

原产于欧洲，我国黄河以南地区广泛栽培。是主栽园艺品种。

常绿蔓性亚灌木。株高30～40cm。营养枝蔓性、匍匐生长，长达2m以上，开花枝直立生长。叶对生，全缘，椭圆形，有叶柄，亮绿色，叶缘乳黄色，分蘖能力十分强。花单生于叶腋，蓝色，喇叭状。花期4～5月。

喜温暖湿润环境，耐半阴，耐低温，－7℃下露地种植无冻害，耐旱，对土壤要求不严，生长快，但以肥沃的砂壤土生长良好。

扦插、分株、压条繁殖。扦插繁殖可在春秋季进行，9～10月扦插最好。插穗为当年生健壮枝条，具2～3对芽，长10cm左右。压条繁殖于冬前进行。栽培管理简单，雨季要注意排水。

叶色四季常青，生长迅速，繁殖简单，是花叶兼赏的常绿藤本地被。可布置于林下、林缘、缓坡，也可与其他地被植物如麦冬、红花酢浆草、白车轴草配置。

蔓长春花(*Vinca major*) 原产于地中海沿岸及美洲、印度等地，我国黄河以南地区栽培普遍。叶对生，全缘，亮绿色。花蓝色。花期4～5月。喜半阴湿润环境，耐寒、耐旱，不择土壤，适应性强。扦插繁殖为主。布置于林下、林缘或坡地。

8.3 竹类地被植物

“未曾出土先有节，及至凌云仍虚心”，自古以来，竹就是我国人民追求崇高精神境界和美好情感的寄托。一句“宁可食无肉，不可居无竹”，写出竹在人们心目中超凡脱俗的地位。竹以其姿态美和意境美成为了园林布景的植物良材，山有竹则山青，水傍竹则水秀；竹绿叶婆娑、潇洒飘逸、四时青翠、寒冬不凋，是东方美的象征；同时竹又是吉祥之物，素有竹报平安之说。竹栽于庭园的墙边、门旁，不仅具有阻挡隐蔽作用，还可丰富庭园色彩，能创造出幽深的环境。景门两侧配置修竹，能使空间增添景色。竹石组景运用艺术构图将竹与奇峰怪石组合成景，能增添山体的层林叠翠，呈现自然姿态，山林之美，更觉优雅安静。

竹类属单子叶植物中的禾本科竹亚科，我国已知有39属500余种。本节重点介绍的地被竹覆盖了11个属中的33个种。地被竹是指株高低于1m，灌木状、秆多丛生的竹类，具备较强的适应性、抗逆性和耐粗放管理、耐修剪等特点。少数稍高于1m的竹类，因其具有较强耐修剪能力也可用于地被。

8.3.1 地被竹的形态特征及生长发育

地被竹，多数茎具节且中空，柔中带刚。全株分地下茎、根、芽(笋)、枝、叶、秆箨、花与果实。

8.3.1.1 营养器官形态

竹类植物营养器官可分为地上和地下两部分。地上部分有竹秆、枝、叶等，竹在幼苗阶段称为竹笋；而地下部分则有地下茎、竹根、鞭根及竹秆的地下部分等。

(1)地下茎

竹类植物的地下茎是在地下横向生长的主茎，既是养分贮存和输导的主要器官，也具有分生繁殖的能力。地下茎俗称“竹鞭”，由节和节间组成，圆而中空。节由鞭环和箨环组成，鞭环上着生芽和鞭根；箨环为秆箨脱落后留下的痕迹。地下茎先端生长部位称为鞭笋或顶芽。竹类植物的繁殖主要靠地下茎上的芽发笋成竹繁衍后代。

同一属的竹种具有相同的地下茎类型，因此地下茎是竹类植物分类的重要特征之一。根据地下茎的形态特征和进行分生繁殖的特点，可将竹类植物的地下茎分为以下3种类型(图8-1)：

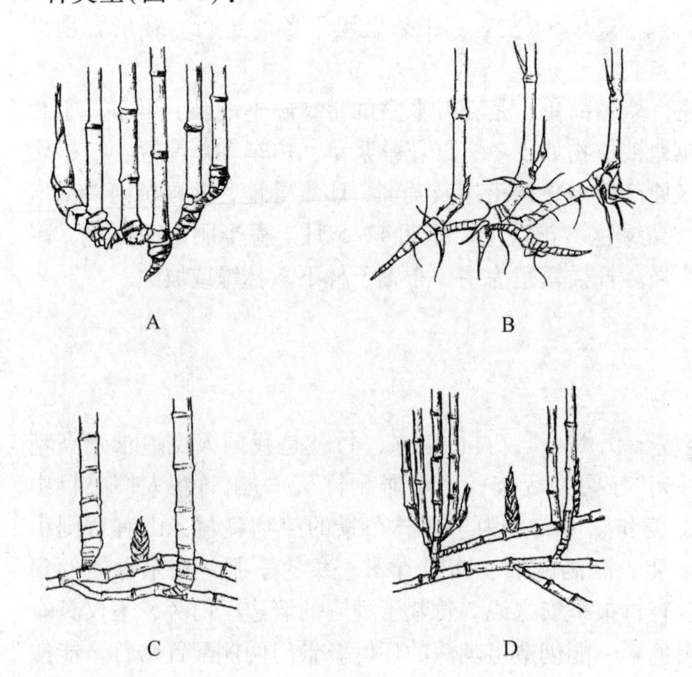

图8-1 竹类的地下茎类型

A. 合轴丛生型 B. 合轴散生型
C. 单轴散生型 D. 复轴混生型

单轴型　有真正的地下茎(竹鞭)，鞭上有节，节上生根，每节着生一侧芽，交互排列。侧芽或出土成竹，或形成新的地下茎，或呈休眠状态。顶芽不出土，在地下扩展，侧芽出土成竹，地上茎(竹秆)在地上散生，故又称为散生竹。如刚竹属(*Phyllostachys*)、方竹属(*Chimonobambusa*)、酸竹属(*Acidosasa*)等。

合轴型　秆基的大型芽萌发时，秆柄在地下延伸一段距离，然后出土成竹，竹秆在地面散生。延伸的秆柄形成假地下茎(假鞭)。假鞭与真鞭(真正的地下茎)的区别是，假鞭有节，但节上无芽，也不生根。秆柄延伸的距离因竹种不同而有很大差异，或数十厘米，或可达几米，如箭竹属(*Sinarundinaria*)。

复轴型　有真正的地下茎，间有散生和丛生两种类型，既可从竹鞭抽笋长竹，又可从秆基萌发成笋长竹。竹林散生状，而几株竹株又可以相对成丛状，故又称为混生竹。如赤竹属(*Sasa*)、筇竹属(*Qiongzhuea*)、箬竹属(*Indocalamus*)等。

(2)竹秆

竹秆即地上茎，实际上是主茎(地下茎)的第一级分枝。竹秆的大小差别很大，地被竹如菲白竹高仅几十厘米，直径尤如铁丝。秆一般为圆柱状，通常中空，也有的竹种秆实心。秆的表面一般为绿色或黄绿色，竹秆是竹子的主体，其构造包括以下3个部分(图8-2)：

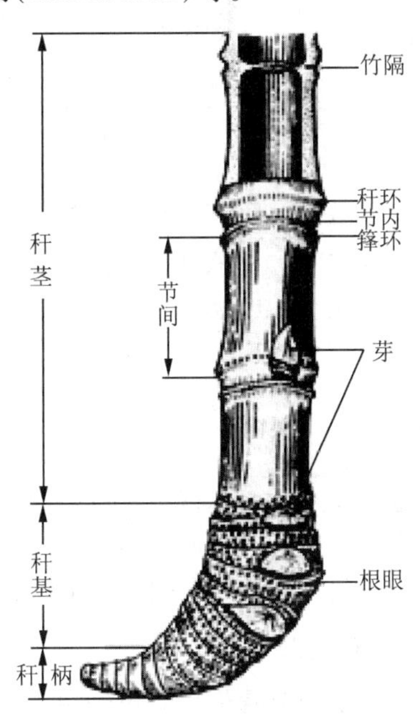

图8-2　秆的构造

秆柄(俗称螺丝钉)　竹秆的最下部分，与地下茎相连，细小而短缩，具有数节，但上无芽，也不生根。

秆基　竹秆入土生根的部分，由数节至十数节组成，节间极为短缩，粗大。在丛生竹中，秆基上通常有互生的大型芽，称芽眼，萌笋成竹；在散生竹中，秆基上通常无大型芽或仅具少数发育不完全的大型芽。秆基各节密生根，称为竹根，形成竹株的独立根系。秆柄、秆基和竹根合称竹蔸。

秆茎　也称竹秆。由秆环、箨环、节内、节隔和节间组成。秆环是居间分生组织停止分裂分化后留下的痕迹，位于箨环的上方。秆环隆起或平，其隆起的程度随竹种的不同而不同。多数丛生竹的秆环平，如绿竹等；在散生竹中一些竹种分枝以下的秆环平而不明显，如毛竹、金竹，而桂竹秆环隆起。箨环是秆箨脱落后在秆上留下的痕迹。秆环和箨环之间的距离称节内。秆环、箨环和节内称为节。两节之间称节间。节间通常中空，节与节之间有竹隔相隔。

(3)分枝

竹类植物的分枝与一般木本植物的分枝不同。竹子的分枝由竹秆节上的侧芽发育而成，分枝的数目可分为以下几种类型(图8-3)：

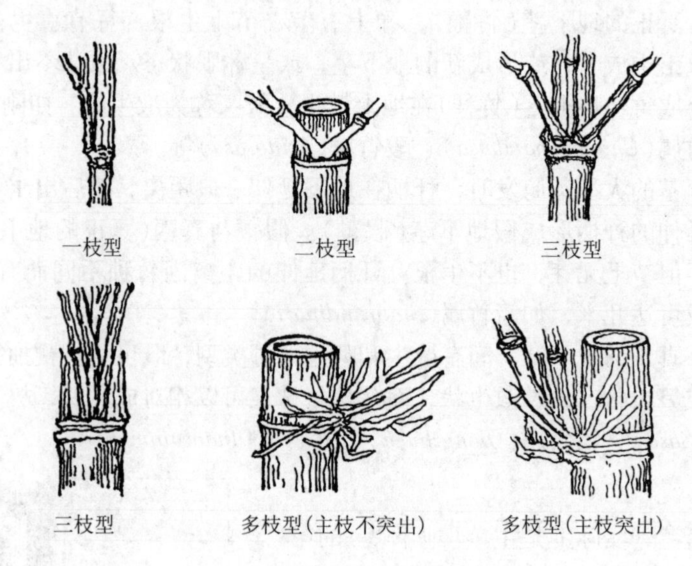

图 8-3 竹类的分枝类型

单枝型 每节具有1分枝，分枝直立而直径与秆相近。如赤竹属、箬竹属等。

二枝型 每节具2分枝。如刚竹属等。

三枝型 中部节每节具3分枝，秆上部节可多至5枚分枝。如酸竹属、筇竹属、少穗竹属等。

多枝型 每节具多枚分枝，分枝或近于等粗，或有1~2枝较粗，其他较细。如刺竹属等。

竹子通常都有再次分枝，但也有少数竹种无再次分枝，如鹅毛竹。同一属的竹种其每节分枝的数目通常是一致的，但有时竹秆上部的分枝数目通常较多，而下部节的分枝数目少于中部节间。一般所说的分枝数目是指中部节每节所具的分枝数。

(4)竹叶

枝条各节着生叶，叶互生，排列成2行。叶分为叶鞘、叶柄和叶片3个部分(图8-4)。叶鞘包裹小枝节间，叶鞘与叶片联结处的内侧有一突起称叶舌，两侧的耳状突起称叶耳，叶耳的边缘常有肩毛，有些竹种既无叶耳也无肩毛，有些竹种则仅有肩毛而无叶耳。

竹叶通常在叶片与叶鞘之间有一关节，叶片枯老时从关节处脱落。叶片一般为披针形，先端渐尖，基部收缩。叶的更新是周期性的，通常为每年1次，毛竹则2年1次，从落叶小枝的节上的芽发育为新的具叶小枝替代落叶小枝。

(5)秆箨

秆箨也称竹箨、笋壳。为主秆所生之叶，着生于箨环上，不能进行光合作用，仅起保护节间不受机械创伤的作用。当节间生长停止后，秆箨基部形成离层而脱落，有的竹种秆箨迟落或宿存。秆箨是识别竹种的重要器官(图8-5)。

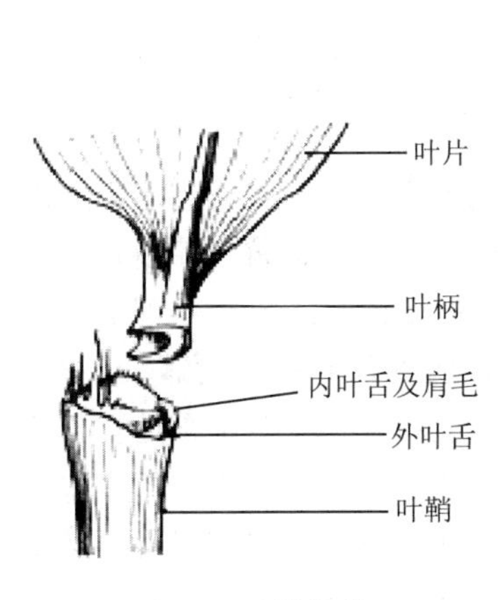

图 8-4 叶的构造

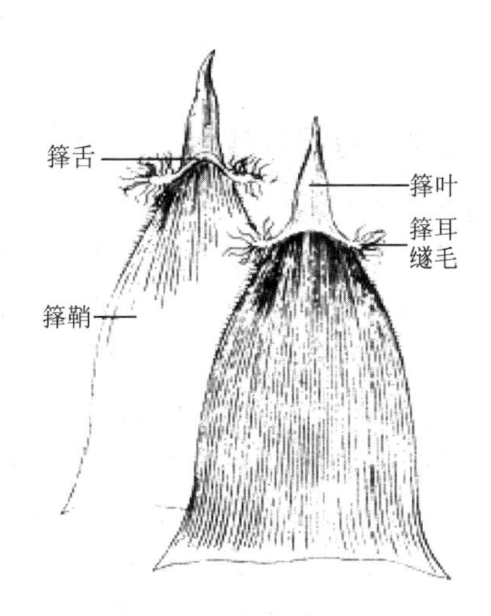

图 8-5 秆箨的构造

一枚完全的秆箨包括箨鞘、箨舌(箨鞘顶端的突起物)、箨耳(箨鞘鞘口两侧的突起物)、箨叶和缝毛(生于箨耳或鞘口)。

8.3.1.2 生长发育特性

竹类植物生长发育的特点依据其地下茎划分的3种类型而各不相同，其中，地被竹多属于复轴混生型，该类型既有横走地下的竹鞭又有肥大短缩的合轴型地下茎，竹杆在地面分布较紧密，呈散生状(环境条件较好时)或丛生状(环境条件不良时)。

(1)地下茎生长

复轴型地下茎既有横走地下的竹鞭又有肥大短缩的合轴型地下茎，即在同一鞭一竹系统中并存有单轴型和合轴型地下茎。复轴型地下茎由秆基芽眼长出能在地下横走长距离的竹鞭，竹鞭上的成熟侧芽萌发成竹或新的竹鞭，新竹秆基上的芽眼萌发成合轴型的地下茎。

混生竹秆基节间较长，竹根较少，弯曲度小，两侧有芽眼2~6个。在土壤肥沃的条件下，生长良好的竹林主要靠竹鞭上的芽苞进行繁殖更新，萌发长成新的竹秆，所长出的竹秆稀疏散生，表现出与散生竹竹林相同的特性。在贫瘠的土壤条件下或林分受到严重损害时，秆基的芽眼则很少萌发长鞭，而是萌发抽笋长出新竹秆，呈现丛生竹基本特征。

(2)竹秆生长

一般混生竹的出笋期略迟于散生竹而早于丛生竹。如茶秆竹在江苏常州地区5月下旬出笋，持续时期较短，20d左右基本结束。南方比北方地区出笋早，高海拔地区出笋期较晚。

竹笋出土后，经历1~2个月完成竹秆高生长。混生竹种的竹笋至幼竹的高生长过程，与散生竹、丛生竹一样，也有“慢—快—慢”的规律。

在混生竹种的竹笋至幼竹的高生长完成过程中，随着竹秆上的笋箨脱落，抽枝展叶，完成秆形生长。

8.3.2 地被竹的园林应用

(1)庭园配置

地被竹作为常绿的地被植物，设计手法可以大面积图案式应用于水边缓坡等视野开阔的园林空间，突出表现竹的群体美。如选用箬竹、铺地竹、菲白竹、鹅毛竹、倭竹、菲黄竹、矢竹等搭配以草坪，具有延伸视觉的效果。一些耐修剪的竹种可剪成短而厚实的高度，或成竹球等多种几何形状。具耐阴性的竹种，可栽种于乔灌木下面，叶片具观赏效果的可作配色之用。以竹为背景，兰花、寒菊为地被植物衬托，可给萧瑟的冬景带来清丽。在庭园大树下以竹作地被植物，如箬竹、鹅毛竹、翠竹、铺地竹等小竹，并散置块石、湖石，可形成山林景色。在日本一些庭园，地面除了乔木，全由草坪、竹子或花坛装饰，大树下植小竹，一片绿色，极为美观。

(2)观赏特性

作为地被的竹类，因其低矮玲珑，加之大面积生长，较之于其他竹的修长俊秀之美，更显出一股朴实之姿。它没有万竿参天的气势，却有俯首大地的谦卑；它也无法表现凌云虚心的气节，但却甘于作覆盖、护坡、镶边的点缀。地被竹总是以它的朴实谦卑衬托起无边的风景。

8.3.3 常见地被竹种类

8.3.3.1 复轴型

(1)箬竹属 *Indocalamus*

① 美丽箬竹 *Indocalamus decorus*　秆高0.4～0.8m，径0.3～0.5cm。新秆绿色，密被白粉，竹壁厚，实心。箨耳小，椭圆形或镰形。每小枝具2～4片叶，带状披针形，长20～35cm，宽5～5.5cm，两面无毛。分布于广西。

② 阔叶箬竹 *Indocalamus latifolius*　灌木状竹类。秆高1m，节下具淡黄色粉质毛环，秆箨宿存，质坚硬；箨鞘外面具棕色小刺毛；箨舌截平；箨叶小，条状披针形。叶片大，长圆形，下面近基部有粗毛，长20～34cm，宽3～5cm。笋期5月。生于山谷、荒坡或林下。喜阳光充足、温暖湿润的环境。较耐寒、耐旱、耐半阴。不择土壤，轻度盐碱土中能正常生长。春季分株或竹鞭繁殖。种植时根部带泥，栽培管理粗放。山东、江苏、浙江、安徽、湖南及西南等地有分布。

同属植物还有棕巴箬竹(*Indocalamus herklotsii*)、胜利箬竹(*I. victorialis*)可作地被栽培。

(2)赤竹属 *Sasa*

① 菲黄竹 *Sasa auricoma*　彩叶地被竹。秆高0.2～0.4m，径1～2mm。发枝数条，每小枝着叶6～8枚。叶柄短，叶披针形，长15～20cm，宽15～26mm，幼时为黄色，后有绿色纵条，老化后绿色条纹与黄色界限模糊。喜温暖阴湿的环境，耐高温、耐旱，适应性较强。不择土壤，宜在富含腐殖质、疏松、微酸性土壤中生长。分

株繁殖，在深秋或入冬前进行。管理粗放，病虫害少。原产于日本。华东地区有栽培应用。

② 菲白竹 *Sasa fortunei* 灌木状，株高 0.1～0.3m。秆丛生，节间圆筒形，细而短，每节 1 分枝，小枝上有 4～7 枚叶；秆环平或微隆起，秆箨宿存；箨鞘两肩具白色缝毛，箨片具白色条纹。叶披针形，叶片上镶嵌白色或淡黄色条纹。笋期 4～5 月。是极好的耐阴湿彩叶地被竹。喜温暖阴湿的环境，耐高温、耐旱，适应性较强。不择土壤，宜在富含腐殖质、疏松、微酸性土壤中生长。分株繁殖，在深秋或入冬前进行。管理粗放，病虫害少。原产于日本，我国华东地区有栽培应用。可大面积覆盖地表护坡，固土；也可配置假山、岩石园；片植于疏林下道路旁。

③ 白条赤竹 *Sasa glabra* f. *alba-striata* 又名白条椎谷笹。秆高 0.3～0.8m，径 2～3mm。叶片绿色，长 10～15cm，宽 2～3.5cm，具明亮的黄条纹。是赤竹属中最美丽的竹种。原产于日本，是优良彩叶地被竹。

④ 翠竹 *Sasa pygmaea* 秆高 0.2～0.4m，径 1～2mm。秆箨及节间无毛，节处密被毛，秆箨短于节间。每小枝具叶 4～10 枚。叶密生，叶片披针形，翠绿色，叶基近圆形，先端略突渐尖，二列状排列。根浅生，不耐干旱。原产于日本，我国华东地区有栽培应用。

⑤ 无毛翠竹 *Sasa pygmaea* var. *disticha* 又名日本绿竹。秆高 0.2～0.3m，径 1～2mm。每节 1 分枝，秆箨短于节间，无毛。叶披针形，长 3～5cm，宽 3～5mm，两列状排列，翠绿色。原产于日本，我国华东地区有栽培应用。

⑥ 亮晕赤竹 *Sasa tuboiana* f. *abedono* 又名曙伊吹笹。秆高 0.7～1m，径 3～5mm，秆箨长不及节间的 1/2。叶长披针形，长 10～12cm，宽 3～6cm。开始长叶时有鲜亮黄斑，斑中部有绿黄模糊的混合色，两边绿色，仿佛黎明时的曙光。笋期 5 月底。原产于日本，我国华东地区有引种栽培。

同属植物还有赤竹（*S. longiligulata*）、华箬竹（*S. sinica*）、山白竹（*S. veitchii*）可作地被栽培应用。

(3) 倭竹属 *Shibataea*

① 江山倭竹 *Shibataea chiangshanensis* 秆高 0.5m，径 2mm，节间长 7～12cm，近半圆形。无箨耳。每节 3 分枝，主枝长 2～2.5cm，侧枝取其半。叶片卵状至三角形，长6～8cm，宽 1.1～2.3cm，边缘具锯齿。分布浙江省江山。

② 鹅毛竹 *Shibataea chinensis* 小灌木状竹类。秆高 0.6～1m，径 2～3mm，节间长 7～15cm，几乎实心，淡绿色带紫色；箨鞘膜质，外面无毛；每节有 3～6 分枝，叶一枚生于枝顶端，叶卵状披针形，边缘有小锯齿，叶片厚纸质；叶柄紫色。笋期 5 月。喜温暖阴湿环境，在砂壤土中生长最佳。分株或竹鞭繁殖，在深秋或入冬前进行，移植时带土，干旱季节及时浇水。江苏、浙江、安徽、江西、福建等地有分布。

同属植物还有倭竹（*S. kumasasa*）、黄纹倭竹（*S. kumasasa* f. *aureo-striata*）、翡翠倭竹（*S. lanceifolia* f. *smaragdina*）可作地被栽培。

复轴型中还有寒竹（*C. marmoreal*），又名观音竹，也是低矮型灌木状，可作地被用。

8.3.3.2 合轴型与单轴型

除以上介绍的复轴型地被竹，在合轴型与单轴型中有部分低矮灌木状的竹类也具备作地被的特性，可开发应用。合轴型中，如悬竹属(*Ampelecalamus*)的射毛悬竹(*A. actinotrichus*)、贵州悬竹(*A. calareus*)，簕竹属(*Bambusa*)的凤尾竹(*B. multiplex*)、小佛肚竹(*B. ventricosa* var. *nana*)，以及箭竹属(*Fargesia*)中的矮箭竹(*F. demissa*)等，秆高均为1m 左右。尤其是小佛肚竹仅高0.25～0.5m，目前是观赏价值较高的盆栽珍品，随着其繁殖技术的提升，也有望作地被栽培；单轴型中，尚有酸竹属(*Acidosasa*)的黎竹(*A. venusa*)、大节竹属(*Indosasa*)的倭形竹(*I. shibataecoides*)是秆高在0.5～2m 之间的矮生竹。

思 考 题

1. 简述灌木、藤本地被植物的观赏价值和应用特点。
2. 为实现节水园林，在选择地被植物时应考虑哪些问题？
3. 举例说明耐阴、耐寒、耐旱、耐高温、抗盐碱、耐瘠薄木本地被植物种类各5种，并说出其主要繁殖方法。
4. 竹类地被植物适合在什么环境应用？
5. 结合所学内容，对当地木本地被植物进行调查。

推荐阅读书目

1. 草坪与地被植物．胡中华、刘师汉．中国林业出版社，1995.
2. 地被植物与景观．吴玲．中国林业出版社，2007.
3. 观赏竹．刘金、谢孝福．中国农业出版社，2006.
4. 观赏竹与造景．陈启泽、王裕霞．广东科技出版社，2006.
5. 杨州竹．陈卫元、赵御龙．中国林业出版社，2014.
6. 观赏竹配置与造景．陈其兵．中国林业出版社，2007.

第 3 篇

应 用

第 9 章
草坪与地被植物园林应用

[**本章提要**]本章分析了草坪与地被植物的观赏特性及景观艺术美，对草坪与地被植物的配置原则及应用手法进行了阐述。并列举了国内外部分实例加以说明。

与园林树木，花卉相同，草坪与地被植物也是园林植物群落的重要组成部分。人们常用不同的草坪、地被植物组成风格各异的人工群落，创造出绿草如茵、绚丽多彩、生机盎然的优美环境。

9.1 草坪与地被植物景观艺术美

草坪与地被植物体现植物的群体美，能创造出独特的空间，草坪低矮、密集，像绿色的地毯一样，覆盖于地表，装饰着人们视线中最底层的空间，产生一种简洁亲切、视野开阔、一目了然的舒畅感觉。草坪与地被植物是园林中不可或缺的构园要素，与高大的乔木和建筑相比，低矮的地被与舒展的草坪所营造的更是一种静谧、深远的意境。绿色的草坪和层次丰富、色彩变幻的地被植物在景观中的作用主要表现在为其他植物造景提供基础和背景。同时，草坪和地被的开阔性、延展性可充分展示园林空间及地形，因此建造草坪和地被也是植物造景中重要的填充和弥补手法。要成功地营造草坪和地被植物景观，就必须了解和掌握草坪与地被植物在构园中的美学特征和它们所表达的意境。

9.1.1 草坪与地被植物的观赏特性

9.1.1.1 草坪的观赏特性

解读草坪的观赏特性，主要从草坪的形态、色泽、质地、韵律等几个层面展开。草坪主要由不同种类的具有观赏价值的禾草类植物片植而成，除常用的冷型和暖型禾本科草坪草外，莎草科、灯心草科还有香蒲科以及天南星科菖蒲属一些具观赏特性的植物都可用于建造草坪。如‘花叶’燕麦草、细叶芒、‘金叶’苔草、风车草、狗尾草、假高粱等。优美的株形、叶型，五彩斑斓的色彩，飘逸柔和的质感等草坪特点为园林景观增加了独有的色彩、动感和声音。

(1)形态

草坪的形态是指草坪的空间状态，主要有自然式、规则式两大类。自然式草坪无固定的形状和边界，通常依据地形特点因势建造，或辽阔空旷，或逶迤蜿蜒，或平坦，或起伏；而规则式草坪往往应用于比较正式的场景，如广场，规划式绿地等有固定的形状和明显的边界，如四方形、多边形、圆形、条形等，在竖向上通常是没有起伏的。

(2)色泽

草坪的颜色依据草种的种类、生长发育特点和季相变幻而呈现出五彩斑斓、异彩纷呈的景象。除了浓淡不同的绿色外，还有自然古朴的黄色、尊贵壮观的金色、高贵典雅的蓝色甚至奇特的黑色，一些稀有的观赏草品种的叶片还有浅色条纹、斑点等，体现了草坪植物多姿多彩的观赏价值。以早熟禾为例，一般情况下，普通草地早熟禾多形成黄绿色的草坪，加拿大早熟禾多形成蓝绿色的草坪；一年生早熟禾的色彩较为嫩绿；林地早熟禾则是暗绿色；我国南方种植的暖型草坪草，通常 2 月份的叶片颜色为浅黄色，随着气温的升高，逐变为嫩绿色，继而加深为黄绿色，至初冬遇到霜冻后又变为枯黄色。不过，草坪草一年中的大部分时间均为绿色。又如北京地区种植的野牛草草坪，冬季叶片为枯黄色，春季为黄绿色，夏季浓绿，至秋季又逐渐变黄。

(3)质地

草坪的质地主要指草坪给人感官上的印象，如粗糙、细腻、光滑、柔软等，而这些印象又取决于草种。草的植株有的挺拔，有的匍匐。叶形有的短小刚硬，如狗牙根；有的则柔软飘逸，如紫羊茅。挺拔刚硬的草形成的草坪平整、富有弹性，而纤细柔软的草种形成的草坪则细腻温和。

(4)韵律

草坪的韵律初听比较抽象。对韵律的解释最早源于诗词中的平仄格式和押韵规则，这主要是听觉上的感受。音乐有韵律，有的婉转流连、有的激昂澎湃，如民间小调和进行曲就有其各自的韵律。而草坪的韵律是把听觉的感受转移到视觉，进而产生心灵的共鸣，如空旷平整的草坪体现简洁明快的韵律；而蜿蜒起伏有变化的草坪则有引人入胜的魅力。

9.1.1.2 地被植物观赏特性

地被植物的景观功能主要是使整体园林中植物群落层次分明，富于变化。相对于草坪而言，地被植物的种类更加丰富，形成的景观更加多姿多彩。其观赏特性也更多样化，但仍然可以归纳为形态、色彩、质地和韵律 4 个方面。

(1)形态

形态指地被植物营造的空间维度，依据不同的需要，大致可分为大面积的景观地被和小面积的景观地被。大面积景观地被主要用在主要景区和主干道，采用一些花朵艳丽、色彩多样的植物，选择阳光充足的区域精心规划，采用大手笔、大色块的手法栽植形成群落，着力突出这类低矮植物的群体美。可用植物有草本花卉及矮灌木类等。小面积景观地被主要用于衬托其他景观，或弥补绿化空白，多用耐阴、生存能力较强的植物“见缝插针”地种植，与硬铺装地砖、木板相结合，体现了刚柔并济的美感。

(2)色彩与芳香

地被植物有不同颜色的叶片、花朵和果实，可以营造丰富多彩的植物群落。如蛇莓可形成有趣的观果地被。而耐阴的种类如八角金盘可作为林下地被。虽然多数植物的叶色为绿色，但颜色深浅各不相同，色调明暗各异，搭配合理时，能使之错落有致，尤其是近年来彩叶植物的大量应用，使园林景观焕然一新。即便是寒冷季节，常绿地被种类的应用，如麦冬等可衬托落叶树种，‘紫叶’小檗、‘金叶’女贞等木本地被植物的大面积种植，使北方冬季的萧条景色大为改观。

观花地被植物有的种类花香宜人，如草本植物中玉簪、薄荷、紫茉莉等，灌木类中月季、金银花、水栀子、结香等，开花季节芳香四溢，微风吹来，未见花容，先闻其香，唤起人们嗅觉和心灵的舒适感。

(3)质地

质地指地被植物景观给人的感官印象，这种印象多取决于地被植物配置的种类。如单一的地被植物景观质地较整齐均匀，而混合的地被植物则通过复杂的层次、立体的线条表现出更为厚重的质地。地被植物株形、花和叶的质感不同，所营造的地被景观也表现出或粗犷或细腻的质地。如叶丛柔软下垂的沿阶草展现的是比较柔和的质地，而砂地柏遒劲有力的枝干和充满刚性的针叶则表达粗犷的质地。

(4)韵律

基于对草坪韵律的理解，地被植物的韵律有异曲同工之处。根据不同的配置种类和种植线条，可以表达如行云流水般的节奏和韵律。单一种植的地被景观，表达出平缓安详的韵律；而用两种以上不同种类、株形的植物进行种植就能通过色彩和质感的变化表达轻松跳跃的韵律。

园林艺术是多种艺术的综合。地被植物的应用也要按照园林艺术的规律，处理好地被植物与园林布局的关系，利用地被植物不同的花色、花期、叶形等搭配成高低错落、色彩丰富的花境，与周围环境和其他植物有机地衔接起来，以体现不同的园林风格与特色。

总之，了解草坪与地被植物的观赏特性，有助于我们进一步理解草坪和地被植物景观所表达的内涵，从而去创造出更怡人身心的园林景观。

9.1.2 草坪与地被植物的意境美

什么是意境美？这既是一个园林美学的概念，也是一个哲学的概念。

园林造景如作文，要有立意和构思。我国造园自古就崇尚天人合一、情景交融的境界，用现代语言解释即遵循自然规律，构建人与自然的和谐。而造园诸要素中，植物与人们思想感情的结合最为密切。古人云：“有名园而无佳卉，犹金屋之鲜丽人”，一个完美的园林应能体现春风、夏花、秋月、冬雪的景色，而这些美景无不与植物有关；再看我国古典园林中与植物有关的景名，如万壑松风、梨花伴月、曲水荷香等，足显植物这一自然元素对园林景观构建的重要性。而这些题景，使有色、有香、有形的景色画面增添了有声、有名、有时的意义，让人领会到大自然带来的“情”和“意”。人们在赏景、观花木时应景生情，得到启迪，然后又将大自然赋予花木的自然品性提炼上升为可以指导人们进行社会活动的意识形态，直接作用于人的价值观、世界观和方法论。人们通过对花木的观赏进而寻求“天人合一”，“人与自然的平衡”。因此，我国人历来强调人与自然的协调、强调个体对群体的适应，即“和”，且表现在人与自然辩证的统一中。这便使景中人从欣赏园林景观物质的美升华到精神领悟的境界，体验到的便是园林景观的意境美，这是人与自然神交的过程，情景交融的结果。

在众多的园林植物中，不同的植物配置营造出各具特色的意境。我国古人造园选用花木常与比拟、寓意联系在一起，如松的苍劲、梅的傲骨、竹的潇洒、海棠的娇艳、杨柳的多姿、芍药的尊贵、牡丹的富华、莲荷的如意、兰草的典雅等。草坪与地被植物因其观赏特性和在群落中的功能所表现的意境美有其独特之处。虽然都是利用花色、叶色的变化营造四时有景的园林，但和乔木营造的景观相比，草坪和地被的景观更具群体表达效果，即注重群体美和系统美，因此和谐的意境美就在这种寓意造景中得以展现。

(1)草坪的意境美

一棵小草是脆弱的、单调的，而成片的草则是充满生命力的、豪迈的。草坪常以其特有的生命之绿和随遇而安表达它质朴、宁静和知足的意境美。修剪规整的草坪整齐、庄严，彰显着正义与力量，牛津大学校舍前规则式草坪衬托出学府建筑的知性和严谨；相比之下，自然生长的草坪又体现出别样的意境，每当微风吹过，修长的草叶自由摆动，秋季，成片种植的草随风起伏，像浪花起伏，即使在寒冷的冬季和初春，干枯的草变色后或顽强挺立，或随风摇曳，尽现动感美。初春的扬州个园，枯黄的草坪背景衬托着火红的鸡爪槭，于凋零中孕育着希望。

(2)地被植物的意境美

地被植物包含许多种类的花木，它们营造的景观所表达的意境更具立体感，层次更加丰富，因此给人无尽的遐想。花木的美和世间万物的美一样都有其外在美和内在美，花卉的色、香、姿是外在美，而韵是隐藏在花木实体之中的内在美。因此在观赏地被植物景观的时候，我们遵循的是：首先观其色，近而闻其香，细心赏其姿，终而品其韵。

首先观其色　花木是大自然的精灵，是美的化身。色彩是最容易给人感官刺激的要素之一。地被植物的色彩异常丰富，可谓浓妆淡抹总相宜。

近而闻其香　花木的香味以浓、清、远、久来评判；有的人喜欢浓郁的芬芳，有的人喜欢淡雅而弥久的清香。我国人赏花往往香重于色，神重于形。

细心赏其姿　花木的姿态有柔美和刚美之分，柔抒韵、刚抒气；既有婉和阴柔之情，又有稳重阳刚之气；静中有动，绵里藏刚。如彩图6‘金叶’薯匍匐的枝叶围绕镶嵌在硬铺装的周围，体现一种刚柔并济之美。

终而品其韵　花韵就是花的风度、品德和特性，是内在的美，真正的美，抽象的意境美。赏花求雅、赏花论韵，人们赏花若不谙花韵，则难入高雅境界。花的开落是美学，也是哲学，花是植物体孕育生命的器官，所以她在自然界中最能牵动人们对于生命的细微感受。花木是美的化身，美是以真与善为条件而存在的，花草树木在文人雅士的笔下流淌出各具特色的精神风貌，也是人类赋予花木真、善、美的精神内涵。

9.2　地被植物配置原则

地被植物在配置时应先考虑它的主要功能，同时又要适当注意其他综合性功能，如在考虑其绿化美化功能的同时，还要兼顾其供人欣赏、休息、固土护坡、水土保持等功能。只有充分发挥其在绿地中的各种不同功能，才能正确地提高它在绿地中所起的作用。

9.2.1　地被植物的选择原则

地被植物种类丰富，种类的选择是否适当，是配置成功的关键。在地被植物选择过程中，首先要有合理的思路，根据设计目标与理念，合理地选择、科学地应用地被植物，才能实现设计思想。通常应从如下几方面去考虑问题：科学原则、文化原则和艺术原则。

(1)科学原则

科学原则即根据园林地被种植的环境去选择合适的种类，这是科学利用园林地被植物的首要原则。只有这样，才能发挥其绿化功能，使人与自然和谐发展。因地制宜是地被植物配置是否得当的关键。了解种植地的光、温、水、土、气等环境条件及地被植物自身的自然高度、绿叶期、花期、果期及其适应性和抗逆性，才能实现合理配置。

地被植物具有水土保持等良好的生态保护功能，并富有自然野趣。无需投入较多的养护管理，因此通常是利用“乡土种类”。一般来说，乡土种类生命力、适应性强，病虫害少。园林植物配置中应用的地被乡土植物，是当地自然植被中具有绿化景观功能和一定观赏价值的种类，与外来种相比具有以下优势：对当地的气候生态环境具有高度适应性，能很快转化为城市植物；种质资源丰富，又能从中筛选出众多的灌木类、攀缘类及草本类地被植物，达到植物多样性；能展示地方资源、自然风貌和景观文化的本土性，创造地方风格特色；不引入生物侵害，对当地生态系统造成危害；容易获取大量种苗，生产成本低廉等。

(2)文化原则

植物作为园林的一个主要构成要素，在景点构成中不但起着绿化美化的作用，还担负着文化符号的角色，传递人们所寄托的思想和愿望。

在特定的文化环境，通过各种植物配置使园林绿化具有相应的文化气氛，形成具有当地文化特色的人工植物群落。从而使人们产生各种主观感情与宏观环境之间的联想，即所谓“情景交融”。

如何通过植物造景来体现传统文化？又如何通过植物造景来体现现代思潮？如日式庭院常用蕨类和苔藓植物作地被，体现了其特有的生态文化。我国古典园林中植物的许多特性都被古人赋予了良好的寄托，或表达自己独特的思想与观念，这些都很值得学习和借鉴。现代城市绿地植物景观中，要将时代所赋予的植物文化内涵与城市绿地景观有机地结合起来。同时，人文景观中还有浓郁的地方文化特色。现在人们对它的认识，已不再局限于当地的风俗民情和生活习惯，而更多地表现为充分展现该地区的景观文化特色，因此需要不断挖掘、探索和学习。

(3) 艺术原则

地被植物景观是一种有生命的立体艺术，种类的选择要考虑景点的高度、宽度、深度，可通过植物的形状、色彩、质感、线条来表达三维空间的美，又加上地被植物的季相变化，更能表现出动态美。设计过程中有许多美学方面的原则有助于进行设计的视觉和美学方面的组织，如变化与统一、调和与对比、均衡与对称、韵律与节奏这4个原则可适用于空间构成及平面布局。

地被植物主要展现群体美，因此地被植物配置造景时，要注意使植物群落层次分明，必须考虑其与主体植物的协调，突出主体，从而起到衬托主景的作用。对于不同植物群落，地被植物的选择也存在很大差异，上层乔灌木的种类、疏密程度以及群落层次的多少不同都将造成林下地被植物的配置不同。

利用地被植物植株高矮、色彩、叶片形状、大小、质感等差异，可以营造出五彩缤纷、四时各异的植物群落景观。地被植物除了常绿观叶种类(如蕨类)外，大部分多年生草本、灌木和藤本地被植物，有明显的季相变化。如嫩绿的新叶渐渐成熟，鲜艳的花朵结出果实，提示着季节的转换，给人以惊喜、丰富多变的感受。另外，形态、质感、色彩不同的景观元素都可以通过同一种地被植物的过渡、协调而很好地统一起来。生硬的水岸边、笔直的道路、建筑物的台阶和楼梯、道路或建筑物的转角位、高大的乔木等都可以在地被植物的衬托下变成统一协调的有机整体。

当然，一个成功的设计取决于许多因素。但只有在合理的种类选择的基础上，才能做到诗情画意的巧妙安排。

9.2.2 地被植物的选择

由于绿地的类型、功能和性质的不同，所需地被植物也稍有差异。同时又因为地被植物种类繁多，形态各异，对环境的适应能力也不同，所以地被植物的选择要因地制宜，选择理想的地被植物营造美好的园林景观。

(1) 观赏价值

地被植物应用于景观设计，应具有一定的观赏特性。如表现个体美的花、色、果、姿态等观赏价值；在群体表现力方面，给人以群体美的感受，如高度、花期方面的一致性，色彩和覆盖方面的均匀性等。

(2)生育周期

植物的生育周期关系到地被植物的群落稳定性，也与种植成本有关。通常地被植物应尽量选用生长周期较长的种类，木本植物最佳，多年生草本植物次之。一、二年生植物虽然生育周期短，但大多数花期较长，花色娇艳，在景观设计时，可与其他植物相配，丰富色彩，延长观赏期。

(3)绿色期

地被植物通过郁密的枝叶来产生覆盖的效果，叶片绿色期长短直接影响到地被植物的稳定性和覆盖的有效性。为此，可以通过常绿、半常绿和落叶的定性分析来衡量地被植物的绿色期，以便直接地反映出评选对象间的差异，选择适合的植物，最大限度地发挥绿化功能。

(4)适应性及抗性

地被植物种植面积一般都比较大，养护管理粗放，加上地被植物常用于装饰一些立地条件较差的地表，因此要求地被植物要有较强的抗逆性和较广的适应性。

有的植物可抗干旱、抗病虫害、抗瘠薄土壤盐碱等，如五叶地锦、紫穗槐耐干旱、瘠薄，枸杞、柽柳耐盐碱。而在有污染的工厂区的绿地，应选择一些对有害气体抵抗能力强的地被植物。如一串红、美人蕉能抗二氧化硫和氟化氢；石竹、万寿菊能抗二氧化硫；矮牵牛、大丽花能抗二氧化硫、氟化氢、氯气等。

(5)管理频度

管理粗放是地被植物在应用上的一个重要特点，它与管理成本有关，地被植物适应性越广，管理也越粗放。如今提倡建设节约型园林，易栽培管理成为地被植物选择的首要条件。如繁殖容易，生长迅速等，均是应该考虑的条件。

9.3 草坪与地被植物造景

植物是景观中唯一具有生命的要素，它的生活、生长需要光照、水分、肥料、土壤和空气。因此对地被植物进行配置设计时，首先要保证植物的成活，只有在此基础上才有可能实现所要达到的景观效果。而保证植物成活最有效的途径就是按照生态学原则进行植物配置，遵循因地制宜、适地适树、物种多样性等原则。

在草坪与地被植物配置时，无论是选择地被的种类，还是确定布局形式，都应该与设计目的和主题相结合，充分表达设计者的意图。比如，为了衬托建筑的雄伟，可以利用草坪作为背景，通过大面积草坪或低矮地被与高大宏伟建筑在气魄上形成对比与衬托。又如在儿童公园，营造的景观效果要与儿童活泼的天性相一致，所以一般选择植株低矮、无毒无刺、色彩鲜艳的地被植物。

草坪和地被植物处于植物群落的最底层，选择合适高度的地被植物对衬托景观主体美感有很大影响。在上层乔灌木分枝高度都较高或是种植地较大时，下层选用的地被植物也可适当高一些。反之，上层乔、灌木分枝点低、植株球形或种植面积较小时，则应选用较低的种类。配置地被必须处理好高度搭配，这样才能群落层次分明，突出主体，否则喧宾夺主，杂乱无章。

9.3.1 与乔灌木配置

在地被植物选择时，要根据上层林木的郁闭情况，所处地理位置，地被植物的生物学特性等确定种类。在乔木下选用耐阴、绿色期及花期长的地被植物作基底，点缀季节特征显著的花灌木，并与其在色彩和姿态上配搭得当，共同构成极具特色的林下景观，才能生机盎然，体现植物配置的自然美。疏林下可配置稍耐阴的木本观花植物；下层可配置耐阴的观花或观叶的草本类。不同类植物的搭配，将会形成错落有致、色彩丰富、三季有花、四季常青的景观效果。

另外，还可用两种植物或多种植物混植，利用其不同的生物学特性、生长期互补的优势，使林下长时间保持良好的观赏效果。应充分考虑物种的生态习性，选择各种生活型(针阔叶、常绿落叶、旱生、湿生和水生等相互搭配)以及不同高度、颜色和季相变化的植物，充分利用空间资源，避免种间直接竞争，形成结构合理、功能健全和种群稳定的群落结构，以利于种间互相补充，既充分利用环境资源，又能形成多姿多彩的景观。要充分认识植物的生长速度、植株大小，按成年树木树冠的大小来确定种植距离、种植密度及种植方向。

在地被植物的种植设计中，一定要掌握适当的疏密程度，分布要自然错落，待地被植物形成景观后，要达到有时草坪中有花、有时花与叶子隐藏在绿地之中的效果。也可利用乔、灌、草、地被植物的合理搭配，通过色彩及季相的变化，充分体现每种植物的特性，形成一幅集生态、自然、和谐、优美于一体的完美图画。绿色草坪作底色，整个景区有高大的乔木、株形优美的花灌木，大色块彩色模纹地被植物作点缀，由于各种植物的合理配置，优势互补，不同时期有不同的亮点，真正达到四季常青、三季有花的效果。

9.3.2 与建筑、雕塑配置

地被植物与建筑的协调关系，主要体现在建筑的门、窗、墙、角隅等方面。建筑的线条大多为直线条，较生硬，而地被植物则线条柔和、活泼，通过地被植物的应用，可达到刚中有柔、刚柔并济的效果，大大提高建筑与环境之间的协调关系，增添建筑的美感。

地被植物与园林建筑及假山、景石、雕塑、园门、园椅、指示性标志等园林小品相配置，起到配景和陪衬的作用，丰富了构图，增添了活力，协调了周边环境，提高了艺术感染力，突出了它们的特色，显示出清新、典雅的意境。

建筑前植物配置应考虑树形、树高和建筑相协调，应与建筑有一定的距离，并应和窗间错种植，以免影响通风采光，还应考虑游人的集散，不能塞得太满，同时还应考虑建筑基础不能影响植物的正常生长。

建筑背阴面的植物配置应选择耐阴植物，如罗汉松、花柏、云杉、冷杉、红豆杉、紫杉、山茶、栀子花、南天竹、珍珠梅、海桐、珊瑚树、大叶黄杨、蚊母树、迎春、十大功劳、常春藤、玉簪、八仙花、沿阶草等。

(1)墙的植物配置

建筑的西墙多用中华常春藤、五叶地锦等攀缘植物进行垂直绿化，减少太阳的西晒。园林中常利用墙的南面良好的小气候特点引种栽培一些美丽的不抗寒的植物，继而发展成美化墙面的墙园。一般的墙园都用藤本植物，常用种类如紫藤、木香、地锦、葡萄、铁线莲类、凌霄、金银花、盘叶忍冬、五味子、鸡血藤、禾雀花、绿萝、西番莲、炮仗花等。经过美化的墙面，自然气氛倍增。经过整形修剪及绑扎的观花、观果的灌木，辅以各种球根、宿根花卉作为基础栽植。

(2)建筑门的植物配置

门　是建筑的入口和通道，并且和墙一起分割空间，门应与路、石、植物等一起组景形成优美的构图，植物能起到丰富建筑构图、增加生机和生命活力、软化门的几何线条、增加景深、扩大视野、延伸空间的作用。

一般宜选择观果、观花、观干种类成丛种植，宜和假山石搭配共同组景。

天井等室内空间　在建筑的空间留有种植池形成天井，应选择对土壤、水分、空气湿度要求不太严格的观叶植物为主，如芭蕉、鱼尾葵、棕竹、一叶兰、巴西木、绿萝等进行种植。

(3)屋顶花园

屋顶花园的出现使得植物和建筑更加紧密地融为一体，丰富了建筑的美感。屋顶花园土层较薄，基质含的有机养分较单纯，且保水、抗寒、抗风能力较差，选植物应以体量轻，根系浅，抗风、抗旱、抗寒，花、叶、果美丽的小乔木、灌木、草花为宜。

9.3.3　与山石、水体配置

(1)与山石的配置

山石常常会成为重要景点，草坪和地被植物的应用既要充分发挥自身的艺术效果，也要突出景点。草坪与地被可作为背景或点缀，布置时要疏密相间，起伏错落，与坚硬的山石形成刚柔并济、富有生命活力的和谐统一体。

园林中的山体、置石等由于其所处地形的原因，通常土壤条件较差，林下郁闭程度较高，光照和水分不足，管理较为困难，因此，宜栽植抗性强、对土壤要求不严的地被植物，一次栽植多年覆盖，可降低常规绿地的养护费用。

另外，在岩石间隙宜选择翠云草、景天类、虎耳草、常夏石竹、丛生福禄考、百里香、堇菜类、蕨类植物等岩生地被植物；台阶、石隙间栽植一些沿阶草、麦冬类植物，更能达到自然、富有野趣的艺术效果。

(2)与水体的配置

驳岸分土岸、石岸、混凝土岸等自然式的驳岸，无论是土岸还是石岸，都离水较近，因此宜栽植耐水湿的地被植物，可以加强水景趣味，如水边植迎春、鸢尾、金叶番薯等，既突出季相景观，也富有野趣。冬季水边较萧条，如果能在驳岸栽种一些耐寒而又叶色艳丽的观叶地被植物便能使湖岸增色添辉。土岸边的植物配置，应结合地形、道路、岸线布局，力求做到有近有远、有疏有密、有断有续、自然有趣。石岸线条生硬、枯燥，植物配置原则是露美、遮丑，一般岸边配置垂柳和迎春，让细长柔和的枝条下垂至水面，遮挡石岸，同时配以耐水湿的花卉类，如黄菖蒲、燕子花、水葱等来局部遮挡，增加活泼气氛。

9.3.4　其他

(1) 园路周围地被植物的选择

在园路两旁，根据园路的宽窄与周围环境的不同，选种一些与立地环境相适应、花色或叶色鲜艳的地被植物，成片群植或小丛栽种组成花境，使单调、空旷的园路形成高矮错落、色彩丰富的花境。如果路边有座椅、置石等，可选用一些株形独特的植物种类点缀、陪衬，无论游客走动或休息，都能有景可观。

(2) 绿化隔离带地被植物的选择

将地被植物种在马路中间不同类型的绿化隔离带里，与上层的乔木、灌木形成多层次的植物群落，也可与花坛结合组成色彩丰富的绿带，既有效地利用了道路的空间，扩大了绿化面积，又发挥了地被植物的作用，增强了环保功能，成为城市道路绿化中的一道亮丽风景线。

(3) 树坛内地被植物的选择

在规则或不规则的种植乔、灌木的树坛内种植地被植物，可减少杂草生长，降低人工除草。树坛内由于乔、灌木遮阴面积大，一般是半阴性环境，选用一些耐半阴的种类，种类不宜过多，否则显得杂乱。地被植物种类的选择，需与上层树木的色彩和姿态搭配和谐，才能生机盎然。如在雪松或水杉基部栽植沿阶草、红花酢浆草，增添自然情趣；在香樟树坛内种植常春藤，藤蔓穿过矮矮的木栅栏爬入周围石板铺装的路面，更显和谐有趣。

9.4　草坪与地被植物种植设计

9.4.1　公园

9.4.1.1　公园草坪设计思路

进行公园草坪设计时，必须要在考虑其功能的基础上进行设计。

(1) 功能与特性

公园草坪主要有休闲娱乐草坪和观赏草坪两大类。

休闲娱乐草坪　也称开放式草坪，作轻松运动、游戏、散步休息、音乐会、庆典活动用，主要使用时间是平常的晚上和休息日。设计时，要按照使用人数最多时的踏压、摩擦考虑绿化技术问题，选择狗牙根、结缕草等耐践踏的草种，近年北方使用较多的是草地早熟禾。在管理上，考虑进行常规草坪管理，使其保持一定的覆盖度。

观赏草坪　即封闭式草坪，主要作装饰或陪衬景观，多用于广场和设施周围造景。现在有许多外形独特、适应性广泛的观赏草植物得以应用，为公园草地绿化注入新的活力。管理上要考虑对其进行精细管理，以保持其美观程度。

其他类型　如草坪停车场、园路等，需要考虑能够耐受车辆通行的绿化技术，要求有一定的耐踏压能力。

(2)艺术原则

园林无论中西，无论古典与现代，无论是强调师法自然，还是高于自然，其实本质都是强调对“自然”的艺术处理。草坪规划设计与绘画艺术相似，绘画时要求留白，形成虚实对比，使画面生动自然。公园的草坪和水面就是留白，其中草坪是主要的绿化手段。好的草坪，可以扩大视角，增加建筑美和发挥大地轮廓的曲线美，使人感到环境的无限整洁、幽静、美丽。草坪可以延伸到林缘、溪边、海滩，远远望去，草坪就是画面的基调背景，树木、花草、地被植物等点缀其上，犹如一幅画，草坪外有树林，有水面，林外又有草坪，辽阔的草浪与水相连，创造出一副无边无际的大自然的怡然景象。

9.4.1.2　公园草坪设计形式

(1)草坪设计形式

有自然式、规则式和混合式3种。

自然式草坪　轮廓弯曲自然，表面波浪式起伏。公园常由不对称的建筑群、土山、自然式树丛及林带、道路的平面和剖面为自然起伏且曲折所形成的平面线和竖曲线组成。

规则式草坪　也称整形式草坪，一般用于以各种轴线为中心的几何轮廓绿地，或公园入口、广场，多作观赏草坪。如深圳深南大道中间草坪隔离带和世界之窗大门两侧的草坪。

混合式草坪　随着设计风格的发展，许多规则中包含自然、自然与规则有机结合的形式——混合式草坪也越来越普遍。如深圳中华民俗文化村和世界之窗主题公园的草坪以混合式为多。

如果面积大则以自然式草坪为宜，如北京海淀公园有一片逾20 000m^2的北京第一块开放式草坪，面积在北京城区名列前茅。杭州著名的花港观鱼雪松大草坪面积逾14 000m^2，是园内最大的草坪活动空间，也是杭州疏林草地景观的杰出代表。面积小的草坪以规则式为好。

如四周环境整齐则应规划为规则式草坪；如四周环境疏散自然，则应因势而规划成自然式草坪。

(2)草坪设计形态

点状　点状草坪面积只有50～100m^2甚至更少，如公园道路两旁行道树遮盖裸露土壤的植草。

块状　块状草坪是公园休闲活动的主要场所，具一定规模。

条状　条状草坪多用于公园道路两旁或河岸两侧。

曲线状　曲线状草坪一般在弯曲的溪流坡岸、不对称的人行道两旁。

9.4.1.3 公园草坪设计实例分析

以综合性公园为例，综合性公园功能丰富，游人活动频繁，草坪要依功能进行建植，注意与其他植物搭配协调。

大门入口　以规则形的观赏草坪见多，常与雕塑、喷泉、置石等配合，还要考虑与大门、道路的协调，因此常采用规则式。并配置统一和谐的草本花卉，力求色彩鲜艳，吸引游客，具很强的观赏性。

观赏游览区　该区游人多，停留时间长，有时可成为公园的主要景区，如杭州的花港观鱼雪松大草坪。该类景区要求草坪选择耐践踏的草种，与树木的搭配要突出周围环境季相的变化，可在中下层配置观赏价值高的灌木和地被植物，形成四季有景可赏的环境。树荫下可设置坐椅，湖岸边设置亭、坐凳等，便于游人休息、赏景。

以花港观鱼雪松大草坪为例，分析其造景特色：

该草坪面积大，以高大挺拔的雪松作为主要的植物材料，在体量上相互衬托，十分气派。雪松单一树种的集中种植体现树种的群体美；适当的缓坡地形，更强调了雪松伟岸的树形。四角种植的方式，既明确限定了空间，又留出了中央充分的观景空间和活动空间，景观效果与功能都得到了极大的发挥。

雪松与樱花的搭配，大大提升了春季景观。植物结构简单、层次分明，色彩对比恰当和谐。雪松为盛开的樱花提供了深绿色的背景，樱花恰似一片粉红的云霞，二者达到了刚柔并济的效果。

从另一角度看，从高大的乔木到底层的地被植物，种类包括雪松、香樟、无患子、枫香、北美红杉、乐昌含笑、桂花、茶梅、大叶仙茅、麦冬等形成了丰富多彩的植物群落。这里是雪松大草坪的中心和主景，该组植物岛状点缀于草坪中央，自南侧主路看，成为观赏的主景；自草坪东西两头望去，则划分了草坪空间，增加了长轴上的层次，延长了景深。无患子、枫香的秋色叶为整个草坪空间增加了绚烂的秋色，桂花的香味则拓展了植物景观的知觉层次。在东侧靠近翠雨厅附近的列植雪松间，增添了火棘球与紫薇的组合，丰富了该草坪的夏秋景观。花港观鱼雪松大草坪是我国草坪应用的经典之作，很值得学习与借鉴。

文化娱乐区　要求地势开阔平坦，以便游人集散，以草坪和地被植物为主，可疏植一些常绿乔木。

儿童活动游乐场　与儿童活动设施相结合，可配以树冠大、浓荫、健壮的乔木，切忌有毒、刺、刺激性反应的植物；选择耐践踏的草坪；周围种植鲜艳的草花和地被植物，亲切可爱，以增添儿童兴趣和欢乐。

体育活动区　该区草坪选择柔软且耐踏的草坪草，以减轻摔伤程度。

园路　是公园绿地一项重要设施。行道树上的裸露土层可采用草坪或地被植物进行覆盖，人行小径宜沿路线作线状或曲线状绿化，配以株形低矮的地被植物，达到步移景异的效果。

公园管理处　要求塑造宁静、优雅的环境效果，应因地制宜绿化，注意与全园景观协调。

9.4.1.4 公园草坪设计程序

(1)搜集和调查设计资料

公园草坪绿地的规划设计必须从实际出发，首先对建植场地要进行全面细致的勘察，收集各方面的资料，如气候条件、土壤状况、地形地貌、建设设施、园内其他植物生长情况、周围地区的人口密度、交通流量、地上地下水流、灌溉管线及其他公用设施。同时，还要了解建植草坪所需用材料、资金来源、投资数额、施工力量、施工条件等，以及城市土地利用现状和规划图。

(2)编制设计任务书

编制设计任务书是设计工作的前期阶段，按照确定的建植任务进行初步设想，并提出建植任务方案。

(3)初步设计阶段

根据上级领导批准或委托单位提出的设计任务书，进行草坪建植的具体设计工作。包括图纸和文字材料。

(4)技术设计阶段

根据已批准的初步设计方案进行编制草坪绿地建设规划图、草坪绿地种植图及施工计划，以满足施工要求。

9.4.2 街心广场

9.4.2.1 设计思路

城市生态环境的特殊性，在街心的植物造景中，要注意选择适应城市环境、抗性强、养护管理方便的植物种类。在城市广场植物种植设计中，植物造景的一个重要方面是如何有效提高绿地绿量。既要注重选择草坪及地被植物的多样性，也要注意乔、灌、草多层次配置，创造植物生态景观群落；并将植物以群体集中方式进行种植，发挥同种个体的相互协作效应及环境效益大大优于单株及零星种植方式的优势，实现绿量上的景观累加效应。

街心广场多位于城市主要结构轴线或交通干线上，或与之相邻，或轴向展开布局，其装饰城市街景、美化城市市容的景观功能十分突出，在一定程度上标志着城市的形象。提高街心广场的环境艺术质量，展示作为都市风景点的景观艺术风采，都需要注重植物造景的景观原则。街心广场的植物景观设计，首先应注重整体的美感，既有统一性又有一定节奏与韵律的变化。其次，要注意做到主次分明，并体现植物景观群落的要求。主景应选择观赏效果好、特征突出、观赏期长的种类。如以观赏效果好的乔木或灌木丛为主景，以深色调的乔木群为背景，以草坪、花卉及地被植物为前景，使植物景观丰富多彩。

街心广场的植物景观设计也应体现色彩和季相变化。运用地被植物的花、果、叶等的色彩，以及组合成的多种组团式色彩构图，营造出引人入胜的景观效果。街心广场的植物景观设计的另一重要内容是植物景观与其他景观要素的配置，要做到与总体环境协调统一，与水体、建筑、道路与铺装场地及景观小品等其他景观要素相得益彰。

街心广场的植物造景要体现以人为本的原则，与使用者的目的、需要、价值观、行为习惯相适应，不但使人获得视觉上的美感，而且使在广场中活动的人们获得心理上的快乐。街心广场的植物造景要注重继承历史文脉的文化原则。要从城市的历史文化背景和资源着手，注重其与自然环境条件结合，提炼、营造文化主题，强调历史文脉的“神韵”。如将植物景观组合成构图符号，与具有鲜明城市文化特征的景观小品等融合，共同体现地方文化韵味。可以说街心广场是市民的精神中心，体现着城市的灵魂。

9.4.2.2 配置效果

街心广场植物配置包括两个方面：一是各种植物相互之间的配置，根据植物配置的各项原则选择合适的植物种植方式；二是植物与广场其他设计元素配置关系，如与水体、坐椅、铺装、花架、雕塑、小品等。不同植物具有不同的生态习性和形态特征，而且同一植物的干、叶、花的形状、质地、色彩在一年四季中也呈现不同的形态。因此，广场的植物配置，要因地制宜、因时制宜，充分发挥各种植物的生态作用和观赏特性。

地被植物对于街心广场周边的建筑等硬质景观具有软化效果。地被植物可以调整街道的呆板景色，可以对广场内硬质景观所产生的生硬感受起缓和作用。研究表明，随着绿化量的增加，广场周边高层建筑给人的压迫感会减少，特别是对于板式高层建筑来说，建筑物下部50%～60%的部位如被绿化遮挡，绿化对压迫感的缓和作用就显得更加明显。

草坪和地被植物具有背景作用。可以吸引人的视线，地被植物在街心广场的设计形式最多的是结合花坛、花带、花丛等形式。可以根据广场地形、结构加以变化，还可以结合坐椅、栏杆、灯具、小品等统一考虑，创造舒适优美的环境。

9.4.3 道路与立交桥

9.4.3.1 设计思路

道路绿地是城市空间的重要景观因素。道路与建筑物、广场均为建筑材料构成的硬质景观，既无生气又无活力。草坪与地被植物具有生命活力，可以人为地进行种植修整、移动、改造，创造出优美的景观造型，这种美丽的景观是其他材料不能替代的。

道路绿地要选择适宜的植物种类，形成优美、稳定的植物群落。根据道路景观及功能的要求，要实现道路绿化四季常青、三季有花的景观，就需要多种类的配合与栽植。只有多种形式相协调、相匹配，才能展示出良好的景观效果。因此，在设计和种植的时候，要充分考虑春、夏、秋、冬的相宜景色。

随着城市建设的快速发展，立交桥、高架桥随处可见，但由于桥下光线弱，种植的观赏植物大多生长较差，因而多采用硬铺装方法。

近几年，立交桥下绿化美化受到极大重视。由于立交桥下光照弱，不利于喜光植物的生长，因此在选择地被植物种类时要注意植物的耐阴性和抗湿性及抗旱性，常用的耐阴地被植物种类有：常春藤、鸭跖草、小蚌兰、麦冬、黄金葛、八角金盘、海桐、四季秋海棠、石竹、玉簪、桃叶珊瑚、'紫叶'小檗、锦带花、小叶女贞、丰花月季、佛甲草、丝兰等，但要根据不同地区的土壤条件选用不同的地被植物。

城市立交桥朝向不同，造成植物养护难易程度的不同。东西方向桥下的植物后期养护难度大于南北向，特别是对东西向靠北侧栽植的植物应格外用心，尽可能选用一些耐阴性强、抗病虫害的种类或品种。南北向的桥下由于有东西方向日晒，植物种类选择范围可更大一些。因此在选用品种时还因考虑立交桥的方向以及各物种的不同搭配，使这些植物难以生长的地方，处处生意盎然，得自然之趣。

9.4.3.2 配置效果

城市干道具有实现交通、组织街景、改善小气候的功能，并以丰富的景观效果、多样的绿地形式和多变的季相色彩影响着城市景观空间。城市干道分为一般城市干道、景观游憩型干道、防护型干道、高速公路、高架道路等类型。各种类型城市干道的绿化设计，都应该在遵循生态学原理的基础上，根据美学特征和人的行为游憩学原理进行植物配置，以体现各自的特色。植物配置应视地点的不同而有各自的特点。

景观游憩型干道的植物配置 应兼顾其观赏和游憩功能，从人的需求出发，兼顾植物群落的自然性和系统性来设计可供游人参与游赏的道路。设计效果主要体现在花灌木等地被植物与各种雕塑和园林小品的结合，充分发挥其观赏和休闲功能。

道路与街道两侧的高层建筑绿化 形成了城市大气下垫面内的狭长低谷，不利于汽车尾气的排放，直接危害两侧的行人和建筑物内居民的身心健康。基于隔离防护主导功能的道路绿化，主要发挥其隔离有害有毒气体、噪声的功能，兼顾观赏功能。绿化设计选择具有耐污染、抗污染、滞尘、吸收噪声的地被植物，如'龙柏'、麦冬等。另外采用由乔木群落与地被群落相结合的形式，形成多层次立体绿化，起到良好的防护作用和景观效果。

高速公路的绿化 由中央隔离带绿化、边坡绿化和互通绿化组成。中央隔离带内一般种植修剪整齐、具有丰富视觉韵律感的大色块横纹绿带，绿带中选择的植物品种不宜过多，色彩搭配不宜过艳，重复频率不宜太高，节奏感也不宜太强烈。一般可以根据分隔带宽度每隔30~70m距离重复一段，色块灌木品种选用3~6种，中间可以间植多种形态的开花或常绿植物使景观富于变化。高速公路的交叉口，最容易成为人们视觉上的焦点，其绿化形式主要有两种：一种是大型的横纹图案，花灌木根据不同的线条造型种植，形成大气简洁的植物景观；另一种是苗圃景观模式，人工植物群落按乔、灌、草的种植形式种植，密度相对较高，在发挥其生态和景观功能的同时，还兼顾了经济功能，为城市绿化发展所需的苗木提供了有力的保障。

立交桥的绿化 复杂式立交桥一般都留有大面积的绿化用地，即主线与匝道之间围合而成的绿岛区。其绿化设计形式归纳起来有规则式、图案式、自然式、街心花园式等几种，其中以规则式和图案式为主要绿化形式。规则式构图严整、平稳，主要以等距栽植的乔木、灌木为主，配置一些宿根花卉；图案式主要以平面构成为主，用植

物材料或硬质材料组合成具体或抽象的图案，体现出较强的纹样效果，有的还将传统文化引入绿地规划中，赋予设计图案一定的寓意，或者通过图案的整体造型抽象地表现出文化内涵；街心花园式一般设计为对称的开放式小游园，内部设置有廊架、水池、花坛、雕塑、广场、草坪等，景观丰富；自然式则多利用乡土地被植物创造出自然田园风光特色，注重植物的群体、色彩美，突出植物的季相特点。

根据立交桥周围的土壤、交通环境的因素，选择合适的攀缘类植物进行绿化，能充分利用立体空间。垂直绿化的优点是占地面积小，繁殖容易，养护简单，不易受到人为破坏，绿化见效快，而且具有遮阴、滞尘、降温、减噪、防污、杀菌等生态效益。立交桥主要处在交通要道，可利用的空地较少。因此，垂直绿化是一种较为理想的绿化方式。立交桥的桥柱、桥墙面、桥防护栏等，均可进行垂直绿化。此外，还可采用另外一种方式进行防护栏绿化，即建立交桥时，在防护栏的外延预留、预制好一条绿化槽，可栽种一些宿根花卉和矮丛灌木，以绿化、美化立交桥的防护栏。

9.4.4 居住区

9.4.4.1 居住区应用草坪及地被植物的设计思路

随着人们生活水平的日益提高，人们对环境特别是城市居住环境的绿化、美化、净化、香化的要求也越来越苛刻。对居住区的景观环境要求已由原来单纯的绿化上升为美化，更深层次地发展到艺术的景观环境及人文景观的挖掘，而对于大环境的重视也使居住环境向“返璞归真”的生态环境发展。在景观环境的发展中，始终离不开人类对自然艺术美的追求，特别是对自然景观要素中植物造景的追求。

对居住环境的植物造景除了设计主题与建筑风格必须统一外，还必须与其所处位置、地理环境相协调。同时，居住区的建筑格局与相配套的绿地形式是一个统一体。利用园林植物特别是运用地被植物，对于协调建筑与自然环境之间的作用极其重要。植物柔软弯曲的线条可以打破建筑的平直和呆板，以不同手法配置花草树木与建筑相配合，可以产生出别具风格的居住区园林景观。

居住环境地被植物选择的基本要求是：适合当地气候土壤条件，栽植管理简便，易成活，耐修剪，生长速度适中，卫生，寿命长。在此基础上，还要做到乡土植物与外来植物相结合，增加优良树种的美化色彩；提高景观功能的多样性和生态功能的针对性；注重对彩叶地被植物、珍稀地被植物等的选择。

9.4.4.2 草坪及地被植物在居住区的配置效果

庭园式小区主要是运用造园艺术手法分割与联系住宅区内建筑，形成大小不等、形状各异的庭园和组团绿地（也叫小游园），因地制宜地种植乔、灌木，铺设草坪地被植物，设置桌凳，点缀园林小品，以满足人的生活和游憩的需要。庭园式绿化小区的功能主要在于保护、改善和美化居住环境，改善原有建筑的行列式布局，丰富景观，活跃住宅区的生活气氛。

居住区组团绿地是直接靠近住宅的公共绿地。在设计布局上，以分散在各组团内的绿地与路网绿化、专用绿地等形成小区绿地系统。要形成开阔的内部绿化空间，创造出“家家开窗能见绿，人人出门可踏青”的富有情趣的生活居住环境。

思 考 题

1. 如何理解草坪和地被植物的观赏特性？什么是意境美？
2. 地被植物的配置原则主要指什么？
3. 调查搜集草坪和地被植物应用实例，并对其特点进行分析。

推荐阅读书目

1. 地被植物景观设计与应用．张宝鑫、白淑媛．机械工业出版社，2006.
2. 植物造景．苏雪痕．中国林业出版社，1993.
3. 植物景观色彩设计．Susan Chivers. 董丽译．中国林业出版社，2007.
4. 实用草坪与造景．李尚志．广东科技出版社，2002.
5. 草坪地被景观设计与应用．谭继清、刘建秀、谭志坚．中国建筑工业出版社，2002.
6. 园林花卉应用设计(第3版)．董丽．中国林业出版社，2015.
7. 园林花境景观设计．夏宜平．化学工业出版社，2009.

第10章 边坡绿化

[**本章提要**]本章从边坡绿化的概念、意义、特征，到绿化技术进行了介绍，并列举了部分适合边坡绿化的植物种类，概述了边坡绿化的发展趋势。

边坡绿化也叫植被护坡、植物固坡、坡面生态工程、边坡生物治理等。利用生物(主要是植物)单独或与其他构筑物配合，对边坡进行防护和绿化，叫作边坡生物治理。国外一般定义为："单独用活的植物或者植物与土木工程和非生命的植物材料相结合，以减轻坡面的不稳定和侵蚀"。英文表达有 Biotechnique，Slope Bioengineering，Slope Eco-engineering，Vegetation 或 Revegetation 等。

近几年，随着边坡问题的研究和对于生态环境问题认识的提高，边坡绿化的模式和建设规模发生了深刻的变化。绿化思想从单纯的环保和水保功能、注意交通安全功能的基础上，发展到科学、艺术、生态、水保等多功能集成的园林绿化景观工程。

欧美等发达国家比较注重环境保护，从20世纪30年代就开始认识和考虑边坡绿化问题。在工程建设中，其主导思想是建设与绿化同步进行，主要是以防止坡地免受雨水侵蚀为目的而进行的，通过对坡面的有效覆盖和及时地保护表土，使其免受表面侵蚀和土壤退化；通过植物根系固持土壤，降低土壤空隙水压，来加固土层和提高抗滑力；通过植物与石块、水泥、钢筋、塑料和木材等相互搭配，稳固和加强海岸、河岸、地基、边坡，提高它们的防护年限，并形成土壤保持技术、地表加固技术、生物工程综合保护技术等主要技术措施。

日本从20世纪50年代开始，随着经济的高速发展，在新干线、高速公路等大规模基础设施建设的同时，边坡的治理和绿化即开始兴起和发展。日本和欧美等发达国家，经过几十年研究探索，已经形成各自植被护坡技术的基础理论和技术方法，而且工艺流程、机械设备、基材等各具特色，成为一门综合性工程应用技术。并将这项技术应用到世界许多国家的铁路、公路、库区护坡、河川堤坝、矿区采石场复垦、城市开发建设和风景区景观绿化美化活动中。在国际上，专门以植被护坡为主题的首次国际会议，于1994年9月在英国牛津举行。

我国早在1591年的明代就出现有关植物护坡的应用的记载。20世纪90年代以前，铁路、道路、水利工程等施工中的植被护坡，一般多采用撒草种、穴播或沟播、铺草皮、片石骨架植草、空心六棱砖植草、栽植树木、喷播等护坡方法。但与发达国家相比，我国的植被护坡无论是基础理论，还是工程技术体系及工程技术标准方面，都还存在很大差距。

10.1 边坡绿化特点

10.1.1 边坡的定义及特征

边坡 指具有倾斜坡面的土体或岩体。一般我们把各种工程(如公路、铁路、工业民用建筑、矿山、水利水电工程等)及农业活动所形成的具有一定坡度的斜坡、堤坝、坡岸、坡地和自然力量(如侵蚀、滑坡、泥石流等)形成的山坡、岸坡、斜坡等都统称为边坡。

边坡的特征 ①有一定坡度;②自然植被遭到不同程度的人为或地质灾害破坏;③易发生严重的水土流失;④稳定性差,易发生滑坡泥石流等灾害。

10.1.2 边坡绿化的功能

在公路、铁路、堤坝、水电、矿山等基础设施建设中不可避免地进行开挖与回填,形成大量土石裸露边坡,特别是高速公路建设中深挖路堑和高填路堤边坡,导致了大量的次生裸地以及产生严重的水土流失,造成了生态环境的严重失衡,也给周边环境带来危害。

随着社会对生态环境要求的提高,对裸露边坡的治理问题日益引起重视。我国在植物护坡方面也有所发展,十分重视道路建设中的生态建设和环境保护,在国发[2000]31号文件"国务院关于进一步推进绿色通道建设的通知"中指出:绿色通道要和公路、铁路、水利设施建设统筹规划,并与工程建设同步设计、同步施工、同步验收。

边坡绿化的功能简要归纳如下:

边坡水土保持 固土护坡,提高边坡的稳定性。植物对边坡的保护,主要表现在拦截雨水、减缓径流和固结土壤3个方面。一般来说,土壤的剪切力或黏结力与土壤中根系的生物量成正比,边坡绿化形成边坡植物群落,能拦截高速下落的雨滴,削弱溅蚀,控制土粒流失。植物根系在土壤中盘根错节,纵横延伸,形成植物根系网,有利于水土保持,增强边坡的稳定性。

生态系统的保育 边坡绿化使先锋植物群落在坡岸生长,其他物种,包括植物、土壤微生物将会相继在边坡着陆生长,这样初级生物量持续增长,逐渐形成动态平衡的良性的生态系统。

边坡环境保护 植物可涵养水源,吸收尘埃,促进有机污染物降解,吸收汽车的尾气,净化空气,降低噪声,改善空气的相对湿度,形成局部小气候,起到调节气候的作用。

景观文化服务 美化环境,改善边坡景观。通过绿化可以避免边坡裸露,使其与自然景观和谐统一,与周围环境相协调,增加边坡的景观效果。

生物多样性的维护 一个相对平衡的成熟的生态系统有利于生物多样性的维护。

提高交通安全　高速公路边坡绿化能防风，防止边坡跌落物，边坡绿化带能减轻驾驶员视觉疲劳。

10.1.3　边坡绿化原则与目标

10.1.3.1　边坡绿化的原则

边坡绿化可美化环境、涵养水源、防止水土流失和滑坡及净化空气。它作为一种环保和防灾技术，应遵循以下原则：

安全性原则　边坡绿化必须确保边坡的稳定和安全，绿化的同时，要考虑对边坡进行防护。

协调性原则　边坡绿化必须与周围环境协调一致，并且从生物多样性、美学和安全的角度考虑能协调一致。

时效性原则　边坡绿化必须根据绿化目的，尽量考虑发挥长期效应，避免重复建设。

经济性原则　必须要有经济合理的绿化方案，且尽量减少日常维护和管理费用。

综合效应原则　综合防光、防眩、改善景观等目的进行边坡绿化，以充分发挥边坡绿化的综合效益。

在符合边坡绿化基本原则的前提下，边坡绿化方法的选择以及规划设计时需考虑以下因素：

安全性因素　首先对边坡的自然条件进行充分调查，考虑边坡地质与土质、坡高与坡度、降水与冲刷等土壤特性及气候环境因素的影响，确定总体设计方案，选定适当的绿化方法，保证边坡的安全与稳定。

保护环境　使绿化工程对周围环境的扰乱程度减少到最小，并谋求人工构造与自然环境协调一致。设计手法采用自然式和规则式并用，尽量顺应自然。

生态多样性　从安全、美学和生物多样性角度考虑植物种类或品种配置形式，形成色彩、色带的韵律变化。以植草为主，灌草结合，短、长期水保效益兼顾，形成动态平衡的良性的生态系统。

气候因素和施工条件　边坡所在地区的气候条件以及施工季节、施工方法等。

10.1.3.2　边坡植物群落的再生目标

边坡植物群落的再生目标，一般来说与当地周边植物群落相近，效果比较好。

(1)边坡植物群落的种类

从性能上来分，有以下几种。

① 抗逆性强的群落　边坡的绿化，无论是从确保交通安全，还是保护周围环境方面，都需要建造抗逆性强、不易枯萎凋零的植物群落。

② 与周边环境和谐的群落　从保护景观和改善周边环境的角度出发，需要建造与周边环境和谐的群落。

③ 有效恢复生态系统的群落　为尽快恢复被破坏的生态系统，需要建造有效恢复生态系统的群落。

④ 易养护管理的群落　管理经费和管理作业少的群落。

⑤ 景观美丽的群落　包括自然景观美丽的群落(复杂性、多样性)和人工景观美丽的群落(单纯性、单一性)。

然而，目前的绿化技术对切实恢复富有多样性、复杂性的植物群落还有很多困难。表10-1中归纳了目前在坡地上建造植物群落的基本目标。

表10-1　建造坡地植物群落的基本目标

目标群落的类型	绿化目标	具体实例	适用地	使用植物	绿化基础工程	植被工程	植被管理
草原型(草本区)	以草本植物为主的群落	以栽种草本植物为主的群落(尽可能为常绿草地)	城市 城市近郊 田园地带 农地 牧草地	外来草种	防止表土层滑动	以播种为主	定期割草 追肥 除杂草
低矮林木型(落木林型)	接近自然景观的群落，富有多样性的群落	连接灌木和森林的群落	山地 自然景观	当地种为主，部分外来种，低矮林木类，中高林木类，草本类	充分进行绿化基础工程将来形成的表土层也应是安定的斜面	以播种为主植被诱导工程	任其自然迁移 必要时追肥，追播
高大林木型(森林型)	具有特定环境保护功能的群落	防风林 防潮林 防雾林 遮阴林 防止剥蚀林	城市近郊 适合培土的特定设施	高大树木，低矮林木类，草本类	35°以下的斜面	播种和栽植并用	追肥 割藤 伐除 部分补植
特殊型	以造景造型为主的群落	花木 草本 藤类植物	城市 立交桥附近 城市近郊	花木 草木 藤本	生长台 生长箱	播种 栽植	全面管理 换植 除草 追肥

(引自日本农业土木事业协会，1990)

(2)栽植基盘的修整

栽植基盘为硬质、软岩、硬岩、强酸性、强碱性等条件时，如果不进行改良就栽种植物，会造成植物生长不良，影响存活。这种情况下，要首先调查坡地地面的肥力，是否有足够的土层供植物扎根。如果土层浅，土壤肥力不够，应采取施加客土、进行土壤改良等措施。另外，坡地因降雨易发生地表面径流侵蚀地表。因此，需要用地面覆盖材料对地表面直接进行保护或使用防止侵蚀剂，或在坡面上部设置排水沟，控制因降水产生的地表径流量。

(3)植物种类的选择

根据绿化区域的气候条件、土壤条件，以及目标再生植物群落，选择合适的植物种类(耐寒性、耐旱性、耐阴性、耐热性，对瘠薄土壤的适应性以及株高、冠幅、花色、开花期等)，确定播种量和播种时期。

(4)养护管理

养护管理的作用为促进栽种植物尽快接近目标群落，尽快恢复被破坏的自然环境，使植物群落的功能得到充分的发挥，以及保护植物不受外力的影响。

10.2 边坡绿化技术

近30年时间内人们创造出了各种各样的边坡绿化方法和技术，主要包括普通绿化、喷播绿化、灌草混栽法、植生带护坡、香根草护坡绿化技术以及其他的边坡绿化技术。

10.2.1 普通绿化

普通绿化一般指铺贴草皮和直播绿化等方法。

铺贴草皮　指在相对平缓和规整的土质边坡上铺贴草皮。一般在土质边坡稳定、平缓、规整，土壤营养成分中等水平，无特殊要求的普通绿化带施工。材料为冷型草坪草或暖型草坪草。施工方法简单、快速，景观效果明显，工程造价成本低。其优点为适应广泛、少受施工季节限制等。适用于附近草坪来源容易、边坡高度低且坡度较缓的各种土质边坡防护工程，是应用最多的坡面植物防护措施之一。缺点是固土保水能力差，容易被雨水冲走；铺贴时与土壤接触不紧密，易干枯死亡；在坡度较大或岩石较多的地方不能使用。

直播绿化　是在边坡坡面简单撒播草种的一种传统边坡植物防护措施，多用于边坡高度低、坡度较缓且适宜草类生长的土质路堑和路堤边坡防护工程。该方法具有施工简单、造价低廉等优点。同时又存在草籽撒播不均匀、易被雨水冲刷、种草成活率低等缺点。适用于土壤硬度23mm以下的黏性土和27mm以下的砂质土。

10.2.2 喷播绿化

10.2.2.1 普通喷播

普通喷播是指在不易铺贴草皮、有一定坡度比或强风化岩石地区，采用草种、黏合剂、营养液、纤维质等物质混合后喷播植草。材料为冷型草种或暖型草种、黏合剂、纤维质、保水剂及营养液。优点是施工工艺简单、对施工区土壤要求不高，景观效果整齐、统一，根据业主的要求，成坪时间快慢和功能可以选择和调整，工程造价成本低，缺点是固土保水能力低，容易形成径流沟和侵蚀，因品种选择不当和混合材料不够，后期容易造成水土流失或冲沟。

10.2.2.2 客土喷播

客土喷播是一种融合土壤学、植物学和生态学理论的生态防护技术。它是将客土(土壤、肥土和泥炭土等)、纤维、侵蚀防止剂、缓效性肥料和种子等按一定比例配合，加入专用设备中充分混合后，通过泵、压缩空气喷射到坡面上形成所需的基层厚度，从而实现绿化的目的。

客土喷播在土壤中不添加任何黏合剂，其原理是用高次团粒剂使客土形成密实结构，植物纤维在其中起到类似植物根茎的网络作用，造就具有耐降雨侵蚀、牢固且透气，与自然表土相近的生长基础。客土喷播主要用于岩基坡面及硬质土沙地、贫瘠土地，以保护环境和景观美化为目的，并实现多样化。

客土喷播的基本理念有3点：一是边坡裸露的岩石坡面需要恢复植被，从而达到预防和治理水土流失，加强边坡的稳定性，防止边坡崩塌。二是以岩石边坡植被恢复为目标，使用专用的机械设备，将客土喷置于立地条件差的区域(如岩石边坡)，使客土在稳定的状态下形成表土，为植被生长提供基础。创造出不仅是植物，而且微生物也能适合的初级的生态平衡环境。三是通过人工辅助的方法，促进植被生长，恢复自然，因此客土喷播的区域都会经历乡土草种、小灌木的侵入等过程，最终形成与周边景观协调一致、美观的绿化空间。

该技术的优点在于，以土壤改良为突破口，提供植物生长的基础，使植物种子与少量优质土混合；由于客土的应用，为灌木和树木根系提供良好的生长基础，能够实现草、灌木合理的植物群落配比，达到与自然植被融为一体的效果；喷播设备性能优良，使石质坡面及不具备植物生长条件的高大边坡实现绿化成为可能。

客土喷播特别适用于风化岩、土壤较少的软岩及土壤硬度较大的土壤边坡，对于坡度大、石质成片的坡面可借鉴锚杆钢筋喷锚的工艺，通过打锚杆、挂镀锌铁网后再喷播。

10.2.2.3 液压喷播

液压喷播是国外20世纪70年代开发出的一种生物防护、防止水土流失、稳定边坡的机械化快速植草绿化技术。其原理是将植物种子(草种、花种或树种)或植物的一部分(芽、根、茎等可以发芽萌生的植物体)经过科学处理后，混入水中，并配以一定比例的专用配料(包括肥料、色素、木纤维覆盖物、纸浆、黏合剂、保水剂、土壤改良剂)，通过喷播机喷播在地面或坡面，喷射时具有很强的附着力和鲜艳的颜色，能均匀地将混合液喷到指定位置。

液压喷播是一种高效高质的现代化植草绿化技术，1台液压喷草机可喷草5000～8000m^2/d，故能在短时间内大面积植草，节约作业时间及费用。液压喷播机上装有可任意调节方向的高压喷料枪，还配有逾30m的喷料软管，其喷料扬程为30～80m。因此，可在人工难以施工的陡坡、高坡上植草绿化，在植物难以成活的地域建植植被。喷播后需覆盖无纺布，既可减少雨水冲刷和侵蚀，防止种子在发芽期移动流失及被鸟类吞食，又可减少地表水分蒸发，起到保温和保湿的作用；这样不仅出苗快，生长迅速，而且密度均匀，郁闭度好。

液压喷播植草护坡一般用于土质路堤边坡，土石混合路堤边坡经处理后也可用，还可用于土质路堑边坡。常用坡度一般为1∶1.5～1∶2.0，坡高一般不超过10m。

10.2.2.4 喷混植生技术

喷混植生技术也称植被混凝土护坡绿化技术，是采用特定的混凝土配方和种子配方，对岩石(混凝土)边坡进行防护和绿化的新技术。是集岩土工程力学、生物学、土壤学、肥料学、硅酸盐化学、园艺学和环境生态学于一体的综合环保技术。

喷混植生技术是利用锚杆加固铺设铁丝网或塑料网，运用特制喷混机械将土壤、有机核心料、黏结剂和植物种子等混合加水后，由常规喷锚设备喷射到岩石坡面上，形成近10～12cm厚度的具有孔隙的植被混凝土硬化体的绿化方法。在喷混基料中加入辅助黏结剂(如红黏土、过磷酸钙)和pH值缓冲剂，利用它们本身的酸碱性、缓冲性和红黏土的高量活性铝水解产生的酸度进行pH值调节，使喷混基料的pH值由强碱性(pH 8.0～8.5)降低到中性(pH 6.8～7.2)，适合植物生长。喷射完毕后，覆盖无纺布防晒保墒。水泥使植被混凝土形成具有一定强度的防护层。经过一段时间洒水养护，植被就会覆盖坡面，揭去无纺布。喷射施工完成后经养护48h，植被混凝土就会产生一定的强度。经保墒养护6d后就能抵抗暴雨冲刷。由于对植被混凝土厚度和密度的控制，其渗漏性能比较弱。因而有利于岩石坡面和植被混凝土之间的胶结。因混合植物种子是采用冷型草种和暖型草种根据生物生长特性混合优选而成的，故混合植物种子中冷型草种优先发芽，其他草种陆续发芽。植被混凝土配方的合理应用，可使植物生根快，长势旺，并且在抗旱、抗病虫害方面表现出良好的性能。50d绿草成坪，完全覆盖岩石坡面，此后可以自然生长，基本上不必人工养护。

该技术的核心是混凝土绿化添加剂，混凝土绿化添加剂的应用既可以增加水泥用量，增强护坡强度和抗冲刷能力，又能使植被混凝土层不产生龟裂，还能改善植被混凝土化学性质，营造较好的植物生长环境。

喷混植生技术施工工艺流程包括清理石质坡面、挂镀锌铁丝网、风钻锚孔和锚杆固浆、吊砂包带、喷射有机基材混合物、盖无纺布和养护管理等。

喷混植生技术对于坡度小于2∶1的边坡，在气候、生长环境允许时，在技术上用植草复原都是可行的。对于坡度大于2∶1的边坡，仅靠植被工程、预制混凝土网格或塑料网加播种工程等，难以确保边坡稳定。为保证边坡的稳定，可采用喷射混凝土等边坡表面防水或采用挡土墙等结构物及(挂网)锚固工程等措施予以加强，这些方法的缺陷是影响生态景观。

喷混植生技术的主要特点是适合地质条件恶劣的岩石坡面，可有效防止崩塌和碎石掉落，确保山体和道路长治久安。喷混基层的厚度为10cm，能确保植物安全生长的极限需求。

10.2.2.5 挂网喷播

挂网混合喷播植草技术是对不能直接喷播植草的坡面采用特殊施工技术处理后，

再进行喷播植草的一种新技术(图 10-1)。挂网喷播是将配好的种子、纸浆、肥料、土壤改良剂、黏结剂、土壤消毒剂等材料放入播种机内，注入适量的水，搅拌均匀后，直接喷至地面，覆盖无纺布，钉紧压实。一般要用无纺布进行覆盖，以便做到防止雨水冲刷，保持土壤水分，利于种子发芽。喷播后 30d 左右，草苗已基本成坪，将无纺布揭开(以免影响草苗生长)，再依草坪具体生长情况进行必要的护理，如修剪、浇水、施肥及防病虫害等。在播种时，重视喷播质量，注重喷播均匀度，不留“死角”，同时需考虑喷播强度等。本方法技术性强，工艺复杂，需要采用多种机械设备施工，施工后的坡面平整、稳固，形成原始土层，利于喷播植草，快速恢复自然生态。

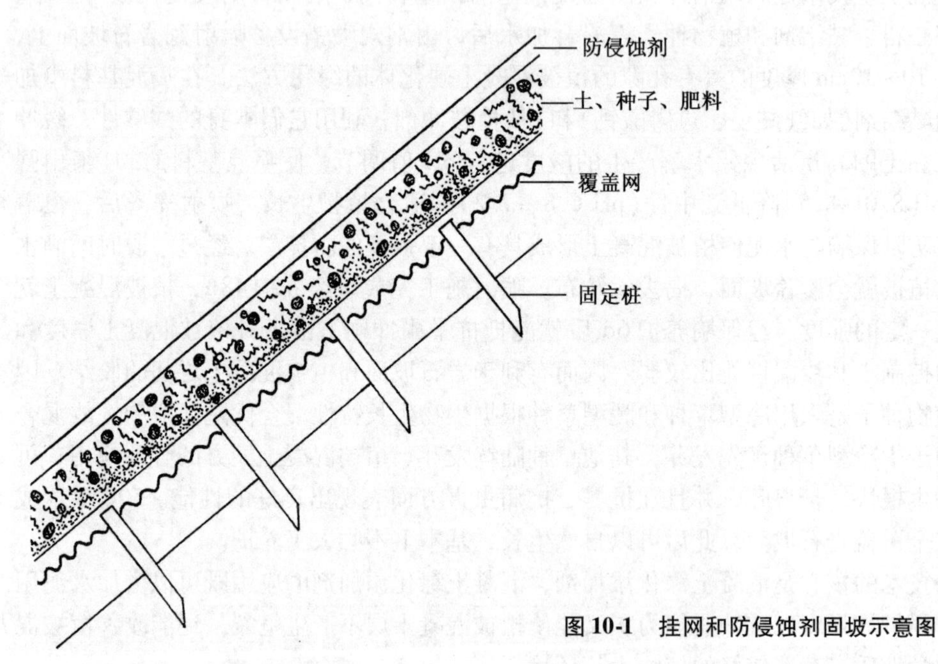

图 10-1　挂网和防侵蚀剂固坡示意图

挂网喷播植草技术在施工中需考虑以下内容:

(1)钻孔、锚钉、挂网

在甲方提供合格标准的岩石或混凝土的坡面上，根据地质情况决定钻孔的深度和锚钉的长度。一般岩石边坡孔深 15~20cm，采用 ϕ12 钢筋锚钉，长度 25~30cm；软风化石、土石边坡则孔深不能少于 30cm，采用 ϕ16 钢筋锚钉，长度不少于 40cm，锚钉间距 150cm×150cm，梅花形布置。然后挂上定做而成的 12#铁丝网，网径 15cm×15cm，铁丝网离原坡面 8cm。

(2)混合喷播

科学合理的配方是稳定坡面及绿化植草的关键。必须采用二元喷坡方式进行组合喷坡，网下 6~7cm 是稳固的坡面土层，其硬度形似原始土层，要配以部分水泥及有拉力的石棉等其他纤维，使喷好的坡面不发生爆裂。网上 3cm 是植物生长层，复合层必须配以黄泥、土杂肥、草木灰、保湿剂等材料以改良土壤，保障植物透气及充足的生长养分。

(3) 混合喷播所需材料

混合喷播所需材料由钢筋、水泥、木质纤维、石棉、土杂肥、蘑菇肥、草木灰、黄泥、铁丝网、无纺布等十几种材料配合而成。

(4) 混合喷播的工作程序

搭架→钻孔→锚钉→挂网→一元喷播→二元喷播植草→养护。

(5) 机械喷播植草方案

根据施工现场的地貌、地质条件选择不同的草坪品种和用量比例进行混合播种;草坪品种应选择适合当地的草种,且生长快、根系发达、其草茎匍匐或分蘖能力强、耐贫瘠、抗逆性强、能快速成坪的草坪种类;应考虑草种观赏性,如草苗不可太高,绿色期长、草色翠绿、寿命长、易养护管理等。

挂网喷播具有固土性能优良、坚固、减蚀作用明显、阻风滞水、网络加筋突出等优点。一般应用于弱风化岩石边坡、坡度陡峭大于70°以上,土壤和营养成分极少的情况。

虽然挂网喷播施工技术难度大,但解决了普通绿化达不到的施工工艺效果,不受地质条件的限制。缺点是喷播的基质材料厚度较薄时,被太阳照晒后容易"崩壳"脱落;喷播的基质材料厚度较厚时,重量过大,挂网容易脱落,工程造价较高,造价为60~110元/m^2。

另外包含挂网喷播技术的还有三维植被网护坡法和土工格室植草护坡法。三维植被网护坡法是采用三维结构的植被网垫进行绿化的方法。三维植物网也叫固土网垫,是以热塑性树脂(一般为聚乙烯)为原料,经挤出、拉伸等工序形成相互缠绕、在接点上相互融合、底部为高模量基础层的三维立体结构网垫,基础层是一种经双向拉伸后的平面网,网包层是一种经热变后形成有规律波浪形的凹凸网。基础层和网包层均为双层,其网格间的经纬线交错排布黏结,形成立体拱形隆起的三维结构,质地疏松、柔软,使网具有合适的高度和空间,可以填充和储存土壤,因而该方法具有固土性能优良、坚固保温、减蚀作用明显、阻风滞水、网络加筋突出等优点。可广泛应用于各类路堤路堑土质边坡和强风化岩石边坡及土石混合路堤边坡的防护,常用坡率一般为1∶1.5~1∶2.0,一般不超过1∶1.25,坡率大于1∶1.0时慎用;坡高每级高度不超过10m。

土工格室主要是由PE、PP片材,经专用焊接机焊接形成立体格式。土工格室植草护坡就是在展开并固定在坡面上的土工格室内填充改良客土,然后在格室上加挂三维植物网,再进行喷播施工的一种护坡绿化技术。

10.2.3 灌草混栽

10.2.3.1 灌草混栽护坡原则和物种筛选依据

(1) 灌草混栽护坡原则

植物护坡的主要目的在于改善生态环境和防止地表浅层地质灾害的发生,而水土流失、滑坡、泥石流等自然灾害常发生在植被覆盖率低的坡体、河堤两岸、公路与铁路边坡等位置。因此利用灌草植物护坡应具备以下几个原则：

① 防止滑坡的原则　灌草植物根系相互交错分布，在土体中易形成三维网状结构，对土体起到加筋和锚固作用，有利于防治坡体产生崩塌、滑坡等灾害现象。

② 防止水土流失原则　利用灌木和草本植物茎叶在坡体不同层次的空间分布，实现其对雨水的截留、缓冲和引流作用，减小雨水对坡面土壤冲蚀，有效控制水土流失现象。

③ 改善生态景观原则　结合周围环境，合理搭配灌木和草本植物，在坡面构成以灌—草为一体的群落系统，改善生态环境，突出自然景观。

(2) 灌草物种筛选依据

灌草植物相结合护坡，不仅要注重种类间的合理搭配，还要考虑不同植物的护坡效果。植物在生长过程中，通过根、茎、叶在地上和地下的空间分布特征，实现其固土护坡作用。

根据灌草植物护坡的原则，在护坡体系中，灌木植物应具备以下特征：植株低矮，分枝多，覆盖能力强；根系抗拉、抗剪能力强，能延伸到土体深层；抗逆性强，如抗旱、抗寒、耐盐碱、耐贫瘠等；绿色期长，易养护管理，价格低廉。草本植物应具备以下特征：根系发达，须根多，分蘖性强，根系固土能力强；蔓延、覆盖性能好；生长快，绿色期长，抗逆性强，耐粗放管理等。

10.2.3.2　灌草护坡的组合搭配

在进行植被设计时，不仅要考虑植物的生态适应性，还要考虑不同草本、草本与灌木之间的合理搭配。

(1) 草本不同种类的搭配

植物护坡是一个长期的过程，不同草本植物的生长特性，对土壤水肥的要求及抗逆性等存在差异，混播后能达到优势互补才是最好的选择。有研究表明，茎秆直立型草本和疏丛型草本混播，可增加有效覆盖面积，增强坡面土壤抗冲性；根茎型草本和须根型草本混播，极易构成草本根系网，明显增强对土体的加筋作用，从而提高边坡根—土复合体的抗冲、抗剪强度。

(2) 灌木不同种类的搭配

不同的灌木种类，其生长特征和根系发育均有差异，灌木茎叶的分布类型有直立型和丛生型，而根系的分布类型有水平根型、主直根型和散生根型。因此在灌草植物结合的绿化护坡中，还应该考虑灌木根茎不同生长分布类型的种间合理搭配，如主直根型灌木和散生根型灌木搭配，主直根型灌木和水平根型灌木搭配等形式，使浅层根系和深层根系均匀分布于坡面土层中，以充分发挥根系锚固作用和加筋作用的互补效应。

(3) 草本和灌木的搭配

草本植物的绿化护坡作用主要体现在有效控制坡面水土流失，而灌木主要通过自身发达的根系，对土体起到锚固和加筋作用。灌草植物的合理搭配要充分考虑植物地上和地下的空间分布，实现对水分、养分、光照条件等的合理利用。如主直根型灌木与须根型草本搭配，丛生型草本与直立型灌木搭配等，能使根、茎、叶均匀分布，提高地下根系的固土能力，增加地上部分有效覆盖面积，在充分发挥其水文效应、力学效应的同时，增强物种多样性和自然景观(图 10-2)。

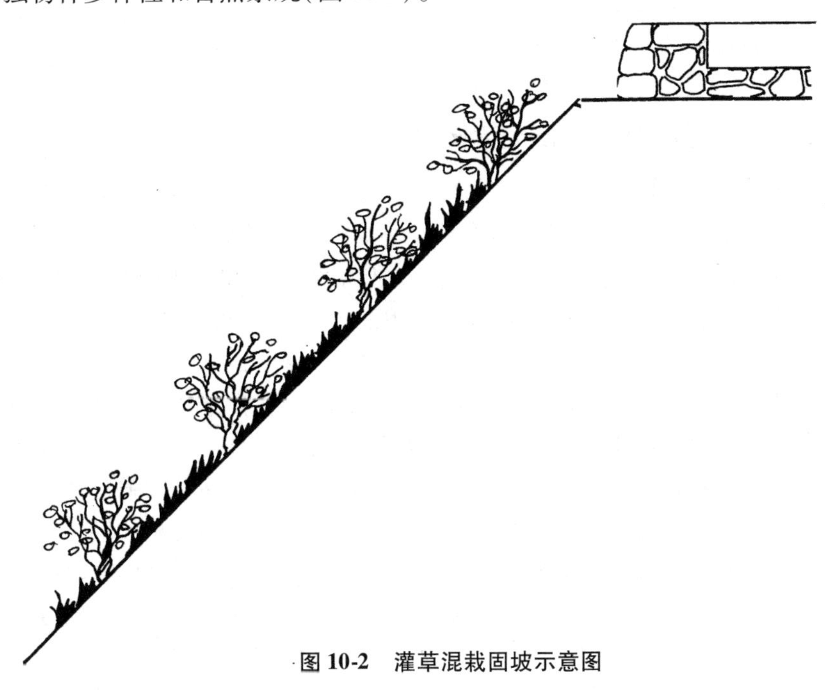

图 10-2 灌草混栽固坡示意图

10.2.3.3 施工流程

草灌混播的基本技术流程：边坡整理→草种搅拌及喷播→养护与管理。

(1)边坡整理

为了提高护坡的质量，应在铺设之前对场地进行处理，主要应考虑地形处理、土壤改良。

苗床的平整 将前期施工的地表垃圾清理干净，对缺土的地段采用就近挖土填补，填整到设计标高，对超出标高的地段进行清理和平整。严格按照施工图纸的设计标高进行土方造型。

土壤处理及表土铺设 种植前需要对土壤理化性质进行分析，制定保水和土壤改良等措施。对没有铺设表土的种植地，应进行深翻，将土块打碎为均匀的种植土。翻土的同时给土壤追加底肥，进行喷水，使土壤保持一定的湿度，便于草籽更好地萌发。为了满足灌草生长要求，土壤厚度应达到 20cm。

(2)草种搅拌及喷播

在确定喷播的坡面面积后，准确计算出各种种子的重量。先在喷播机的搅拌筒内加入 1/3 左右的水，在继续加水的同时加入肥料、种子和黏结剂、保水剂等搅拌。草籽混合均匀后，由操作者进行喷射，将草籽均匀地喷射到坡面上。

(3)养护与管理

覆盖 喷播后2d内应进行土壤覆盖。覆盖物一般采用无纺布，也可以采用草帘、地膜、遮阳网等。特别是当施工季节干旱或当地条件较差时更需及时覆盖。覆盖物应用钉子固定，钉子应至少钉入15cm深。

其他管理环节 请参考前文。

10.2.4 其他边坡绿化技术

10.2.4.1 香根草技术

香根草(*Vetiveria zizanioides*)为禾本科香根草属多年生草本植物。根系发达、粗壮、抗拉强度大(抗拉和抗剪强度分别为80MPa和25MPa)，耐旱、耐涝、耐火、耐贫瘠、抗病虫，且生长速度快、拦截能力强，能减少裸露表土73%的地表径流，拦截98%的泥沙；极耐水淹(完全淹没120d不会死亡)、固土保水能力强；叶面具有强大的蒸腾作用，能尽快排除土壤中的饱和水，无性繁殖，不会形成杂草；适应能力极强，具有很强的水土保持及恢复土壤肥力的功能。

香根草技术充分利用了香根草的优良特征，能显著增强边坡稳定性。它由香根草与其他根系相对发达的辅助草混合配置后，按正确的规划和设计种植，经过约60d专业化的养护管理，可形成高密度的地上绿篱和地下高强度生物墙体。应用于不稳定边坡、坡度较大、表层土易形成冲沟和侵蚀、容易发生浅层滑坡和塌方的地方。材料为香根草、百喜草、狗牙根、土壤改良剂、香根草专用肥。该技术的缺点是不耐寒，地上绿篱较高，缺少草坪的景观效果；不耐阴，不能与乔木套种；只适合长江以南地区应用。

10.2.4.2 植生带植草绿化技术

植生带是采用专用机械设备，依据特定的生产工艺，将草种、肥料、保水剂等按一定的比例定植在可自然降解的无纺布或其他材料上(或袋内)，经过机器滚压和针刺复合定位工序，形成的一定规格的产品，具有出苗率高、成坪快、省工省时、操作简单、底布可降解为肥料、草种肥料不易流失等特点。植生带质地柔软、轻便、厚薄均匀，具有较好的抗拉强度，铺设施工后能较快地自然降解。植被种子应颗粒饱满、有较高发芽率和发芽势。植生带护坡一般应用于平缓土质边坡，常用于坡率为1∶1.5～1∶2.0，坡高一般不超过8m的边坡。这种方法的优点是基质不易流失，可以堆垒成任何贴合坡体的形状，施工简易。

10.2.4.3 生态袋绿化护坡技术

生态袋由高分子聚乙烯及相关材料制成，耐腐蚀性强，透水不透土。该材料容许水从其表面渗出，减小边坡的静水压力；不容许袋中的土壤外流，为植被的生长创造了良好的条件。生态袋绿化系统由连接扣、固定扣、锚杆和加筋土工格栅组成，通过连接扣和固定扣将生态袋相互之间连接起来，通过锚杆和加筋土工格栅将生态袋和原始坡面锚固在一起(图 10-3)。生态袋绿化护坡一般适用于各类土质边坡；同时也适用于泥岩、灰岩、砂岩等岩质路堑边坡。

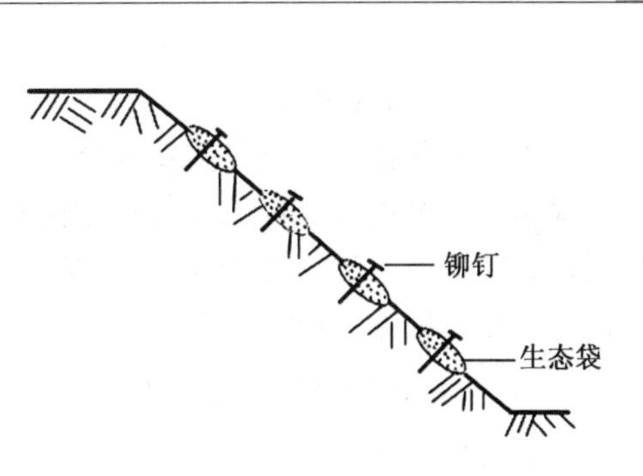

图 10-3　生态袋绿化护坡技术示意图

10.2.4.4　干根网状绿化技术

干根网状护坡是将适宜的树干材料呈网状间断横卧埋入边坡土中，入土部分两侧生根，暴露部分萌芽成林。应用于干旱、少雨、缺水的土质边坡，土壤条件相对较好，不受坡度大小影响，但受施工季节影响。材料为适合当地物种的乔、灌木，如杨、柳、榕树类或沙棘、红树等，需要相应的营养肥料。优点为施工方法简单、网眼大小易控制；材料存活率较高、生长发育快。缺点为材料选择和贮存较麻烦，基本技术要求高；固土护坡效果与上述香根草技术相比较慢。

10.2.5　边坡绿化的发展趋势

纵观边坡绿化的发展历程和有关生态护坡的研究应用的发展趋势，重点有两个方面：绿化技术与工程防护的有机结合；在考虑景观效果的同时兼顾经济效益。但下面几个方面内容也是今后的发展趋势：

(1)自然而美观

进一步加强边坡绿化措施与工程措施的结合(图 10-4)，在创造植被生存环境的过程中，尽量减少人工痕迹，提高植被措施的技术水平以减少对工程措施的依赖。综合考虑藤、草、灌、乔、花等多种植物，形成既有护坡功能，又具有美感的坡面生态景观。

图 10-4　种草与工程技术相结合固坡技术

(2) 加强理论研究

边坡绿化技术研究目前基本上处在定性的和经验的发展阶段，理论认识还落后于工程实践。植被恢复技术基础研究较薄弱，应进一步加强植被护坡的理论研究。如不同岩土坡面类型的分类设计、植被根系与边坡表层相互作用关系的研究、生长基质理化性质变化规律、坡面植物群落的稳定与演替等都还需进一步深入研究。

(3) 加强植被护坡的标准化与规范化研究

植被护坡已在水利、公路、铁路、矿山各个行业得到广泛应用，但目前仍没有制定出统一的设计与施工规范。因此需要不断加强研究和总结，提出相应的设计方案、施工方法、质量管理措施和工程验收标准。为使坡面植被恢复技术得到更广泛的应用，尽快研究制订坡面植被恢复技术规范十分必要。

10.3 边坡绿化植物选择

边坡绿化的主体是植物，植物选择的适宜与否，直接关系到边坡生态防护的效果。因此，边坡绿化植物的选择应在充分调查研究的基础上，紧紧围绕边坡绿化的目的，选择最适宜的植物。

10.3.1 边坡绿化植物选择依据与原则

10.3.1.1 边坡绿化植物选择依据

在选择边坡绿化植物时，应依据当地的气候、立地条件和植物的生长特性来选择适宜的植物。

(1) 气候条件

气候条件是决定自然条件下植物分布的重要环境因子。当地的最高气温与最低气温决定着某种植物能否在该地正常生长发育，能否顺利越夏、越冬等；降雨(雪)的时期及雨量也是决定植物种类的重要依据。

(2) 立地条件

立地条件主要是指边坡土质、边坡坡度、土壤结构、土壤肥力状况和土壤 pH 值等。一般来说，土质边坡坡度大，有机质含量少，土壤瘠薄，板结严重，结构不良，对植物的生长不利。石质边坡较土质边坡坡度更大，如某些公路、铁路工程的岩石边坡，一般设计坡度都在1∶0.75以上，且表面没有植物生长所需的土壤团粒结构，坡体保水功能差，含有的活化养分低，植物很难从边坡岩石中吸收水分和养分。立地条件的差异，使得植物选择也有很大的不同。

(3) 植物生长特性

由于边坡立地条件恶劣，植物要在边坡上能够生存及生长，应具备以下特性：

① 适应当地的气候条件和土壤条件(水分、pH 值、土壤性质等)；

② 地上部较矮，根系发达，扩展性强，具抗拉力，能在短期内迅速覆盖地面；

③ 抗逆性强，抗旱、抗病虫害性强，耐土壤贫瘠，耐粗放管理；

④ 多年生或越年生，种子丰富且易发芽，易于繁殖和更新。

10.3.1.2 边坡绿化植物选择的原则

边坡绿化植物的选择通常依据气候条件、立地条件和植物生长特性等几个方面进行。但在具体选择植物种类时，还应遵循以下原则：

(1) 生态适宜性原则

选择边坡绿化植物应做到因地制宜，“适地适树”、“适地适草”。一方面要以乡土树(草)种为主，依靠充足的种源种苗，降低成本，节约资金；另一方面也应注意选择经多年引种驯化证明已获得成功的外来种或品种。无论是本地区原有的优良绿化护坡植物，还是新引进的外来景观树(草)种，只要其生态适宜性符合要求，都应作为选择对象。

(2) 灌草相结合原则

边坡绿化可选用的植物种类较多，除了草本植物，还有灌木、藤本植物和乔木等。实践中，以适宜的灌木为主，搭配草本植物进行坡面绿化，并注意植物种类的生物生态型的相互搭配，如浅根与深根的配合、根茎型与丛生型的搭配等，以减少植物生存竞争，保证边坡绿化的长期稳定，达到防护、生态、景观一举三得的效果。

(3) 生态保育与植物多样性并重原则

为使坡面尽快绿化，防止水土流失，在选择边坡绿化植物时，从生态保育角度方面，应选择速生性能好、固土护坡功能强的植物作为先锋物种，使其能迅速覆盖坡面；但植物种类不宜单一，在植物组合配置时要考虑先锋植物、中期植物和目标植物的搭配，如条件允许尽可能使用乔、灌、草、藤本以及花卉植物类，以创造立体效果好且生态稳定的边坡。

(4) 与绿化目标相符原则

边坡绿化的总体目标是固土护坡，恢复生态，但因坡面情况的不同，绿化之中考虑的侧重点也不同。对于较稳定的边坡，绿化应以美化、发挥生态机能为主，可采用色彩鲜艳的低矮灌木配置草本植物，营造多层立体绿化，更好地发挥其生态效益；对于土层薄、土壤干燥疏松、坡面不稳定的边坡，应选择生长迅速、短期覆盖的植物，以草本植物和小灌木为主，其发达的须根可迅速形成根毡层，达到固土、防风蚀、防雨蚀的目的；对于不稳定的边坡，应考虑选用根系延伸长，力学性能好的植物，以草、灌、乔相结合，植物根系相互穿插，达到固坡目的。

10.3.2 草本植物

边坡绿化中，草本植物的应用最广泛。可用于边坡绿化的草本植物大部分属于禾本科和豆科，其中既有草坪草，也有牧草、草本花卉和一些乡土植物等。禾本科植物生长较快，根量大，护坡效果好，但需肥较多。豆科植物苗期生长较慢，但由于可以固氮，故更耐瘠薄，耐粗放管理，而且其花色较鲜艳，景观效果好。

10.3.3 木本植物

边坡可选用的木本植物主要是指灌木。因边坡坡度较大，栽植乔木会提高坡面负载，增加土体下滑力，在有风的情况下树木把风力转变为地面的推力，造成坡面的不稳定和破坏。

一般来说，灌木根系发达、枝叶茂盛，能起到截留雨水、防止降雨直接打击土壤的作用。但在防止径流和增加土壤蓄水能力方面不如草本植物。可用于边坡绿化的灌木种类繁多，如紫穗槐、胡枝子、柠条、沙棘、枸杞、‘紫叶’小檗、连翘、大叶黄杨、夹竹桃、火棘、小叶女贞、黄花刺槐、蔷薇、荆条、杜鹃花、锦鸡儿、绣线菊等。其中沙棘、柠条、荆条、锦鸡儿等常用于寒温带和部分温带地区，夹竹桃及火棘等常用于部分温带、亚热带和热带地区，而紫穗槐、胡枝子则广泛用于寒温带、温带、亚热带和热带地区。

10.3.4 藤蔓植物

进行边坡绿化时，可在坡底和边坡各级台阶上使用藤蔓植物进行垂直绿化，垂直绿化是高速公路边坡生态防护的特殊形式。需注意的是，藤蔓植物宜栽植在坡度较缓的土石边坡，或一般不易坍方或滑坡的地段。常用于边坡垂直绿化的藤蔓植物主要有五叶地锦、常春藤、扶芳藤、络石、崖藤、三叶木通、藤本月季、藤叶蛇葡萄和葛藤等。

表 10-2 简要介绍几种在护坡中常用的草本、灌木及藤本植物，草坪草的介绍请参照前文。

表 10-2 边坡绿化常用植物

植物名称	科 属	适合地区	主要性状	习性特点	繁殖栽培管理
草本类					
无芒雀麦	禾本科 雀麦属	我国东北、华北、西北	多年生草本，具短根茎，根系发达，茎直立，高 50～120cm	适于冷凉干燥的气候，抗寒、抗旱，可耐 －30℃低温，耐盐碱	播种繁殖，播种量 25～35g/m²，播后保持土壤湿润。幼苗期注意杂草防除
冰 草	禾本科 冰草属		多年生草本，须根发达，密生，茎秆直立，基部膝状弯曲，高 40～70cm	适合干燥寒冷气候，可耐 －40℃低温，耐旱、耐瘠薄、耐盐碱，不耐水淹	播种繁殖，播种量为 15～20g/m²，苗期应注意清除杂草
野牛草	禾本科 野牛草属	我国北方	多年生草本，具根状茎和细长匍匐枝，寿命长	喜光而耐半阴，耐寒，可耐 －39℃严寒，抗风，耐旱，耐瘠薄，耐污染	匍匐枝及根系营养繁殖，管理粗放
画眉草	禾本科 画眉草属	我国各地野生荒坡	叶基生，密集，狭长成弯弓形着地，覆盖力强	耐干旱，耐贫瘠	分株、播种，管理粗放

（续）

植物名称	科 属	适合地区	主要性状	习性特点	繁殖栽培管理
香根草	禾本科 岩兰草属		多年生草本，高1.5～2.0m。须根发达密集呈网状，可深达5m以上。分蘖能力强。株丛密，茎秆坚硬、直立	耐贫瘠、耐强酸、强碱、重金属污染的土壤，抗干旱或渍水	分株或扦插，管理粗放
紫花苜蓿	豆科 苜蓿属	我国北方广有栽培	多年生草本，根系发达，主根可深入土中1m以下，侧根分布于30cm以上土层。株高60～120cm。羽状复叶，小花紫色	喜温暖、半干燥半湿润的气候，耐寒，成株在积雪覆盖下可经受－44℃严寒。不耐热	播种繁殖，播种量15～20g/m²，幼苗生长缓慢，易受杂草为害，应注意浇水、除草
白三叶	豆科 三叶草属	引进栽培	多年生草本，植株低矮。侧根及须根多而密，分布于10～20cm土层中。匍匐茎发达，侵占性强。掌状三出复叶，小花白色	喜温暖湿润气候，抗寒、－20℃低温下可安全越冬。耐热性、耐旱性差	播种、营养繁殖，播量5～10g/m²，播后保持土壤湿润，幼苗期应注意防止干旱和杂草
多变小冠花	豆科 小冠花属	原产于欧洲，我国江苏、陕西	多年生草本，分枝匍匐，奇数羽状复叶，蝶形花深粉红色	耐寒，耐旱，极耐贫瘠	播种，管理粗放
马　蔺	鸢尾科 鸢尾属	我国东北、华北、华东	植株低矮，丛生，花蓝色，4～6月开放	耐寒，耐踏，耐贫瘠，喜干燥砂壤	播种、分株，管理粗放
小萱草	百合科 萱草属	我国长江流域	花期6～8月，花蕾供食用	喜肥，耐干旱，较耐阴	种子繁殖，种根分蘖，密植，勤施肥，3～4年更新分植
金针菜	百合科 萱草属	我国长江流域	花浅黄色，具芳香	生长强健，株形密集，专供食用	管理粗放
二色补血草	蓝雪花科 补血草属	我国华北地区	花黄色，花期5～10月，花期极长	耐盐碱	播种，野生性强，管理粗放
罗布麻	夹竹桃科 罗布麻属	我国山东沿海、青海、新疆等地	叶形秀丽，花粉红、白色，花期7～8月	耐水湿，耐盐碱	播种、分株，苗期短截促使萌蘖
灌木类					
紫穗槐	豆科 紫穗槐属	我国黄河流域分布最多			
金雀花	豆科 锦鸡儿属	我国中部和南部各地	橘绿色小花夏秋开放	喜湿润，耐干燥，喜光，耐贫瘠	扦插、播种，管理粗放

（续）

植物名称	科 属	适合地区	主要性状	习性特点	繁殖栽培管理
柠 条	豆科 锦鸡儿属	我国西北、华北、东北	落叶灌木，株高40~70cm，根系深。偶数羽状复叶。花单生，黄色，少有带红色	耐旱、耐寒，-32℃的低温下能安全越冬，耐高温，地温55℃时也能正常生长，耐盐碱	播种量1~2g/m^2，管理粗放
多花胡枝子	豆科 胡枝子属	我国各地广有分布	枝密花繁，花红色，花期8~9月，10月果红叶红	耐旱，耐阴，耐贫瘠	扦插、嫁接，野生性强，管理粗放
达乌里胡枝子	豆科 胡枝子属	我国华东、华北	植株低矮贴地而长，花黄色，5月开花	耐旱，耐阴，耐贫瘠	扦插、嫁接，野生性强，管理粗放
白 刺	蒺藜科 白刺属	我国黄河下游、沿海沙滩	枝条常匍匐生长，黄白色小花5~6月开放	抗盐碱，抗飞沙，喜光，耐寒，耐旱	播种、扦插、管理粗放
枸 杞	茄科 枸杞属	我国长江流域及北方	落叶或半常绿，花淡紫色，浆果鲜红	喜光，耐寒、耐旱，耐贫瘠，不耐水湿	播种、扦插、分株，管理粗放
沙 棘	胡颓子科 沙棘属	我国“三北”地区多分布	分枝多，枝条密生刺，单叶互生或近对生，花黄色，球形果黄色或橙色	适应性强，-40~40℃的气温下均能正常生长，喜光、耐旱、耐贫瘠、耐盐碱、抗风沙	播种、扦插、分株、压条繁殖，管理粗放
藤本类					
爬山虎	葡萄科 爬山虎属	原产于美国，我国广有分布	叶三浅裂，枝蔓长，浆果蓝色	耐寒，亦耐暑热，耐阴，耐干旱，耐贫瘠	扦插、压条、播种，管理粗放
五叶地锦	葡萄科 爬山虎属	原产于美国，我国广有分布	掌状叶，花小，7~8月开放，卷须长	耐寒亦极耐酷热，耐阴，耐贫瘠和干旱	扦插、压条、播种，管理粗放
掌裂草葡萄	葡萄科 白蔹属	我国华南至东北广有分布	枝条细长，叶掌状分裂，球果橙黄色	耐寒，喜凉爽，肥沃	扦插、压条、播种，管理粗放
单叶蔓荆	马鞭草科 牡荆属	我国山东沿海一带野生于沙滩	落叶，每株可覆盖沙滩10m^2，花紫色，7~8月开放	耐盐碱	播种、野生引种，管理粗放
野荞麦	蓼科 荞麦属	我国各地均有野生	植株开张，多分枝，三角形叶，花淡红或白色	耐干旱，耐贫瘠	播种，野生性极强

思 考 题

1. 简述边坡绿化的概念、意义及功能。
2. 边坡绿化常用的技术有哪些？各有何特点？
3. 灌草混栽技术如何选用植物材料？
4. 边坡绿化植物有何特点？说出 5 种适合边坡绿化用植物名称。

推荐阅读书目

1. 植被护坡工程技术．周德培、张俊云．人民交通出版社，2003.

2. 地面绿化手册．[日]都市绿化技术开发机构、地面植被共同研究会．王世学、曲英华、王龙谦译．中国建筑出版社，2003.

3. 草坪与地被植物．胡中华、刘师汉．中国林业出版社，1995.

第 11 章
体育运动草坪

[本章提要]本章以足球场、高尔夫球场、棒球场草坪等为例，对坪床结构、基质、草种选择、建植方法以及养护管理进行了全面介绍。

在草坪上开展的体育运动多种多样，如球类运动中的足球、网球、棒球、橄榄球、高尔夫球等，竞技运动中的射击、射箭、标枪等，另外还有人和畜共同作用于草坪上的赛马、斗牛等运动。可以说，草坪是各项体育运动的舞台，是运动健儿的摇篮，在保证运动的正常有序进行、提高运动竞技水平、减少运动伤害等方面发挥着不可替代的作用。

11.1 足球场草坪

足球堪称是当今世界第一大体育运动，为广大观众提供精神享受。足球场草坪的建植和管理水平也越来越高。

11.1.1 场地规格

足球场有田径足球场和专用足球场两类。专用足球场是仅供足球比赛用的运动场；田径足球场是将足球场与田径赛场相结合进行建造，足球场布置在田径跑道中间，既可以进行足球比赛，也可以进行其他田径比赛项目。如上海虹口足球场是我国第一个专用足球场。

标准足球场的场地规格有严格的要求。根据国际足球联合会的规定，世界杯足球赛决赛阶段使用的足球场，长度 105m，宽度 68m，边线和端线外各有 2m 宽的草坪带。因此，标准足球场的草坪面积应为 72m × 109m(图 11-1)。

11.1.2 坪床结构

足球场草坪不同于观赏草坪，不仅使用频率和使用强度高，而且对场地排水具有严格的要求，要保证在较大降雨量时，场地不积水，因而对坪床结构也有严格的要求。按建造过程可将足球场草坪的坪床结构分为 3 类，即自然基质坪床、半自然基质坪床和全人工基质坪床。

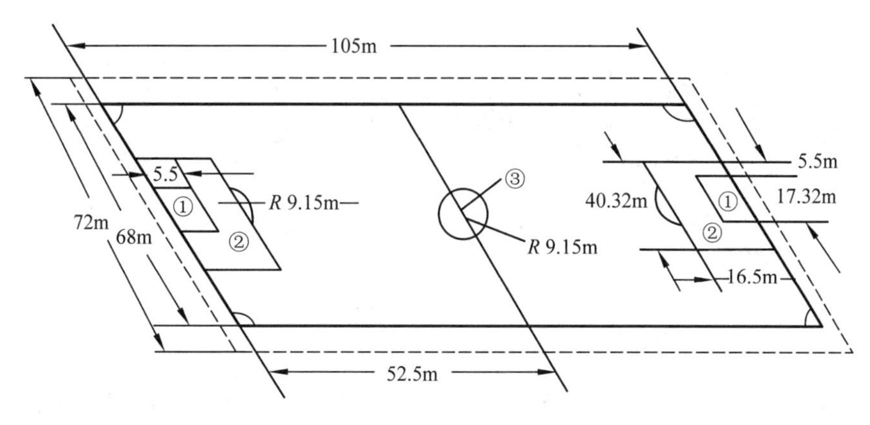

图 11-1 标准足球场的场地结构与规格

①球门区 ②罚球区 ③中圈

(1) 自然基质坪床

自然基质坪床即对坪床不进行深层的土壤改良，而只进行地面的平整工作。这样的球场建造成本低廉，对草坪的质量要求也不太高，主要用于一般性比赛，使用频率不高，如学校、厂矿等企事业单位的足球场。自然基质坪床要求原坪址表土肥沃、基层土壤透水性好，最好是在沙或砾石之上有 20cm 厚的砂壤土。

(2) 半自然基质坪床

半自然基质坪床即对原场地的表层土壤进行必要的人工改良，并增设地下排水系统，使其在土壤质地、通气透水性能方面能达到草坪生长和场地使用质量的要求。具体做法是，对原坪床 30cm 以内的表层土壤进行改良，在其中加入适量的沙及其他土壤改良剂，使之成为具有良好通气透水性的砂质壤土。另外，为加速坪床的排水速度，在坪床 40 ~ 50cm 深处还要挖排水沟，安设排水管，排水管间距 5 ~ 15m，填充排水沟的材料应与改良后的表层土壤相同。经过这样处理的场地，其坪床的排水性能得到了较大的改善(图 11-2)。

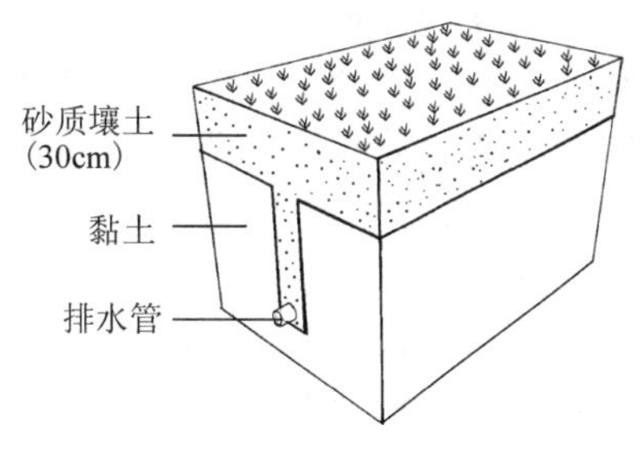

图 11-2 半自然基质坪床

(3) 全人工基质坪床

全人工基质坪床即坪床建造中的所有材料均来自于场外，根据设计由人工配制而成，其透气排水性能极佳，可在暴雨后立即进行比赛，甚至可以在雨中进行比赛。一般高水平的体育中心和专业球场的坪床结构均为全人工基质坪床。全人工基质坪床的建造过程较为复杂，费用昂贵，类型也不尽相同。

图 11-3 是由瑞典人研究开发、在北欧国家足球场上使用较多的韦格拉斯坪床结构(Weigrass)。其具体做法是，基层埋设直径 50mm 的排水管，排水管间距 3. 5m。排水沟从中间向两侧以 1% 的坡度倾斜，以加强水的流动促进排水，排水沟回填粒径为 2 ~ 8mm 的砾石。在基层上均匀铺设 20cm 厚、粒径为 0. 2 ~ 0. 4mm 的粗沙，并将肥

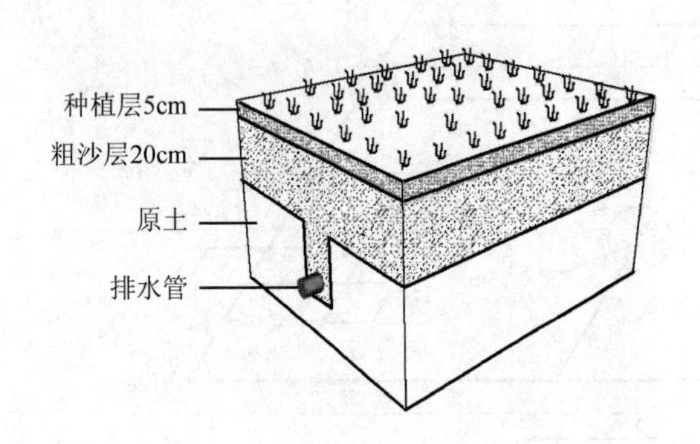

图 11-3 韦格拉斯(Weigrass)结构

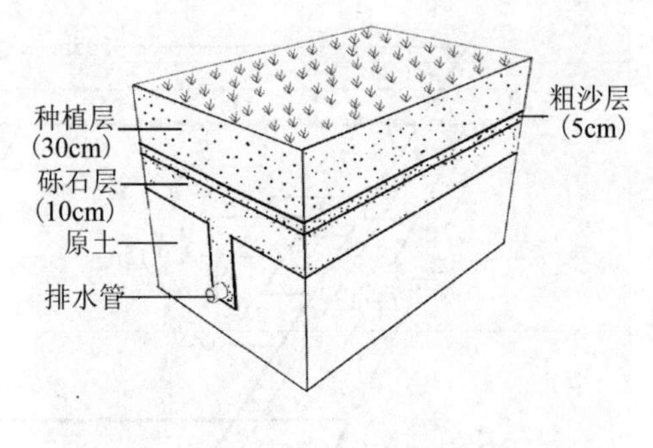

图 11-4 USGA 推荐的果岭坪床结构

料均匀混合到其表层 10cm 的范围内。粗沙层上再铺设 5cm 厚的种植层，种植层由沙和泥炭按 6∶4 的体积比在场外混匀后铺设。这种坪床结构造价相对较低，效果也很好。

图 11-4 是美国高尔夫球协会(USGA)推荐的高尔夫球场果岭坪床结构，在足球场的建造中也经常使用。其特点是可将土壤的持水能力与排水能力很好地结合起来，并减少土壤板结。这种结构由下向上依次为排水管、10cm 的砾石层、5cm 的粗沙层(过渡层)和 30cm 的种植层。每一层所用材料的规格、比例及施工方法等都有严格的要求。但由于高尔夫运动与足球运动剧烈程度不同，所以这种坪床结构是否适合于足球场草坪，还有待更多实践的检验。

图 11-5 的 PAT(prescription athletic turf)坪床结构，是由美国 Purdue 大学 Daniel 博士研制的，目前在欧美各地较为流行。其场地底部和四周被不透水的塑料薄膜密封起来，排水管道直接铺设在塑料薄膜上，上面是粒径大小均一的水洗沙，厚度为 35cm，其中最上面的 7.5cm 是根系层。根系层中设置有测定温度和水分的探头，外部设置给排水真空水泵，并与给排水暗管相连。场地表面水平，其场地水分通过根系层渗到排水层中，场地的主排水管与泵房相连，通过泵房来控制球场的排水。下雨时，如果出现积水则开启水泵，场内多余水分通过支管进入主管后排出。而干旱时水泵将水泵入到基层，通过浸润和毛细管作用使水分上升，供草坪草吸收利用。这种坪床可通过坪床中的探头和外部的给排水泵灵活地将土壤中的水分控制在草坪所需的最佳点，大大提高了水分利用率，而且可以进行强制性排水，自动排水装置使得比赛在大雨中也可进行。为使坪床更加坚固，提高草坪的耐践踏性，可在基层中加入人造纤维。此外还可以在坪床中设置人工辅助加热系统，即使在寒冷干旱地区也可使草坪四季常绿，全年使用。

图 11-6 的可移动式坪床结构在 2000 年悉尼奥运会、2004 年雅典奥运会、2008 年北京奥运会的主体育场以及 1994 年和 2002 年足球世界杯赛场上都得到了很好的应用。其做法是先将草坪建造在设计好的单元格(模块)中，在室外阳光充足的地方进行常规的养护管理，需要时，将长有草坪的单元格运进场地，各单元格之间通过连接装置互相镶嵌拼装形成一个整体。在比赛后，可迅速更换草坪严重受损的单元格。当场馆内不需要草坪时，可将单元格拆卸搬出，在室外进行养护，避免了草坪因长期处

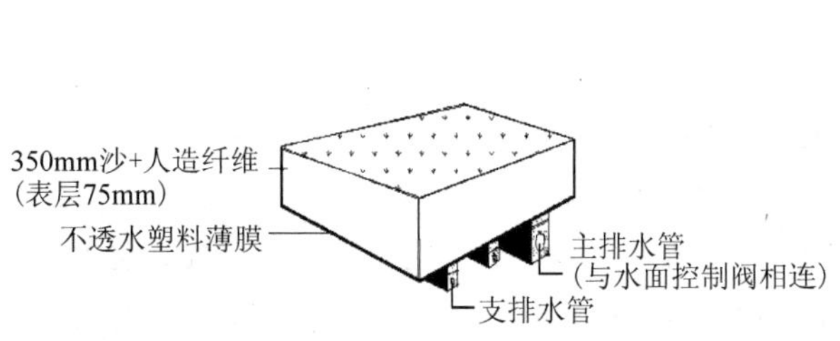

图 11-5 PAT 坪床结构

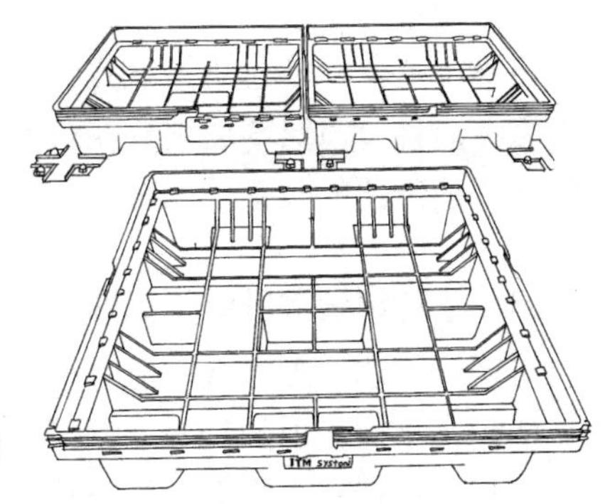

图 11-6 可移动式草坪模块坪床示意图

于封闭遮阴的环境中导致的长势弱等问题。这种结构主要用于大型的室内体育场，特别是那些除了比赛以外，还经常举办各种商业活动的体育场。

需要说明的是，足球场的坪床结构并没有一个统一的标准，即使是全人工基质坪床，也应因地制宜，根据当地的气候、土壤条件及建造的经费等来设计坪床结构，使坪床土壤具有良好的通气透水性，满足草坪草生长的需求和足球比赛的需要。

11.1.3 草种选择

草坪是足球场的灵魂，科学选择草坪草种，是足球场草坪建植成功的关键，也为草坪后期的养护管理打下坚实的基础。

11.1.3.1 足球场草坪的特点

足球是一项剧烈的体育运动，足球场草坪在保障球员的安全、提高足球的竞技水平上起着重要作用。因此，足球场草坪具有如下特点：

耐践踏 耐践踏是足球场草坪必须具备的重要特征。即便在高强度践踏下，坪床土壤依然保持良好的结构，具有较好的通气、透水性能，草坪草能够正常生长。这也是坪床结构中种植层应该为砂质壤土的原因。

具有良好的弹性和回弹性 足球运动对抗激烈，为了保证运动员的安全，提高运动竞技水平，足球场草坪的弹性及回弹性必须达到一定的标准，以保证场地具有良好的缓冲性能和运动质量。足球场草坪的弹性和回弹性也与草坪枯草层厚度有关。当枯草层厚度适中时，既不影响草坪草的生长，还能提供较好的场地缓冲性能。

耐磨损 草坪的耐磨损性主要与其茎叶组织的解剖结构有关。通常质地粗糙的草坪草具有较强的耐磨损性。总体上看，暖型草坪草比冷型草坪草耐磨损，如结缕草、狗牙根都是耐磨损性良好的草种。冷型草坪草中高羊茅的耐磨损性要优于草地早熟禾和多年生黑麦草。这是因为这些草坪草质地粗糙、植株密度大、茎叶组织中纤维素含量较高。

生长迅速，具有恢复能力 足球运动比赛会对草坪草造成伤害，分蘖能力或扩展能力强的草坪草，如高羊茅、狗牙根等能在尽量短的时间内自我恢复，否则极易形成

秃斑，影响草坪质量。

茎叶密度高，草色均一　致密均一场地不仅可以为比赛提供良好的舞台，减少运动伤害，而且茵茵绿草使观众在长时间欣赏比赛中不会感到眼睛疲劳，因为绿色是人视觉感觉最舒适的颜色。

11.1.3.2　足球场常用草坪草种及其配比

虽然草坪草种类繁多，但由于足球运动的特殊性，可供选择的草坪种类并不多。常见的用于足球场中的冷型草坪草有草地早熟禾、高羊茅、多年生黑麦草和紫羊茅等，暖型草坪草有狗牙根、结缕草、假俭草、地毯草等。进行草种选择时，首先应根据当地的气候条件确定。在我国长江以南首选暖型草坪草，长江以北首选冷型草坪草，过渡带地区可以选择上述两种类型的草坪草。

在选择建坪草种及其配比时，应综合考虑多种要素，如气候条件、草坪养护管理水平、对草坪的质量要求、球场使用强度和频率以及草坪草本身的生长特性等。例如，对于使用强度高的球场，应首选狗牙根而不宜选用结缕草，这是因为结缕草生长缓慢，恢复能力较差，短时间内难以恢复践踏造成的损伤。对于养护管理水平较低的球场，结缕草比狗牙根更适合，因为结缕草草坪对管护要求较低，更适合普通的足球场草坪。表11-1是我国部分足球场选用的草坪草种。

表11-1　我国部分足球场选用的草坪草种

足球场名称	草坪草种	足球场名称	草坪草种
北京丰台体育中心	结缕草	山东省体育中心	结缕草
国家体育场	草地早熟禾	大连金州体育场	草地早熟禾，高羊茅
上海八万人体育场	高羊茅，草地早熟禾	天津奥林匹克中心	草地早熟禾，高羊茅
湖南贺龙体育场	狗牙根（‘天堂419’）	成都龙泉体育场	结缕草（‘兰引3号’）
浙江玉环体育中心	狗牙根		

足球场草坪，如果选用冷型草坪草，为提高草坪的整体抗逆性，一般由两个或两个以上的草种进行混播建坪。如果选用暖型草坪草，则为保证草坪的均一，多进行单播或由两个或两个以上的品种进行混合播种。

草坪草混播常见的混播配比有：

80%高羊茅+20%草地早熟禾；80%草地早熟禾+20%多年生黑麦草；70%草地早熟禾+30%紫羊茅；65%结缕草+35%高羊茅；70%高羊茅+20%草地早熟禾+10%多年生黑麦草。

11.1.4　足球草坪的建植技术

按照要求坪床准备工作完成后即可进行播种或铺草皮建植草坪。在时间许可的情况下，播种比铺草皮建植的足球场草坪更理想，因为播种建植更便于控制草种的组成、草种配比及草坪密度，而且建成后的草坪均一性更高。但播种建植草坪需要的时间较长，不能立即投入比赛，而且幼坪期需进行精细的管理。

11.1.4.1 种子直播建坪

播种建植草坪，需要选择适宜的时间。冷型草坪草的播种一般选择在春秋两季，尤其夏末秋初播种为好，这样一方面减少了杂草对草坪的侵害，另一方面草坪经过秋季和翌春两个季节的生长，植株会更强健，有利于顺利度过夏季的高温高湿天气。暖型草坪草则应在夏季种植，此时种子萌发快，幼苗生长迅速。

为加快草坪出苗和建植速度，提高发芽率，可在播种前对种子进行适当的催芽处理。如将发芽时间较长的草地早熟禾种子倒入冷水中浸泡，待种子吸足水分将要出芽时，捞出略晾至表面干燥，即可播种。播种时，坪床应湿润，否则有可能造成烧芽。

为了防治猝倒病等苗期病害，也可以进行药剂拌种，即将多菌灵、百菌清、代森锌等杀菌剂与种子混合均匀，杀菌剂的用量一般为种子干重的0.2% ~0.4%。这样一则可以消灭种子携带的病原菌；二则播种后，种子周围土壤中的病原菌也会受到抑制，有利于种子的萌发和幼苗的健壮生长。

为了促进草坪草幼苗的生长，不仅在种植层中要施入一定量的基肥，在播种前，也应向坪床施入一定的种肥，N∶P∶K 三元素的比例以 1∶2∶1 为宜(也可用 1∶1∶1 的复合肥代替)，其中氮肥的施用量为$5g/m^2$，且所施用的氮肥应有一半以上为缓效氮肥。

足球场草坪的种子播量比一般绿地大(表 11-2)。理论上，每平方厘米有可发芽种子 2 ~3 粒便可保证草坪全苗。加大播种量虽然有助于快速成坪，但因幼苗密度大，个体间竞争激烈，会出现单株植物生长不良，发病率增高等问题。因此，在实践中应采取适当的播种量，不仅可以节约种子，而且有利于形成更健壮的幼苗。

表 11-2 足球场草坪种子单播用量参考 g/m^2

草坪草种	单播量	草坪草种	单播量
草地早熟禾	15 ~ 20	普通狗牙根	10 ~ 15
多年生黑麦草	30 ~ 40	结缕草	25 ~ 30
高羊茅	40 ~ 50	假俭草	10 ~ 12
细羊茅	20 ~ 25	地毯草	10 ~ 12

为了保证播种均匀，通常使用手摇或手推式播种机进行播种，也有的用液压喷播机进行喷播。播种后应覆土镇压，必要时还要用无纺布或其他材料对坪床进行覆盖，以保证温、湿度，便于种子出苗迅速、整齐。通常情况下，幼苗还需进行 4 ~6 周的精心养护才能成坪。幼坪的养护内容之一即是对草坪进行频繁的浇水，保持土壤湿润直至幼苗达到 2.5cm 高，然后逐渐减少浇水次数，加大浇水量，但要避免给草坪造成干旱胁迫，否则会延迟成坪。此外，必要时还要进行幼坪的施肥、除杂草及防治病虫害等工作。当草坪草高度达到 5 ~7cm 时，即可根据“三分之一原则”进行首次修剪，而后根据要求逐渐降低修剪高度。

11.1.4.2 营养体繁殖建坪

营养体繁殖建坪方式在足球场草坪中也比较常见，其中最常用的方法有两种，即草皮铺植法和营养体撒植法。草皮铺植法铺草见绿，成坪迅速，幼坪期养护管理简单方便，但成本较高，主要用于局部损伤草坪的修补；营养体撒植法常见于以暖型草坪草建植的草坪中，成本较低，但成坪较慢。

草皮铺植法 建足球场草坪时，草皮厚度不能超过5cm，以3cm左右为宜，否则会影响草皮的快速生根。另外，草皮培育基地的土壤最好与足球场坪床根系层土壤一致或相似，以免土壤分层导致坪床的透水性下降。为利于新草皮生根，铺草皮时坪床应较湿润，相邻草皮间的空隙需用与根系层相同的土壤填充，草皮铺植后应立即进行滚压和浇水，并保持土壤湿润，直至5~7d后新根长出。草皮铺植后7~10d，即可根据需要进行草坪修剪。要留有足够的时间使草皮新根系得到充分发育，然后才能投入比赛使用。

营养体撒植法 常见于匍匐茎发达的暖型草坪草。建坪时，先将匍匐茎切成含有2~3个节的茎段，并将其撒播在准备好的坪床上，一般匍匐茎需要量为3.0~4.0L/m^2，随后轻耙在土层中，或用表土覆盖0.5~1.0cm厚，但要求有部分茎叶露出以吸收阳光。然后进行镇压，浇水，使土层完全湿润，以后需经常进行灌溉，直至匍匐枝长出新根。经过一段时间的养护后，地上匍匐茎向四周生长蔓延，长满空隙直至完全覆盖地面。当草坪草长到2.5cm时，就可进行首次修剪。

以匍匐茎建植的草坪，在幼坪期应尽量避免施用除草剂或杀菌剂等化学药剂，以免对幼草造成伤害。

11.1.5 草坪的养护管理

足球场草坪必须进行合理的管理，以适应高强度的比赛要求，为足球运动持续地提供优质、安全的草坪。

(1)修剪

适当的修剪可使草坪保持平整和适宜的密度，维持球场良好的使用性状，并起到控制杂草、减少病虫害的作用。足球场草坪草的修剪高度为2~4cm，修剪频率视草的生长速度而定，但同样需遵循“三分之一原则”。在草坪草生长旺盛期，每周需修剪2次，其余时间每周修剪1次或每2周修剪3次。当草坪草受到环境胁迫时，修剪高度可提高到4cm或更高，并在比赛前将草坪逐渐修剪至所要求的高度。

足球场草坪的修剪通常使用三联驾驶式剪草机，通过剪草机运行方向的变化使草坪形成不同的花纹，增强欣赏效果。剪下的草屑要清理出场。在越冬前最后一次修剪时，修剪高度可高至4cm，以使草坪草贮存足够的营养物质越冬。草坪春季返青开始生长时，修剪高度可低至2cm，以剪除越冬的枯草层，促使草坪草尽快返青。

(2)浇水

浇水是足球场草坪重要的养护作业。尤其是在旱季或在干旱地区生长的草坪，必须及时进行灌溉，以满足草坪草的正常生长及快速恢复。一旦草坪草缺水，其耐践踏性会显著下降。在炎热而干旱的条件下，旺盛生长的足球场草坪每周需浇水 3 ~4 次，每周灌水量 50 ~60mm。必要时，可在每天中午对草坪进行叶面喷水，起到补水降温的作用。在冬季，砂质坪床草坪需及时补充水分，防止草坪草越冬时因干旱而枯死，无法正常返青。另外，为了确保比赛时草坪表面具有适当的硬度和干燥度，在比赛前 24 ~48h 内应停止灌溉。

(3)施肥

足球场草坪由于修剪频繁，故草坪养分损失大，因此必须通过定期施肥来维持草坪的正常生长。高强度使用的砂质足球场草坪，每年约需 N 肥 $60g/m^2$，P 肥 $8g/m^2$，K 肥 $33g/m^2$。为保证草坪在比赛时呈现优美的色泽，可在比赛前 2 ~3d 施用少量速效氮肥。有研究表明，K 元素有利于提高草坪草的耐磨性，因此足球场草坪施肥时也应注意 K 元素的施用。此外，砂质坪床常常会出现 Fe、Mg 肥缺乏的现象，在施肥中应注意这些元素的施用。草坪管理人员应根据草坪草的长势、草坪的使用强度并结合土壤养分测试结果制定科学合理的施肥方案。

(4)表层覆沙

表层覆沙对促进坪床平整、增加草坪弹性和耐践踏性具有重要意义，是高质量足球场草坪的重要管理措施之一。表层覆沙作业全年均可进行，其材料以细沙为主，并适当配以有机肥和缓效化肥，这样在覆沙的同时也进行了施肥作业。表层覆沙可用覆沙机进行，先对草坪进行修剪，然后将混合好的沙及肥料均匀地施入到草坪中。足球场全年可根据需要进行 5 ~8 次表层覆沙作业，但覆沙的厚度每次不得超过 5mm。表层覆沙完成后可用拖网耙平或进行充分灌溉，使沙粒落入到植株间的空隙中。

(5)镇压

镇压可促进草坪草分蘖和匍匐茎的伸长，增加草坪密度，并能提高草坪场地的平整度。但是，镇压会造成坪床土壤紧实，通透性下降，特别是不合理的镇压，对草坪造成的伤害更严重。镇压可用人力或机引滚筒进行，手推滚筒重以 60 ~120kg 为宜，机引滚筒重为 50 ~200kg。镇压时，土壤含水量应适中，禁止在雨后或浇水后镇压草坪。比赛前对草坪进行镇压，可促进草坪平整，并能形成美观的图案。

(6)打孔

足球场草坪由于高强度的使用和严重践踏，造成土壤紧实，通透性下降，根系生长发育不良，引起草坪退化。因此应经常对草坪进行打孔通气作业。打孔一般用打孔机进行，时间以草坪草旺盛生长的季节为宜。根据场地情况、草坪草生长状况及季节的不同，可进行实心打孔或空心打孔作业。一般足球场草坪在生长季至少要进行一次空心打孔作业，践踏集中的局部如球门区附近，需经常性地进行打孔通气作业，以保证土壤疏松，促进草坪草根系生长发育。

11.2 高尔夫球场草坪

11.2.1 概述

高尔夫球场是根据高尔夫运动的需要，由不同区域的草坪、结合沙坑、树木花卉、水域等景观组成的户外草坪运动场。高尔夫球场与其他运动场不同，场地没有统一的标准，一般依据原场址地形、地貌进行设计建造，因此，世界上几乎不存在完全相同的高尔夫球场。

一个锦标赛的高尔夫球场通常由18个球洞组成，占地面积为50～100hm^{2}不等。草坪是球场的主体部分，占整个球场面积的50%～80%。每个球洞主要由发球台、球道、果岭、高草区等草坪区域组成，结合沙坑、水域、树木等作为障碍或隔离区域，图11-7为一个标准杆为五杆的球洞示意图，显示发球台、球道、果岭、高草区、沙坑、水域等在球洞设计时的应用。其中果岭、发球台是每个球洞都必不可少的，其他区域可根据不同球洞的标准杆数来具体设计。

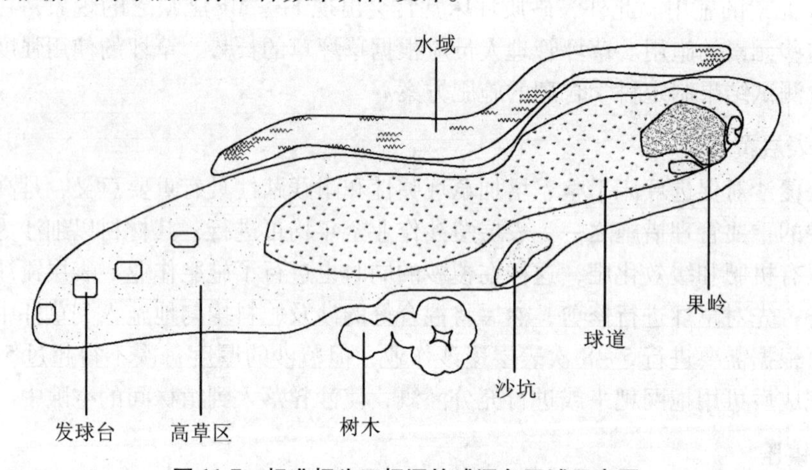

图11-7 标准杆为五杆洞的球洞各区域示意图

11.2.2 果岭草坪的建植与养护管理

果岭(green)，也称推杆果岭，是高尔夫球场中最重要和养护最精细的草坪，果岭的草坪质量常决定了高尔夫球场的品质。果岭草坪要求较高的平滑性以保证球在果岭上的滚动，同时要求草坪具有较好的韧性、弹性和耐低修剪能力。

11.2.2.1 果岭草坪的建植

目前果岭草坪的建植大多采用美国高尔夫协会(USGA)的果岭推荐标准。图11-8为USGA的果岭构造示意。图11-8A为传统的USGA果岭结构图，果岭构造在地基上依次是砾石层、过渡层(也称粗沙层)、根际层。砾石层的厚度为10cm，过渡层为5～10cm，根际层为30cm，整个果岭的深度为45～50cm。根际层下面的过渡层的作用是

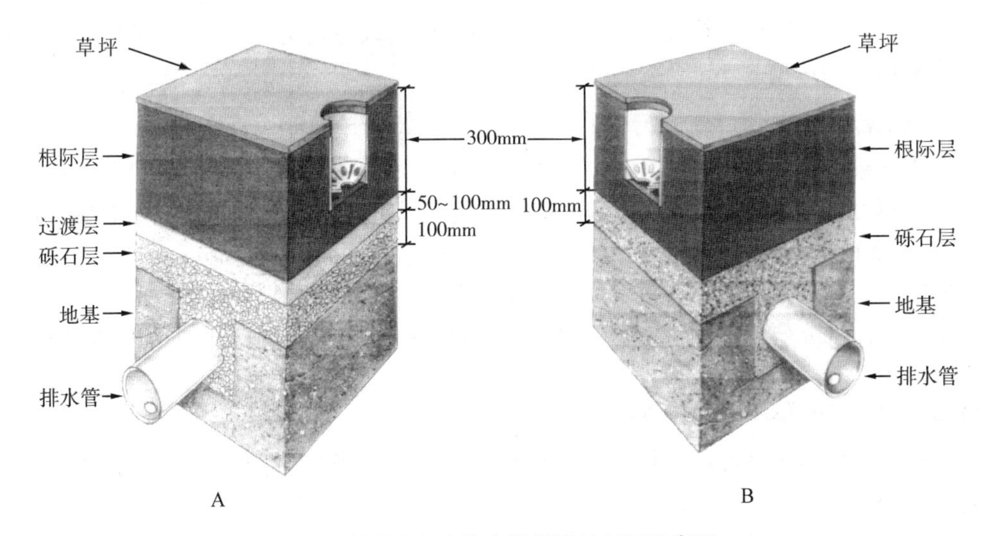

图 11-8　美国高尔夫协会推荐果岭剖面示意图

A. USGA 果岭（含粗沙层）　B. USGA 果岭（省略粗沙层）

防止根际层的沙子渗流到砾石层，阻塞排水管。在根际层选用的沙粒与砾石层均符合要求时，可以省略过渡层，如图 11-8B 所示。

果岭建植是高尔夫球场建造中最精细的部分，主要包括果岭坪床的建造和植草两大部分。具体步骤包括：

(1)地基的压实与粗糙型

果岭地基在建植前需要用压路机压实，以防止以后果岭因沉降而变形；地基需要根据果岭的造型和坡度进行粗糙型，使后续的果岭根际层土壤深度相对均匀一致，以保证果岭草坪根系生长环境的相对一致。

(2)排水系统安装

排水系统多采用鱼脊形和平行形，目的是在果岭的地基下形成一个有效、快速、完善的排水网络。排水管一般选用有孔波纹塑料管，主管和支管的连接处用三通连接。在排水管四周填满砾石，固定排水管。

(3)砾石层铺设

在排水层或地基上，铺一层厚约 10cm，直径为 4 ~ 10mm 的砾石，在铺设砾石层时要根据果岭最终的造型与坡度进行细造型。

(4)粗沙层铺设

在砾石层之上铺设一层厚度为 5cm，颗粒直径 1 ~ 4mm 的粗沙层。它能防止根际层的沙子渗流到砾石层，阻塞排水管。

(5)根际层铺设

USGA 推荐的果岭根际层是以沙为主的沙和有机质的混合土壤。这样的根层不易紧实，有较高的水分渗透率；另外，沙质根际层有较好的透气性，利于形成较深的根系。根际层用沙与有机质的质量与配比对果岭草坪生长非常重要，所用材料最好需通过 USGA 认证的实验室检测后才可使用。根际层铺设厚度为 30cm。铺设后对果岭坪床作最后的细造型。

(6) 草坪建植

由于果岭草坪的质量要求极高，能用于建植果岭的草坪草种较少，目前我国用于果岭的草坪草种主要有匍匐剪股颖、杂交狗牙根。北方地区多选用匍匐剪股颖，应用较广的品种有'Penncross'、'Putter'、'L-93'、'PennA-1'、'PennA-4'、'T-1'、'Alpha'等；南方地区一般选用矮生的杂交狗牙根，主要品种有'Tifgreen'、'Tifdwarf'、'Tifeagle'等。匍匐剪股颖采用种子直播法建植，杂交狗牙根采用种茎建植。

11.2.2.2 果岭草坪的养护管理

果岭草坪需要精细的养护管理才能维持其高质量和稳定的推杆表面。具体的养护管理措施，包括修剪、灌溉、施肥、打孔、疏草、铺沙、镇压等。

修剪　果岭是所有草坪类型中要求修剪高度最低、修剪频率最高的草坪。在草坪旺盛生长期(杂交狗牙根为夏季，匍匐剪股颖为春、秋季)，果岭需要每天修剪；在其他季节，可根据草坪的生长速度适当降低修剪频率。果岭的修剪高度在 3.0～5.5mm。在重大比赛期间，为了追求较快的果岭速度，修剪高度有时也会降到 3.0mm 以下，修剪频率增加到每天早晚各 1 次。果岭修剪采用手推式果岭机，少数球场也采用三联式果岭剪草机。

灌溉　新植草果岭的灌溉以少量多次、保持湿润为宜，每天浇水次数 3～6 次不等。每次喷灌时间在 9min 以下，保证果岭表面不形成地表径流，避免水流对种子的冲刷。果岭草坪成坪后的灌溉以灌深灌透、多量少次为宜，即每次灌溉一定要灌透整个果岭坪床，在之后的 2～3d 内不再灌溉，待果岭表层 2cm 根际层完全干燥后再进行下一次灌溉，形成果岭坪床水分上干下湿的梯度，促进根系向下生长。

施肥　果岭草坪所需要的养分因灌水量、土壤养分、气候和草坪草种或品种的不同而异，应根据果岭根际层土壤和草坪的营养测试分析报告，合理地制订肥料的营养配比和用量。果岭肥一般施用专用的果岭缓释肥，在特殊情况下可施用叶面肥。

打孔　打孔操作由打孔机来实施，分空心孔和实心孔两种类型。打孔应在草坪草的生长季节进行。根据果岭状况，通常每年打孔 2～3 次，孔深 4.6～10.2cm，孔径 5～15cm 不等。

疏草　疏草的次数取决于枯草层形成的速度，在草坪生长高峰期疏草深度宜深。如杂交狗牙根果岭，夏季草坪生长旺盛，可进行深度疏草；春秋季生长较慢，只能进行轻、中度疏草。匍匐剪股颖果岭的疏草则宜安排在春、秋季进行。

铺沙　铺沙目的是防止形成枯草层，保持果岭的平滑度和美观。当与施肥结合时，会提高施肥效果、促进草坪生长。果岭铺沙频率很高，在打孔、疏草等工作后都要辅助铺沙。打孔后铺沙量要填满孔洞；疏草后铺沙要薄而少。铺沙后要用草坪刷刷疏草坪。

镇压　滚压可以使用果岭滚压机。果岭滚压可保持草坪表面的致密和坪床的紧实，提高果岭速度。

11.2.3 发球台草坪的建植与养护管理

发球台(tee)是每个洞打球的起点和开球的草坪区域。发球台面积的大小应根据球场的利用强度而定，一般单个发球台的面积为100～400m²，一个球洞发球台的总面积为400～1000m²，但也应根据不同的球道类型、开球使用球杆的不同和布局位置的差别予以调整。发球台的形状多种多样，常见的有长方形、正方形、半圆形、类圆形、圆形、椭圆形、“S”形、“O”形、“L”形、不规则的自由式，可单个独立或多个连体。一个洞可设3～5个发球台，一般距果岭由近到远依次为女子发球台(红梯)、业余男子发球台(白梯)、业余男子发球台(蓝梯)和职业男子发球台(黑梯或金梯)。

11.2.3.1 发球台草坪的建植

尽管发球台的形状、面积可以变化较大，但所有的发球台坪床表面必须十分平整，排水良好。发球台的设计都高于周围地面，且采用前低后高的坡度(一般坡度为1%～2%)，以利于排水，并有一个良好的视野。

发球台的建植程序与果岭基本相同，可根据实际情况，省略砾石层和粗沙层的铺设，具体程序包括：

① 地基的压实与粗造型　初步形成发球台的坡度。

② 排水系统安装。

③ 砾石层铺设(可省略)。

④ 粗沙层铺设(可省略)。

⑤ 根际层铺设　铺设厚度为20～30cm。铺设后对发球台坪床作最后的细造型，平整压实，并形成前低后高的设计坡度。

⑥ 草坪建植　发球台草坪草种的选择范围相对较广，北方地区可选用草地早熟禾、多年生黑麦草、匍匐剪股颖、紫羊茅等冷型草坪单一草种，或者多种草种或品种混播。南方地区可选用杂交狗牙根(‘328’、‘419’、‘Tifsport’等品种)、普通狗牙根、海滨雀稗等暖型草种。也有球场选用结缕草，由于结缕草对打痕的恢复能力较差，故需要发球台的面积相对较大。发球台草坪的建植方式可根据实际情况而定，种子直播法、种茎建植法、草皮直铺法等方法均可采用。

11.2.3.2 发球台草坪的养护管理

发球台草坪的养护管理要求低于果岭，具体的养护管理措施包括：修剪、灌溉、施肥、打痕修补、打孔、疏草、铺沙、镇压等。

修剪　发球台草坪的修剪高度一般为1.0～2.5cm，也有球场修剪高度低于1.0cm，过低修剪会增加草坪养护成本。在草坪旺盛生长期，发球台的修剪频率约为1次/2d，在其他季节，可适当降低修剪频率。可用手推式剪草机或轻型的三联剪草机进行修剪。

灌溉　发球台草坪成坪后的灌溉以灌深灌透、多量少次为宜，即在多数时间内不进行主动灌溉，在草坪出现干旱时灌溉一次，要灌透整个发球台坪床。平时发球台草坪保持干燥状态。

施肥 发球台的施肥频率和施肥量要明显低于果岭，不同草种对施肥量的要求不同，一般均施用缓释肥，为了促进发球台打痕的快速恢复，有时也可施用速效肥。

打痕修补 发球台是打痕最严重的地方，特别是三杆洞的发球台。不同草种可采取不同的打痕修补的方法，一般冷型草坪可采用种子补播法，即同发球台相同的草种和根际层沙土混合均匀后填补到打痕上；在打痕特别严重的三杆洞发球台上也可以直接铺植草皮。由于狗牙根、海滨雀稗等暖型草坪有根状茎或匍匐茎，自我恢复能力较强，因此在打痕上只需要填补根际层的砂土即可，其根状茎或匍匐茎能够在较短时间内恢复生长并填满打痕。

打孔、疏草、铺沙、镇压等 这些措施可根据需要适当采用，但频率要明显低于果岭。

11.2.4 球道草坪的建植与养护管理

球道(Fairway)是指连接发球台和果岭之间，修剪较低的草坪区域，是从发球台通往果岭的最佳打球路线。与果岭及发球台不同的是，球道并不是每个洞必不可少的一部分，每个球洞的球道的面积变化很大，有些三杆球洞常不设球道，而有些五杆洞的球道面积可达到30 000m^2左右。球道也是最能体现球场设计风格的地方，设计师通过每个球洞不同的球道长度使球员在球场上需要使用不同的球杆，另外结合落球区附近的障碍物(如水域、沙坑、树丛、草坑等)设计，以增加打球的趣味性。

高尔夫球场中球道的面积要远大于果岭和发球台，是精细管理草坪中面积最大的。一个18洞球场的球道总长度为6000~6500m，总面积为150 000~250 000m^2。

11.2.4.1 球道草坪的建植

球道的设计是球场设计师最能体现其专业水平的部分，球道一般需依场地的原始地形而建，尽量保持原有地貌及生态环境。球道的建植程序包括坪床的建造和植草两大部分，主要步骤有：测量放线与标桩、场地清理、表土堆积、场地粗造型、排水系统与灌溉系统的安装、坪床土壤改良、场地细平整等(图11-9)。

球道草坪草种的选择范围相对较广，北方地区可选用草地早熟禾、多年生黑麦草、匍匐剪股颖、紫羊茅等冷型草坪单一草种，或者多种草种或品种混播的方式。南方地区可选用杂交狗牙根('328'、'419'、'Tifsport'等品种)、普通狗牙根、海滨雀稗、日本结缕草等暖型草种。由于球道面积较大，从建植成本考虑，球道尽量不采用草皮直铺法建植，多数采用种子直播法或种茎建植法。

11.2.4.2 球道草坪的养护管理

球道草坪的养护管理要求与发球台相当，略低于发球台，具体的养护管理措施包括：修剪、灌溉、施肥、打痕修补、打孔、疏草、铺沙等。

修剪 球道草坪的修剪高度为1.2~2.5cm，与发球台草坪相当或略高于发球台，草地早熟禾、多年生黑麦草、普通狗牙根、日本结缕草球道的修剪高度可维持在

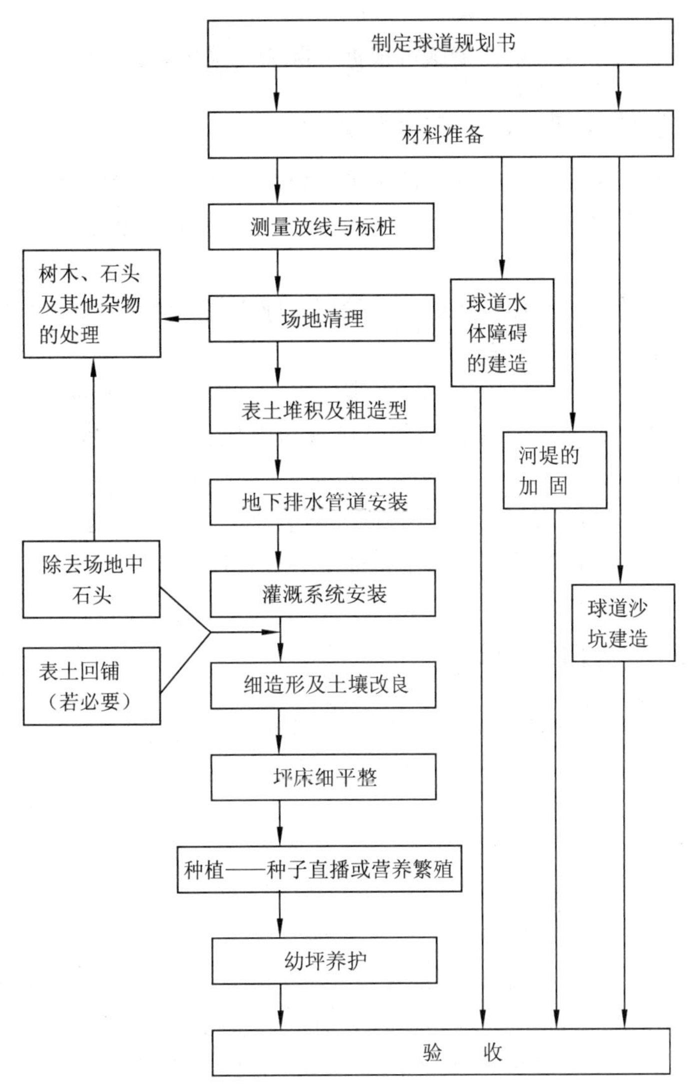

图 11-9 高尔夫球场球道建造流程

1.5~2.5cm，匍匐剪股颖、海滨雀稗、杂交狗牙根球道的修剪高度可维持在 1.2~1.5cm。在草坪旺盛生长期，球道草坪的修剪频率为 1 次/2d，在其他季节，可根据草坪的生长速度适当降低修剪频率。大面积球道的修剪可用五联剪草机，面积较小的球道也可用三联剪草机。

灌溉　灌溉同发球台。

施肥　球道的施肥频率和施肥量要明显低于果岭和发球台，不同草种对施肥量的要求不同，一般均采用球道缓释肥。

打痕修补　球道落球区需要进行打痕修补，草地早熟禾、多年生黑麦草、紫羊茅等冷型草坪可采用种子补播法，即同球道相同的草种和砂土混合均匀后填补到打痕上；狗牙根、海滨雀稗等暖型草坪只需打痕上覆上砂土即可，其根状茎或匍匐茎能够在较短时间内恢复生长并填满打痕。

打孔、疏草、铺沙等 这些措施可根据实际需要采用。

11.2.5 其他区域草坪的建植与养护管理

高尔夫球场除了果岭、发球台、球道等需要精细管理的草坪区域外，还有一些管理相对粗放的草坪区域，如球道与高草区的过渡区、半高草区、高草区、原生态草地等。

这些区域草坪的建植与球道相似，可采用与球道完全相同的草坪草种，也可采用不同的草种以增加球场的景观效果。

这些区域与球道最大的区别在其修剪高度上：球道与高草区的过渡区的修剪高度比球道高1.0cm左右；半高草区的修剪高度比过渡区再高出1.0cm左右，也有许多球场不设半高草区；高草区草坪的修剪高度为4.0~6.0cm，为了体现高尔夫的惩罚规则，有的球场高草区的修剪高度可设到10cm左右；原生态草地则不修剪。

除修剪外，这些区域的草坪不采用特殊的养护管理措施。

11.3 其他运动场草坪

除了足球和高尔夫球运动外，还有很多运动项目也是以草坪为舞台的，如棒(垒)球、网球、赛马、橄榄球等。草坪为这些运动项目的正常进行、提高运动质量发挥着重要作用。

11.3.1 棒(垒)球场草坪

棒球运动是世界性体育项目之一，在美国、英国、日本、澳大利亚等地非常盛行，被称为是美国的"全民性娱乐运动项目"。近年来，棒球运动在我国的发展也很迅速，兴建了很多新的棒球运动场。垒球运动是由棒球运动转化而来，其比赛方式、运动员职责等与棒球运动基本相同，但球场、球、规则和技术方法等稍有不同。

11.3.1.1 场地规格

棒球场一般设在地面平整、四周开阔的地方。比赛场地是一个直角扇形区域，直角两边是区分界内地区和界外地区的边线。两边线长至少76.2m，而且两边线顶端联结线的任何一点距本垒尖角的距离都不应少于76.2m。两边线以内为界内地区，以外为界外地区，但界内和界外地区都是比赛有效地区。界内地区又分为内场和外场。内场呈正方形，边长为27.43m，四角各设一个垒位，在扇形的顶端垒位为"本垒"，并以逆时针方向在其他3个角上分别设"一垒"、"二垒"和"三垒"，中间设一个木制或橡皮制的投手板，投手板的前沿中心与本垒尖角的距离为18.44m。内场以外的区域称为外场。以投手板前沿中心为圆心，28.93m为半径，在界内连接两边线所划的弧线即为草地线。草地线以外的外场区域为草坪，以内的外场区域为土质。内场多为草坪，也有的棒球场全部为草坪场地，但跑垒路线必须为土质。本垒尖角后18.29m处应设置后挡网，网高4m以上，长20m以上，看台或观众席应设在此距离以外。比赛场地必须平整，不得有任何障碍物。场地周围设置围网，高度1m以上为宜(图11-10)。垒球场的场地与棒球场相似，在场地布置上稍有不同，有的垒球比赛要求垒球场的内场和草地线以内的外场区域均为土质，其余区域则为草坪。

选择棒球场地时，必须首先确定击球方向和本垒位置，本垒最好位于比赛场地的西南方，以避免阳光影响投手和击球员的视线。

图11-10 棒球场草坪

11.3.1.2 草坪建植

棒球运动要求场地平整、坚实，对场地的排水性能要求很高，为了快速排水，需要特别精细地规划和建造整个场地的地表排水，并设置良好的地下排水系统。内场的投手板是棒球场最高的区域，并以1%～2%的坡降向球场边缘降低，场地呈龟背形。

外场中的土质区域通常需要在土壤中加入改良剂，如煅烧黏土，这些改良剂可在潮湿条件下吸收土壤中多余的水分，在干旱条件下则可保持土壤中的水分，并使土壤变得坚实、平整，达到棒球运动的要求。另外，这些改良剂还可以防止土壤过于紧实。

棒球场地中的草坪区域，要求覆盖度均一，坪面相对平整，草坪致密，质地纤细，耐践踏性强，并能耐受2.5cm左右的低修剪。在我国北方较凉爽的地区，可以选择草地早熟禾和多年生黑麦草混播，二者比例以1∶1为宜，且每个草种至少选用两个品种，以提高草坪的整体抗逆性。而在温暖地区，狗牙根则是较好的选择，杂交狗牙根的品种如'Tifdwarf'、'Tifgreen'等均可。在草坪草出苗后长至3.0cm左右时，即可开始进行第一次修剪，而后，修剪高度逐渐降低，次数逐渐增加，直至符合棒球场草坪的高度为止。当修剪高度接近2.5cm时，即可进行首次滚压，使坪面更加坚实。

11.3.1.3 草坪管理

棒球运动要求草坪致密、均一、平整，坪面具有一定的弹性和适当的抗冲击力。因此草坪管理也紧紧围绕这些要求而进行。

修剪是棒球场草坪的重要管理作业。草地早熟禾和多年生黑麦草建植的草坪，在早春草坪返青后进行修剪，修剪高度可保持在4cm左右，而在盛夏季节，草坪修剪高度可提高0.6cm，使草坪更好地度过炎热的夏季。夏末秋初，修剪高度可再次降低，以利于对草坪进行表施土壤和平整作业。暖型草坪草如狗牙根建植的草坪，夏季修剪高度可保持在2.0cm，每周至少修剪3次，此修剪高度有利于提高草坪强度，促进草坪草匍匐茎的生长。而在秋季至翌年春季，暖型草坪的修剪高度应提高至3.0cm以上，春末时逐渐降低修剪高度至2.5cm，至夏季时达到2.0cm。不论是冷型草坪草还是暖型草坪草，修剪时均需要遵循“三分之一原则”，并以此确定草坪修剪的频率。

在施肥方面，冷型草坪在春季通常施全年N肥量的30%，而秋季则施用全年N肥量的70%，特别强调的是晚秋施肥，可促进营养物质在草坪草根和茎部的积累，有助于翌年春季的返青及提高草坪抗逆性。对于暖型草坪，因其只有夏季一个生长高峰期，因此应在春末夏初施用富含N，P，K的全价肥。暖型草坪草建植的棒球场地一般会在秋季进行交播，以满足冬季比赛的要求。对于进行交播的场地，交播前应尽量少施N肥，以减少暖型草坪草的生长。交播后，冷型草坪草发芽出苗后，则应施用一定量的N肥，促进交播草坪草的生长。翌年春季，可对草坪施用一定的N肥以维持交播草坪草在低温下的生长。在暖型草坪草返青时，应少施N肥而多施磷钾肥，促进暖型草坪的春季过度。

干旱季节对草坪要进行灌溉。不管是冷型草坪还是暖型草坪，干旱季节每周需灌水2.5cm左右。对于交播草坪，播种后需进行频繁少量的灌溉，使草坪土壤表面0.5cm始终处于潮湿状态，以促进交播种子的萌发。

打孔通气可有效促进草坪草的生长。空心打孔作业后，应将打出来的土柱粉碎并回填入孔洞中，以防止坪面疏松不平。冷型草坪的空心打孔作业可在春、秋季进行，夏季打孔则只能进行实心打孔。暖型草坪打孔作业应安排在夏季，空心打孔深度可达10cm。打孔后可进行表层覆沙作业，厚度为0.3cm，以促进坪面平整光滑。

11.3.2 网球场草坪

在球类运动中，网球风靡世界各地，是仅次于足球的运动，素有“第二球类”之称。草地网球历史悠久，著名的温布尔登草地网球锦标赛是网球运动中最负盛名的赛事之一。传统意义上的草地网球是在天然草地上进行的，现代的草地网球场则需要人工建植和管理。

网球运动是一项高雅的体育运动，草地网球则是网球运动的最高形式。其特点是以有生命的草坪作为运动的表面，外观美丽，弹力均匀，涵球性好，耐用性强，给观众带来美的享受。

11.3.2.1 场地规格

草地网球场呈长方形，分为单打和双打两种。单打场地规格为23.77m×8.23m，双打场地规格为23.77m×10.97m(两边各自宽出1.37m)。场地两边的长线称为“边线”，两端的短线称为“端线”(又名底线)。场地由高为0.91m的球网分成2个面积相

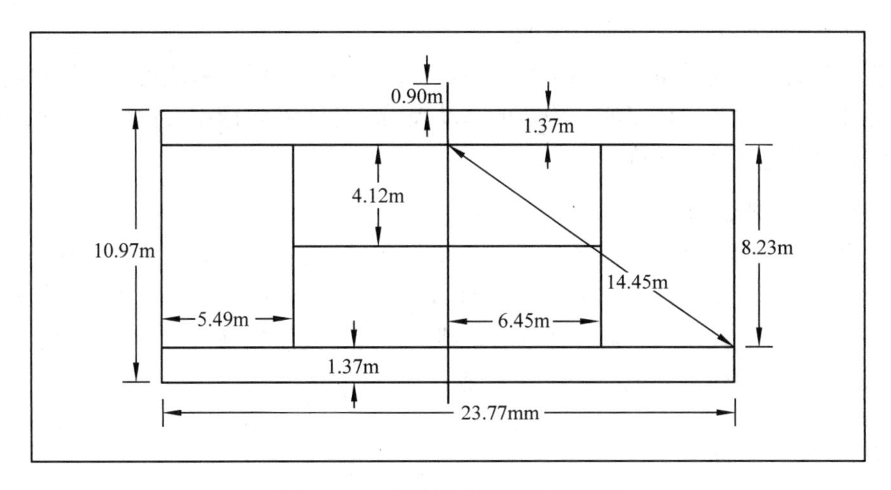

图 11-11 草地网球场场地平面图

等的半场，每个半场的对角线长度为 14. 45m，靠近球网处有 2 个面积为 4. 12m × 6. 45m 的发球区。悬挂球网的支柱应立在双打线外的 0. 90m 处(图 11-11)。

11. 3. 2. 2 草坪建植

草地网球场的建造与管理需要较高的技术和较大的投资，一般只用于较高级别的大赛。但也有一些高尔夫俱乐部建造草地网球场，并有专业的草坪管理人员对其进行养护管理。

(1)坪床结构

网球运动对球场表面的一致性、持久性和运动性要求很高，因此，其坪床的要求比足球场更精细。为增强坪床的透水性，减缓土壤紧实，很多草地网球场的坪床结构都参照高尔夫果岭来建造，坪床由下至上分为 3 层，即 10cm 的砾石层、15cm 的粗沙层和15 ~ 20cm 的根系层(图 11-12)，其中根系层土壤以沙为主，适当添加有机质和黏粒。沙的粒径为 0. 25 ~ 1mm，黏粒的比例应占 15% ~ 20%，并将沙、有机质和黏粒均匀混合。如果建造得当，这种坪床结构透水性好，也有较好的持水性，且能在强度践踏下最大限度地减轻土壤紧实，并能保持坪床的稳定性。

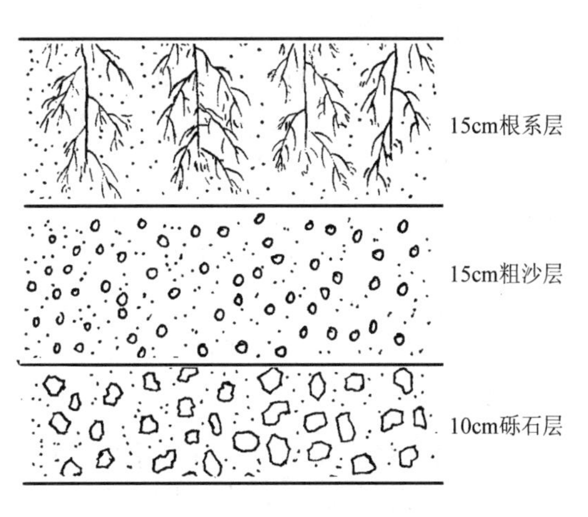

图 11-12 草地网球场草坪坪床结构示意图

(2)喷灌与排水系统

为了能在干旱季节给草坪补充水分，保证其正常生长，网球场草坪一般要设置喷灌系统。喷灌系统设计中，喷头的间距应为射程的 0. 8 倍，且最好将喷头埋设在场地外，以免影响运动，同时要求操作、管理和维修方便。

排水系统也是高质量网球场草坪必不可少的。良好的排水系统可迅速排除场地中的多余水分，为比赛提供坚实、稳定的运动表面。除了在坪床中安设地下排水管，还需要精细设置地表排水坡度。

(3) 草坪草种选择

当前，适合建植草地网球场的草坪草种类较少，匍匐剪股颖是草地网球场中使用最广泛的。但英国也有很多的草地网球场以 70% 的多年生黑麦草和 30% 的匍匐紫羊茅来建植，球场表面坚实，耐摩擦性和耐践踏性都得到了提高。南方温暖地区的网球场多以杂交狗牙根建植而成，并在秋季交播多年生黑麦草。

11.3.2.3 草坪管理

(1) 修剪

职业性联赛对草地网球场表面的质量要求非常高，比赛时的修剪高度冷型草坪为 0.8cm，暖型草坪为 0.4 ~ 0.5cm，比赛期间必须每天以滚刀式剪草机进行修剪，并遵循“三分之一原则”。修剪后要对草坪进行滚压以保证球场表面的平整均一。在非比赛期间，草坪修剪高度可提高至 2 ~ 3cm，并在比赛来临前逐渐降低直至达到比赛的要求。

(2) 防止枯草层

球场草坪如出现较厚的枯草层，不仅使草坪易感染病害，而且会降低反弹性，从而影响比赛。因此要防止过厚的枯草层形成。一般枯草层厚度应控制在 1.25cm 以下，此厚度的枯草层可有效提高草坪的耐磨性，也使球的弹性大小适中。要防止过厚枯草层，最佳办法是对草坪进行多次表施土壤，每次厚度不超过 0.3cm，所用材料应与原根系层土壤一致或类似。此外，定期对草坪进行轻度的垂直切割(刀片插入草坪冠层中的深度不超过 0.3cm)，适当的水肥管理也有助于减轻枯草层的积累。

(3) 打孔通气

土壤紧实可通过打孔作业来疏松。由于空心打孔会对草坪表面造成松动和破坏，不宜在比赛期间进行，比赛期间常通过注水耕作或实心打孔来暂时缓解土壤紧实。注水耕作可在草坪生长季频繁进行，操作时间短，不会对草坪表面造成破坏。实心打孔对草坪表面的扰动较小。但是，网球场草坪在适当的时候仍需进行空心打孔，一般冷型草坪应在春季赛季开始前两周进行 1 次，在秋季赛季结束后进行 2 次空心打孔。而在网球场全年开放的南方暖型草坪上，则有必要在适当的时期进行空心打孔并关闭球场几天，有利于草坪草能从打孔造成的损伤中恢复。

(4) 灌溉

为了使球场表面坚硬，弹性适中，网球场草坪的灌溉量和灌溉次数比其他运动场草坪要少得多，但需每天监测土壤湿度，必要时进行灌溉。网球场要求灌溉后半小时即可进行比赛，因此对喷灌的均匀度要求较高。在炎热的夏季，中午前后需对草坪进行短时的叶面喷水，以达到降温和防止草坪草萎蔫的目的。以沙为主的坪床，通常于春末和盛夏使用土壤湿润剂，以最大限度地减少草坪灌溉量和灌溉次数。

(5)施肥

草地网球场草坪由于频繁的修剪养分损失大，草坪的施肥尤其重要。由于草坪草种、比赛强度、坪床结构等有所不同，对肥料要求也不同，要根据经验、草坪草生长的季节以及土壤养分测定结果来制订施肥计划，在最有利的时间追加氮肥，使草坪草茎叶生长最适宜，并通过追加适当的磷肥和钾肥，促进根系的生长发育。

比赛中网球场草坪受到高强度践踏，草坪草损伤大，比赛后需及时进行修复作业，如在践踏严重的地方进行打孔通气或注水耕作，或补植草皮等。

11.3.3 赛马场草坪

赛马运动是一项古老的深受人们喜爱的体育运动。早在公元前776年，在首届奥林匹克运动会举办之时，赛马就被列入比赛项目。赛马也是我国民间传统的体育活动之一，具有悠久的历史，至今还流传着齐王与田忌赛马的故事。许多国际性大型体育运动会都设有赛马和马术表演等项目。传统意义上的赛马多在天然草地上进行，娱乐的意义大于比赛，而现代赛马有着严格的规则，要求在高质量的赛马场进行。

11.3.3.1 场地规格

赛马场通常如田径场一样，呈长方形，两端是半圆形或椭圆形。国家级赛马场跑道周长为1600~2000m，宽20m以上，总占地面积不少于30hm^2。赛马场跑道纵向坡度为0.1%~0.2%，横向坡度不超过1%，曲线半径不小于100m，面积在6~8hm^{2}之间。跑道圈以内的场地(内场地)面积为16.86hm^2(图11-13)。内场地是进行训练、马术表演和障碍赛的场所，其设备应是可以撤迁的活动构件，以便跑马比赛时撤除，不影响观众的观看。

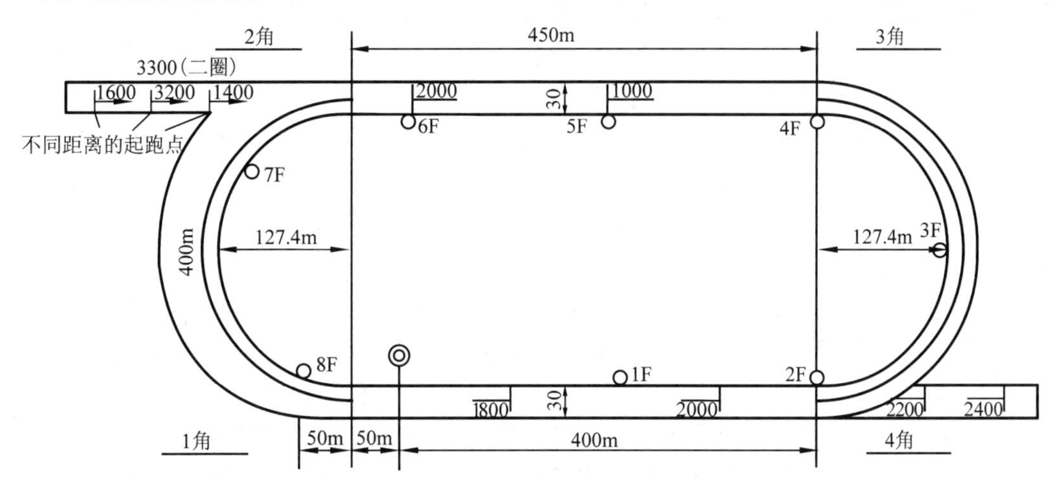

图11-13 赛马场跑道平面设计模式图

一圈距离——1700m；宽度——30m；H. S. 直线——400m；

1F，2F，…，8F——裁判站的安全岛；曲线半径——127.4m；曲线距离——400m

11.3.3.2 草坪建植

现代赛马场草坪的作用是为了保护赛马的马蹄和避免意外伤害事故，以及增强赛马的观看效果。赛马体重一般500kg，赛跑速度约为60km/h，赛马场的跑道要能经受平均每天10匹500kg以上的赛马疾驰时造成的冲击，跑道草坪品质的优劣直接影响着赛马的成绩。因此赛马场草坪必须满足密度大，草层厚，耐急速坚硬马蹄的践踏，抗断裂能力强，高弹性等要求。

(1)坪床结构

赛马场跑道草坪的土壤应该能迅速排水，通气良好，不易板结。如果土壤表面浸水，不仅会限制马的奔跑速度，也容易使赛马在奔跑时因“打滑”而发生事故，甚至使马匹和骑手受伤。一般赛马场跑道的地表排水坡度为1%，跑道线周围应安装地下排水设施。

为使坪床基础扎实牢固，跑道草坪坪床深度需要80cm，从上到下分为3层，第一层为20cm的根系层，富含营养，是草坪草生长的介质；第二层为30cm的底土层，由壤土或砂壤土构成，渗水性能优良；第三层为30cm的砾石层，有利于排水。为使排水迅速，可在砾石层中安设地下排水管。根系层和底土层土壤中的砂土比例要相对高一些，以有利于土壤的排水和通气，缓和土壤硬度，提高赛马和骑手的安全系数。

由于赛马在奔跑中对跑道草坪的冲击力大，破坏性强，为了提高草坪坪床基础的抗压性、抗践踏性和草坪的耐磨性，可将一些加固材料应用在坪床基础中，如将网眼10mm×10mm，网片大小约为5cm×10cm的网织物碎片或3~4cm长的聚丙烯纤维撒在草坪根系层内，避免赛马时马蹄踢出的小草块。

(2)草坪草种选择

赛马场跑道的草坪草必须具有根系扩展能力强、密度大、草层厚、耐频繁坚硬马蹄践踏、弹性好、损伤后能很快恢复等特性。在选择草坪草种时，还要考虑建植地区的气候条件、比赛强度与举行时间等因素。

在冷凉地区一般采用草地早熟禾与多年生黑麦草混播，混播比例为草地早熟禾40%~50%，多年生黑麦草50%~60%。高比例的多年生黑麦草主要用于草地早熟禾赛马场的补播或急需草坪赛马场地时。也可用高羊茅(80%)与多年生黑麦草(10%)和草地早熟禾(10%)混播建植跑道草坪。

在过渡带地区，高羊茅是首选草种，可以采用高羊茅(80%)与多年生黑麦草(20%)混播的草种组合。我国大部分过渡带地区还可采用结缕草和细叶结缕草来建植跑道草坪，但结缕草受损伤后恢复慢，其应用受到一定的限制。

在暖湿地区，狗牙根和狼尾草因生长迅速、成坪快、耐践踏性强而成为建植赛马场跑道草坪的较好选择。通过在狗牙根草坪上交播多年生黑麦草，可以使草坪在冬季仍然呈现绿色。根据管理水平和费用的高低，可以选择普通狗牙根或杂交狗牙根。

坪床准备完毕后，即可采用种子播种或营养体繁殖方法来建植草坪，其草坪建植方法可参照足球场草坪。需注意的是草坪首次修剪时，冷型草坪草修剪高度为3~

4cm，以后逐渐增高，直至维持在草坪高度 12cm 左右时进行修剪，留茬 8cm，在比赛期来临前将修剪高度逐渐降至 5 ~ 7cm。新建场地从建植到比赛使用必须经过一年半以上的时间，以使草坪草能充分地生长发育。

11.3.3.3 草坪管理

良好的养护管理，可使赛马场跑道草坪极耐践踏和磨损，密度大，草坪草生长繁茂旺盛，根系深而发达，能从践踏或其他损伤中迅速恢复，不仅能提高赛马的奔跑速度，还能保证比赛安全。

(1)修剪

在比赛期间，跑道草坪的修剪高度为冷型草坪草为 5 ~ 7cm，暖型草坪草为 3 ~ 4cm，通常选用旋刀式剪草机在赛前 1 ~ 2d 进行修剪。在非比赛期，草坪修剪高度可适当高一些，冷型草坪草修剪高度可为 10cm，暖型草坪草为 5 ~ 6cm。剪草应严格遵守"三分之一原则"，并以此确定修剪的频度。频繁修剪可促进草坪草的分蘖，增加草坪密度。

(2)灌溉

赛马场跑道草坪一般在缺水时才进行灌溉，深度灌溉有利于草坪草根系向土壤深层伸展。日常养护管理中，应根据草坪草的生长状况和土壤含水量的测定结果，确定灌溉时间和灌溉量。每次比赛前，应使用洒水车把清水洒在跑道草坪上，注意用水量不宜过多，以免影响比赛的正常进行。

(3)施肥

赛马场跑道草坪整体施肥计划的目标是形成致密的生长繁茂的草坪，使其能从损伤中快速恢复。通常冷型草坪每年施 2 次全价肥，选在春秋两季；暖型草坪每年春末施 1 次全价肥，如有必要，可在夏季再次施肥。为了使草坪草叶色浓绿，提高观赏价值，在比赛的前几天，可追施硫酸铵等氮肥，用量为 15 ~ 20kg/hm^2。在草坪损坏后进行修补时，可在新的草皮或草根处施用 25 ~ 40kg/hm^{2}的氮肥，以促使草坪草较快地生长以覆盖地面。

(4)打孔通气

由于马的严重践踏或大型剪草机的滚压，赛马场跑道草坪土壤板结严重，通气不良，对草坪质量产生影响，此时必须进行打孔通气。冷型草坪可于每年春季赛季开始前，暖型草坪在夏季非比赛期进行打孔或使用垂直切割机切断地下根状茎，增加土壤孔隙度，促进根状茎和根系的生长，使草坪草地下部分更加繁茂。根据气候、土壤等自然条件及土壤紧实程度，每年可进行 2 ~ 3 次通气作业。如果土壤严重板结，冷型草坪还应在秋季再次进行打孔通气作业。

(5)比赛前后的管理

在赛马比赛前要用清扫机对跑道进行彻底清理，去除其中的石子、石块、砖头、铁钉等杂物、硬物。为保证跑道的平坦稳固，在赛马活动期间，每天使用 2000 ~

3000kg 重的滚筒滚压 1~2 遍。赛马前，可以用草坪耙将草坪轻轻耙起，使草坪的朝向与马的奔跑方向相反，以增加草坪草的高度，并最大限度地减轻马匹快速奔跑对草坪草造成的冲击和损伤。

赛马后，需及时修补变得松动的草坪，铲掉损坏严重的草皮，重新铺植或补播。

思 考 题

1. 体育草坪和园林草坪有何异同？
2. 足球场草坪应选择哪些草种？为什么？
3. 高尔夫球场草坪管理主要有哪些环节？

推荐阅读书目

1. 高尔夫球场草坪．韩烈保．中国农业出版社，2004.
2. 高尔夫球场建造与草坪护养．常智慧、李存焕．旅游教育出版社，2012.
3. 足球场草坪管理与评估．李树青．北京体育大学出版社，2004.

参考文献

白淑媛，姜丽，蔺艳，等. 2006. 地被植物在北京园林绿化中的研究应用概述[J]. 草业科学，23(11)：103－106.

边秀举，张训忠. 2005. 草坪学基础[M]. 北京：中国建材工业出版社.

常智慧，李存焕. 2012. 高尔夫球场建造与草坪护养[M]. 北京：旅游教育出版社.

陈传强. 2002. 草坪机械使用与维护手册[M]. 北京：中国农业出版社.

陈从周. 2007. 惟有园林[M]. 天津：百花文艺出版社.

陈光耀，毛新安. 2002. 浅谈草坪的美学特性[J]. 草业科学，5：74－75.

陈淏子. 1995. 花镜[M]. 2版. 伊钦恒，校注. 北京：中国农业出版社.

陈洁. 2005. 草坪及地被在城市绿化中的功能和应用[J]. 河北林果研究，20(3)：297－299.

陈其兵. 2007. 观赏竹配置与造景. 北京：中国林业出版社.

陈启泽，王裕霞. 2007. 观赏竹与造景[M]. 广州：广东科技出版社.

陈卫元，赵御龙. 2014. 扬州竹[M]. 北京：中国林业出版社.

陈有民. 2011. 园林树木学[M]. 2版. 北京：中国林业出版社.

陈自新，苏雪痕，刘少宗，等. 1998. 北京城市园林绿化生态效益的研究[M]. 中国园林(6)：53－54.

陈佐忠，周禾. 2006. 草坪与地被植物进展[M]. 北京：中国林业出版社.

丁久玲，俞禄生，沈益新，等. 2006. 沿阶草的绿化应用及研究进展[J]. 草原与草坪，2：15－17.

董丽. 2015. 园林花卉应用设计[M]. 3版. 北京：中国林业出版社.

都市绿化技术开发机构，地面植被共同研究会. 2003. 地面绿化手册[M]. 王世学，曲英华，王龙谦，译. 北京：中国建筑出版社.

高飞翔，杜鹃，朱丹，等. 2007. 我国当地野生草坪地被植物的研究进展[J]. 草业科学，24(11)：77－81.

高强，汪在芹，李珍. 2007. 坡面植被恢复技术的现状与趋势[J]. 长江科学院院报 (5)：20－22，30.

高志民，王雁. 2000. 草坪草引种栽培研究现状及存在的问题[J]. 中国草地，3：60－65.

宫迎军. 2003. 野生地被植物的价值及利用[J]. 河北林业科技(10)：36－37.

谷颐. 2005. 长春市园林木本地被植物的应用与发展[J]. 长春大学学报，15(6)：78－80.

顾文毅，魏海斌，张文林. 2006. 野生地被植物在园林中的应用[J]. 资源保护与利用，4：48－50.

顾正平，沈瑞珍，刘毅. 2000. 园林绿化机械与设备[M]. 北京：机械工业出版社.

韩烈保，孙吉雄，刘自学. 1998. 草坪建植与管理[M]. 北京：中国农业大学出版社.

和平，彭重华. 2001. 城市绿地植物配置及造景[M]. 北京：中国林业出版社.

侯碧清，陈勇，尤爱翔，等. 2005. 草坪草与地被植物的选择[M]. 长沙：国防科技大学出版社.

胡长龙. 2002. 园林规划设计[M]. 北京：中国农业出版社.

胡林，边秀举，阳新玲. 2001. 草坪科学与管理[M]. 北京：中国农业大学出版社.

胡中华，刘师汉．1994．草坪与地被植物[M]．北京：中国林业出版社．

黄复瑞，刘祖祺．1996．现代草坪建植与管理技术[M]．北京：中国农业出版社．

黄正洪，于宏海，盛庆军．2004．浅谈草坪与地被植物的空间配置[J]．北方园艺(4)：83－83．

霍成君，付莉，王利鹏，等．2001．我国草坪业发展现状及今后发展的措施[J]．黑龙江八一农垦大学学报，13(1)：32－37．

李国荣，毛小青，倪三川，等．2007．浅析灌木与草本植物护坡效应[J]．草业科学 (6)：86－89．

李尚志．2002．实用草坪与造景[M]．广州：广东科技出版社．

李树青．2004．足球场草坪管理与评估[M]．北京：北京体育大学出版社．

刘东明，林才奎．2010．高速公路边坡绿化理论与实践[M]．武汉：华中科技大学出版社．

刘发民，王辉珠，孟文学，等．1998．草坪科学与研究[M]．兰州：甘肃科学技术出版社．

刘建秀．2000．草坪坪用价值综合评价体系的探讨[J]．中国草地(1)：44，47．

刘建秀．2001．草坪地被植物观赏草——城市绿化造景丛书[M]．南京：东南大学出版社．

刘金，谢孝福．2006．观赏竹[M]．北京：中国农业出版社．

刘燕．2016．园林花卉学[M]．3 版．北京：中国林业出版社．

刘自学，陈光耀．2001．草坪草品种指南[M]．北京：中国林业出版社．

柳春红，王海洋．2007．边坡绿化及重庆地区常用的边坡绿化植[J]．西南师范大学学报：自然科学版(5)：46－49．

马进，梁立军，孟瑾．2001．我国草坪业若干问题探讨[J]．浙江林业学报(2)：202－203．

马军山，戚贤军．2004．园林草坪发展概况及景观设计[J]．浙江林学院学报，21(1)：61－64．

马万里，韩烈保，罗菊春．2001．草坪植物的新资源——苔草属植物[J]．草业科学，18(2)：43－45．

马志林，周心澄．2008．我国边坡生态防护技术及其可持续性对策[J]．福建林业科技，35(2)：184－187，206．

牛月波，卫凌志，高尚军，等．2005．几种耐盐碱绿化地被植物[J]．中国林副特产(3)：5－6．

齐建益．2008．园林灌木、绿篱和藤木类植物的整形修剪[J]．花木盆景：花卉园艺版，01：44．

齐健英．1998．花卉及草坪高新栽培技术[M]．沈阳：沈阳出版社．

任继周．1998．草业科学研究方法[M]．北京：中国农业出版社．

商鸿生，王凤葵．2002．草坪病虫害识别与防治[M]．北京：中国农业出版社．

施国威，曹三妹．1990．几种地被(草坪)植物引种、栽培的研究[J]．中国园林，6(3)：50－55．

史军义，易同培，马丽莎，等．2006．园林地被竹及其开发利用[J]．四川林业科技，27 (6)：95－100．

舒迎澜．1993．古代花卉[M]．北京：农业出版社．

苏雪痕．2016．植物景观规划设计[M]．北京：中国林业出版社．

孙吉雄，韩烈保．2015．草坪学[M]．北京：中国农业出版社．

孙衍启，戴建民，周卫东．1998．草坪业发展的概况和思考[J]．中国园林(2)：36－38．

谭继清，刘建秀，谭志坚．2013．草坪地被景观设计与应用[M]．北京：中国建筑工业出版社．

唐红军．2004．乡土树种在城市绿化中缺少利用的原因[J]．中国园林．

田福平，武高林，时永杰. 2006. 我国园林地被植物研究现状[J]. 草业科学，23(9)：111－115.

田英翠，杨柳青. 2006. 蕨类植物及其在园林中的应用[J]. 北方园艺(5)：133－134.

万开军，武高林，史晓霞. 2006. 草坪草对干旱胁迫的反应与调节研究进展[J]. 草业科学，23(8)，97－102.

妧积惠，徐礼根. 2007. 地被植物图谱[M]. 北京：中国建筑工业出版社.

王明荣. 2004. 中国北方园林树木[M]. 上海：上海科学技术出版.

王沙生. 1991. 植物生理学[M]. 北京：中国林业出版社.

王文和，田晔林，陈之欢. 2004. 草坪与地被植物[M]. 北京：气象出版社.

王意成. 2014. 草本花卉与景观[M]. 北京：中国林业出版社.

吴玲. 2007. 地被植物与景观[M]. 北京：中国林业出版社.

吴玲. 2010. 湿地植物与景观[M]. 北京：中国林业出版社.

吴玲，高亚红，杨倩，等. 2007. 生态园林中的地被植物及其配置[J]. 苗木世界(11)：13－17.

夏宜平，孔杨勇，张智. 2007. 园林地被植物研究进展[J]. 中国花卉园艺(13)：14－15.

夏宜平，叶乐，张璐，等. 2009. 园林花境景观设计[M]. 北京：化学工业出版社.

鲜小林，管玉俊，苟学强，等. 2005. 草坪建植手册[M]. 成都：四川科学技术出版社.

萧运峰，陈茂庆. 1996. 野生草坪植物——寸草苔的研究[J]. 生物学杂志(4)：15－17.

萧运峰，孙发政，高洁. 1995. 野生草坪植物——青绿苔草的研究[J]. 四川草原(2)：29－33.

谢汇. 2003. 草坪在城市生态环境中的作用[J]. 生物学通报，38(5)：26－28.

熊济华. 2003. 观赏树木学[M]. 北京：中国农业出版社.

薛福祥. 2003. 应引起高度重视的草坪草病害——灰斑病[J]. 草原与草坪(1)：11－14.

薛光，马建霞. 2002. 草坪杂草及化学防除彩色图谱[M]. 北京：中国农业出版社.

杨艳清. 2007. 园林地被植物在城市绿地中的应用[J]. 吉首大学学报：自然科学版，28(4)：115－117.

杨战胜. 2007. 长沙市地被植物园林应用的现状及其存在的问题[J]. 安徽农业科学，35(10)：2902－2903.

姚锁坤. 2001. 草坪机械[M]. 北京：中国农业出版社，127－136.

尹少华. 2001. 过渡地区草坪建设应重视的几个问题[J]. 中国草地(6)：64－67.

俞国胜，李敏，孙吉雄. 1999. 草坪机械[M]. 北京：中国林业出版社，179－187.

袁玲，刘可. 2013. 观赏草与竹子[M]. 武汉：湖北科学技术出版社.

张宝鑫，白淑媛. 2006. 地被植物景观设计与应用[M]. 北京：机械工业出版社.

张金政，林秦文. 2015. 藤蔓植物与景观[M]. 北京：中国林业出版社.

张利，赖家业，杨振德. 2001. 八种草坪植物耐阴性的研究[J]. 四川大学学报，38：(4)：584－588.

张玲慧，夏宜平. 2003. 地被植物在园林中的应用及研究现状[J]. 中国园林，19(9)：54－57.

张秀英. 2005. 园林树木栽培养护学[M]. 北京：高等教育出版社.

张玉琴，王代军，杜广真，等. 2002. 草坪草腐霉枯萎病的研究现状及进展[J]. 草原与草坪(2)：3－7.

张志国. 2003. 现代草坪管理学[M]. 北京：中国林业出版社.

张祖群，李敏，赵荣，等. 2004. 近年来我国地被植物研究进展及述评[J]. 湖北农学院学报，24(4)：267－271.

赵方莹，赵廷宁. 2009. 边坡绿化与生态防护技术[M]. 北京：中国林业出版社.

中国科学院植物研究所. 1980. 中国高等植物图鉴(第三册)[M]. 北京：科学出版社，276，287，636.

周德培，张俊云. 2003. 植被护坡工程技术[M]. 北京：人民交通出版社.

周禾，牛建忠. 2001. 我国草坪科学研究与发展[J]. 中国农学通论，17(5)：41 - 43.

周潇，毛凯，干友民. 2007. 我国地被植物耐阴性研究[J]. 北方园艺(1)：51 - 53.

JENNIFER STACKHOUSE. 2004. Encyclopedia of Garden Design [M]. San Francisco：Fog City Press.

MORGAN R P C，RICKSON R J. 1995. Slope Stabilization and Erosion Control，A Bioengineering Approach[M]. London，E&FNSPON.

SUSAN CHIVERS. 2007. 植物景观色彩设计[M]. 董丽，译. 北京：中国林业出版社.

附录　我国主要地被植物应用表

1. 一、二年生观花类

植物名称	科　属	分布地区	主要形态特征	生态习性	繁殖方法	栽培管理要点	观赏价值及用途
二月蓝	十字花科 诸葛菜属	我国各地均有栽培	基生叶，蓝色小花，初花期3月，一直持续到5月	耐半阴，花期早，花期长，耐寒	自播	管理粗放	花期早，花期长，冬绿型地被
香雪球	十字花科 香雪球属	我国各地均有栽培	植株低矮，多分枝，小花白色，花瓣质地细腻，花期长	喜光，耐半阴，忌酷热	自播	管理粗放	花清香，毛毡式地被
紫茉莉	紫茉莉科 紫茉莉属	我国常见夏秋花卉	植株开张，分枝多，有层次，花色丰富，花期长，8~11月，浓香	耐半阴	自播	管理粗放	花朵美丽，芳香，系夏秋夜晚芳香型地被
细叶万寿菊	菊科 万寿菊属	我国广有栽培	花小而多，花期晚，花枝稠密	耐修剪	播种、扦插	控制高生长	开花晚花期长，密集型观花地被
荷兰菊	菊科 紫菀属	我国华北地区多栽培	花多而密，花蓝色，花期6~10月，株高50cm	耐寒，忌炎热，喜肥	播种、扦插、分株	注意矮化	花繁色艳，观赏价值高，点缀岩石园，片植草地边缘
高山紫菀	菊科 紫菀属	我国华北	株高30cm，花淡紫色，花期5月	耐寒，喜肥、忌积水	播种、扦插、分株	注意矮化	具野趣，抗性强，点缀岩石园，片植草地边缘
马　蓝	菊科 马蓝属	我国广有分布	株高20cm，花浅蓝色，花期7~8月	耐践踏，耐寒	自播、分株、扦插	管理粗放	花色、花形观赏价值高，粗放型矮生观叶地被
金鸡菊	菊科 金鸡菊属	我国广有栽培	株高30cm，花黄色，花期6~10月	喜光，性强健	播种	管理粗放	株丛紧密，花色艳丽，片植草地、路边
雏　菊	菊科 雏菊属	我国早春庭园主要花卉	植株低矮、整齐，花梗直立，花色丰富，花期3~6月	耐寒，喜肥沃、湿润、排水良好	播种	生长季施追肥，秋后施基肥	株丛低矮，花多色繁，难得的矮生观花地被
蓝目菊	菊科 蓝目菊属	我国有栽培	叶深裂，有白毛，外围花白色，中心花蓝紫色，花期4~6月	耐寒，忌炎热，喜光	扦插、播种	管理粗放	花形独特，花色丰富，林缘、花境
茼蒿菊	菊科 茼蒿菊属	我国广有栽培	叶二回羽状深裂，外围花白，中心花黄，2~4月盛花，花期长	喜凉爽，忌积水	扦插	摘心促使分枝，夏季清枯枝	花期早，花期长，片植林缘、花境

（续）

植物名称	科 属	分布地区	主要形态特征	生态习性	繁殖方法	栽培管理要点	观赏价值及用途
锥叶福禄考	花荵科 福禄考属	我国广有栽培	常绿，枝叶密集，叶针状簇生，花枝红色，花期3~5月	耐寒，喜光，不耐阴，抗热、耐干旱	分株、扦插	管理粗放	株丛紧密，花枝红色，毛毡式观花地被
太阳花	马齿苋科 马齿苋属	我国广有栽培	茎叶肉质，匍地而生，花枝茂密，花色丰富，花期5~9月	喜光，喜温暖、排水良好，忌夏季低温、多暴雨	播种、扦插	注意排水	花色丰富，自播能力强，低矮型观花地被
矮凤仙花	凤仙花科 凤仙花属	我国广有栽培	植株直立25~30cm，茎肉质，花色丰富，花期6~8月	不耐寒，喜温润、排水良好	播种	管理粗放	花期长，夏季观花地被
点地梅	报春花科 点地梅属	我国华东、华北	叶基生，莲座状，花白色，生长期短，5月开花，6月死亡	喜湿润，耐寒	播种、野生	管理粗放	株丛低矮，花白色，点缀草地，组成花地被
密叶点地梅	报春花科 点地梅属	我国西北等地	叶基生，密集	耐寒	播种、野生	管理粗放	株丛低矮，点缀草地，组成花地被
美女樱	马鞭草科 马鞭草属	我国长江流域以南	植株呈匍匐状分枝，株矮，花色丰富，花期4~12月	不耐寒，长江流域冬季上部枯萎	扦插、压条	注意浇水	植株低矮，花多色繁，优良的观花地被
长春花	夹竹桃科 长春花属	我国各地有栽培	株形开张，花冠高脚，蝶形，旋转，花期8~10月	喜温暖，忌水湿	播种	小苗生长慢，加强肥水管理	花色艳丽，株形漂亮，花境、地被
旱金莲	旱金莲科 旱金莲属	我国各地有栽培	攀缘状茎肉质，叶盾形，花有长距，花橘红色，花期2~5月	喜光，耐半阴，不耐寒，喜湿润	播种、扦插	注意施肥	花、叶观赏价值均高，片植林缘和路旁
虞美人	罂粟科 罂粟属	我国广有栽培	叶羽状深裂，有乳汁，花蕾下垂，花色丰富，花期5~6月	喜光，耐寒	播种	追肥	花色艳丽，趣味性强，片植林缘和路旁
花菱草	罂粟科 花菱草属	我国华东	叶多回细裂，花单生枝顶，花色丰富，花期5~6月，直根性	耐寒，不耐移植	播种	注意排水，防止病害	花色亮黄，片植路边、花境
辣　蓼	蓼科 蓼属	我国东北、河北、河南等地	多分枝，托叶鞘筒形木质，花序尾状，淡红色，花期长	耐水湿，稍耐阴	自播	管理粗放	花序观赏价值高，片植、丛植河沟池畔

（续）

植物名称	科 属	分布地区	主要形态特征	生态习性	繁殖方法	栽培管理要点	观赏价值及用途
风铃草	桔梗科 风铃草属	我国西南部有分布	叶基生和对生，总状花序，花冠钟形，花色蓝紫、淡红或白，花期5～6月	耐寒，喜光，忌炎热	分株、播种、扦插	管理粗放	花形、花色均可观，片植路旁、花境
淫羊藿	小檗科 淫羊藿属	我国南方	二回三出复叶，花红紫色	耐阴	播种	管理粗放	花小，具野趣，片植疏林下、林缘
锦　葵	锦葵科 锦葵属	我国广有分布	早春植株矮覆盖地面，叶大，花紫红有浅色纹，花期5～6月	耐寒	播种	管理粗放	花形、株形均可观，丛植树坛，是早春观叶地被
马洛葵	锦葵科 马洛葵属	我国有栽培	花深红带紫色	喜光，喜砂质土	播种	注意摘心，促使分枝	分枝多，花色特别，丛植树坛，早春观叶地被
老鹳草	牻牛儿苗科 老鹳草属	全国均有分布	多分枝，株高20cm，叶圆肾形，二回深裂，花淡红色	喜光，适应性强	自播、野生	管理粗放	花小、叶大，具野趣，丛生林缘、路边、荒地
千日红	苋科 千日红属	我国广泛分布	分枝多，枝节膨大，头状花序顶生，木质苞片红、紫红	喜光，喜肥	播种	管理粗放	花形、株形奇特，花期长，片植林缘
勿忘草	紫草科 勿忘草属	我国南方	全株被白毛，株高30cm，卷伞花序长10cm，花蓝色，喉部黄色	耐寒，喜光，稍耐阴	播种	管理粗放	植株被毛，花形奇特，片植路边、花境
矮牵牛	茄科 矮牵牛属	原产于南美，我国广泛种植	株高30～40cm，花色丰富，喇叭形，花期4～10月	喜光，易倒伏	播种、扦插	适当修剪	花色丰富多彩，具野趣，片植林缘、草坪边缘
矮雪轮	石竹科 蝇子草属	我国广有分布	全株白色柔毛，多分枝，匍生株矮30cm，花白色或粉红，花期5月	耐寒，喜光、排水良好	播种	春夏雨季注意排水	株丛紧密，花色淡雅，春季林缘观花地被
石　竹	石竹科 石竹属	我国普遍栽培	株高20cm，株直立，聚伞花序，花朵簇生花顶生，花色丰富，花期4～5月	耐寒，不耐炎热	播种、扦插	管理粗放	花多色艳，花期长，片植路旁、花境

（续）

植物名称	科 属	分布地区	主要形态特征	生态习性	繁殖方法	栽培管理要点	观赏价值及用途
锦团石竹	石竹科 石竹属	我国普遍栽培	花大，重瓣性强，花瓣齿裂	耐寒，不耐炎热	播种、扦插	管理粗放	花多色艳，抗性强，片植路旁、花境
矮石竹	石竹科 石竹属	我国普遍栽培	株高15cm	耐寒，不耐炎热	播种、扦插	管理粗放	株丛低矮，花色丰富，片植路旁、花境
松叶菊	番杏科 龙须海棠属	原产于南非，我国长江流域以南	幼茎肉质，叶肉质条形，花粉红色，花期2~5月，昼开夜合	不耐寒，喜光	扦插	须追肥，长江流域以北入冬进温室	花形、叶形独特，昼开夜合，趣味性强，片植亭榭角隅、林缘
彩叶草	唇形科 彩叶草属	我国各地广有栽培	叶色斑斓，株丛密集，植株矮，株高15cm	喜光，耐湿润	播种、扦插	管理粗放	品种繁多，观赏期长，片植林缘，是理想的粗放型观叶地被
2. 宿根类							
鸢　尾	鸢尾科 鸢尾属	我国中部、云南、四川、江苏、浙江一带	常绿、半常绿，叶剑形，呈二列状排列，花蓝紫色，花期5~6月	喜光，耐半阴，耐寒，喜排水良好湿润之地	分株、播种	保持湿润，施基肥	花形独特，具野趣，片植、丛植林间草地、林缘、池畔、岩石边
蝴蝶花	鸢尾科 鸢尾属	我国中部、云南、四川、江苏、浙江一带	根状茎细长，匍匐，花淡紫、淡蓝色，花期4~5月	喜阴湿环境	结实少，以分株为主	保持湿润，施基肥	花形奇异，花色淡雅，宜片植阴湿林下
德国鸢尾	鸢尾科 鸢尾属	多数与欧洲原种杂交，我国各地	常绿，花色丰富，花期5~6月，系陆生性	喜阳光充足、排水良好，耐寒，喜肥	花后休眠期分根，也可播种	保持湿润，施基肥	品种多，花色丰富，可自成专类地被园
香根鸢尾	鸢尾科 鸢尾属	我国各地	花紫色至白色，芳香，花期5月	喜阳光充足、排水良好，耐寒，喜肥	大多分株，也可播种	保持湿润，施基肥	品种多，花色丰富，可自成专类地被园
花菖蒲	鸢尾科 鸢尾属	我国华北野生于湿草甸、沼泽地	根粗壮匍匐似菖蒲，花大，鲜红色、黄、白色，花期5~6月	喜肥，忌石灰质土，耐寒，喜光，耐湿	大多分株，也可播种	须充足水分和肥料	花色艳丽，植株飘逸，可美化沼泽地和草坪水边

（续）

植物名称	科 属	分布地区	主要形态特征	生态习性	繁殖方法	栽培管理要点	观赏价值及用途
西伯利亚鸢尾	鸢尾科 鸢尾属	我国北方	根状茎短小，花蓝紫色，茎紫色，花期6月	系沼生类，喜潮湿，耐旱，耐寒	大多分株，也可播种	须充足水分和肥料	花形花色株形观赏价值高，可美化沼泽地和水边草坪
溪 荪	鸢尾科 鸢尾属	我国江苏、浙江山野溪水旁	植株直立，叶狭长，花蓝紫色，也有白、暗黄色	宜于各种土壤，喜潮湿，系沼生类	大多分株，也可播种	须充足水分和肥料	花形奇特，花色艳丽，可美化沼泽地和水边草坪
球根鸢尾	鸢尾科 鸢尾属	我国江苏、浙江山野溪水旁	叶线形，花大，淡紫或黄色，花期4～5月	喜排水良好，耐寒，喜光	分球	选向阳、排水好的腐叶土	花形奇特，株形优美，丛植岩石园和鸢尾专类地被园
射 干	鸢尾科 鸢尾属	我国各地	叶宽剑形，花橙色有深红色斑点，花期6～7月	喜温暖，湿润	播种、分根	管理粗放，须施肥	花形奇特，具野趣，丛植、片植林缘、草地
铁扁担	鸢尾科 鸢尾属	我国各地	叶丛自然开张，花蓝紫色，“五一”开放	耐半阴，不耐寒，喜疏松土壤	分株	管理粗放，须施肥	株形开张，花色艳丽，丛植、片植林缘、草地
马 蔺	鸢尾科 鸢尾属	我国东北、华北、华东	株矮，根茎粗壮，丛生，花蓝色，花期4～6月	耐寒，耐踏，耐贫瘠，喜干燥砂壤	播种、分株	管理粗放	花期早，具野趣，是理想的护坡地被
白花玉簪	百合科 玉簪属	我国各地	叶心形，花白色小漏斗状，芳香袭人，夜间开放，花期6～7月	极耐阴，较耐寒	分株、播种	北方种植选背风林下	花叶均可观，株形美观，片植林下、路旁
紫 萼	百合科 玉簪属	我国各地	花紫色	极耐阴，较耐寒	分株、播种	北方种植选背风林下	花序奇特，花色淡雅，片植林下、路旁
狭叶玉簪	百合科 玉簪属	原产于日本，我国各地	叶披针形，花淡紫色，有白边和花边	极耐阴，较耐寒	分株、播种	北方种植选背风林下	叶形奇特，花色淡雅，片植林下、路旁
重瓣玉簪	百合科 玉簪属	我国各地	花白色，重瓣	极耐阴，较耐寒	分株、播种	北方种植选背风林下	叶大，花形奇特，片植林下、路旁
聚铃花	百合科 锦枣儿属	原产于西班牙等，我国华东以北有分布	叶深绿，花蓝紫色，具芳香，株高20～30cm	喜光，耐半阴，耐寒	分球	入冬施基肥	花色淡雅，玲珑可人，片植混合地被，点缀岩石园

（续）

植物名称	科 属	分布地区	主要形态特征	生态习性	繁殖方法	栽培管理要点	观赏价值及用途
浙贝母	百合科 贝母属	我国安徽、江苏、浙江野生	叶线状披针形，弯曲覆地，花淡黄绿色，花期3～4月	喜湿和湿润	鳞茎分殖	注意排水	花形奇特，丛植草地、岩石园，系冬绿型地被
铃 兰	百合科 铃兰属	我国东北、陕西	落叶，叶脉平行，总状花序一侧倾斜，小花乳白色，具芳香，花期4～5月	喜阴凉、湿润、肥沃，忌炎热	分根状茎	管理粗放，忌强光	株形典雅，花形玲珑可爱、芳香，林下芳香型优良地被
粉红铃兰	百合科 铃兰属	我国东北、陕西	花被有粉红色条纹	喜阴凉、湿润、肥沃，忌炎热	分根状茎	管理粗放，忌强光	植株玲珑、花色典雅，林下芳香型优良地被
重瓣铃兰	百合科 铃兰属	我国东北、陕西	花重瓣	喜阴凉、湿润、肥沃，忌炎热	分根状茎	管理粗放，忌强光	植株典雅，花重瓣，林下芳香型优良地被
花叶铃兰	百合科 铃兰属	我国东北、陕西	叶片上有黄色条纹	喜阴凉、湿润、肥沃，忌炎热	分根状茎	管理粗放，忌强光	彩叶，花香淡雅，林下芳香型优良地被
萱 草	百合科 萱草属	我国南部及全国各地山野	植株直立形，高30cm，花喇叭状高脚蝶形，橘黄色，花期6～7月	喜肥，耐干旱，较耐阴	种子繁殖，种根分蘖	密植，勤施肥，3～4年更新分植	花开繁盛，片植疏林、林缘、堤岸、岩石园、角隅
大花萱草	百合科 萱草属	原产于日本、俄罗斯，我国近年引入	叶片面宽，花黄色，具芳香，花大具三角形苞片，花期7月	喜肥，耐干旱，较耐阴	种子繁殖，种根分蘖	密植，勤施肥，3～4年更新分植	花大色艳，株形较大，片植疏林、林缘、堤岸、岩石园、角隅
小萱草	百合科 萱草属	我国长江流域	花期6～8月，花蕾供食用	喜肥，耐干旱，较耐阴	种子繁殖，种根分蘖	密植，勤施肥，3～4年更新分植	花小，玲珑可人，片植疏林、林缘、堤岸、岩石园、角隅
金针菜	百合科 萱草属	我国长江流域	花浅黄色，具芳香	性强健，株形密集，专供食用	播种、分根蘖	管理粗放	植株小巧，具野趣，片植疏林、林缘、堤岸、岩石园
黄花萱草	百合科 萱草属	我国长江流域	叶狭长，拱形弯曲，花浅黄，芳香，花期5～7月	著名的金针菜	播种、分根蘖	管理粗放	花大色艳，片植疏林、林缘、堤岸、岩石园

（续）

植物名称	科　属	分布地区	主要形态特征	生态习性	繁殖方法	栽培管理要点	观赏价值及用途
紫花地丁	堇菜科 堇菜属	我国长江以北	株矮5cm，叶丛生，花紫色少加白色，有长柄，一年开2次花，花期3～4月、9～11月	耐寒，耐半阴	野生	管理粗放	花色淡雅，两次开花，具野趣，自然散生、片植林缘、林下、草坪中
犁头草	堇菜科 堇菜属	我国长江以北	株矮5～10cm，花淡紫色，花期3～4月	耐寒，耐半阴	野生	管理粗放	株形低矮，具野趣，是难得的野生观花地被
葱　兰	石蒜科 葱兰属	我国江苏、浙江	株矮15～20cm，叶基生，肉质线形，花白色，花期7～11月	喜肥，稍耐阴	分株、分子球	施肥	花形玲珑可爱，片植林缘、草坪、路旁
韭　莲	石蒜科 葱兰属	我国江苏、浙江	叶条形，柔软，花粉红色似喇叭，花期6～10月	耐肥，稍耐阴	分株、分子球	施肥	花色淡雅，花形奇特，片植林缘、草坪、路旁
红花石蒜	石蒜科 石蒜属	我国长江流域	叶宽线形，先花后叶，花期7～9月，花形美	喜阴湿环境，耐寒	分球	施肥	花形奇特，花色艳丽，片植疏林下
忽地笑	石蒜科 石蒜属	我国长江流域及云南、四川等地	花黄色	喜阴湿环境，耐寒	分球	粗放管理	花形典雅，片植与红花石蒜混栽
鹿　葱	石蒜科 石蒜属	我国江南一带	花粉红、雪青、水红色，稍具芳香，花期9～10月	喜阴湿环境，耐寒	分球	粗放管理	花色淡雅，略具芳香，片植与红花石蒜混栽
黄水仙	石蒜科 水仙花属	我国长江流域	宽线形叶，花浅黄色，芳香，花期3～4月	喜肥，耐半阴，耐寒，忌酷热	分球	施基肥	花色亮丽，清香诱人，具野趣，点缀岩石园，片植草地，冬绿型观花地被
丁香水仙	石蒜科 水仙花属	我国长江流域	叶狭线形，花鲜黄，具芳香，花期3～4月	耐寒	分球	施基肥	花形奇特，花芳香，点缀岩石园，片植草地，冬绿型观花地被
红水仙	石蒜科 水仙花属	我国长江流域	叶宽线形，花白色，边缘有红色，芳香，花期4月	耐寒	分球	施基肥	花形奇特，花色淡雅，具野趣，点缀岩石园，片植草地，冬绿型观花地被

（续）

植物名称	科 属	分布地区	主要形态特征	生态习性	繁殖方法	栽培管理要点	观赏价值及用途
中国水仙	石蒜科 水仙花属	我国浙江、福建	花期3～6月	喜光、温暖，喜湿润、肥沃的土壤	分球	施基肥	叶丛生如带，白花黄心，香气清幽，点缀岩石园，片植草地，冬绿型观花地被
红花酢浆草	酢浆草科 酢浆草属	我国浙江、江西、安徽	株矮，叶基生，叶有白晕，花玫瑰红、粉红，花期4～11月	喜向阳、湿润，沃土中花大色艳	分株	管理粗放	株丛低矮，趣味性强，河岸边、岩石园片植，红花
大花酢浆草	酢浆草科 酢浆草属	原产于南非，我国江南引进栽培	花色玫瑰紫，花径约4cm	不耐寒，喜肥	分株	管理粗放	花色奇特、淡雅，河岸边、岩石园片植，红花烂漫
九叶酢浆草	酢浆草科 酢浆草属	原产于南非，我国江南引进栽培	小叶9枚或更多，花白色具芳香，变种花粉红色	不耐寒，喜肥	分株	管理粗放	花色淡雅、花香清幽，河岸、岩石园片植
山酢浆草	酢浆草科 酢浆草属	我国江西	小叶3枚，呈倒三角形，花玫瑰紫	不耐寒，喜肥	分株	管理粗放	花形玲珑可人，花色淡雅，具野趣，河岸、岩石园片植
腺叶酢浆草	酢浆草科 酢浆草属	原产于智利，我国引进栽培	根出叶数量多，小叶红，倒心形，花淡红或粉	耐寒	分株	管理粗放	株丛低矮，具野趣，河岸边、岩石园片植
菊花脑	菊科 菊属	我国长江流域等地	枝条细长，绿叶期长，花小而密，黄花，花期10～12月	耐修剪，忌潮湿，喜光，耐半阴，耐贫瘠	播种、扦插、分株	定期矮化修剪，定期施肥	花小，植株观赏价值高，林缘及封闭树坛片植
除虫菊	菊科 菊属	我国长江流域等地	株高40cm，白花小而密，花期5～6月	耐修剪，忌潮湿，喜光，耐半阴，耐贫瘠	播种、扦插、分株	定期矮化修剪，定期施肥	株丛高，花白色，林缘及封闭树坛片植
西洋滨菊	菊科 菊属	原产于欧洲，我国华北	株高30cm，开花繁茂，舌状花白色，管状花黄色，花期5～6月	耐寒，喜光，喜肥	播种、扦插、分株	性强健，注意施肥，排水	株丛低矮，花色奇特，片植、丛植在草地边、树丛旁
小　菊	菊科 菊属	我国各地秋季主要花卉之一	株形矮，开张，花小密集，花色丰富，花期11月	耐寒，怕积水，喜光	扦插	定期摘心，扩大株丛，矮化植株	花朵色淡，花形玲珑可爱，是国庆节小花形、密集形观花地被
多叶花蓍	菊科 菊属	原产于北温带，我国华北以北	茎叶茂盛，花朵繁茂，花白色，花期长，5～8月开花	耐寒，喜光，喜肥	播种、扦插、分株	栽培容易	株丛茂盛，具野趣，可点缀岩石园，也可作花境地被

（续）

植物名称	科 属	分布地区	主要形态特征	生态习性	繁殖方法	栽培管理要点	观赏价值及用途
凤尾蓍	菊科 菊属	我国华北以北	花黄色，花期6～7月	耐寒，喜光，喜肥	播种、扦插、分株	栽培容易	具野趣，可点缀岩石园，也可作花境地被
蓍　草	菊科 菊属	我国华北以北	花白色或浅红色	耐寒，喜光，喜肥	播种、扦插、分株	栽培容易	花小繁多，色淡雅，可点缀岩石园，也可作花境地被
蒲公英	菊科 蒲公英属	我国西北、华北、华东	株矮，叶片贴近地面，花梗直立，花黄色，4月开	耐寒，耐旱，耐贫瘠，耐阴	自播	在草坪中适当保留野生	株丛低矮，趣味性强，点缀早春草坪
矮地榆	蔷薇科 地榆属	我国云南一带均有野生	株高8～20cm，茎细有分枝，羽状复叶，花红色	喜湿润，耐贫瘠	播种	管理粗放	枝叶繁茂，具野趣，片植沟池岸边
鹅绒萎陵菜	蔷薇科 萎陵菜属	我国华北	黄花，5～7月开放	耐盐碱，耐湿润	播种、扦插	管理粗放	枝叶繁茂，具野趣，片植盐碱地、低湿滩地
毛地黄	玄参科 毛地黄属	我国华东以南	全株被白色短柔毛，叶大，花紫红色，5～6月开放	耐寒，耐半阴，喜肥，略耐旱	播种	管理粗放	植株高大，花形优美，群植岩石园路旁
柳穿鱼	玄参科 柳穿鱼属	我国华北野生	株矮，整齐，花黄色，花期长，5～10月	耐贫瘠，耐寒	播种	野生性强	枝叶柔细，花形与花色别致，片植坡地、岩石园
马蹄金	玄参科 马蹄金属	我国浙江以南山林	茎细匍匐，叶心形，小花黄色，花梗短于叶	耐阴湿	分株、扦插	野生性强	花小玲珑，叶片翠绿，具野趣，野生于山林坡地阴湿处
白　芨	兰科 白芨属	我国长江流域和西南各地	花玫瑰紫色，花期5月	喜阴湿	分株	管理粗放	株形端庄，花色淡雅，具野趣，优良的岩石园观花地被
花毛茛	毛茛科 毛茛属	我国华东以北	株高20～30cm，叶羽裂，花鲜黄，花期4～5月	喜凉爽、半阴，忌炎热，耐寒	分株	管理粗放	花大色繁，片植，点缀丛林间、草坪上
二色补血草	蓝雪花科 补血草属	我国华北	花黄色，花期5～10月，花期极长	耐盐碱	播种	野生性强	花小色淡，花期长，具野趣，片植沿海滩地
狼　毒	瑞香科 狼毒属	我国华北	花紫红色，5月开放	耐旱，耐踏	播种	管理粗放	花形奇特，花色紫红，具野趣，片植野生草坪

（续）

植物名称	科 属	分布地区	主要形态特征	生态习性	繁殖方法	栽培管理要点	观赏价值及用途
山罂粟	罂粟科 罂粟属	我国山西、河北的山野	花橘黄色，花期4～9月，早春3月萌发枝叶	耐寒，耐水湿，喜凉爽	自播	管理粗放	花形奇特，具野趣，片植山坡地、草坪一角
蓬子菜	茜草科 猪殃殃属	我国野生	生长快，当年可覆盖，枝条长，交叉成密网，草层厚15～25cm，花黄色，花期7月	喜阴湿	分根	管理粗放	花序奇特，具野趣，片植林下、林缘
黄　芩	唇形科 黄芩属	我国华北山坡	株矮，整齐，基部分枝多，花蓝色，花期7～8月	耐修剪，耐贫瘠	播种	管理粗放	花形奇特，花色淡雅，具野趣，片植林缘坡地
矮美人蕉	美人蕉科 美人焦属	我国各地均有应用	叶大，矮种花色鲜红，也有紫叶蕉，花期6～10月	喜阳光充足、温暖，土层深厚，华南全年有花	分根	施基肥，入冬清理枯枝	植株观赏价值高，花序奇特，片植、群植林缘
野决明	蝶形花科 决明属	我国华东	花繁茂，蝶形花，黄色，花期早，4月始花	喜光	播种、分株	生长强健	花形奇特，具野趣，片植沟坡、草地边缘、林缘
细叶麦冬	百合科 沿阶草属	我国四川、江苏、浙江野生山林	常绿，须根下有肉质块根，叶基生，狭线形，花小，白色，淡紫花茎低于叶丛	极耐阴，耐湿，耐寒	分株、播种	管理粗放	叶色浓绿，绿期长，观叶阴生地被
阔叶麦冬	百合科 沿阶草属	我国四川、江苏、浙江野生山林	叶较宽，花莛高出叶丛	耐寒	分株	管理粗放	叶色浓绿，绿期长，观叶阴生地被
山麦冬	百合科 麦冬属	我国华南以南	花莛与叶等长，小花淡红色，常绿	耐寒	分株	管理粗放	叶色浓绿，绿期长，观叶阴生地被
吉祥草	百合科 吉祥草属	我国华南以南	叶广线形，花茎短于叶丛，花紫红，芳香，果紫红	耐寒	分株	管理粗放	叶丛生，绿期长，观叶阴生地被
万年青	百合科 万年青属	我国南方各地	常绿，叶基生，宽带形，厚草质，小花绿白色，果橘红色	耐寒，忌炎夏暴雨、暴晒，耐阴	播种、分株	管理粗放	叶形奇特，观叶为主，群植林下作观果、观叶阴生地被

（续）

植物名称	科　属	分布地区	主要形态特征	生态习性	繁殖方法	栽培管理要点	观赏价值及用途
石菖蒲	天南星科 石菖蒲属	我国广东、山东、江苏、台湾、云南各地	常绿，株矮，姿态自然	耐水湿，耐踏，极耐阴	分株	3～5年更新分植	植株低矮，具野趣，片植林下，点缀假山池畔
弯腰画眉草	禾本科 画眉草属	我国各地野生	叶基生，密集，狭长成弯弓形着地，覆盖力高	耐干旱，耐贫瘠	分株、播种	管理粗放	叶丛紧密，具野趣，片植坡地作优良护坡地被
异叶苔草	禾本科 苔草属	我国北方	绿叶期长230d以上，生长缓慢，效果好	耐寒，耐旱，耐阴	分株、播种	管理粗放	叶形奇特，绿期长，片植常绿针叶林下和阔叶疏林地
卵穗苔草	莎草科 苔草属	我国华北	植株低矮，整齐，叶狭线形，具匍匐根茎	耐盐碱，耐潮湿	根茎繁殖	管理粗放	株丛低矮，具野趣，片植潮湿滩地、林下
细叶苔草	莎草科 苔草属	我国华北	植株低矮，整齐，叶狭线形，具匍匐根茎	耐盐碱，耐潮湿	自播、分株	管理粗放	叶片狭长，株丛低矮，具野趣，片植潮湿滩地、林下
藿香蓟	菊科 藿香蓟属	原产于墨西哥，我国各地均有	丛生，株高30cm，头状花序，花淡紫色、浅蓝或白色，花期7～8月	耐半阴，不耐寒	播种、也可自播	控制高生长	株丛紧密，花色淡雅，花形别致，疏林地观花地被
苦荬菜	菊科 苦荬菜属	我国华东、华北	基生莲座状叶，矮生，黄花单生茎顶，5月开花	耐阴，喜光	自播	管理粗放	株丛低矮，具野趣，与点地梅混播点缀草地
牛　蒡	菊科 牛蒡属	我国各地有野生	叶硕大，花紫红色，花期8月	耐湿，耐盐碱	播种	野生性强，管理粗放	叶片硕大，具野性，片植盐碱地及林缘
异叶败酱草	败酱草科 败酱草属	我国华北、华东一代山地	花黄色，花期8～9月	耐旱，耐贫瘠，喜阴坡	播种、扦插	管理粗放	株丛低矮，花朵小巧，林下、林缘秋花地被
骨碎补	骨碎补科 骨碎补属	我国辽宁、台湾、山东	株矮，附生在石缝中，横向生长，叶密集蓬松	喜湿润，耐干旱，耐寒	孢子繁殖	管理粗放	植株低矮，叶形独特，覆盖岩石园假山石
肾　蕨	骨碎补科 肾蕨属	我国长江流域以南	南方四季常青，长江流域冬季枯萎	耐阴	播种、分株	野生性强，管理粗放	叶形独特，四季常绿，观叶护坡地被

（续）

植物名称	科 属	分布地区	主要形态特征	生态习性	繁殖方法	栽培管理要点	观赏价值及用途
山茴香	伞形科 山茴香属	我国山东崂山和连云港野生	株矮，叶色秀丽，花白色，花期6~7月	耐干旱，耐寒，耐贫瘠	野生	不需管理	植株低矮，叶色秀丽，具野趣，覆盖岩石园假山石
藁　本	伞形科 藁本属	我国山东等野生	根具浓香，小花白色，花期8~9月	耐半阴，喜凉爽、湿润，耐寒	播种	不需管理	花朵小巧浓香，具野趣，覆盖岩石园假山石
珊瑚菜	伞形科 珊瑚菜属	我国山东等地海滨	花叶并茂，白花，6~8月开放	抗盐碱、砂土，性强健	播种	管理粗放	花叶并茂，花色淡雅，沿海盐碱地优良地被
薄　荷	唇形科 薄荷属	我国西北、华北、华东	叶具浓香，紫花	耐寒，耐阴，喜湿润	分株、播种	管理粗放	叶具浓香，花色淡雅，片植墙际屋角
金毛蕨	蚌壳蕨科 金毛狗属	我国浙江、江西、福建、台湾等	根状茎平卧，三回羽叶，末叶裂片镰状披针形	耐阴	分株、播种	野生性强，管理粗放	叶形独特，具野趣，观叶护坡地被
铁线蕨	铁线蕨科 铁线蕨属	我国华南地区	叶柄细长呈栗黑色，叶形秀丽	耐阴	分株、播种	野生性强，管理粗放	叶形奇特，具野趣，观叶护坡地被
车　前	车前科 车前属	我国华东、华北、华南	植株贴近地面，叶宽，密植覆盖效果好	耐阴，耐寒，喜湿润	播种	野生性强，管理粗放	植株贴地、花序穗状，片植、自然散生于场地
狭叶车前	车前科 车前属	我国华东、华北、华南	植株贴地，叶狭长，花序穗状	耐阴，耐寒，喜湿润	播种	野生性强，管理粗放	植株贴地、片植、自然散生于场地
虎耳草	虎耳草科 虎耳草属	我国各地	常绿，株矮贴近地面，叶心形，花小，匍枝生长快	喜肥，喜阴湿	分株	管理粗放	株丛低矮、叶心形，花小巧，林下理想的观叶地被
天胡荽	伞形花科 积雪草属	我国长江流域野生草地	植株极矮，叶小，茎细长，心形叶，掌状浅裂，有光泽	耐水湿，耐半阴	分株、扦插	野生性极强，管理粗放	株丛低矮、叶窄小，具野趣，野生观叶地被
野荞麦	蓼科 荞麦属	我国各地均有野生	植株开张，多分枝，三角形叶，花淡红或白色	耐干旱，耐贫瘠	播种	野生性极强，管理粗放	叶形独特、花色淡雅，具野趣，野生荒坡、路旁

（续）

植物名称	科　属	分布地区	主要形态特征	生态习性	繁殖方法	栽培管理要点	观赏价值及用途
鱼腥草	三百草科 鱼腥草属	我国长江流域以南	植株低矮，全株有腥味，茎匍地，叶心形，紫绿色，花白色	耐阴	扦插、分株	野生性极强，管理粗放	叶心形、花色淡雅，具野趣，片植林下、屋角背阴处
翠云草	卷柏科 卷柏属	我国中南部	矮生多年生草本	喜温暖、半阴、湿润之地	分株、分根	野生性极强，管理粗放	叶形奇特、株丛低矮，具野趣，宜于岩石园
白三轴	蝶形花科 三叶草属	我国北方、华东、河南、西南	长江流域常绿，北方绿期 230d，花白或淡红	耐寒，喜光，稍耐阴	播种、分根	野生性极强，管理粗放	绿期长，花色淡雅，群植点缀草坪，可片植林缘
红三轴	蝶形花科 三叶草属	我国北方、华东、河南、西南	花红色	耐寒，喜光，稍耐阴	播种、分根	野生性极强，管理粗放	绿期长，花色艳丽，群植点缀草坪，可片植林缘
草莓三轴	蝶形花科 三叶草属	我国东北、华北、新疆等地	植株低矮，茎匍匐伸展，花浅红色	耐盐碱，耐寒	播种、分根	野生性极强，管理粗放	绿期长，花色淡雅，片植海滨盐碱地
杂种车轴草	蝶形花科 三叶草属	我国华北、东北	花红色或紫红色	喜湿润，耐寒	播种、分根	管理粗放	绿期长，花色淡雅，片植潮湿坡地、草坪
绛车轴草	蝶形花科 三叶草属	我国华北、东北	花绛红色，三小叶	耐寒	播种、分根	管理粗放	绿色期长，片植林缘
野火球	蝶形花科 三叶草属	我国东北、内蒙古、河北	花紫色，掌状叶	耐寒	播种、分根	粗放管理	花形独特，具野趣，片植林缘
罗布麻	夹竹桃科 罗布麻属	我国山东沿海、青海、新疆等地	叶形秀丽，花粉红、白色，花期 7～8 月	耐水湿，耐盐碱	播种、分株	苗期短截促使萌蘖	叶形秀丽，花色淡雅，片植海滩、沟渠、盐碱地
地　肤	藜科 地肤属	我国各地均有栽培	分枝多，紧密，植株整齐	较耐阴，耐干旱，耐贫瘠，不耐寒	播种	控制植株高生长	株丛紧密、叶形狭长，片植林缘、路旁
马齿苋	马齿苋科 马齿苋属	我国山东沿海、江苏、青海、新疆等	枝叶茂密，匍地而生，小花黄色	耐水湿，耐盐碱	播种、扦插	管理粗放	叶色浓绿、花色繁多，具野趣，片植河、沟滩头

3. 矮生灌木类

植物名称	科 属	分布地区	主要形态特征	生态习性	繁殖方法	栽培管理要点	观赏价值及用途
石岩杜鹃	杜鹃花科 杜鹃花属	我国广有分布，垂直分布由丘陵到高山	常绿，植株开张，花叶并茂，株形低矮，分枝紧密，花色丰富，花期5~6月	喜光耐半阴，忌西晒，喜中性偏酸土壤	扦插、嫁接、播种	施酸性肥，选少许遮阴地	叶片碧绿，花色鲜艳，片植林缘，是理想的观花地被
春毛鹃	杜鹃花科 杜鹃花属	我国广有分布，垂直分布由丘陵到高山	常绿到半常绿，植株开张，花叶并茂，花期4~6月	喜光耐半阴，忌西晒，喜中性偏酸土壤	扦插、嫁接、播种	施酸性肥，选少许遮阴地	花叶并茂，四季常绿，片植林缘，是理想的观花地被
八仙花	八仙花科 八仙花属	我国华东以南广有栽培	丛生性落叶灌木，叶大、花序似半球，花色由绿白向蓝色变化，花期6~7月	宜半阴，忌直射、忌积水，不耐寒	扦插、压条、分株	入冬剪去地上部分或花后短截使枝条充实	花多色艳，花形奇特，片植林缘、疏林下、道路两侧
金丝桃	金丝桃科 金丝桃属	我国华北以南广有栽培	半常绿，花鲜黄，花丝长，花期6~9月	喜光耐阴，不耐寒，北方落叶	扦插、播种、分株	北方选小气候好的地方，冬季更新地上部分	花多色艳、具野趣，可片植、丛植林缘
多叶金丝桃	金丝桃科 金丝桃属	我国引进栽培	常绿，冬叶艳丽呈鲜紫红，枝叶茂盛，黄花，花期7~8月	适应性广泛	扦插、压条、分根、自播	管理粗放	花多色艳、具野趣，理想的观赏地被
金丝梅	金丝梅科 金丝梅属	我国华北以南广有栽培	小枝有棱，花丝短，枝条比金丝桃更开张	喜光耐阴，不耐寒，北方落叶	扦插、播种、分株	北方需越冬保护	花形奇特，花期长，可片植、丛植林缘
枸　杞	茄科 枸杞属	我国长江流域和北方各地	落叶或半常绿，分枝细长，小枝呈刺状，花淡紫，果鲜红	适应性强，耐寒，耐贫瘠，不耐水湿，喜光	播种、扦插、分枝	野生性强，管理粗放	花果兼观，具野趣，群植林缘，点缀坡地、岩石
水栀子	茜草科 栀子花属	我国长江和黄河流域各地	常绿，植株矮，开张，叶子密而花小，奶黄，芳香，花期6~8月	喜肥沃中性偏酸的土壤，耐半阴	扦插	施酸性肥，以免植株黄化	花果兼观、花芳香，是芳香型地被
匍地栀子	茜草科 栀子花属	我国中部和南部	常绿，植株矮，匍地而生，花芳香，花期6~8月	喜肥沃中性偏酸的土壤，耐半阴	扦插	施酸性肥，以免植株黄化	植株低矮，花果兼观、花芳香，理想的芳香型地被
大花栀子	茜草科 栀子花属	我国中部和南部	常绿，植株较高，花大白色，具浓香，花期6~8月	喜肥沃中性偏酸的土壤，耐半阴	扦插	施酸性肥，以免植株黄化	理想的芳香型地被

（续）

植物名称	科　属	分布地区	主要形态特征	生态习性	繁殖方法	栽培管理要点	观赏价值及用途
南天竺	小檗科 南天竺属	我国长江流域以南	常绿，二至三回羽状复叶，小白花5～7月开放，果鲜红，经冬不落	喜温暖，耐半阴，喜中性偏酸土壤	扦插、播种、分株	施酸性肥料	常绿灌木，花果兼观、花芳香，理想的观叶观果地被
‘紫叶’小檗	小檗科 小檗属	我国北方地区多，上海已有引进栽培	落叶，多分枝，幼枝紫红色或暗红色，开张，具叶刺，叶淡红色，浆果红色	耐寒，适应性强	播种、扦插、压条、分株	移栽时重剪，短截过长枝	叶果红色，片植、丛植林缘、角隅，观叶、观果地被
日本小檗	小檗科 小檗属	我国各地均有栽培	叶面黄绿色，花黄白色，花期4～5月	耐寒，适应性强	播种、扦插、压条、分株	移栽时重剪，短截过长枝	春日黄花簇簇，秋日红果满枝，片植、丛植林缘、角隅，是观叶、观果地被
十大功劳	小檗科 十大功劳属	我国湖北、四川、浙江等地	荆棘形常绿灌木，叶狭针形，小花黄，花期9～10月	喜光，耐半阴，耐寒	扦插、播种、分株	注意生长季节修剪枯枝	浆果卵圆形，熟时蓝黑色，片植林缘、疏林
匍匐 十大功劳	小檗科 十大功劳属	我国中部各地	常绿，植株呈匍匐型，浆果卵圆形，花期3月	喜光，耐半阴，耐寒，耐旱	播种、扦插、分株	管理粗放	熟时蓝黑色，理想的观叶、观果地被
阔叶 十大功劳	小檗科 十大功劳属	我国中部各地	比十大功劳观赏价值高，常绿，叶片狭长，浆果卵圆形	喜光，耐半阴，耐寒，耐旱	播种、扦插、分株	管理粗放	熟时蓝黑色，理想的观叶、观果地被
桃叶珊瑚	山茱萸科 桃叶珊瑚属	我国长江流域广有分布	常绿，叶黄、全绿或呈白色斑点，叶形秀丽，花色淡雅，核果浆果状	极耐阴，不耐寒，喜温暖、湿润	雨季扦插为主	选荫蔽处栽植	叶绿，果红，理想的喜阴观叶地被
洒金 东赢珊瑚	山茱萸科 桃叶珊瑚属	我国长江流域广有分布	叶面呈黄色斑点	极耐阴，不耐寒，喜温暖、湿润	梅雨季扦插为主	选荫蔽处栽植	彩叶、花果兼观，理想的阴性观叶地被
火　棘	蔷薇科 火棘属	我国黄河流域以南各地	半常绿，枝条拱形下垂，小花白色，花期4～5月，果鲜红	喜光也耐阴	扦插、播种	移栽须带土球，加强修剪	春季观花、冬季观果，粗放型观果地被
棣　棠	蔷薇科 棣棠属	我国长江流域以南	落叶丛生灌木，全株鲜绿，花金黄色，花期4～5月	喜肥沃、温暖、湿润、半阴	扦插、分株	2～3年老枝更新修剪	花形美观，片植、群植于林缘、路边、坡地

（续）

植物名称	科 属	分布地区	主要形态特征	生态习性	繁殖方法	栽培管理要点	观赏价值及用途
笑靥花	蔷薇科 绣线菊属	我国各地均有栽培	落叶矮生灌木，萌蘖枝多花，白色，花期3～4月	喜光，稍耐阴，稍耐旱，不耐寒	播种、分株	通过更新修剪，矮化植株	花色淡雅，花形美观，细腻型观花地被
日本绣线菊	蔷薇科 绣线菊属	我国各地均有栽培	花粉红色或复色，花期5～9月，株高40cm以下	喜光，稍耐阴，稍耐旱，不耐寒	播种、分株	通过更新修剪，矮化植株	花色娇艳，花朵繁多，细腻型观花地被
珍珠梅	蔷薇科 绣球花属	以我国华北为多，各地均有	落叶，花蕾白色，如珍珠，花期6～7月	耐寒、耐阴，生长快，萌蘖多	分株、扦插、播种	矮化修剪，促进侧枝萌生	花、叶清丽，夏季开花花期很长，观花地被
平枝栒子	蔷薇科 栒子木属	我国中南、西南、西北部分地区	落叶半常绿，大枝水平生长，秋叶红，花4～5月开，球形果鲜红	喜肥沃，湿润，阳光充足，耐寒，耐高燥	扦插、播种	矮化修剪，枝叶茂盛	叶形奇特，秋色叶红，果红，观叶、观果地被
匍匐栒子	蔷薇科 栒子木属	以我国华北为多，其他各地也有应用	枝条横向匍匐生长，夏花白色，果鲜红色	喜肥沃，湿润，阳光充足，耐寒，耐高燥	播种、扦插	矮化修剪，促进发枝	叶形奇特，秋色叶红、果红色，观叶、观果地被
散生栒子	蔷薇科 栒子木属	以我国华北为多，其他各地也有应用	枝条横向匍匐生长，夏花白色，果鲜红色	喜肥沃，湿润，阳光充足，耐寒，耐高燥	播种、扦插	矮化修剪，促进发枝	叶形奇特，秋色叶红，果红色，观叶、观果地被
紫穗槐	蝶形花科 紫穗槐属	我国东北、华北和江南一带，以黄河流域为多	落叶灌木，穗状花序，紫色，花期5月	喜光，耐水湿，耐旱，耐碱，耐寒，耐贫瘠	播种、分株、扦插	管理粗放，强修剪控制高度	枝叶繁密，又为蜜源植物，盐碱地、坡地、河岸的优良地被
锦鸡儿	蝶形花科 锦鸡儿属	我国野生丘陵，台地岩石缝中	落叶灌木，3月下旬开花，花复黄色	喜光，耐干旱，耐贫瘠	根蘖繁殖，也可播种、分株	管理粗放	具野趣，可植路旁、角隅，丛植于草坪边缘
金雀花	蝶形花科 锦鸡儿属	我国中部和南部各地	直立性落叶灌木，假掌状复叶，橘绿色小花夏秋开放	喜湿润，耐干燥，喜光，耐贫瘠	扦插、播种	管理粗放	花色鲜黄，可丛植于路旁、角隅、草坪边缘
多花胡枝子	蝶形花科 胡枝子属	我国各地广有分布	枝密花繁，花红色，花期8～9月，10月果红叶红	耐旱，耐阴，耐贫瘠	扦插、嫁接	野生性强，管理粗放	枝条披垂，花期较晚，淡雅秀丽，疏林下片植

（续）

植物名称	科　属	分布地区	主要形态特征	生态习性	繁殖方法	栽培管理要点	观赏价值及用途
达乌里胡枝子	蝶形花科胡枝子属	我国华东、华北一带	植株低矮贴地而长，花黄色，花期5月	耐旱，耐阴，耐贫瘠	扦插、嫁接	野生性强，管理粗放	淡雅秀丽，具野趣，河滩、草地、山坡地被
铺地柏	柏科柏属	我国华北、华东、华南一带	常绿匍匐性灌木，枝条横生	喜高燥向阳，稍耐阴，排水良好，耐旱，耐寒	扦插、播种	管理粗放	四季常绿，姿态生动，可植于草坪、坡地，嵌于岩石
砂地柏	柏科圆柏属	我国沈阳、大连、吉林市等北方城市	匍匐枝顶向上翘起	喜高燥向阳，稍耐旱，耐寒	扦插、播种	管理粗放	四季常绿，姿态生动，具野趣，片植草坪、坡地
八角金盘	五加科八角金盘属	我国华东、华南	常绿，掌状叶，聚伞花序夏秋开花，果黑色	强阴性，喜温暖湿润，畏酷热	扦插、播种	种荫蔽处，地栽	春叶、秋花、冬果，阴性观叶地被
凤尾兰	百合科丝兰属	我国各地	常绿，茎不分枝，剑形叶，圆锥状花序，花乳白色，花期5～6月或8～11月	喜光，耐旱，耐寒，抗性强，更新力强	播种、扦插、分株	随时剪残叶残花，定期截干更新	花、叶皆美，树态奇特，片植、丛植于沙滩、坡地、岩石园
丝　兰	百合科丝兰属	我国各地	常年浓绿，叶较薄软，边缘有白色细丝，乳白色，花6月开放	喜光，耐旱，耐寒，抗性强，更新力强	播种、扦插、分株	及时剪残叶残花，定期截干更新	花、叶皆美，树态奇特，片植、丛植于沙滩、坡地、岩石园
紫　薇	千屈菜科紫薇属	我国中南部各地	花枝繁茂，枝条柔软，花色丰富，花期7～10月	耐修剪，喜光，耐旱，耐寒，喜肥	扦插、播种	矮化主干成灌木状	花期长、花多色繁，片植路旁、草坪边缘、阳坡岩石边
五色梅	马鞭草科马缨丹属	我国南北方均有栽培	落叶小灌木，叶有臭味，花期6～9月，花色有淡红、紫红、玫瑰红	喜光，耐旱，耐湿，耐寒	分株、扦插、播种	管理粗放	花色美丽，观花期长，粗放型观花地被
金缕梅	金缕梅科金缕梅属	我国华中及浙江、广西	先花后叶，花金黄色，花期3～4月	喜温暖，肥沃	压条、播种	在梅雨前修整株形	叶形美丽，早春开花具芳香，理想的观花地被
红花金缕梅	金缕梅科金缕梅属	我国华中及浙江、广西等地	叶圆形，花红色，极艳丽	喜温暖，肥沃	压条、播种	在梅雨前修整株形	叶形美丽，早春开花具芳香，理想的观花地被

（续）

植物名称	科 属	分布地区	主要形态特征	生态习性	繁殖方法	栽培管理要点	观赏价值及用途
六月雪	茜草科 六月雪属	我国江苏、广东、台湾等地	半常绿，多分枝，6～7月盛开白色小花	喜光，耐阴，耐寒，喜肥沃、湿润、排水好	扦插、压条、分株	注意浇水和施肥	株形奇特、花色淡雅，片植林缘、路边
云南黄馨	木犀科 黄馨属	我国西南部，长江流域以南	常绿灌木，枝细长，下垂覆地面，花浅黄色，花期4～5月	喜光，耐阴，不耐寒冷	扦插、压条	冬天修剪植株	枝条垂软柔美，常绿型观花、观叶地被
连 翘	木犀科 连翘属	我国各地均有	先花后叶，开展枝下垂，花鲜黄色、密集，花期3～4月	喜温暖湿润，耐寒，耐干旱	扦插	入冬剪去地上部分，留10cm	花期早，满枝金黄，草地岩石假山丛植
迎 春	木犀科 迎春属	我国中部和北部	落叶，多分枝，早春一片黄花	开花早，喜光，耐旱，耐贫瘠，耐盐碱	扦插、压条、分株	管理粗放	花期早，满枝金黄，艳丽可爱，早春观花地被
杂种连翘	木犀科 连翘属	我国各地均有	花大，花黄色，色彩深浅不一	喜温暖湿润，耐寒，耐干旱	扦插	入冬剪去地上部分，留10cm	花期早，满枝金黄，具野趣，丛植于草坪、假山岩石园
海仙花	忍冬科 锦带属	我国各地均有	株丛大，枝条开展，花叶繁茂，色彩艳丽，花期4～6月，花期长	喜光，耐阴，耐寒，耐贫瘠，忌水涝	扦插、分株、压条、播种	矮化修剪	花大色艳，花色丰富，丛植路边、坡地、草坪、岩石园
锦带花	忍冬科 锦带属	我国东北、华北、华东	株丛大，枝条开展，花叶繁茂，色彩艳丽，花期4～6月	喜光，喜肥，喜湿润	扦插、分株、压条	矮化修剪	花色艳丽、花期长，观花地被
浆果紫杉	紫杉科 紫杉属	我国中部北区	常绿，植株低矮	喜光，耐阴，喜湿润，耐旱	播种、扦插	管理粗放	四季常绿，片植林缘或林下
蓝雪花	蓝雪花科 蓝雪花属	我国青岛有栽培和野生	半灌木状，植株低矮，蓝色小花细腻	耐贫瘠	分株	管理粗放	植株低矮，花色细腻，具野趣，理想的岩石园地被
白 刺	蒺藜科 白刺属	我国黄河下游、沿海沙滩	枝条常匍匐生长，小花黄白色，花期5～6月	抗盐碱，抗飞沙，喜光，耐寒，耐旱	播种、扦插	管理粗放	花色淡雅，果色艳丽，抗盐碱的海滩沙坡地被
4. 藤蔓类（草本）							
连钱草	唇形科 连钱草属	我国上海地区	常绿，株矮10～15cm，叶肾形，小花粉红色，花期4月	极耐阴，喜温润，阳光下生长不良	埋茎法	生命力极强，管理粗放	花叶兼观，片植常绿树林下，是理想阴性观叶地被

（续）

植物名称	科属	分布地区	主要形态特征	生态习性	繁殖方法	栽培管理要点	观赏价值及用途
百里香	唇形科 百里香属	我国华北、华东一带均有应用	矮小亚灌木，茎匍匐，着地生根，全株和花均具浓香	耐干旱，耐寒	分株，地上茎插	管理粗放	茎叶浓香，片植在林缘、坡地、草坪中
异株百里香	唇形科 百里香属	我国西北、华北	半灌木状	耐旱，耐寒，耐阴	分株，地上茎插	管理粗放	茎叶有香味，片植在林缘、坡地、草坪中
匍匐筋骨草	唇形科 筋骨草属	我国云南、西藏	多年生，茎匍匐，叶圆形，花紫红色	极耐阴，喜凉爽	扦插、分株	管理粗放	花色淡雅，片植林下，是阴生地被
草　莓	蔷薇科 草莓属	我国东北、华北、华东	株矮，茎匍匐，生长快，4月始花，白色，果圆形，深红色	喜光，耐阴，耐旱，耐热，耐寒，与杂草竞争力强	分株	施基肥，选抗病品种	叶果均可观，片植林缘、疏林下
东方草莓	蔷薇科 草莓属	我国东北	全株密生茸毛，果实圆锥形，红色	喜光，耐阴，耐旱，耐热，耐寒，与杂草竞争力强	分株	施基肥，选抗病品种	叶果均可观，片植林缘、疏林下
蛇　莓	蔷薇科 蛇莓属	我国辽宁以南野生	多年生，匍枝细长，植被紧贴地面，花黄，果半球形鲜红色	耐阴湿，耐贫瘠	分株、播种	野生性强，极其粗放	株形小巧，花形别致，果红色，耐阴
匍匐萎陵菜	蔷薇科 萎陵菜属	我国东北、华北	半常绿，植株矮，匍匐生长，速生	喜光，耐阴	分株、扦插	管理粗放	株形紧凑、低矮，片植，是理想的地被
羽衣茑萝	旋花科 茑萝属	原产于美洲，我国各地均有分布	落叶，蔓藤细长，叶羽状细裂，花小深红色，花期7～10月	喜光，开花期喜肥，水分充足	直播繁殖	及时清理枯黄枝条，施肥	花多色艳，花形奇特，系喜光观花、观叶地被
圆叶茑萝	旋花科 茑萝属	原产于美洲，我国各地均有分布	叶片卵圆形，花红色	喜光，开花期喜肥，水分充足	直播繁殖	及时清理枯黄枝条，施肥	花多色艳，花形奇特，系喜光观花、观叶地被
裂叶茑萝	旋花科 茑萝属	原产于美洲，我国各地均有分布	叶片掌状分裂，花红色，具白眼点	喜光，开花期喜肥，水分充足	直播繁殖	及时清理枯黄枝条，施肥	花多色艳，花形奇特，系喜光观花、观叶地被
滨旋花	旋花科 旋花属	我国沿海各地海滨	多年生，地下茎大，地上茎横卧，花粉红色，花期5～6月	耐盐碱，性强健	扦插、沙埋、播种	管理粗放	花叶兼观，片植沿海沙滩和岩石园，系抗盐碱地被

（续）

植物名称	科 属	分布地区	主要形态特征	生态习性	繁殖方法	栽培管理要点	观赏价值及用途
小旋花	旋花科 旋花属	我国各地	一年生，蔓茎长，匍匐分枝，叶三角状，戟形，夏秋开花，喇叭形，浅紫红色	耐盐碱，性强健	扦插，播种	管理粗放	花叶兼观，片植田野、路旁、草丛、林下
白首乌	萝藦科 鹅绒藤属	我国沿海	枝条折断流白乳汁，花期6～7月，覆盖力高	耐盐碱	播种、分块根	管理粗放	花叶兼观，片植山坡、路旁、海滩
何首乌	蓼科 蓼属	我国东北、华东、华中、华南、西南、西北	多年生，小白花，花期8～10月	喜温暖，湿润忌干燥、积水	扦插、分株	矮化修剪，加施磷钾肥	花叶兼观，经济型观赏地被
多变小冠花	蝶形花科 小冠花属	原产于欧洲，我国江苏，陕西	分枝匍匐，奇数羽状复叶，蝶形花深粉红色	耐寒，极耐贫瘠，耐旱	播种	管理粗放	花叶兼观，优良的固土护坡地被
蔓长春花	夹竹桃科 蔓长春花属	原产于欧洲北非，我国江浙引进	多年生，常绿丛生，营养枝平卧地面，花艳，高脚碟形花，花期3～5月	耐寒，喜光，耐阴，生长快，适应性强	压条、播种、分株	入冬剪枯枝	植株低矮、花色淡雅，系常绿观叶地被
球迷草	禾本科 球迷草属	我国山东黄河以南	多年生，茎细长，匍地而生，叶披针形，平行脉	极耐阴	分株	野生性强健，管理粗放	观叶为主，片植林下阴湿处
吊竹梅	鸭跖草科 吊竹梅属	我国华南	叶表紫绿色或鲜绿色，杂以粉白色或黄色斑纹，花紫色	喜温暖，湿润，耐阴，喜肥	扦插、分株	管理粗放	花色淡雅，花叶兼观，片植疏林下，观叶地被
5. 藤本类(木本)							
常春藤	五加科 常春藤属	我国华中、华南、江浙一带	常绿，枝叶茂盛，花呈白绿色，花期8～9月，浆果球形，红黄色	极耐阴，喜中性偏酸的土壤	扦插	施有机肥	茎枝有气生根，叶果兼观，成片栽植于林下，疏林地
‘花叶’常春藤	五加科 常春藤属	我国华南地区	叶缘有不整齐的黄白色或白色斑，秋叶红	不耐寒，耐阴	扦插	施有机肥	茎枝有气生根，叶果兼观，成片栽植于林下，疏林地

（续）

植物名称	科 属	分布地区	主要形态特征	生态习性	繁殖方法	栽培管理要点	观赏价值及用途
欧洲常春藤	五加科 常春藤属	我国华南、华中、江浙一带	叶脉常出现白色，花枝上叶3～5裂	极耐阴，喜肥沃、中偏酸性土	扦插	施有机肥	茎枝有气生根，叶果兼观，成片栽植于林下，疏林地
络　石	夹竹桃科 络石属	我国江浙山野广有分布	常绿，茎具乳汁，有气生根，花白色芳香，花期5～6月，秋叶红	喜阴湿、凉爽，不耐寒，耐贫瘠	压条、扦插、山野移栽	野生性强健，管理粗放	长有气生根，观叶为主，点缀假山、片植林下
花叶络石	夹竹桃科 络石属	我国江浙山野广有分布	叶小，椭圆形，叶片有网络状粉白色花纹	喜阴湿、凉爽，不耐寒，耐贫瘠	压条、扦插、山野移栽	野生性强健，管理粗放	长有气生根，观叶为主，点缀假山、片植林下
石　血	夹竹桃科 络石属	我国江苏南京	叶狭披针形	喜阴湿、凉爽，不耐寒，耐贫瘠	压条、扦插、山野移栽	野生性强健，管理粗放	观叶为主，点缀假山、片植林下
爬山虎	葡萄科 爬山虎属	原产于美国，我国广有分布	叶三浅裂，枝蔓长，浆果蓝色	耐寒，也耐暑热，耐阴，耐干旱，耐贫瘠	扦插、压条、播种	管理粗放	观叶为主，片植林下、点缀假山
五叶地锦	葡萄科 爬山虎属	原产于美国，我国广有分布	掌状叶，卷须长，花小，花期7～8月	耐寒也极耐酷热，耐阴，耐贫瘠和干旱	扦插、压条、播种	管理粗放	观叶为主，林下片植、点缀假山
山葡萄	葡萄科 白蔹属	我国华南至东北广有分布	叶纸质，宽卵形，秋叶鲜红，花小，花期5～6月，果鲜蓝色	耐寒，喜凉爽，肥沃	扦插、压条、播种	管理粗放	叶果兼观，理想的红叶地被
葎叶蛇葡萄	葡萄科 白蔹属	我国华南至东北广有分布	叶质坚，宽卵圆形，果淡黄或淡蓝	耐寒，喜凉爽，肥沃	扦插、压条、播种	管理粗放	叶果兼观，理想的红叶地被
三裂叶蛇葡萄	葡萄科 白蔹属	我国华南至东北广有分布	叶三裂，小枝红色，花淡绿，果蓝紫色	耐寒，喜凉爽，肥沃	扦插、压条、播种	管理粗放	叶果兼观，理想的红叶地被
掌裂草葡萄	葡萄科 白蔹属	我国华南至东北广有分布	枝条细长，叶掌状分裂，球果橙黄色	耐寒，喜凉爽，肥沃	扦插、压条、播种	管理粗放	叶果兼观，理想的红叶地被
地石榴	桑科 榕属	我国陕西、湖北、湖南、贵州、云南、四川、广西等	多年生落叶或常绿藤本，茎长5cm，有不定根，花期3～6月	喜光，耐阴，耐旱，稍耐寒	播种、扦插	花期加施磷钾肥	观叶为主，优良的陡坡地被植物

（续）

植物名称	科 属	分布地区	主要形态特征	生态习性	繁殖方法	栽培管理要点	观赏价值及用途
薜 荔	桑科 榕属	我国中南部	常绿藤本，茎粗，多分枝，小枝被棕色柔毛，果梨形，青色	喜阴湿	扦插、压条	管理粗放	观叶为主，阴性地被
扶芳藤	卫矛科 卫矛属	我国黄河、长江流域	常绿，小花白绿色，花期5～6月，果橙红色，秋叶红	喜光，耐半阴，耐修剪，抗性强	播种、扦插	管理粗放	观叶为主，片植林缘、匍匐岩石
斑叶扶芳藤	卫矛科 卫矛属	我国黄河、长江流域	叶缘有白色或粉红色斑	喜光，耐半阴，耐修剪，抗性强	播种、扦插	管理粗放	观叶为主，片植林缘、匍匐岩石
爬行卫矛	卫矛科 南蛇藤属	我国黄河流域	常绿，株丛矮，绿白色小花，花期9～10月	耐半阴，稍耐寒	扦插	管理粗放	观叶为主，片植林缘、匍匐岩石
南蛇藤	卫矛科 南蛇藤属	我国东北、华北、西北、西南、华中各地均有分布	落叶，花黄绿色，入秋叶色橙红，果子假种皮白色	耐寒，半阴，耐干旱，耐贫瘠	播种	管理粗放	叶花果均可观，片植池畔、溪边、坡地、岩石间隙
苦皮藤	卫矛科 南蛇藤属	我国东部、中南、西南各地	落叶，花黄绿色，花期5～6月，秋果成串，假种皮鲜红	喜光，耐阴，耐寒，耐贫瘠	扦插、播种、压条	管理粗放	叶花果均可观，片植山坡林地
五味木通	木通科 木通属	我国东部长江流域	半常绿，春花淡紫色，芳香，夏秋红果	喜温暖、湿润、半阴，不耐寒	分根、压条、播种、扦插	入冬修剪枝条	叶花果均可观，片植林缘、疏林下
凌 霄	紫葳科 凌霄属	我国中部	落叶，老干灰白色，嫩枝向阳面紫红色，羽状，复叶，花大，橙红色，花期6～9月	喜光，耐阴，喜温暖、湿润	播种、扦插、压条	注意枝条的疏理修剪	花叶兼观，片植林下、林缘，是护坡地被
美国凌霄	紫葳科 凌霄属	原产于北美，我国各地均有分布	叶背脉和叶柄多毛，花繁茂，花深橙红色，花期6～10月	喜光，耐阴，喜温暖、湿润	播种、扦插、压条	注意枝条的疏理修剪	花叶兼观，片植林下、林缘，是护坡地被
五味子	五味子科 五味子属	我国东北、华北、华中、西南	落叶，花色黄、白、粉红色，花期5～7月，藤蔓交叉，覆盖力高	耐寒，喜光，耐半阴，耐贫瘠	播种、扦插、压条	注意枝条的疏理矮截	花叶兼观，片植林下、林缘，是护坡地被

（续）

植物名称	科 属	分布地区	主要形态特征	生态习性	繁殖方法	栽培管理要点	观赏价值及用途
南五味子	五味子科 五味子属	我国长江以南	常绿，花淡黄色，花期5～6月，花芳香	喜温暖、湿润排水良好的酸性土	播种、扦插、压条	管理粗放	花叶兼观，系芳香型观花、观果地被
油麻藤	蝶形花科 油麻藤属	我国西南和东南沿海	常绿，三出叶，枝叶茂盛，花紫黑色，宛如紫色宝石，花期4月	耐阴，喜温暖、湿润，土壤适应性强	播种	管理粗放	花叶兼观，观赏地被，植于岩坡、林缘
鸡血藤	蝶形花科 鸡血藤属	我国华东、华南各地	常绿，羽状复叶，托叶刺状，花深红紫色，花期5～6月	耐贫瘠	播种、野生引种	管理粗放	花叶兼观，片植林缘、路旁、沟边、岩石园
藤三七	落葵科 落葵属	我国四川、云南	枝丛密集，覆盖力强，花白色	耐阴，不耐寒，喜肥沃，疏松土壤	扦插	施基肥	花叶兼观，片植疏林地和林缘、坡地
三角龙	紫茉莉科 叶子花属	我国南方广泛种植	常绿，花小，黄绿色，苞片大而红似花，花期6～12月	喜温暖湿润	扦插	花期施磷肥，夏季浇水	花叶兼观，是理想的观花地被
绿 萝	天南星科 绿萝属	我国广东、台湾	叶上有不规则黄色斑块	不耐寒	扦插	管理粗放	观叶为主，片植林缘和疏林地
多花蔷薇	蔷薇科 蔷薇属	我国华北、华东、华中、华南、西南	5月盛花，花朵芳香，枝蔓长，青茎多刺	耐寒，耐旱，喜光	播种、扦插、分株	剪去直立枝	花叶兼观，系芳香型观花地被，可植草坪一角
云 实	苏木科 云实属	我国长江以南	落叶，枝蟠曲，密生倒钩刺，黄花4～5月盛开	喜光偏阴，喜温暖、湿润，耐贫瘠	播种	入冬枝条矮化疏剪	花叶兼观，片植、丛植林缘、角隅、岩石园
单叶蔓荆	马鞭草科 牡荆属	我国山东沿海一带野生于沙滩	落叶，每株可覆盖沙滩 $10m^2$，花紫色，花期7～8月	耐盐碱	播种、野生引种	管理粗放	花叶兼观，片植林缘、路边、沟边，岩石园
黄金银花	忍冬科 忍冬属	我国各地	半常绿，花初开白色后变为奶黄色，芳香，花期5～7月	耐寒，叶经冬不落，变红，耐半阴	扦插、压条、分株、播种	冬季施基肥，春季施追肥	花叶兼观，系芳香型林下、阴坡地被
红金银花	忍冬科 忍冬属	我国各地	花幼时紫红，花冠大红色	耐寒，叶经冬不落，变红，耐半阴	扦插、压条、分株、播种	及时疏理残枝	花叶果兼观，系芳香型林下、阴坡地被

（续）

植物名称	科 属	分布地区	主要形态特征	生态习性	繁殖方法	栽培管理要点	观赏价值及用途
庐山忍冬	忍冬科 忍冬属	我国长江流域	花枝密集，花白色，花期 3～4 月，红果 8～10 月成熟	耐寒，叶经冬不落，变红，耐半阴	扦插、播种	早春修整株形，矮化	花叶果兼观，系芳香型林下、阴坡地被
6. 竹 类							
菲白竹	禾本科 苦竹属	我国江南各地	低矮竹类，叶密集，叶色秀美	喜温暖湿润，忌炎热，耐阴	分株	选肥沃疏林砂壤地	植株低矮、叶色秀美，片植、丛植于岩石园中
箬 竹	禾本科 箬竹属	我国江南各地	叶大、簇生，植株低矮	须遮阴，肥沃、疏松、微酸性的土壤	分株	选背风疏林之地	株丛紧密、叶色秀美，宜坡地、林下片植
倭 竹	禾本科 倭竹属	我国江南各地	低矮竹类，叶密集，叶大，覆盖面大	耐阴，稍耐寒	分株、分根	选肥沃疏林砂壤地	植株低矮、叶色秀美，宜坡地、林下片植